电子工程师自学宝典

电路精解篇

蔡杏山 编著

机械工业出版社

本书主要介绍了电路分析基础、放大电路、集成运算放大器及应用、谐振与选频滤波电路、正弦波振荡器、调制与解调电路、变频与反馈控制电路、电源电路、数字电路基础与门电路、数制编码与逻辑代数、组合逻辑电路、时序逻辑电路、脉冲电路、D/A 与 A/D 转换电路、半导体存储器、电力电子电路。

本书具有基础起点低、内容由浅入深、语言通俗易懂，以及结构安排符合学习认知规律的特点。

本书适合作为电子工程师提高的自学图书，也适合作为职业学校和社会培训机构的电子电路教材。

图书在版编目（CIP）数据

电子工程师自学宝典. 电路精解篇/蔡杏山编著. —北京：机械工业出版社，2021.7

ISBN 978-7-111-68285-1

Ⅰ.①电… Ⅱ.①蔡… Ⅲ.①电子技术-自学参考资料②电子电路-自学参考资料 Ⅳ.①TN②TN7

中国版本图书馆 CIP 数据核字（2021）第 097263 号

机械工业出版社（北京市百万庄大街22号　邮政编码100037）
策划编辑：任　鑫　责任编辑：任　鑫
责任校对：刘雅娜　封面设计：马精明
责任印制：常天培
固安县铭成印刷有限公司印刷
2021 年 10 月第 1 版第 1 次印刷
184mm×260mm · 20.75 印张 · 510 千字
标准书号：ISBN 978-7-111-68285-1
定价：88.00 元

电话服务　　　　　　　　　　　　网络服务
客服电话：010-88361066　　　机 工 官 网：www.cmpbook.com
　　　　　010-88379833　　　机 工 官 博：weibo.com/cmp1952
　　　　　010-68326294　　　金 书 网：www.golden-book.com
封底无防伪标均为盗版　　机工教育服务网：www.cmpedu.com

前　言

随着科学技术的快速发展，社会各领域的电子技术应用越来越广泛，这使得电子及相关行业需要越来越多的电子工程技术人才。对于电子技术初学者或略有一点基础的人来说，要想成为一名电子工程师或达到相同的技术程度，既可以在培训机构参加培训，也可以在职业学校进行系统的学习，还可以自学成才，不管是哪种情况，都需要一些合适的学习图书。选择好图书，不但可以让学习者轻松迈入专业技术的大门，而且能让学习者的技术水平迅速提高，快速成为本领域的行家里手。

"电子工程师自学宝典"是一套零基础起步、由浅入深、知识技能系统全面的电子技术学习图书，读者只要具有初中文化水平，通过系统地阅读本套书，就能很快达到电子工程师的技术水平。**本套书分为器件仪器篇、电路精解篇和嵌入设计篇三册，其内容说明如下：**

《电子工程师自学宝典　器件仪器篇》主要介绍电子技术基础、万用表的使用、电阻器、电容器、电感器与变压器、二极管、晶体管、晶闸管、场效应晶体管与IGBT、继电器与干簧管、过电流与过电压保护器件、光电器件、电声器件与压电器件、显示器件、传感器、贴片元器件、集成电路、基础电路、无线电广播与收音机、电子操作技能、数字示波器、信号发生器、毫伏表与Q表。

《电子工程师自学宝典　电路精解篇》主要介绍电路分析基础、放大电路、集成运算放大器及应用、谐振与选频滤波电路、正弦波振荡器、调制与解调电路、变频与反馈控制电路、电源电路、数字电路基础与门电路、数制编码与逻辑代数、组合逻辑电路、时序逻辑电路、脉冲电路、D/A与A/D转换电路、半导体存储器、电力电子电路。

《电子工程师自学宝典　嵌入设计篇》主要介绍单片机入门实战、数制与C51语言基础、51单片机编程软件的使用、LED的单片机驱动电路与编程、LED数码管的单片机驱动电路与编程、中断功能的使用与编程、定时器/计数器使用与编程、按键电路与编程、双色LED点阵的使用与编程、液晶显示屏的使用与编程、步进电动机的使用与编程、串行通信与编程、I^2C总线通信与编程、A/D与D/A转换电路与编程、51单片机的硬件系统、电路绘图软件基础、电路原理图和图形的绘制、新元件及其封装的绘制与使用、手工设计印制电路板、自动设计印制电路板。

"电子工程师自学宝典"主要有以下特点：

◆**基础起点低**。读者只需具有初中文化程度即可阅读。

◆**语言通俗易懂**。书中少用专业化的术语，遇到较难理解的内容用形象比喻来说明，尽量避免复杂的理论分析和烦琐的公式推导，阅读起来感觉会十分顺畅。

◆**内容解说详细**。考虑到自学时一般无人指导，因此在编写过程中对书中的知识技能进行了详细的解说，让读者能轻松地理解所学内容。

◆**采用图文并茂的表现方式**。书中大量采用直观形象的图表方式来表现内容，使阅读变得非常轻松，不易产生阅读疲劳。

◆**内容安排符合认识规律**。本书按照循序渐进、由浅入深的原则来确定各章节内容的先后顺序，读者只需从前往后阅读，便会水到渠成。

◆**突出显示知识要点**。为了帮助读者掌握书中的知识要点，书中用阴影和文字加粗的方法突出显示知识要点，指示学习重点。

◆**视频资源配备齐全**。在重要知识点处，配备了相关的解说视频，通过扫描二维码即可观看，从而帮助读者加深理解，快速掌握。

◆**网络免费辅导**。读者在阅读中遇到难以理解的问题时，可以添加易天电学网微信号etv/00，观看有关辅导材料或向老师提问进行学习。

本书在编写过程中得到了许多教师的支持，在此一并表示感谢。由于编者水平有限，书中的错误和疏漏在所难免，望广大读者和同仁予以批评指正。

编　者

目 录

第 1 章

电路分析基础

1.1 电路分析的基本方法与规律

学好电子电路的关键是要学会分析电路，而分析电路需要先掌握一些与电路分析有关的基本定律和方法。

1.1.1 欧姆定律

欧姆定律是电子技术中的一个最基本的定律，它反映了电路中电阻、电流和电压之间的关系。欧姆定律分为部分电路欧姆定律和全电路欧姆定律。

1. 部分电路欧姆定律

部分电路欧姆定律的内容是：在电路中，流过导体的电流I的大小与导体两端的电压U成正比，与导体的电阻R成反比，即

$$I = \frac{U}{R}$$

也可以表示为$U=IR$或$R = \dfrac{U}{I}$。

部分电路欧姆定律的几种使用方式如图1-1所示，部分电路欧姆定律在实际电路中的计算如图1-2所示。

在图1-2所示的电路中，如何求B点电压呢？首先要明白，**求某点电压指的是求该点与地之间的电压**，所以B点电压U_B实际就是电压U_{BD}，求U_B有以下两种方法。

方法一：$U_B=U_{BD}=U_{BC}+U_{CD}=U_{R2}+U_{R3}=(7+3)V=10V$

方法二：$U_B=U_{BD}=U_{AD}-U_{AB}=U_{AD}-U_{R1}=(12-2)V=10V$

2. 全电路欧姆定律

全电路是指含有电源和负载的闭合回路。**全电路欧姆定律又称闭合电路欧姆定律，其内容是：闭合电路中的电流与电源的电动势成正比，与电路的内外电阻之和成反**

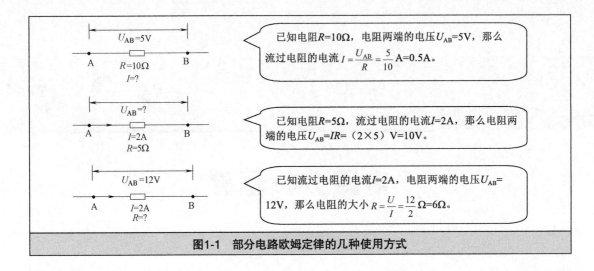

图1-1　部分电路欧姆定律的几种使用方式

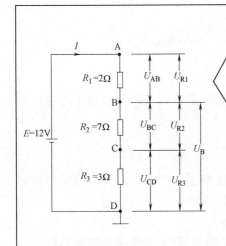

电源的电动势E=12V，A、D之间的电压U_{AD}与电动势E相等，三个电阻器R_1、R_2、R_3串接起来，可以相当于一个电阻器R，$R=R_1+R_2+R_3$=（2+7+3）Ω=12Ω。知道了电阻的大小和电阻器两端的电压，就可以求出流过电阻器的电流I

$$I=\frac{U}{R}=\frac{U_{AD}}{R_1+R_2+R_3}=\frac{12}{12}A=1A$$

求出了流过R_1、R_2、R_3的电流I，并且它们的电阻大小已知，就可以求R_1、R_2、R_3两端的电压U_{R1}（U_{R1}实际就是A、B两点之间的电压U_{AB}）、U_{R2}（实际就是U_{BC}）和U_{R3}（实际就是U_{CD}），即
$$U_{R1}=U_{AB}=IR_1=（1×2）V=2V$$
$$U_{R2}=U_{BC}=IR_2=（1×7）V=7V$$
$$U_{R3}=U_{CD}=IR_3=（1×3）V=3V$$
故$U_{R1}+U_{R2}+U_{R3}=U_{AB}+U_{BC}+U_{CD}=U_{AD}=12V$

图1-2　部分电路欧姆定律在实际电路中的计算

比，即

$$I=\frac{E}{R+R_0}$$

全电路欧姆定律的使用如图1-3所示。

根据全电路欧姆定律不难看出：

1）在电源未接负载时，不管电源内阻多大，内阻消耗的电压始终为0，电源两端的电压与电动势相等。

2）当电源与负载构成闭合电路后，由于有电流流过内阻，内阻会消耗电压，从而使电源输出电压降低，内阻越大，内阻消耗的电压越大，电源输出电压越低。

3）在电源内阻不变的情况下，如果外阻越小，电路中的电流越大，内阻消耗的电压也越大，电源输出电压也会降低。由于正常电源的内阻很小，内阻消耗的电压很低，故一般情况下可认为电源的输出电压与电源电动势相等。

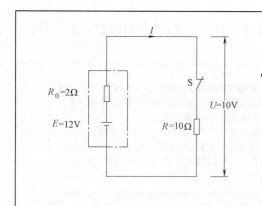

点画线框内为电源，R_0表示电源的内阻，E表示电源的电动势。当开关S闭合后，电路中有电流I流过，根据全电路欧姆定律可求得

$$I = \frac{E}{R + R_0} = \frac{12}{10 + 2} A = 1A$$

电源输出电压（即电阻R两端的电压）$U=IR=$（1×10）V=10V，内阻R_0两端的电压$U_0=IR_0=$（1×2）V=2V。如果将开关S断开，电路中的电流$I=0A$，那么内阻R_0上消耗的电压$U_0=0V$，电源输出电压U与电源电动势相等，即$U=E=12V$。

图1-3 全电路欧姆定律的使用

利用全电路欧姆定律可以解释很多现象。比如旧电池两端的电压与正常电压相同，但将旧电池与电路连接后除了输出电流很小外，电池的输出电压也会急剧下降，这是由于旧电池内阻变大的缘故；又如将电源正、负极直接短路时，电源会发热甚至烧坏，这是因为短路时流过电源内阻的电流很大，内阻消耗的电压与电源电动势相等，大量的电能消耗在电源内阻上并转换成热能，故电源会发热。

1.1.2 电功、电功率和焦耳定律

1. 电功

电流流过灯泡，灯泡会发光；电流流过电炉丝，电炉丝会发热；电流流过电动机，电动机会运转。由此可以看出，**电流流过一些用电设备时是会做功的，电流做的功称为电功**。用电设备做功的大小不但与加到用电设备两端的电压及流过的电流有关，还与通电时间的长短有关。电功可用下面的公式计算：

$$W=UIt$$

式中，W表示电功，单位为J；U表示电压，单位为V；I表示电流，单位为A；t表示时间，单位为s。

电功的单位为J，在电学中还常用到另一个单位：千瓦时（kWh），俗称为度。 1kWh=1度，kWh与J的关系是

$$1kWh=（1 \times 10^3）W \times（60 \times 60）s=3.6 \times 10^6（W \cdot s）=3.6 \times 10^6 J$$

1kWh可以这样理解：一个电功率为100W的灯泡连续使用10h，消耗的电功为1kWh（即消耗1度电）。

2. 电功率

电流需要通过一些用电设备才能做功，为了衡量这些设备做功能力的大小，引入一个电功率的概念。**电流单位时间做的功称为电功率。电功率常用P表示，单位为W**，此外还有kW和mW，它们之间的关系是

$$1kW=10^3 W=10^6 mW$$

电功率的计算公式是

$$P=UI$$

根据欧姆定律可知$U=IR$，$I=U/R$，所以电功率还可以用公式$P=I^2R$和$P=U^2/R$来求解。下面以图1-4所示的电路来说明电功率计算。

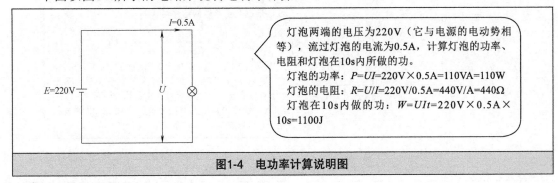

图1-4　电功率计算说明图

图中文字：

I=0.5A

E=220V　　U

灯泡两端的电压为220V（它与电源的电动势相等），流过灯泡的电流为0.5A，计算灯泡的功率、电阻和灯泡在10s内所做的功。

灯泡的功率：$P=UI=220V×0.5A=110VA=110W$

灯泡的电阻：$R=U/I=220V/0.5A=440V/A=440Ω$

灯泡在10s内做的功：$W=UIt=220V×0.5A×10s=1100J$

3. 焦耳定律

电流流过导体时导体会发热，这种现象称为电流的热效应。电热锅、电饭煲和电热水器等都是利用电流的热效应来工作的。

英国物理学家焦耳通过实验发现：**电流流过导体，导体发出的热量与导体流过的电流、导体的电阻和通电的时间有关**。这个关系用公式表示为

$$Q=I^2Rt$$

式中，Q表示热量，单位为J；R表示电阻，单位为Ω；t表示时间，单位为s。

焦耳定律说明：电流流过导体产生的热量，与电流的二次方及导体的电阻成正比，与通电时间也成正比。由于这个定律除了由焦耳发现外，俄国科学家楞次也通过实验独立发现，故该定律又称焦耳-楞次定律。

举例：某台电动机的额定电压是220V，线圈的电阻为0.4Ω，当电动机接220V的电压时，流过的电流是3A，求电动机的功率和线圈每秒钟发出的热量。

电动机的功率是：

$$P=UI=220V×3A=660W$$

电动机线圈每秒钟发出的热量：

$$Q=I^2Rt=（3A）^2×0.4Ω×1s=3.6J$$

1.1.3　电阻的串联、并联与混联

电阻的连接有串联、并联和混联三种方式。

1. 电阻的串联

两个或两个以上的电阻头尾相连串接在电路中，称为电阻的串联，如图1-5所示。

在图1-5所示的电路中，两个串联电阻上的总电压U等于电源电动势，即$U=E=6V$；电阻串联后的总电阻$R=R_1+R_2=12Ω$；流过各电阻的电流$I=U/（R_1+R_2）=6/12A=0.5A$；电阻R_1上的电压$U_{R1}=IR_1=（0.5×5）V=2.5V$，电阻$R_2$上的电压$U_{R2}=IR_2=（0.5×7）V=3.5V$。

2. 电阻的并联

两个或两个以上的电阻头尾相并接在电路中，称为电阻的并联，如图1-6所示。

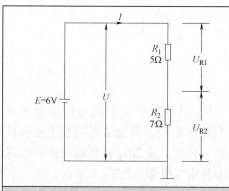

电阻的串联有以下特点：
① 流过各串联电阻的电流相等，都为I。
② 电阻串联后的总电阻R增大，总电阻等于各串联电阻之和，即
$$R=R_1+R_2$$
③ 总电压U等于各串联电阻上的电压之和，即
$$U=U_{R1}+U_{R2}$$
④ 串联电阻越大，两端电压越高，因为$R_1<R_2$，所以$U_{R1}<U_{R2}$。

图1-5　电阻的串联

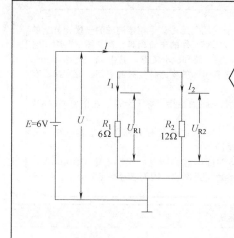

电阻的并联有以下特点：
① 并联的电阻两端的电压相等，即
$$U_{R1}=U_{R2}$$
② 总电流等于流过各个并联电阻的电流之和，即
$$I=I_1+I_2$$
③ 电阻并联则总电阻减小，总电阻的倒数等于各并联电阻的倒数之和，即
$$\frac{1}{R}=\frac{1}{R_1}+\frac{1}{R_2}$$
该式可变形为
$$R=\frac{R_1R_2}{R_1+R_2}$$
④ 在并联电路中，电阻越小，流过的电流越大，因为$R_1<R_2$，所以流过R_1的电流I_1大于流过R_2的电流I_2。

图1-6　电阻的并联

在图1-6所示的电路中，并联的电阻R_1、R_2两端的电压相等，$U_{R1}=U_{R2}=U=6\text{V}$；流过$R_1$的电流$I_1=\dfrac{U_{R1}}{R_1}=\dfrac{6}{6}\text{A}=1\text{A}$，流过$R_2$的电流$I_2=\dfrac{U_{R2}}{R_2}=\dfrac{6}{12}\text{A}=0.5\text{A}$，总电流$I=I_1+I_2=（1+0.5）\text{A}=1.5\text{A}$；$R_1$、$R_2$并联的总电阻为

$$R=R_1R_2/（R_1+R_2）=（6\times12）/（6+12）=4\Omega$$

3. 电阻的混联

一个电路中的电阻既有串联又有并联时，称为电阻的混联，如图1-7所示。

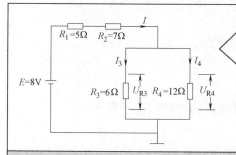

对于电阻混联电路，总电阻可以这样求：先求并联电阻的总电阻，然后再求串联电阻与并联电阻的总电阻之和。
在左图电路中，并联电阻R_3、R_4的总电阻为
$$R_0=\frac{R_3R_4}{R_3+R_4}=\frac{6\times12}{6+12}\Omega=4\Omega$$
电路的总电阻为
$$R=R_1+R_2+R_0=（5+7+4）\Omega=16\Omega$$

图1-7　电阻的混联

1.2　复杂电路的分析方法与规律

1.2.1　基本概念

在分析简单电路时，一般应用欧姆定律和电阻的串、并联规律，但用它们来分析复杂电路就比较困难。这里的简单电路通常是只有一个电源的电路，而复杂电路通常是有两个或两个以上电源的电路。对于复杂电路，常用基尔霍夫定律、叠加定理和戴维南定理进行分析。下面通过图1-8所示的一种复杂电路来说明几个基本概念：支路、节点、回路和网孔。

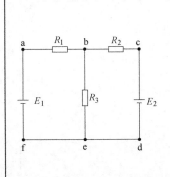

①支路。支路是指由一个或几个元件首尾相接构成的一段无分支的电路。在同一支路内，流过所有元件的电流相等。在左图电路中，它有三条支路，即bafe支路、be支路和bcde支路。其中 bafe支路和bcde支路中都含有电源，这种含有电源的支路称为有源支路。be支路没有电源，称为无源支路。

②节点。三条或三条以上支路的连接点称为节点。左图电路中的b点和e点都是节点。

③回路。电路中任意一个闭合的路径称为回路。左图电路中的abefa、bcdeb、abcdefa都是回路。

④网孔。内部不含支路的回路称为网孔。左图电路中的abefa、bcdeb回路是网孔，abcdefa就不是网孔，因为它含有支路be。

图1-8　一种复杂电路

1.2.2　基尔霍夫定律

基尔霍夫定律又可分为基尔霍夫第一定律（又称基尔霍夫电流定律）和基尔霍夫第二定律（又称基尔霍夫电压定律）。

1. 基尔霍夫第一定律

基尔霍夫第一定律指出，在电路中，流入任意一个节点的电流之和等于流出该节点的电流之和。下面以图1-9所示的电路来说明该定律。

基尔霍夫第一定律不但适合于电路中的节点，对一个封闭面也是适用的。图1-10a中流入晶体管的电流I_b、I_c与流出的电流I_e有以下关系

$$I_b + I_c = I_e$$

在图1-10b中，流入三角形负载的电流I_1与流出的电流I_2、I_3有以下关系

$$I_1 = I_2 + I_3$$

2. 基尔霍夫第二定律

基尔霍夫第二定律指出，电路中任一回路内各段电压的代数和等于零，即

$$\Sigma U = 0$$

在应用基尔霍夫第二定律分析电路时，需要先规定回路的绕行方向，当流过回路中某元件的电流方向与绕行方向一致时，该元件两端的电压取正，反之取负；电源的电动

势方向（电源的电动势方向始终是由负极指向正极）与绕行方向一致时，电源的电动势取负，反之取正。下面以图1-11所示的电路来说明这个定律。

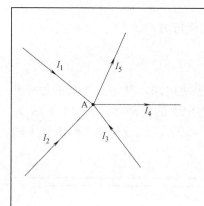

在电路中，流入A点的电流有三个，分别为I_1、I_2、I_3，从A点流出的电流有两个，分别为I_4、I_5，由基尔霍夫第一定律可得

$$I_1+I_2+I_3=I_4+I_5$$

又可表示为

$$\Sigma I_入 = \Sigma I_出$$

这里的"Σ"表示求和，可读作"西格马"。

如果规定流入节点的电流为正，流出节点的电流为负，那么基尔霍夫第一定律也可以这样叙述：在电路中任意一个节点上，电流的代数和等于零，即

$$I_1+I_2+I_3+(-I_4)+(-I_5)=0$$

也可以表示成

$$\Sigma I=0$$

图1-9 节点电流示意图

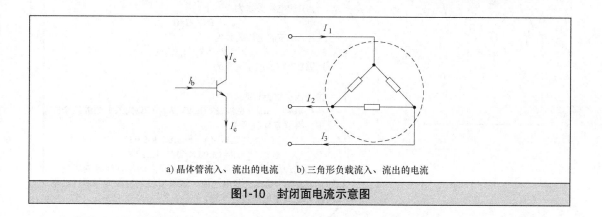

a) 晶体管流入、流出的电流　　b) 三角形负载流入、流出的电流

图1-10 封闭面电流示意图

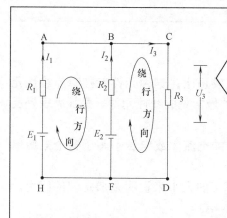

①分析电路中的BCDF回路的电压关系。首先在这个回路中画一个绕行方向，流过R_2的电流I_2和流过R_3的电流I_3与绕行方向一致，故I_2R_2（即U_2）和I_3R_3（即U_3）都取正，电源的电动势E_2的方向与绕行方向一致，电源的电动势E_2取负，根据基尔霍夫第二定律可得出

$$I_2R_2+I_3R_3+(-E_2)=0$$

②分析电路中的ABFH回路的电压关系。先在ABFH回路中画一个绕行方向，流过R_1的电流I_1的方向与绕行方向相同，I_1R_1取正，流过R_2的电流I_2的方向与绕行方向相反，I_2R_2取负，电源的电动势E_2的方向（负极指向正极）与绕行方向相反，E_2取正，电源的电动势E_1的方向与绕行方向相同，E_1取负，根据基尔霍夫第二定律可得出

$$I_1R_1+(-I_2R_2)+E_2+(-E_1)=0$$

图1-11 基尔霍夫第二定律说明图

7

3. 基尔霍夫定律的应用——支路电流法

对于复杂电路的计算常常要用到基尔霍夫第一、第二定律，并且这两个定律经常同时使用，下面介绍应用这两个定律计算复杂电路的一种方法——支路电流法。

支路电流法使用时的一般步骤如下：

1）在电路上标出各支路电流的方向，并画出各回路的绕行方向。

2）根据基尔霍夫第一、第二定律列出方程组。

3）解方程组求出未知量。

下面举例说明支路电流法的应用。图1-12所示为汽车照明电路，其中E_1为汽车发电机的电动势，E_1=14V，R_1为发电机的内阻，R_1=0.5Ω，E_2为蓄电池的电动势，E_2=12V，R_2为蓄电池的内阻，R_2=0.2Ω，照明灯的电阻R=4Ω，求各支路电流I_1、I_2、I和加在照明灯上的电压U_R。

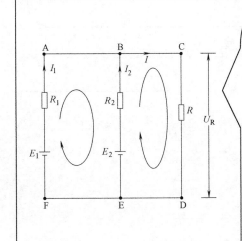

解题过程如下：

第一步：在电路中标出各支路电流I_1、I_2、I的方向，并画出各回路的绕行方向。

第二步：根据基尔霍夫第一、第二定律列出方程组。

节点B的电流关系为

$$I_1+I_2-I=0$$

回路ABEF的电压关系为

$$I_1R_1-I_2R_2+E_2-E_1=0$$

回路BCDE的电压关系为

$$I_2R_2+IR-E_2=0$$

第三步：解方程组。

将E_1=14V，R_1=0.5Ω，E_2=12V，R_2=0.2Ω代入上面的三个式子中，再解方程组可得

$$I_1=3.72A，I_2=-0.69A，I=3.03A$$
$$U_R=IR=（3.03×4）V=12.12V$$

上面的I_2为负值，表明电流I_2的实际方向与标注方向相反，即电流I_2实际是流进蓄电池的，这说明发电机在为照明灯供电的同时还对蓄电池进行充电。

图1-12　汽车照明电路

1.2.3　叠加定理

对于一个元件，如果它两端的电压与流过的电流成正比，这种元件就被称为**线性元件**。线性电路是由线性元件组成的电路，电阻就是一种最常见的线性元件。**叠加原理是反映线性电路基本性质的一个重要原理。**

叠加原理的内容是：在线性电路中，任一支路中的电流（或电压）等于各个电源单独作用在此支路中所产生的电流（或电压）的代数和。

下面以求图1-13a所示的电路中各支路电流I_1、I_2、I的大小来说明叠加定理的应用，图1-13a中的的E_1=14V，R_1=0.5Ω，E_2=12V，R_2=0.2Ω，R=4Ω。

分析过程如下：

第一步：在图1-13a所示的电路中标出各支路电流的方向。

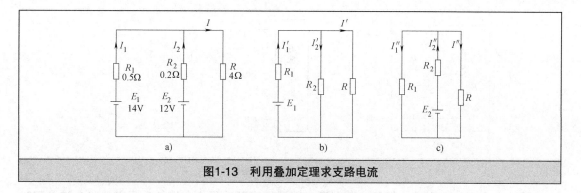

图1-13　利用叠加定理求支路电流

第二步：画出只有一个电源E_1作用时的电路，把另一个电源当作短路，并标出这个电路各支路的电流方向，如图1-13b所示，再分别求出该电路各支路的电流大小。

$$I_1' = \frac{E_1}{R_1 + \frac{R_2 R}{R_2 + R}} = \frac{14}{0.5 + \frac{0.2 \times 4}{0.2 + 4}}\text{A} = \left(14 \times \frac{4.2}{2.9}\right)\text{A} \approx 20.28\text{A}$$

$$I_2' = \frac{E_1 - I_1' R_1}{R_2} = \frac{14 - 20.28 \times 0.5}{0.2}\text{A} = 19.3\text{A}$$

$$I' = I_1' - I_2' = (20.28 - 19.3)\text{A} = 0.98\text{A}$$

第三步：画出只有电源E_2作用时的电路，把电源E_1当作短路，并在这个电路中标出各支路电流的方向，如图1-13c所示，再分别求出该电路各支路的电流大小。

$$I_2'' = \frac{E_2}{R_2 + \frac{R_1 R}{R_1 + R}} = \frac{12}{0.2 + \frac{0.5 \times 4}{0.5 + 4}}\text{A} = \left(12 \times \frac{4.5}{2.9}\right)\text{A} \approx 18.6\text{A}$$

$$I_1'' = \frac{E_2 - I_2'' R_2}{R_1} = \frac{12 - 3.72}{0.5}\text{A} = 16.56\text{A}$$

$$I'' = I_2'' - I_1'' = (18.6 - 16.56)\text{A} = 2.04\text{A}$$

第四步：将每一支路的电流或电压分别进行叠加。凡是与原电路（见图1-13a所示的电路）中假定的电流（或电压）方向相同的为正，反之为负。这样可以求出各支路的电流分别是

$$I_1 = I_1' - I_1'' = (20.28 - 16.56)\text{A} = 3.72\text{A}$$

$$I_2 = I_2'' - I_2' = (18.6 - 19.3)\text{A} = -0.7\text{A}$$

$$I = I' + I'' = (0.98 + 2.04)\text{A} = 3.02\text{A}$$

1.2.4　戴维南定理

对于一个复杂电路，如果需要求多条支路的电流大小，可以应用基尔霍夫定律或叠加定理。如果仅需要求一条支路中的电流大小，应用戴维南定理更为方便。

在介绍戴维南定理之前，先来说明一下二端网络。**任何具有两个出线端的电路都可以称为二端网络。包含电源的二端网络称为有源二端网络，否则就叫作无源二端网络。**图1-14a所示的电路就是一个有源二端网络，通常可以将它画成图1-14b所示的形式。

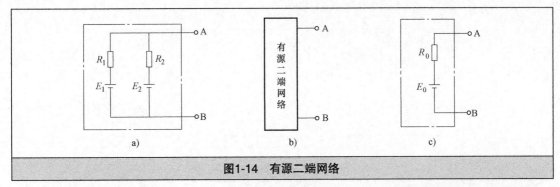

图1-14　有源二端网络

　　戴维南定理的内容是：任何一个有源二端网络都可以用一个等效电源电动势E_0和内阻R_0串联起来的电路来代替。根据该定理可以将图1-14a所示的电路简化成图1-14c所示的电路。

　　那么等效电源电动势E_0和内阻R_0如何确定呢？**戴维南定理还指出：等效电源电动势E_0是该有源二端网络开路时的端电压；内阻R_0是指从两个端点向有源二端网络内看进去，并将电源均当成短路时的等效电阻。**

　　下面以图1-15所示的电路为例来说明戴维南定理的应用。在图1-15a所示的电路中，$E_1 = 14\text{V}$，$R_1 = 0.5\Omega$，$E_2 = 12\text{V}$，$R_2 = 0.2\Omega$，$R = 4\Omega$，求流过电阻R的电流I的大小。

　　分析过程如下：

　　第一步：将电路分成待求支路和有源二端网络，如图1-15a所示。

　　第二步：假定待求支路断开，求出有源二端网络开路的端电压，此为等效电源电动势E_0，如图1-15b所示。

$$I_1 = \frac{E_1 - E_2}{R_1 + R_2} = \frac{14 - 12}{0.5 + 0.2}\text{A} = \frac{2}{0.7}\text{A} = \frac{20}{7}\text{A}$$

$$E_0 = E_1 - I_1 R_1 = \left(14 - \frac{20}{7} \times 0.5\right)\text{V} = \frac{88}{7}\text{V}$$

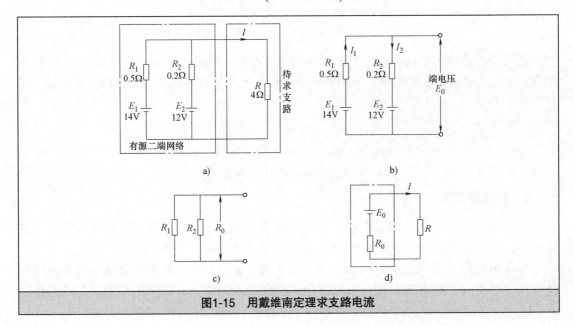

图1-15　用戴维南定理求支路电流

第三步：假定有源二端网络内部的电源都短路，求出内部电阻，此为内阻R_0，如图1-15c所示。

$$R_0 = \frac{R_1 R_2}{R_1 + R_2} = \frac{0.5 \times 0.2}{0.5 + 0.2}\Omega = \frac{0.1}{0.7}\Omega = \frac{1}{7}\Omega$$

第四步：画出图1-15a所示电路的戴维南等效电路，如图1-15d所示，再求出待求支路电流的大小。

$$I = \frac{E_0}{R_0 + R} = \frac{\dfrac{88}{7}}{\dfrac{1}{7} + 4}A = \frac{88}{7} \times \frac{7}{29}A \approx 3.03A$$

1.2.5 最大功率传输定理与阻抗变换

1. 最大功率传输定理

在电路中，往往希望负载能从电源中获得最大的功率，怎样才能做到这一点呢？如图1-16所示，E为电源的电动势，R为电源的内阻，R_L为负载电阻，I为流过负载R_L的电流，U为负载两端的电压。

负载R_L获得的功率$P=UI$，当增大R_L的阻值时，电压U会增大，但电流I会减小，如果减小R_L的阻值，虽然电流I会增大，但电压U会减小。什么情况下功率P的值最大呢？**最大功率传输定理内容是：负载要从电源获得最大功率的条件是负载的电阻（阻抗）与电源的内阻相等。**负载的电阻与电源的内阻相等又称为两者**阻抗匹配**。在图1-16所示的电路中，负载R_L要从电源获得最大功率的条件是$R_L=R$，此时R_L得到的最大功率是$P = \dfrac{E^2}{4R_L}$。

如果有多个电源向一个负载供电，如图1-17所示，负载R_L怎样才能获得最大功率呢？这时就要先用戴维南定理求出该电路的等效电阻R_0和等效电动势E_0，只要$R_L=R_0$，负载就可以获得最大功率$P = \dfrac{E_0^2}{4R_L}$。

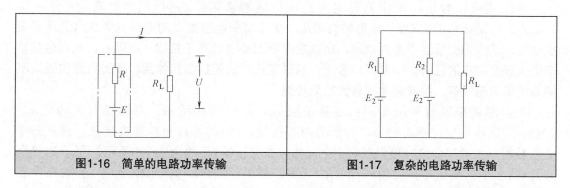

| 图1-16 简单的电路功率传输 | 图1-17 复杂的电路功率传输 |

2. 阻抗变换

当负载的阻抗与电源的内阻相等时，负载才能从电源中获得最大功率，但很多电路的负载阻抗与电源的内阻并不相等，这种情况下怎么才仍能让负载获得最大功率呢？解决方法是进行阻抗变换，**阻抗变换通常采用变压器。**下面以图1-18所示的电路为例来说明变压器的阻抗变换原理。

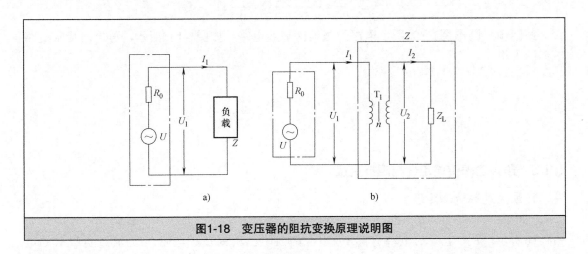

图1-18　变压器的阻抗变换原理说明图

在图1-18a中，要使负载从电源中获得最大功率，需让负载的阻抗Z与电源（这里为信号源）内阻R_0相等，即$Z=R_0$，这里的负载可以是一个元件，也可以是一个电路，它的阻抗可以用$Z = \dfrac{U_1}{I_1}$表示。

现假设负载是图1-18b虚线框内由变压器和电阻组成的电路，该负载的阻抗$Z = \dfrac{U_1}{I_1}$，变压器的匝数比为n，电阻的阻抗为Z_L，根据变压器改变电压的规律$\dfrac{U_1}{U_2} = \dfrac{I_2}{I_1} = n$可得到下式，即

$$Z = \frac{U_1}{I_1} = \frac{nU_2}{\frac{1}{n}I_2} = n^2 \frac{U_2}{I_2} = n^2 Z_L$$

从上式可以看出，变压器与电阻组成电路的总阻抗Z是电阻阻抗Z_L的n^2倍，即$Z=n^2 Z_L$。如果让总阻抗Z等于电源的内阻R_0，变压器和电阻组成的电路就能从电源获得最大功率，又因为变压器不消耗功率，所以功率全部传送给真正负载（电阻），从而达到功率最大程度传送的目的。由此可以看出：**通过变压器的阻抗变换作用，真正负载的阻抗不须与电源内阻相等，同样能实现最大功率传输。**

下面举例来说明变压器阻抗变换的应用。如图1-19所示，音频信号源内阻$R_0=72\Omega$，而扬声器的阻抗$Z_L=8\Omega$，如果将两者按图1-19a的方法直接连接起来，扬声器将无法获得最大功率，这时可以在它们之间加一个变压器T_1，如图1-19b所示，至于选择匝数比n为多少的变压器，可用$R_0=n^2 Z_L$来计算，结果可得到$n=3$。也就是说，只要在两者之间接一个$n=3$的变压器，扬声器就可以从音频信号获得最大功率，从而发出最大的声音。

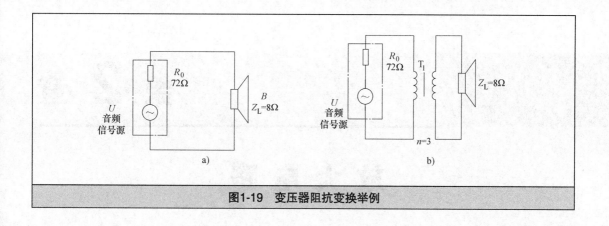

图1-19　变压器阻抗变换举例

第 **2** 章

放 大 电 路

2.1 基本放大电路

晶体管是一种具有放大功能的器件，**但单独的晶体管是无法放大信号的，只有给晶体管提供电压，让它导通才具有放大能力。** 为晶体管提供导通所需的电压，使晶体管具有放大能力的简单电路通常称为基本放大电路，又称偏置放大电路。常见的基本放大电路有固定偏置放大电路和分压式偏置放大电路。

2.1.1 固定偏置放大电路

固定偏置放大电路是一种最简单的放大电路。固定偏置放大电路如图2-1所示。

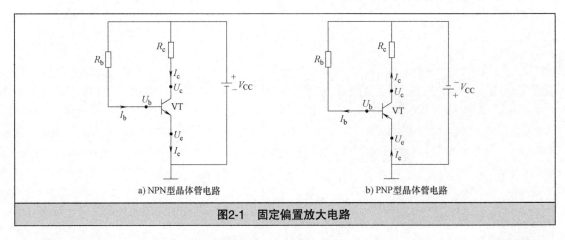

a) NPN型晶体管电路   b) PNP型晶体管电路

图2-1 固定偏置放大电路

图2-1a所示为NPN型晶体管构成的固定偏置放大电路，图2-1b是由PNP型晶体管构成的固定偏置放大电路。它们都由晶体管VT和电阻R_b、R_c组成，R_b称为偏置电阻，R_c称为负载电阻。接通电源后，有电流流过晶体管VT，VT就会导通而具有放大能力。下面来分析图2-1a所示的NPN型晶体管构成的固定偏置放大电路。

1. 电流关系

接通电源后，从电源V_{CC}正极流出电流，分作两路：一路电流经电阻R_b流入晶体管VT基极，再通过VT内部的发射结从发射极流出；另一路电流经电阻R_c流入VT的集电极，再通过VT内部从发射极流出；两路电流从VT的发射极流出后汇合成一路电流，再流到电源的负极。

晶体管的三个极分别有电流流过，其中**流经基极的电流为I_b，流经集电极的电流为I_c，流经发射极的电流为I_e。I_b、I_c、I_e的关系为**

$$I_b + I_c = I_e$$
$$I_c = I_b\beta \quad (\beta 为晶体管VT的放大倍数)$$

2. 电压关系

接通电源后，电源为晶体管各极提供电压，电源正极电压经R_c降压后为VT提供集电极电压U_c，电源经R_b降压后为VT提供基极电压U_b，电源负极电压直接加到VT的发射极，发射极电压为U_e。电路中R_b的阻值较R_c的阻值大很多，所以**处于放大状态的NPN型晶体管的三个极的电压关系为**

$$U_c > U_b > U_e$$

3. 晶体管内部两个PN结的状态

图2-1a中的晶体管VT为NPN型晶体管，它内部有两个PN结，集电极和基极之间有一个PN结，称为集电结，发射极和基极之间有一个PN结称为发射结。因为VT的三个极的电压关系是$U_c > U_b > U_e$，所以VT内部两个PN结的状态是：发射结正偏（PN结可相当于一个二极管，P极电压高于N极电压时称为PN结电压正偏），集电结反偏。

综上所述，**晶体管处于放大状态时具有的特点如下：**

1）$I_b + I_c = I_e$，$I_c = I_b\beta$。

2）$U_c > U_b > U_e$（NPN型晶体管）。

3）发射结正偏导通，集电结反偏。

4. 静态工作点的计算

在图2-1a中，**晶体管VT的I_b（基极电流）、I_c（集电极电流）和U_{ce}（集电极和发射极之间的电压，$U_{ce} = U_c - U_e$）称为静态工作点。**

晶体管VT的静态工作点计算方法如下：

$$I_b = \frac{V_{CC} - U_{be}}{R_b} \quad (晶体管处于放大状态时U_{be}为定值，硅管一般取U_{be}=0.7V，锗管取$$

$U_{be}=0.3V$）

$$I_c = \beta I_b$$
$$U_{ce} = U_c - U_e = U_c - 0 = U_c = V_{CC} - U_{RC} = V_{CC} - I_c R_c$$

举例：在图2-1a中，$V_{CC}=12V$，$R_b=300k\Omega$，$R_c=4k\Omega$，$\beta=50$，求放大电路的静态工作点I_b、I_c、U_{ce}。

静态工作点计算过程如下

$$I_b = \frac{V_{CC} - U_{be}}{R_b} = \frac{12 - 0.7}{3 \times 10^5} \approx 37.7 \times 10^{-6} A = 0.0377mA$$

$$I_c = \beta I_b = 50 \times 37.7 \times 10^{-6} = 1.9 \times 10^{-3} \text{A} = 1.9 \text{mA}$$

$$U_{ce} = V_{CC} - I_c R_c = (12 - 1.9 \times 10^{-3} \times 4 \times 10^3)\text{V} = 4.4\text{V}$$

以上分析的是NPN型晶体管固定偏置放大电路，读者可根据上面的方法来分析图2-1b中的PNP型晶体管固定偏置放大电路。

固定偏置放大电路结构简单，但当晶体管温度上升引起静态工作点发生变化时（如环境温度上升，晶体管内的半导体材料导电能力增强，会使电流I_b、I_c增大），电路无法使静态工作点恢复正常，从而会导致晶体管工作不稳定，所以固定偏置放大电路一般用在要求不高的电子设备中。

2.1.2　分压式偏置放大电路

分压式偏置放大电路是一种应用最为广泛的放大电路，这主要是它能有效地克服固定偏置放大电路无法稳定静态工作点的缺点。分压式偏置放大电路如图2-2所示，该电路是由NPN型晶体管构成的分压式偏置放大电路。R_1为上偏置电阻，R_2为下偏置电阻，R_c为负载电阻，R_e为发射极电阻。

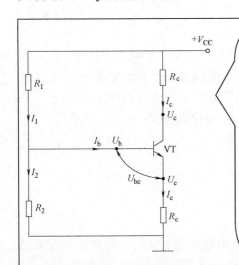

①电流关系。接通电源后，电路中有电流I_1、I_2、I_b、I_c、I_e产生，各电流的流向如图2-2所示。不难看出，这些电流有以下关系：
$$I_2 + I_b = I_1$$
$$I_b + I_c = I_e$$
$$I_c = I_b \beta$$

②电压关系。接通电源后，电源为晶体管各个极提供电压，$+V_{CC}$电源经R_c降压后为VT提供集电极电压U_c，$+V_{CC}$经R_1、R_2分压后为VT提供基极电压U_b，电流I_e在流经R_4时，在R_4上得到电压U_{R4}，U_{R4}的大小与VT的发射极电压U_e相等。图2-2中的晶体管VT处于放大状态，U_c、U_b、U_e三个电压满足以下关系：
$$U_c > U_b > U_e$$

③晶体管内部两个PN结的状态。由于$U_c > U_b > U_e$，其中$U_c > U_b$使VT的集电结处于反偏状态，$U_b > U_e$使VT的发射结处于正偏状态。

图2-2　分压式偏置放大电路

1. 静态工作点的计算

在电路中，晶体管VT的I_b远小于I_1，基极电压U_b基本由R_1、R_2分压来确定，即

$$U_b = V_{CC} \frac{R_2}{R_1 + R_2}$$

由于$U_{be} = U_b - U_e = 0.7\text{V}$，所以晶体管VT的发射极电压为

$$U_e = U_b - U_{be} = U_b - 0.7\text{V}$$

晶体管VT的集电极电压为

$$U_c = V_{CC} - U_{Rc} = V_{CC} - I_c R_c$$

举例：在图2-2中，$V_{CC} = 18\text{V}$，$R_1 = 39\text{k}\Omega$，$R_2 = 10\text{k}\Omega$，$R_c = 3\text{k}\Omega$，$R_e = 2\text{k}\Omega$，$\beta = 50$，求放大电路的U_b、U_c、U_e和静态工作点I_b、I_c、U_{ce}。

计算过程如下：

$$U_b = V_{CC}\frac{R_2}{R_1 + R_2} = 18 \times \frac{10 \times 10^3}{39 \times 10^3 + 10 \times 10^3} = 3.67V$$

$$U_e = U_b - U_{be} = 3.67 - 0.7 = 2.97V$$

$$I_c \approx I_e = \frac{U_e}{R_4} = \frac{U_b - U_{be}}{R_4} = \frac{3.67 - 0.7}{2 \times 10^3}A \approx 1.5 \times 10^{-3}A = 1.5mA$$

$$I_b = \frac{I_c}{\beta} = \frac{1.5 \times 10^{-3}}{50}A = 3 \times 10^{-5}A = 0.03mA$$

$$U_c = V_{CC} - U_{R3} = V_{CC} - I_c R_3 = (18 - 1.5 \times 10^{-3} \times 3 \times 10^3)V = 13.5V$$

$$U_{ce} = V_{CC} - U_{R3} - U_{R4} = V_{CC} - I_c R_3 - I_e R_4 = (18 - 1.5 \times 10^{-3} \times 3 \times 10^3 - 1.5 \times 10^{-3} \times 2 \times 10^3)V = 10.5V$$

2. 静态工作点的稳定

与固定偏置放大电路相比，分压式偏置放大电路最大的优点是具有稳定静态工作点的功能。分压式偏置放大电路静态工作点稳定过程分析如下：

当环境温度上升时，晶体管内部的半导体材料导电性增强，VT的电流I_b、I_c增大→流过R_4的电流I_e增大（$I_e = I_b + I_c$，电流I_b、I_c增大，I_e就增大）→R_4两端的电压U_{R4}增大（$U_{R4} = I_e R_4$，R_4不变，I_e增大，U_{R4}也就增大）→VT的发射极电压U_e上升（$U_e = U_{R4}$）→VT的发射结两端的电压U_{be}下降（$U_{be} = U_b - U_e$，U_b基本不变，U_e上升，U_{be}下降）→I_b减小→I_c也减小（$I_c = I_b\beta$，β不变，I_b减小，I_c也减小）→I_b、I_c减小到正常值，从而稳定了晶体管的电流I_b、I_c。

2.1.3　交流放大电路

偏置放大电路具有放大能力，若给偏置放大电路输入交流信号，它就可以对交流信号进行放大，再输出幅度大的交流信号。为了使偏置放大电路以较好的效果放大交流信号，并能与其他电路很好地连接，通常要给偏置放大电路增加一些耦合、隔离和旁路元件，这样的电路通常称为交流放大电路。图2-3所示为一种典型的交流放大电路。

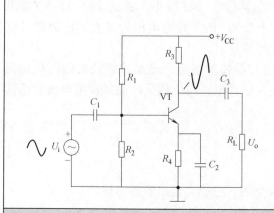

电阻R_1、R_2、R_3、R_4与晶体管VT构成分压式偏置放大电路。

C_1、C_2称作耦合电容，C_1、C_2的容量较大，对交流信号阻碍很小，交流信号很容易通过C_1、C_2，C_1用来将输入端的交流信号传送到VT的基极，C_2用来将VT集电极输出的交流信号传送给负载R_L，C_1、C_2除了起传送交流信号作用外，还起隔直作用，所以VT基极直流电压无法通过C_1到输入端，VT集电极直流电压无法通过C_3到负载R_L；C_2称作交流旁路电容，可以提高放大电路的放大能力。

图2-3　一种典型的交流放大电路

1. 直流工作条件

因为晶体管只有在满足了直流工作条件后才具有放大能力，所以分析一个放大电路是否具有放大能力先要分析它能否为晶体管提供直流工作条件。

晶体管要工作在放大状态，需满足的直流工作条件主要有：①有完整的I_b、I_c、I_e途径；②能提供电压U_c、U_b、U_e；③发射结正偏导通，集电结反偏。这三个条件满足了以后晶体管才具有放大能力。**一般情况下，如果晶体管电流I_b、I_c、I_e在电路中有完整的途径就可认为它具有放大能力**，因此以后在分析晶体管的直流工作条件时，一般分析晶体管的电流I_b、I_c、I_e途径就可以了。

VT的电流I_b的途径是：电源V_{CC}正极→电阻R_1→VT的b极→VT 的e极；

VT的电流I_c的途径是：电源V_{CC}正极→电阻R_3→VT的c极→e极；

VT的电流I_e的途径是：VT的e极→R_4→地→电源V_{CC}负极。

电流I_b、I_c、I_e途径也可用如下流程图表示：

$$+V_{CC} \Big\langle \begin{array}{l} \xrightarrow{} R_3 \xrightarrow{I_c} VTc极 \\ \xrightarrow{} R_1 \xrightarrow{I_b} VTb极 \end{array} \Big\rangle \begin{array}{l} \xrightarrow{I_c} \\ \xrightarrow{I_b} \end{array} VTe极 \xrightarrow{I_e} R_4 \longrightarrow 地$$

从上面的分析可知，晶体管VT的电流I_b、I_c、I_e在电路中有完整的途径，所以VT具有放大能力。试想一下，如果R_1或R_3开路，晶体管VT有无放大能力，为什么？

2. 交流信号处理过程

满足了直流工作条件后，晶体管具有了放大能力，就可以放大交流信号。图2-3中的U_i为小幅度的交流信号电压，它通过电容C_1加到晶体管VT的b极。

当交流信号电压U_i为正半周时，U_i极性为上正下负，上正电压经C_1送到VT的b极，与b极的直流电压（V_{CC}经R_1提供）叠加，使b极电压上升，VT的电流I_b增大，电流I_c也增大，流过R_3的电流I_c增大，R_3上的电压U_{R3}也增大（$U_{R3}=I_cR_3$，因I_c增大，故U_{R3}增大），VT集电极电压U_c下降（$U_c=V_{CC}-U_{R3}$，U_{R3}增大，故U_c下降），该下降的电压为放大输出的信号电压，但信号电压被倒相180°，变成负半周信号电压。

当交流信号电压U_i为负半周时，U_i极性为上负下正，上负电压经C_1送到VT的b极，与b极的直流电压（V_{CC}经R_1提供）叠加，使b极电压下降，VT的电流I_b减小，电流I_c也减小，流过R_3的电流I_c减小，R_3上的电压U_{R3}也减小（$U_{R3}=I_cR_3$，因I_c减小，故U_{R3}减小），VT集电极电压U_c上升（$U_c=V_{CC}-U_{R3}$，U_{R3}减小，故U_c上升）。该上升的电压为放大输出的信号电压，但信号电压也被倒相180°，变成正半周信号电压。

也就是说，当交流信号电压正、负半周送到晶体管基极，经晶体管放大后，从集电极输出放大的信号电压，但输出信号电压与输入信号电压相位相反。晶体管集电极输出信号电压再经耦合电容C_3隔直后送给负载R_L。

2.1.4　放大电路的三种基本接法

1. 放大电路的一些基本概念

为了让大家更容易地理解放大电路，先来介绍一些放大电路的基本概念。

（1）输入电阻和输出电阻

图2-4所示为放大电路的等效图。

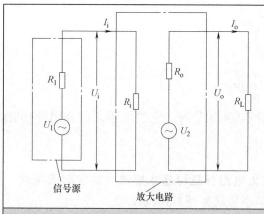

图2-4中的U_1为信号源电压，R_1为信号源内阻，R_L为负载。图2-4中间方框内的部分是放大电路的等效图，U_2是放大的信号电压，U_i为放大电路的输入电压，负载R_L两端的电压U_o为放大电路的输出电压，流入放大电路的电流I_i称为输入电流，从放大电路流出的电流I_o称为输出电流。R_i为放大电路的输入电阻，R_o为放大电路的输出电阻。

从减轻输入信号源负担和提高放大电路的输出电压来看，输入电阻R_i大一些好，因为在输入信号源内阻R_1不变时，输入电阻R_i大的话，一方面会使放大电路从信号源吸取的电流I_i小，同时可以在放大电路输入端得到比较高的电压U_i，这样放大电路放大后输出的电压很高。**如果需要提高放大电路的输出电流I_o，输入电阻R_i小一些更好**，因为输入电阻小时放大电路输入电流大，放大后输出的电流就比较大。

对于放大电路的输出电阻R_o要求越小越好，因为输出电阻小时，在输出电阻上消耗的电压和电流都很小，负载R_L就可以获得比较大的功率，也就是说放大电路输出电阻越小则该放大电路带负载能力越强。

（2）放大倍数和增益

放大电路的放大倍数有以下三种。

1）电压放大倍数。**电压放大倍数是指输出电压U_o与输入电压U_i的比值，用A_u表示。**

$$A_u = U_o / U_i$$

2）电流放大倍数。**电流放大倍数是指输出电流I_o与输入电流I_i的比值，用A_i表示。**

$$A_i = I_o / I_i$$

3）功率放大倍数。**功率放大倍数是指输出功率P_o与输入功率P_i的比值，用A_p表示。**

$$A_p = P_o / P_i$$

在实际应用中，**为了便于计算和表示，常采用放大倍数的对数来表示放大电路的放大能力，这样得到的值称作增益，增益的单位为dB，**增益越大说明电路的放大能力越强。

电压增益为

$$G_u = 20\lg \frac{U_o}{U_i}\,\mathrm{dB}$$

电流增益为

$$G_i = 20\lg\frac{I_o}{I_i}\,\text{dB}$$

功率增益为

$$G_p = 10\lg\frac{P_o}{P_i}\,\text{dB}$$

例如放大电路的电压放大倍数分别为100倍和10000倍时，它的电压增益分别为40dB和80dB。

2. 放大电路的三种基本接法

根据晶体管在电路中的连接方式不同，放大电路有三种基本接法：共发射极接法、共基极接法和共集电极接法。放大电路的三种基本接法如图2-5所示。

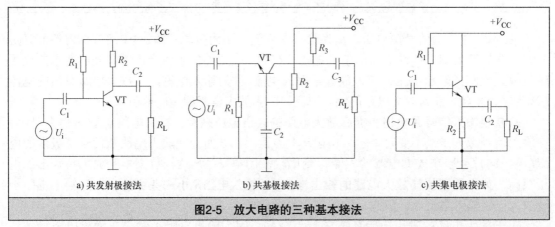

a) 共发射极接法　　　　b) 共基极接法　　　　c) 共集电极接法

图2-5　放大电路的三种基本接法

放大电路的三种基本接法电路可从下面几个方面来分析：

（1）是否具备放大能力

前面已经讲过，**要判断晶体管电路是否具备放大能力，一般可通过分析电路中晶体管电流I_b、I_c、I_e有无完整的途径来判断，若有完整的途径就说明该放大电路具有放大能力。** 图2-5中三种基本接法电路的晶体管电流I_b、I_c、I_e分析如下：

共发射极接法电路中晶体管电流I_b、I_c、I_e的途径：

$$+V_{CC} \longrightarrow \begin{cases} R_2 \xrightarrow{I_c} \text{VT的c极} \\ R_1 \xrightarrow{I_b} \text{VT的b极} \end{cases} \xrightarrow{\ \substack{I_c \\ I_b}\ } \text{VT的e极} \xrightarrow{I_e} \text{地}$$

共基极接法电路中晶体管电流I_b、I_c、I_e的途径：

$$+V_{CC} \longrightarrow \begin{cases} R_3 \xrightarrow{I_c} \text{VT的c极} \\ R_2 \xrightarrow{I_b} \text{VT的b极} \end{cases} \xrightarrow{\ \substack{I_c \\ I_b}\ } \text{VT的e极} \xrightarrow{I_e} R_1 \longrightarrow \text{地}$$

共集电极接法电路中晶体管电流I_b、I_c、I_e的途径：

$$+V_{CC} \longrightarrow \begin{cases} \xrightarrow{I_c} \text{VT的c极} \\ R_1 \xrightarrow{I_b} \text{VT的b极} \end{cases} \xrightarrow{\ \substack{I_c \\ I_b}\ } \text{VT的e极} \xrightarrow{I_e} R_2 \longrightarrow \text{地}$$

从上面的分析可以看出，三种基本接法电路中的晶体管电流I_b、I_c、I_e都有完整的途径，所以它们都具有放大能力。

（2）共用电极形式

一个放大电路应具有输入端和输出端，为了使输入端、输出端的交流信号能有各自的回路，要求输入端和输出端应各有两极，而晶体管只有三个电极，这样就会出现一个电极被输入端、输出端共用。

在分析放大电路时，为了掌握放大电路交流信号的处理情况，需要画出它的交流等效图，在画交流等效图时不考虑直流。**画交流等效图要掌握两点：**

1）电源的内阻很小，对于交流信号可视为短路，即对交流信号而言，电源正负极相当于短路，所以画交流等效图时应将电源正负极用导线连起来。

2）电路中的耦合电容和旁路电容容量比较大，对交流信号阻碍很小，也可视为短路，在画交流等效图时大容量的电容可用导线取代。

根据上述原则，可按图2-6所示的方法画出图2-5a中共发射极接法放大电路的交流等效图。

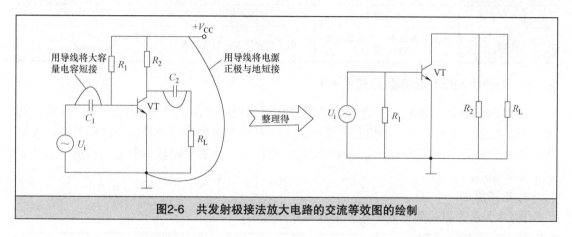

图2-6 共发射极接法放大电路的交流等效图的绘制

用同样的方法可画出其他两种基本接法放大电路的交流等效图。三种基本接法放大电路的交流等效图如图2-7所示。

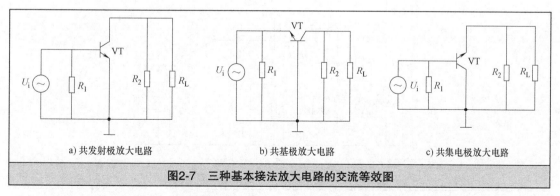

a) 共发射极放大电路　　　　　b) 共基极放大电路　　　　　c) 共集电极放大电路

图2-7 三种基本接法放大电路的交流等效图

在图2-7a所示电路中，**基极是输入端，集电极是输出端，发射极是输入和输出回路的共用电极，这种放大电路称为共发射极放大电路。**

在图2-7b所示电路中，**发射极是输入端，集电极是输出端，基极是输入和输出回路的共用电极，这种放大电路称为共基极放大电路。**

在图2-7c所示电路中，**基极是输入端，发射极是输出端，集电极是输入和输出回路的共用电极，这种放大电路称为共集电极放大电路。**

（3）三种基本接法放大电路的特点

三种基本接法放大电路的特点见表2-1。

表2-1　三种基本接法放大电路的特点

特点类别	共发射极放大电路	共基极放大电路	共集电极放大电路
输入电阻R_i	中	小	大
输出电阻R_o	中	大	小
电压放大倍数A_u	大	大	≈1
电流放大倍数A_i	β	≈1	$1+\beta$
输出与输入相位	U_o与U_i反相	U_o与U_i同相	U_o与U_i同相
频率特性	高频特性差	高频特性好	高频特性好
用途	用于低频放大、多级放大电路的中间级	用于高频放大、宽带放大	用于多级放大电路输入、中间和输出级

2.1.5　电路小制作：朗读助记器（一）

朗读助记器是一种利用声音反馈来增强记忆的电子产品。在朗读时，助记器的话筒将声音转换成电信号，然后对电信号进行放大，最后又将电信号经耳机还原成声音，人耳听到增强的朗读声音可强化朗读内容的记忆。朗读助记器的电路较为复杂，这里将它分成三个部分说明。

1. 电路原理

图2-8所示为朗读助记器的第一部分电路原理图。

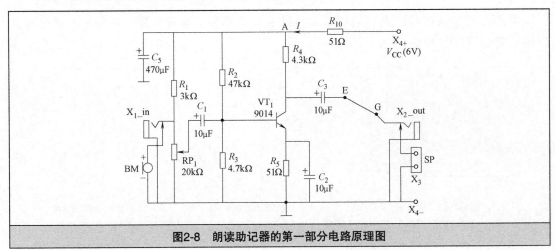

图2-8　朗读助记器的第一部分电路原理图

（1）信号处理过程

在朗读时，话筒BM将声音转换成电信号，这种由声音转换成的电信号称为音频信号。音频信号由音量电位器RP_1调节大小后，再通过C_1送到晶管VT_1基极，音频信号经VT_1放大后从集电极输出，通过C_3送到耳机插座X_2_out，如果将耳机插入X_2插孔，就可以听到自己的朗读声。

（2）直流工作情况

6V直流电源通过接插件X_4送入电路，6V电压经R_{10}降压后分作三路：第一路经R_1、插座X_1的内部簧片为话筒提供工作电压，使话筒工作；第二路经R_2、R_3分压后为晶体管VT_1提供基极电压；第三路经R_4为VT_1提供集电极电压。晶体管VT_1提供电压后有电流I_b、I_c、I_e流过，VT_1处于放大状态，可以放大送到基极的信号并从集电极输出。

（3）元器件说明

BM为内置驻极体式话筒，用于将声音转换成音频信号，BM有正、负极之分，不能接错极性。X_1为外接输入插座，当外接音源设备（如收音机、MP3等）时，应将音源设备的输出插头插入该插座，插座内的簧片断开，内置话筒BM被切断，而外部音源设备送来的信号经X_1簧片、RP_1和C_1送到晶体管VT_1基极进行放大。X_3为扬声器接插件，当使用外接扬声器时，可将扬声器的两根引线与X_3连接。X_2为外接耳机插座，当插入耳机后，插座内的簧片断开，扬声器接插件X_3被切断。

R_{10}、C_5构成电源退耦电路，用于滤除电源供电中的波动成份，使电路能得到较稳定的供电电压。在电路工作时，6V电源经R_{10}为晶体管VT_1供电，同时还会对C_5充电，在C_5上充得上正下负电压。在静态时，VT_1无信号输入，VT_1导通程度不变（即I_c保持不变），流过R_{10}的电流I基本稳定，U_A电压保持不变，在VT_1有信号输入时，VT_1的电流I_c会发生变化，当输入信号幅度大时，VT_1放大时导通程度深，电流I_c增大，流过R_{10}的电流I也增大，若没有C_5，A点电压会因电流I的增大而下降（I增大，R_{10}上的电压增大），有了C_5后，C_5会向R_4放电弥补电流I_c增多的部分，无需通过R_{10}的电流I增大，这样A点电压变化很小。同样，如果VT_1的输入信号幅度小时，VT_1放大时导通浅，电流I_c减小，若没有C_5，电流I也减小，A点电压会因电流I的减小而升高，有了C_5后，多余的电流I会对C_5充电，这样电流I不会因I_c的减小而减小，A点电压保持不变。

扫一扫看视频

2. 安装与调试

图2-9所示为安装好第一部分电路的朗读助记器。在调试朗读助记器时，需要用到一个0～12V可调电源，该电源的电路及制作参见本书第8章。

图2-9 安装好第一部分电路的朗读助记器

万用表选择直流电压档并接到电源的输出端，调节调压电位器，使电源输出电压为6V，再将6V电源接到朗读助记器，并将耳机插入X_2_out插孔，如图2-10所示，然后朝话筒讲话，听耳机里能否听到自己的声音，同时调节电位器RP_1，听声音有无变化，由于只有一级放大电路，所以声音比较小。

3. 电路检修

下面以"无声"故障为例来说明朗读助记器第一部分电路的检修，"无声"故障检修流程图如图2-11所示。

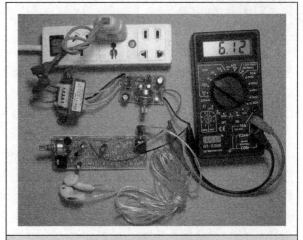

图2-10　朗读助记器第一部分电路的调试

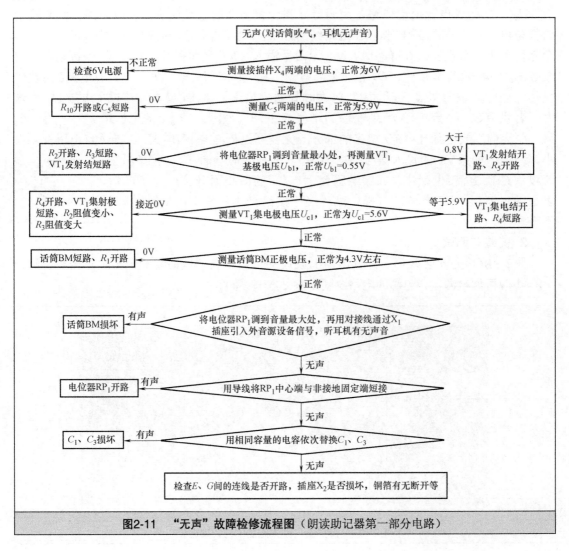

无声(对话筒吹气，耳机无声音)

检查6V电源 ←不正常── 测量接插件X_4两端的电压，正常为6V

↓正常

R_{10}开路或C_5短路 ←0V── 测量C_5两端的电压，正常为5.9V

↓正常

R_2开路、R_3短路、VT_1发射结短路 ←0V── 将电位器RP_1调到音量最小处，再测量VT_1基极电压U_{b1}，正常$U_{b1}=0.55V$ ──大于0.8V→ VT_1发射结开路、R_5开路

↓正常

R_4开路、VT_1集射极短路、R_2阻值变小、R_3阻值变大 ←接近0V── 测量VT_1集电极电压U_{c1}，正常为$U_{c1}=5.6V$ ──等于5.9V→ VT_1集电结开路、R_4短路

↓正常

话筒BM短路、R_1开路 ←0V── 测量话筒BM正极电压，正常为4.3V左右

↓正常

话筒BM损坏 ←有声── 将电位器RP_1调到音量最大处，再用对接线通过X_1插座引入外音源设备信号，听耳机有无声音

↓无声

电位器RP_1开路 ←有声── 用导线将RP_1中心端与非接地固定端短接

↓无声

C_1、C_3损坏 ←有声── 用相同容量的电容依次替换C_1、C_3

↓无声

检查E、G间的连线是否开路，插座X_2是否损坏，铜箔有无断开等

图2-11　"无声"故障检修流程图（朗读助记器第一部分电路）

2.2 负反馈放大电路

2.2.1 反馈的概念

反馈意为"反送"，反馈电路的功能就是从电路的输出端取出一部分信号反送到电路的输入端。 由于温度和电源的影响，放大电路在工作时往往是不稳定的，并且性能也不太好，给放大电路加上反馈电路可以有效地克服这些缺点。

下面通过图2-12所示来介绍反馈的基础知识。

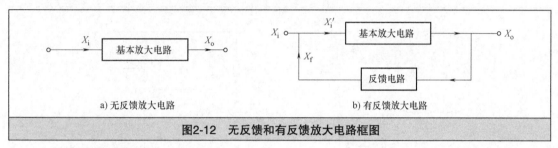

a) 无反馈放大电路   b) 有反馈放大电路

图2-12　无反馈和有反馈放大电路框图

1. 正反馈和负反馈

图2-12a中的基本放大电路没有加反馈电路，X_o表示输出信号，X_i表示输入信号。图2-12b中的基本放大电路增加了反馈电路，它从放大电路的输出端取一部分信号反送到电路的输入端，X_f表示反馈信号，反馈信号X_f与输入信号X_i叠加后送到电路的输入端。**如果反馈的信号与输入信号叠加所得到的信号增强，这种反馈称为正反馈；如果反馈的信号与输入信号叠加所得到的信号减弱，这种反馈称为负反馈。**

2. 开环放大倍数

在图2-12a中，**放大电路没加反馈时的放大倍数称为开环放大倍数A**，可表示为

$$A = \frac{X_o}{X_i}$$

3. 闭环放大倍数

在图2-12b中，**反馈信号X_f与输出信号X_o的比值称为反馈系数F**，即

$$F = \frac{X_f}{X_o}$$

如果反馈电路是负反馈，反馈系数F越大，表示负反馈信号X_f越大，抵消输入信号越多，送到基本放大电路的净输入信号X_i'越小，输出信号X_o越小，电路增益下降。

电路加了反馈电路后的放大倍数称为闭环放大倍数A_f，它可表示为

$$A_f = \frac{X_o}{X_i}$$

由于反馈放大电路引入了负反馈，它输出的信号X_o较未加负反馈的基本放大电路输出信号X_o要小，所以负反馈放大电路的闭环放大倍数A_f较开环放大倍数A小。

2.2.2 反馈类型的判别

反馈电路类型很多，可根据不同的标准分类：

① 根据反馈的极性分：有正反馈和负反馈。

② 根据反馈信号和输出信号的关系分：有电压反馈和电流反馈。

③ 根据反馈信号和输入信号的关系分：有串联反馈和并联反馈。

④ 根据反馈信号是交流或直流分：有交流反馈和直流反馈。

电路的反馈类型虽然很多，但对于一个具体的反馈电路，它会同时具有以上四种类型。下面就通过图2-13中所示的两个反馈电路来介绍反馈类型的判别。

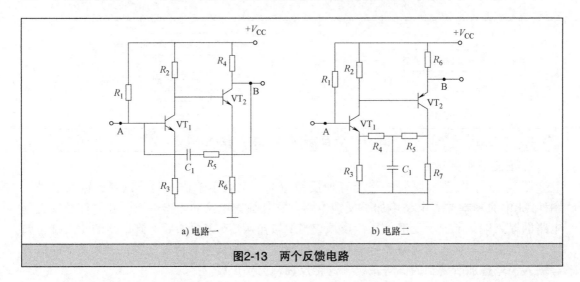

a) 电路一　　　　　　　　　　　b) 电路二

图2-13　两个反馈电路

1. 正反馈和负反馈的判别

（1）晶体管各极电压的变化关系

为了快速判断出反馈电路的反馈类型，有必要了解晶体管各极电压的变化关系。**不管是NPN型还是PNP型晶体管，它们各极电压变化都有以下规律：**

1）晶体管的基极与发射极是同相关系。 当基极电压上升（或下降）时，发射极电压也上升（或下降），即基极电压变化时，发射极的电压变化与基极电压变化相同。

2）晶体管的基极与集电极是反相关系。 当基极电压上升（或下降）时，集电极电压也下降（或上升），即基极电压变化时，集电极的电压变化与基极电压变化相反。

3）晶体管的发射极与集电极是同相关系。 当发射极电压上升（或下降）时，集电极电压也上升（或下降），即发射极电压变化时，集电极的电压变化与发射极相同。

晶体管各极电压的变化规律可用图2-14来表示，其中⊕表示电压上升，⊖表示电压下降。

图2-14a表示的含义为"当晶体管基极电压上升时，会引起发射极电压上升、集电极电压下降；当晶体管基极电压下降时，会引起发射极电压下降、集电极电压上升"。

图2-14b表示的含义为"当晶体管发射极电压上升时，会引起基极和集电极电压都上升；当晶体管发射极电压下降时，会引起基极和集电极电压都下降"。

（2）正反馈和负反馈的判别

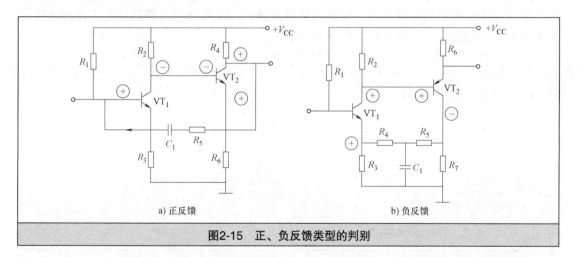

a) 当晶体管基极电压变化时，集电极
与发射极电压的变化情况

b) 当晶体管发射极电压变化时，基极
与集电极电压的变化情况

图2-14 晶体管各极电压变化规律

1）判别电路中有无反馈。在图2-13a电路中，R_5、C_1将输出信号一部分反送到输入端，所以电路中有反馈，R_5、C_1构成反馈电路。

在图2-13b电路中，R_4、R_5将后级电路的信号一部分反送到前级电路，这也属于反馈，R_4、R_5、C_1构成反馈电路。

2）判别反馈电路的正、负反馈类型。**反馈电路的正、负反馈类型通常采用"瞬时极性法"判别。**所谓"瞬时极性法"是指假设电路输入端电压瞬间变化（上升或下降），再分析输出端反馈过来的电压与先前假设的输入端电压的变化是否相同，如相同说明反馈为正反馈，相反则为负反馈。

正、负反馈类型的判别如图2-15所示。

a) 正反馈

b) 负反馈

图2-15 正、负反馈类型的判别

在图2-15a电路中，因为信号反馈到晶体管VT_1的b极，所以假设VT_1的b极电压上升，根据前面介绍的晶体管各极电压变化规律可知，当晶体管VT_1的b极电压上升时，c极电压会下降，晶体管VT_2的b极电压下降，VT_2的c极电压上升，该上升的电压经R_5、C_1反馈到VT_1的b极，由于反馈信号的电压极性与先前假设的电压极性相同，所以该反馈为正反馈。

在图2-15b电路中，因为信号反馈到VT_1的e极，所以假设VT_1的e极电压上升，VT_1的c极电压也会上升，VT_2的b极电压上升，VT_2的c极电压下降，该下降的电压经R_5、R_4反馈到VT_1的e极，由于反馈信号的电压极性与先前假设的电压极性相反，所以该反馈为负反馈。

2. 电压反馈和电流反馈的判别

电压反馈和电流反馈的判别方法是：将电路的输出端对地短路，如果反馈信号不存在（即反馈信号被短路到地），则该反馈为电压反馈；如果反馈信号依然存在（即反馈信号未被短路），则该反馈为电流反馈，如图2-16所示。

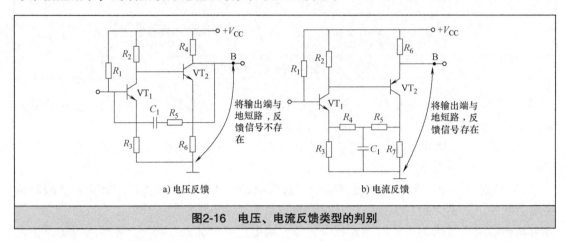

a) 电压反馈　　　　　　　b) 电流反馈

图2-16　电压、电流反馈类型的判别

3. 串联反馈和并联反馈

串联反馈和并联反馈的判别方法是：将电路的输入端对地短路，如果反馈信号不存在（即反馈信号被短路到地），该反馈为并联反馈，如果反馈信号依然存在（即反馈信号未被短路），该反馈为串联反馈，如图2-17所示。

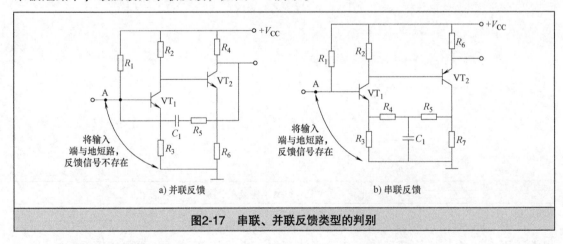

a) 并联反馈　　　　　　　b) 串联反馈

图2-17　串联、并联反馈类型的判别

4. 交流反馈和直流反馈

交流反馈和直流反馈的判别方法是：如果反馈信号是交流信号，为交流反馈；如果反馈信号是直流信号，就为直流反馈；如果反馈信号中既有交流信号又有直流信号，这种反馈称为交、直流反馈。

交流、直流反馈类型的判别如图2-18所示。

在图2-18a电路中，由于电容C_1的隔直作用，直流信号无法加到输入端，只有交流信号才能加到输入端，故该反馈为交流反馈。

在图2-18b电路中，由于电容C_1的旁路作用，反馈的交流信号被旁路到地，只有直流信号送到前级电路，故该反馈为直流反馈。

综上所述，图2-13a中的电路的反馈类型是电压、并联、交流正反馈，图2-13b中的电路的反馈类型是电流、串联、直流负反馈。

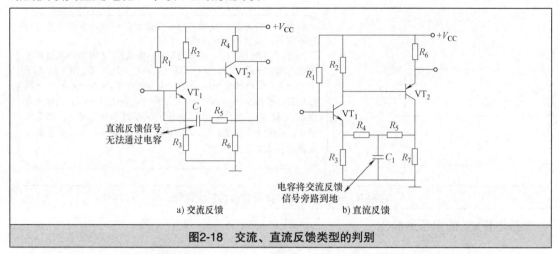

a) 交流反馈　　　　　　　b) 直流反馈

图2-18　交流、直流反馈类型的判别

2.2.3　负反馈放大电路解析

为了让放大电路稳定地工作，可以给放大电路增加负反馈电路，带有负反馈电路的放大电路称为负反馈放大电路。

1. 电压负反馈放大电路

电压负反馈放大电路如图2-19所示。电压负反馈放大电路的电阻R_1除了可以为晶体管VT提供基极电流I_b外，还能将输出信号一部分反馈到VT的基极（即输入端）。由于基极与集电极是反相关系，故反馈为负反馈，用前面介绍的方法还可以判断出该电路的反馈类型是电压、并联、交直流反馈。负反馈电路的一个非常重要的特点就是可以稳定放大电路的静态工作点。

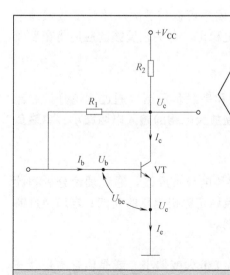

电压负反馈放大电路静态工作点的稳定过程如下：

由于晶体管是半导体器件，它具有热敏性，当环境温度上升时，它的导电性增强，电流I_b、I_c会增大，从而导致晶体管工作不稳定，整个放大电路工作也不稳定。给放大电路引入负反馈电路电阻R_1后就可以稳定电流I_b、I_c，其稳定过程如下：

当环境温度上升时，晶体管VT的电流I_b、I_c增大→流过R_2的电流I增大（$I=I_b+I_c$，电流I_b、I_c增大，I就增大）→R_2两端的电压U_{R2}增大（$U_{R2}=IR_2$，I增大，R_2不变，U_{R2}增大）→VT的c极电压U_c下降（$U_c=V_{CC}-U_{R2}$，U_{R2}增大，V_{CC}不变，U_c会减小）→VT的b极电压U_b下降（U_b由U_c经R_1降压获得，U_c下降，U_b也会跟着下降）→I_b减小（U_b下降，VT发射结两端的电压U_{be}减小，流过的电流I_b就减小）→I_c也减小（$I_c=I_b\beta$，I_b减小，β不变，故I_c减小）→I_b、I_c减小到正常值。

由此可见，电压负反馈放大电路由于R_1的负反馈作用，使放大电路的静态工作点得到稳定。

图2-19　电压负反馈放大电路

2. 负反馈多级放大电路

图2-20所示为一种较常用的负反馈多级放大电路，电路中的R_3为反馈电阻，根据前面介绍的方法不难判断出该电路的反馈类型是电流、串联、交直流负反馈。

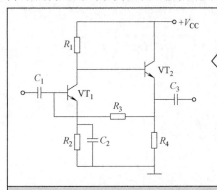

给放大电路增加负反馈可以稳定静态工作点，左图中的电路也不例外，其静态工作点稳定过程如下：

当环境温度上升时，晶体管VT_1的电流I_b、I_c增大→流过R_1的电流I_{c1}增大→U_{R1}增大→U_{c1}下降（$U_{c1}=V_{CC}-U_{R1}$，U_{R1}增大，U_{c1}下降）→VT_2的基极电压u_{b2}下降→I_{b2}减小→I_{c2}减小→I_{e2}减小→流过R_4的电流减小→U_{R4}减小→U_{e2}下降（$U_{e2}=U_{R4}$）→VT_1的基极电压U_{b1}下降（U_{b1}电压取自U_{e2}电压）→I_{b1}减小→I_{c1}减小。即晶体管VT_1原来增大的电流I_b、I_c又下降到正常值，从而稳定了放大电路的静态工作点。

图2-20　一种较常用的负反馈多级放大电路

晶体管VT_2的电流途径为

$$+V_{CC} \begin{cases} \xrightarrow{I_{c2}} VT_2\text{的c极} \xrightarrow{I_{c2}} \\ \xrightarrow{R_1} \xrightarrow{I_{b2}} VT_2\text{的b极} \xrightarrow{I_{b2}} \end{cases} VT_2\text{的e极} \xrightarrow{I_{e2}} R_4 \rightarrow \text{地}$$

晶体管VT_1的电流途径为

$$\begin{cases} VT_2\text{的e极} \xrightarrow{I_{b1}} R_3 \xrightarrow{I_{b1}} VT_1\text{的b极} \xrightarrow{I_{b1}} \\ +V_{CC} \xrightarrow{I_{c1}} R_1 \xrightarrow{I_{c1}} VT_1\text{的c极} \xrightarrow{I_{c1}} \end{cases} VT_1\text{的e极} \xrightarrow{I_{e1}} R_2 \rightarrow \text{地}$$

由于晶体管VT_1、VT_2都有正常的电流I_c、I_b、I_e，所以VT_1、VT_2均处于放大状态。另外，从VT_1的电流途径可以看出，VT_1的电流I_{b1}取出VT_2的发射极，如果VT_2没有导通，无电流I_{e2}，VT_1也就无电流I_{b1}，VT_1就无法导通。

2.2.4　负反馈对放大电路的影响

反馈有正反馈和负反馈之分，正反馈用在放大电路中可以将放大电路转变成振荡电路，而负反馈用在放大电路中可以使放大性能更好、更稳定。有关正反馈的应用将在后面章节进行介绍。负反馈对放大电路的影响主要如下：

（1）对输入电阻的影响

对放大电路的输入电阻的影响主要是并联负反馈和串联负反馈。通过理论分析和计算（该过程较复杂，这里省略）表明：**并联负反馈可使放大电路的输入电阻减小；串联负反馈可使放大电路的输入电阻增大。**

（2）对输出电阻的影响

对放大电路的输出电阻的影响主要是电压负反馈和电流负反馈。通过理论分析和计算可知：**电压负反馈可使放大电路的输出电阻减小，有稳定输出电压的功能；电流负反馈可使放大电路的输出电阻增大，有稳定输出电流的功能。**

（3）对非线性失真的影响

如果一个放大电路静态工作点设置不合理（如I_b、I_c偏大或偏小）或晶体管本身存在缺陷，就会造成放大电路放大后输出的信号产生失真，**为了减小失真，可以在放大电路中**

加入负反馈电路。

（4）对频率特性的影响

对于一个放大电路，如果放大倍数很高，那么它的频率特性就会比较差，对频率偏高或偏低的信号就不能正常放大，而**引入负反馈后，放大电路的放大倍数就会下降，频率特性就会得到改善，通频带变宽**（即能放大频率范围更广的信号）。

2.2.5 电路小制作：朗读助记器（二）

1. 电路原理

朗读助记器的第一、二部分电路原理图如图2-21所示，点画线框内的为第二部分，它是一个负反馈多级放大电路。由于朗读助记器的第一部分前面已详细说明，这里仅介绍第二部分电路。

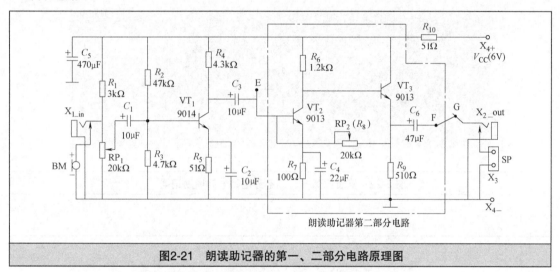

图2-21 朗读助记器的第一、二部分电路原理图

（1）信号处理过程

晶体管VT_1输出的音频信号经C_3送到VT_2基极，放大后从集电极输出又送到VT_3基极，经VT_3放大后从发射极输出，再经C_6送到耳机插座X_{2_out}，如果将耳机插入X_2插孔，就可以听到自己的朗读声。

（2）直流工作情况

6V直流电源通过接插件X_4送入电路，6V电压经R_{10}降压后除了为朗读助记器第一部分电路供电外，还为第二部分电路供电。第二部分电路中的VT_2、VT_3获得供电会导通进入放大状态，VT_2、VT_3的电流I_b、I_c、I_e途径如下：

VT_3的电流途径：

$$6V \rightarrow R_{10} \begin{array}{c} \xrightarrow{I_{c3}} VT_3\text{的 c 极} \\ \xrightarrow{} R_6 \rightarrow VT_3\text{的 b 极} \end{array} \begin{array}{c} \xrightarrow{I_{c3}} \\ \xrightarrow{I_{b3}} \end{array} VT_3\text{的 e 极} \xrightarrow{I_{e3}} R_9 \rightarrow \text{地}$$

VT_2的电流途径：

$$VT_3\text{的 e 极} \rightarrow RP_2 \xrightarrow{I_{b2}} VT_2\text{的 b 极} \begin{array}{c} \xrightarrow{I_{b2}} \\ \xrightarrow{I_{c2}} \end{array} VT_2\text{的 e 极} \xrightarrow{I_{e2}} R_7 \rightarrow \text{地}$$

$$6V \rightarrow R_{10} \xrightarrow{} R_6 \xrightarrow{I_{c2}} VT_2\text{的 c 极}$$

（3）元件说明

VT$_2$、VT$_3$构成两级反馈放大电路，RP$_2$为反馈电阻，该电路反馈类型是电流、串联、交直流负反馈。RP$_2$不但可以为VT$_2$提供电流I_{b_2}，还可以稳定VT$_2$、VT$_3$的静态工作点。C_4为交流旁路电容，可以提高VT$_2$放大电路的增益。

扫一扫看视频

2. 安装与调试

图2-22所示为安装好第一、二部分电路的朗读助记器。在调试时，给它接通6V电源，并将耳机插入X$_2$_out插孔，如图2-23所示。然后朝话筒讲话，听耳机里能否听到自己的声音，同时调节电位器RP$_1$，听声音有无变化，由于有多级放大电路，所以声音较只有一级放大电路时要大。

图2-22　安装好第一、二部分电路的朗读助记器

图2-23　朗读助记器第一、二部分电路的调试

3. 电路检修

下面以"无声"故障为例来说明朗读助记器第二部分电路的检修（第一部分电路已确定正常），检修流程如图2-24所示。

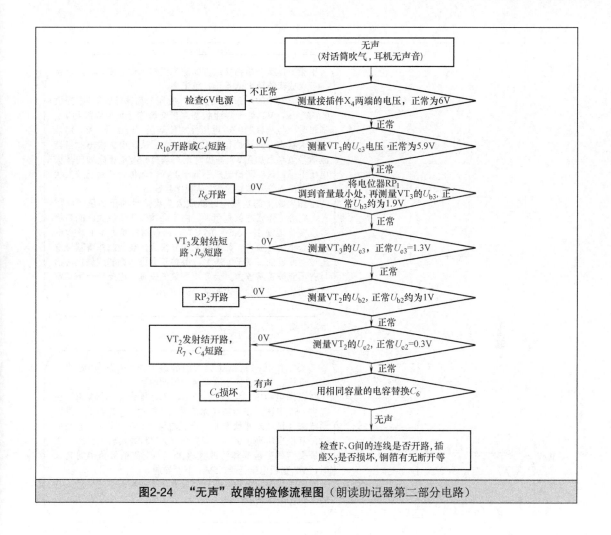

图2-24 "无声"故障的检修流程图（朗读助记器第二部分电路）

2.3 功率放大电路

功率放大电路简称功放电路，其功能是放大幅度较大的信号，让信号有足够功率来推动大功率的负载（如扬声器、仪表的表头、电动机和继电器等）工作。功率放大电路一般用作末级放大电路。

2.3.1 功率放大电路的三种状态

根据功率放大电路的功放管（晶体管）静态工作点不同，功率放大电路主要有三种工作状态：甲类、乙类和甲乙类，如图2-25所示。

功率放大电路的三种工作状态的特点是：甲类状态的功放电路能放大交流信号完整的正、负半周信号，甲乙类状态的功放电路能放大超过半个周期的交流信号，而乙类状态的功放电路只能放大半个周期的交流信号。

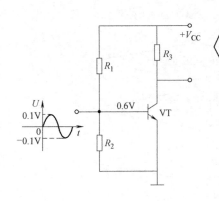

甲类工作状态是指功放管的静态工作点设在放大区，该状态下功放管能放大信号正、负半周。

左图电路中的电源V_{CC}经R_1、R_2分压为晶体管VT$_1$基极提供0.6V电压，VT$_1$处于导通状态。当交流信号正半周加到VT$_1$基极时，与基极的0.6V电压叠加使基极电压上升，VT$_1$仍处于放大状态，正半周信号经VT$_1$放大后从集电极输出；当交流信号负半周加到VT$_1$基极时，与基极0.6V电压叠加使基极电压下降，只要基极电压不低于0.5V，晶体管还处于放大状态，负半周信号被VT$_1$放大从集电极输出。

左图电路中的功放电路能放大交流信号的正、负半周信号，它的工作状态就是甲类。由于晶体管正常放大时的基极电压变化范围小（0.5～0.7V），所以这种状态下的功放电路适合小信号放大。如果输入信号很大，会使晶体管基极电压过高或过低（低于0.5V），晶体管会进入饱和或截止，信号就不能被正常放大，会产生严重的失真，因此处于甲类状态的功放电路只能放大幅度小的信号。

a）甲类

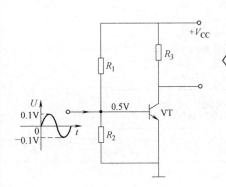

乙类工作状态是指功放管的静态工作点I_b设为0时的状态，该状态下功放管能放大半个周期信号。

在左图电路中，电源V_{CC}经R_1、R_2分压为晶体管VT$_1$基极提供0.5V电压，在静态（无信号输入）时，VT$_1$处于临界导通状态（将通未通状态）。当交流信号正半周送到VT$_1$基极时，基极电压高于0.5V，VT$_1$导通，VT$_1$进入放大状态，正半周交流信号被晶体管放大输出；当交流信号负半周到来时，VT$_1$基极电压低于0.5V，不能导通。

左图电路中的功放电路只能放大半个周期的交流信号，它的工作状态就是乙类。

b）乙类

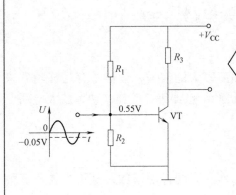

甲乙类工作状态是指功放管的静态工作点设置在接近截止区但仍处于放大区时的状态，该状态下I_b很小，功放管处于微导通状态。

在左图电路中，电源V_{CC}经R_1、R_2分压为晶体管VT$_1$基极提供0.55V电压，VT$_1$处于微导通放大状态。当交流信号正半周加到VT$_1$基极时，VT$_1$处于放大状态，正半周信号经VT$_1$放大从集电极输出；当交流信号负半周加到VT$_1$基极时，VT$_1$并不是马上截止，只有交流信号负半周低于-0.05V部分来到时，基极电压低于0.5V，晶体管进入截止状态，大部分负半周信号无法被晶体管放大。

左图电路中的功放电路能放大超过半个周期的交流信号，它的工作状态就是甲乙类。

c）甲乙类

图2-25　功率放大电路的三种工作状态

2.3.2 变压器耦合功率放大电路

变压器耦合功率放大电路是指采用变压器作为耦合元件的功率放大电路。变压器耦合功率放大电路如图2-26所示。

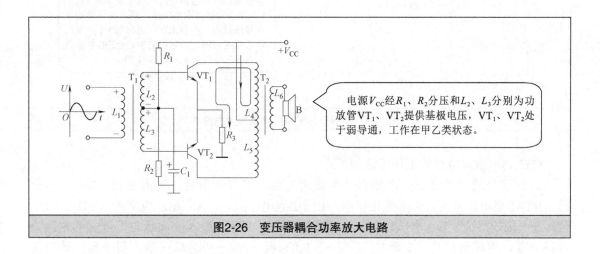

电源V_{CC}经R_1、R_2分压和L_2、L_3分别为功放管VT$_1$、VT$_2$提供基极电压，VT$_1$、VT$_2$处于弱导通，工作在甲乙类状态。

图2-26 变压器耦合功率放大电路

变压器耦合功率放大电路的工作原理如下：

音频信号加到变压器T$_1$一次线圈L_1两端，当音频信号正半周到来时，L_1上的信号电压极性是上正下负，该电压感应到L_2、L_3上，L_2、L_3上得到的电压极性都是上正下负，L_3的下负电压加到VT$_2$基极，VT$_2$基极电压下降而进入截止状态，L_2的上正电压加到VT$_1$的基极，VT$_1$基极电压上升进入正常导通放大状态。VT$_1$导通后有电流流过，电流的途径是：电源V_{CC}正极→L_4→VT$_1$的c极→e极→R_3→地，该电流就是放大的正半周音频信号电流，此电流在流经L_4时，L_4上有音频信号电压产生，它感应到L_6上，再送到扬声器的两端。

当音频信号负半周到来时，L_1上的信号电压极性是上负下正，该电压感应到L_2、L_3上，L_2、L_3上的电压极性都是上负下正，L_2的上负电压加到VT$_1$基极，VT$_1$基极电压下降而进入截止状态，L_3的下正电压加到VT$_2$的基极，VT$_2$基极电压上升进入正常导通放大状态。VT$_2$导通后有电流流过，电流的途径是：电源V_{CC}正极→L_5→VT$_2$的c极→e极→R_3→地，该电流就是放大的负半周音频信号电流，此电流在流经L_5时，L_5上有音频信号电压产生，它感应到L_6上，再加到扬声器两端。

VT$_1$、VT$_2$分别放大音频信号的正半周和负半周，并且一个晶体管导通放大时，另一个晶体管截止，两个晶体管交替工作，这种放大形式称为推挽放大。两个功放管各放大音频信号半周，结果会有完整的音频信号流进扬声器。

2.3.3 OTL功率放大电路

OTL功率放大电路是指无输出变压器的功率放大电路。

1. 简单的OTL功率放大电路

图2-27所示为一种简单的OTL功率放大电路。

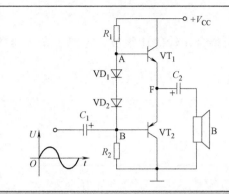

电源V_{CC}经R_1、VD_1、VD_2和R_2为晶体管VT_1、VT_2提供基极电压，若二极管VD_1、VD_2的导通电压为0.55V，则A点电压较B点电压高1.1V，这两点的电压差可以使VT_1、VT_2两个发射结刚刚导通，两个晶体管处于微导通状态。在静态时，晶体管VT_1、VT_2导通程度相同，故它们的中心点F的电压约为电源电压的一半，即$U_F=1/2V_{CC}$。

图2-27　一种简单的OTL功率放大电路

OTL功率放大电路的工作原理如下：

音频信号通过耦合电容C_1加到功率放大电路，当音频信号正半周来时，B点电压上升，VT_2基极电压升高，进入截止状态，由于B点电压上升，A点电压也上升（VD_1、VD_2使A点电压始终高于B点电压1.1V），VT_1基极电压上升，进入放大状态，放大的电流流过扬声器，电流途径是：电源V_{CC}正极→VT_1的c极→e极→电容C_2→扬声器→地，该电流同时对电容充得左正右负的电压；当音频信号负半周来时，B点电压下降，A点电压也下降，VT_1基极电压下降，进入截止状态，B点电压下降会使VT_2基极电压下降，VT_2进入放大状态，有放大的电流流过扬声器，途径是：电容C_2左正→VT_2的e极→c极→地→扬声器→C_2右负，有放大的电流流过扬声器，即音频信号给VT_1、VT_2交替放大半周后，有完整的正负半周音频信号流进扬声器。

2. 带自举功能的OTL功率放大电路

带自举功能的OTL功率放大电路如图2-28所示。

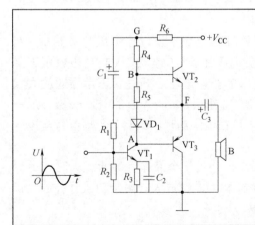

该电路的直流工作情况比较复杂，接通电源后三个晶体管并不是同时导通的，它们导通的顺序依次是VT_2、VT_1，最后才是VT_3导通。电源首先经R_6、R_4为VT_2提供I_{b2}电流而使VT_2导通，VT_2导通后，它的电流I_{e2}一路经R_1为VT_1提供电流I_{b1}而使VT_1导通，VT_1导通后，VT_3的I_{b3}电流才能通过VT_1的c、e极和R_3到地而导通。

在静态时，R_5和VD_1能保证A、B点电压在1.2V左右，让VT_2、VT_3刚处于导通状态。另外，VT_2、VT_3的导通程度相同，F点的电压为电源电压的一半（$1/2V_{CC}$）。

图2-28　带自举功能的OTL功率放大电路

（1）交流信号处理过程

音频信号送到VT_1基极，放大后从集电极输出，由于集电极和基极是反相关系，所以

VT_1集电极输出的信号与基极信号极性相反。

音频信号正半周信号经VT_1放大后，从集电极输出负半周信号，该信号使A点电压下降，经VD_1和R_5后，B点电压也下降，功放管VT_2截止。A点电压下降会使VT_3导通程度加深，而进入正常放大状态，有电流流进扬声器，途径是：电容C_3左正（注：在静态时，电源会通过VT_2对C_3充得左正右负的约$1/2V_{cc}$的电压）→VT_3的e极→c极→扬声器→C_3右负。

音频信号负半周信号经VT_1放大后，从集电极输出变为正半周信号，该信号使A点电压上升，功放管VT_3基极电压因上升而截止。A点电压上升经VD_1和R_5会使B点电压上升（相当于正半周信号加到B点），B点电压上升会使VT_2导通程度加深，VT_2进入正常放大状态，有电流流进扬声器，途径是：电源V_{cc}正极→VT_2的c极→e极→电容C_3→扬声器→地，该电流同时会对C_3充得左正右负的电压。

由此可见，音频信号正负半周信号到来时，VT_3、VT_2交替工作，从而有完整的放大的音频信号流进扬声器。

（2）自举升压原理

C_1、R_6构成自举升压电路，C_1为升压电容，R_6为隔离电阻。

在电路工作时，VT_1输出交流信号的正半周，A点电压上升，VT_3截止，上升的A点电压经VD_1、R_5使B点电压也上升，VT_2导通程度加深而进入放大状态。如果VT_1输出的正半周信号幅度很大，A点电压很高，B点电压也上升很高，I_b很大，VT_2放大的I_c很大，I_c对电容C_3充电很多，F点电压上升很高，接近电源电压，F点电压上升使得VT_2的发射结两端的电压U_{be2}减小（$U_{be2}=U_{b2}-U_{e2}$，$U_{e2}=U_F$，因为晶体管的放大作用使U_{e2}上升较U_{b2}上升更多，故U_{be2}减小），VT_2不能充分导通，这样会造成大幅度正半周信号到来时不能被正常放大而出现失真。

自举升压过程：在静态时，F点电压等于$(1/2)V_{cc}$，电阻器R_6的阻值很小，G点电压约等于电源电压，电容C_1被充得上正下负的电压，大小为$(1/2)V_{cc}$。在VT_2放大正半周信号时，若F点电压上升很高，接近电源电压，由于电容具有"瞬间保持两端电压不变"的特点，电容C_1一端F点电压上升，另一端G点电压也上升，G点电压约为$(3/2)V_{cc}$［即$V_{cc}+(1/2)V_{cc}$］。G点电压上升，通过R_4使VT_2的U_b电压也升高，这样使得VT_2在放大幅度大的正半周信号时仍能正常充分导通，从而减少失真。

3. 由TDA1521构成的OTL集成功率放大电路

由TDA1521构成的OTL集成功率放大电路如图2-29a所示，它采用了飞利浦公司的$2\times15W$高保真功率放大集成电路TDA1521芯片，如图2-29b所示。该电路可同时对两路输入音频信号进行放大，每路输出功率可达15W。

以第一路信号为例，左声道音频信号经C_1送到TDA1521内部功率放大电路的同相输入端，放大后从引脚4输出，再经C_7送到扬声器，使之发声。R_1、C_4、C_5构成电源退耦电路，用于滤除电源供电中的波动成分，使电路能得到较稳定的供电电压；C_1、C_2、C_7、C_8为耦合电容，起传送交流信号并隔离直流成分的作用；C_3为旁路电容，对交流信号相当于短路，可提高内部放大电路和增益，又不影响引脚3内部的直流电压（1/2电源电压）；C_6、R_2用于吸收扬声器线圈产生的干扰信号，避免产生高频自激。

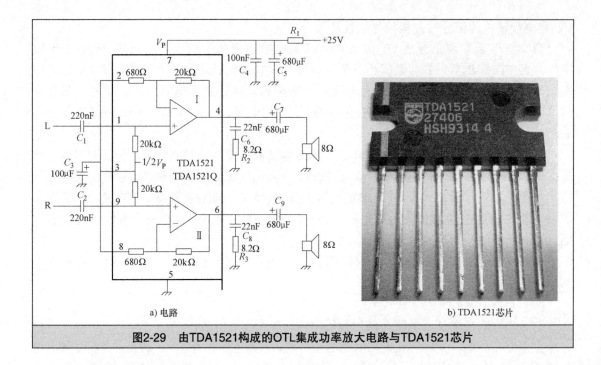

a) 电路　　　　　　　b) TDA1521芯片

图2-29　由TDA1521构成的OTL集成功率放大电路与TDA1521芯片

2.3.4　OCL功率放大电路

OTL功率放大电路使用大容量的电容连接负载，由于电容对低频信号容抗较大（即使是容量大的电容），故低频性能还不能让人十分满意。采用OCL功率放大电路可以解决OTL功率放大电路低频性能不足的问题，**OCL功率放大电路是指无输出电容的功率放大电路，但OCL电路需要正、负电源**。

1. 分立元器件OCL功率放大电路

分立元器件OCL功率放大电路如图2-30所示，该电路输出端取消了电容，采用了正负双电源供电，电路中$+V_{CC}$端的电压最高，$-V_{CC}$端的电压最低，接地的电压高低处于两者中间。

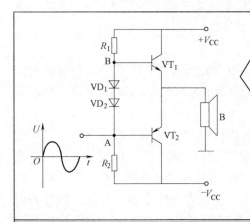

音频信号正半周加到A点时，功放管VT_2因基极电压上升而截止，A点电压上升，经VD_1、VD_2使B点电压也上升，VT_1因基极电压上升而导通加深，进入正常放大状态，有电流流过扬声器，电流途径是：$+V_{CC} \to VT_1$的c极→e极→扬声器→地，此电流为放大的音频正半周信号电流。

音频信号负半周加到A点时，A点电压下降，经VD_1、VD_2使B点电压也下降，VT_1因基极电压下降而截止。A点电压下降使功放管VT_2基极电压下降而导通程度加深，进入正常放大状态，有电流流过扬声器，电流途径是：地→扬声器→VT_2的e极→c极→$-V_{CC}$，此电流为放大的音频负半周信号电流。

图2-30　分立元器件OCL功率放大电路

2. 由TDA1521构成的OCL功率放大电路

由TDA1521构成的OCL功率放大电路如图2-31所示,它也采用了飞利浦公司的2×15W高保真功率放大集成电路TDA1521,与OTL相比,该电路去掉了输出端的耦合电容,使电路的低频性能更好,但需要采用正、负电源供电。

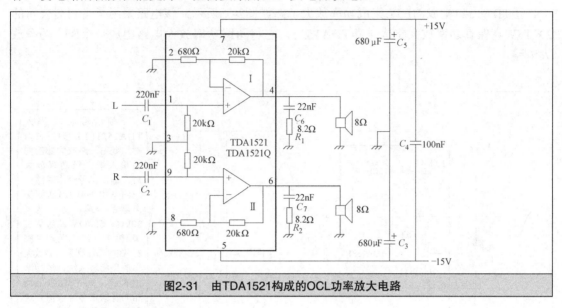

图2-31　由TDA1521构成的OCL功率放大电路

2.3.5　BTL功率放大电路

BTL意为桥接式负载,与OTL、OCL功率放大电路相比,在同样的电源和负载条件下,BTL功率放大电路的功率放大能力可达前两者的4倍。

1. BTL功率放大原理

图2-32所示为BTL功率放大电路的简化图,它采用正、负电源供电。

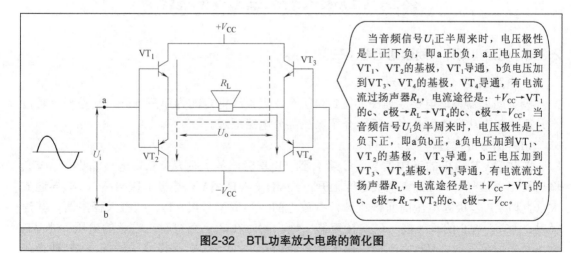

当音频信号U_i正半周来时,电压极性是上正下负,即a正b负,a正电压加到VT_1、VT_2的基极,VT_1导通,b负电压加到VT_3、VT_4的基极,VT_4导通,有电流流过扬声器R_L,电流途径是:$+V_{cc}→VT_1$的c、e极$→R_L→VT_4$的c、e极$→-V_{cc}$;当音频信号U_i负半周来时,电压极性是上负下正,即a负b正,a负电压加到VT_1、VT_2的基极,VT_2导通,b正电压加到VT_3、VT_4基极,VT_3导通,有电流流过扬声器R_L,电流途径是:$+V_{cc}→VT_3$的c、e极$→R_L→VT_2$的c、e极$→-V_{cc}$。

图2-32　BTL功率放大电路的简化图

对于BTL功率放大电路,不管输入信号是正半周或负半周时,都有两个晶体管同时导通,负载两端的电压为$2V_{cc}$(忽略晶体管导通时c、e极之间的电压降),而OCL功率放大电路只有一个晶体管导通，负载两端的电压为V_{cc}，如果负载电阻均为R，则OCL功率放大电路的输出功率为$P=U^2/R=(V_{cc})^2/R$，BTL功率放大电路的输出功率为$P=U^2/R=(2V_{cc})^2/R=4(V_{cc})^2/R$，BTL功率放大电路的输出功率是OCL功率放大电路的4倍。

2. 由TDA1521构成的BTL集成功率放大电路

由TDA1521构成的BTL集成功率放大电路如图2-33所示，该电路采用了飞利浦公司的2×15W高保真功率放大集成电路TDA1521，它将两路功率放大电路组成一个BTL功率放大电路。

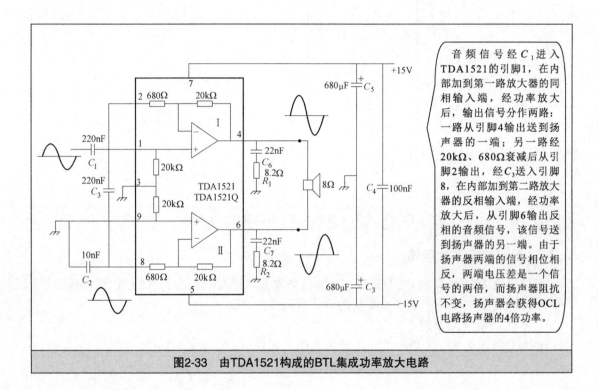

音频信号经C_1进入TDA1521的引脚1，在内部加到第一路放大器的同相输入端，经功率放大后，输出信号分作两路：一路从引脚4输出送到扬声器的一端；另一路经20kΩ、680Ω衰减后从引脚2输出，经C_3送入引脚8，在内部加到第二路放大器的反相输入端，经功率放大后，从引脚6输出反相的音频信号，该信号送到扬声器的另一端。由于扬声器两端的信号相位相反，两端电压差是一个信号的两倍，而扬声器阻抗不变，扬声器会获得OCL电路扬声器的4倍功率。

图2-33　由TDA1521构成的BTL集成功率放大电路

2.3.6　电路小制作：朗读助记器（三）

1. 电路原理

朗读助记器整体电路原理图如图2-34所示，点画线框内的为第三部分，它是一个带自举升压的OTL功率放大电路。下面介绍第三部分电路原理。

（1）信号处理过程

晶体管VT_3输出的音频信号经C_6耦合到VT_4基极，放大后从VT_4集电极输出。当VT_4输出正半周信号时，VT_4集电极电压上升，经VD_2、VD_1将VT_5基极电压抬高，VT_5导通放大（此时VT_6基极因电压高而截止），有放大的正半周信号经VT_5、C_8流入扬声器，其途径是：+6V→VT_5的c、e极→C_8→扬声器→地，同时在C_8上充得左正右负的电压；当VT_4输出负半周信号时，VT_4集电极电压下降，经VD_2、VD_1将VT_5基极电压拉低，VT_5截止，此时VT_6因基极电压下降而导通放大，有放大的负半周信号流过扬声器，其途径是：C_8左正→VT_6的e、c极→扬声器→C_8右负。扬声器有正、负半周信号流过而发声。

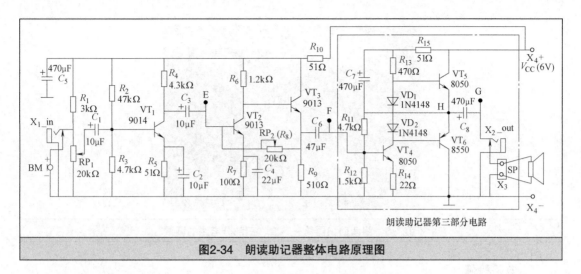

图2-34 朗读助记器整体电路原理图

（2）直流工作情况

接通电源后，VT$_4$、VT$_5$、VT$_6$三个晶体管并不是同时导通的，它们的导通顺序依次是VT$_5$、VT$_4$，最后才是VT$_6$导通。这是因为电源首先经R$_{15}$、R$_{13}$为VT$_5$提供电流I$_{b5}$而使VT$_5$导通，VT$_5$导通后，它的电流I$_{e5}$经R$_{11}$为VT$_4$提供I$_{b4}$电流而使VT$_4$导通，VT$_4$导通后，VT$_6$的电流I$_{b6}$才能通过VT$_4$的c、e极和R$_{14}$到地而导通。

（3）元件说明

C$_7$、R$_{15}$构成自举升压电路，可以提高VT$_5$的动态范围。二极管VD$_1$、VD$_2$用来保证静态时VT$_5$、VT$_6$基极的电压相差1.1V左右，让VT$_5$、VT$_6$处于刚导通状态（又称微导通状态）。另外，VT$_5$、VT$_6$的导通程度相同，H点的电压约为电源电压的一半（1/2V_{CC}）。

2. 安装与调试

图2-35所示为安装好第一、二、三部分电路的朗读助记器。在调试时，给朗读助记器接通6V电源，并将耳机插入X$_2$_out插孔，如图2-36所示。由于有多级放大电路和功率放大电路，周围环境的小声音都可听见，调节音量电位器RP$_1$可以调节声音的大小，调节负反馈量调节电位器RP$_2$，可以改变第二部分放大电路的负反馈量，也能调节音量。

扫一扫看视频

图2-35 安装好第一、二、三部分电路的朗读助记器

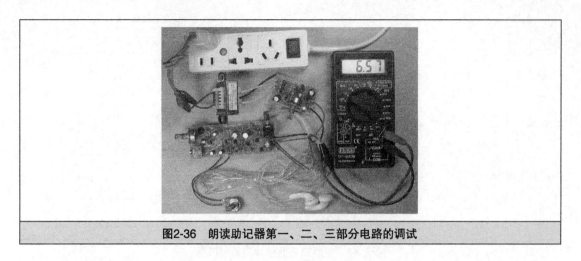

图2-36 朗读助记器第一、二、三部分电路的调试

3. 电路检修

下面以"无声"故障为例来说明朗读助记器第三部分电路的检修(第一、二部分电路已确定正常),检修过程如图2-37所示。

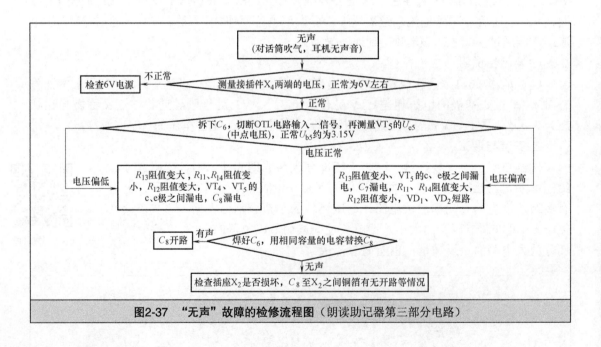

图2-37 "无声"故障的检修流程图(朗读助记器第三部分电路)

2.4 多级放大电路

在多数情况下,电子设备处理的交流信号是很微弱的,由于单级放大电路的放大能力有限,往往不能将微弱信号放大到要求的幅度,所以电子设备中常将多个放大电路连接

起来组成多级放大电路，来放大微弱的电信号。

根据各个放大电路之间的耦合方式（连接和传递信号方式）不同，多级放大电路可以分为阻容耦合放大电路、直接耦合放大电路和变压器耦合放大电路。

2.4.1 阻容耦合放大电路

阻容耦合放大电路是指各放大电路之间用电容连接起来的多级放大电路，如图2-38所示。

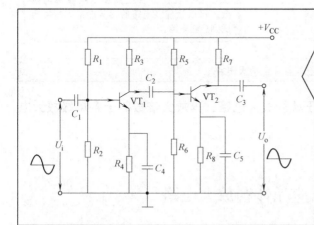

交流信号经耦合电容C_1送到第一级放大电路的晶体管VT_1基极，放大后从集电极输出，再经耦合电容C_2送到第二级放大电路的晶体管VT_2基极，放大后从集电极输出通过耦合电容C_3送往后级电路。

阻容耦合的特点是：由于耦合电容的隔直作用，各放大电路的直流工作点互不影响，所以设计各放大电路的直流工作点比较容易。但因为各电路独立，采用的元器件比较多。另外，由于电容对交流信号有一定的阻碍作用，交流信号在经过耦合电容时有一定的损耗，频率越低，这种损耗越大，这种损耗可以通过采用大容量的电容来减小。

图2-38 阻容耦合放大电路

2.4.2 直接耦合放大电路

直接耦合放大电路是指各放大电路之间直接用导线连接起来的多级放大电路，如图2-39所示。

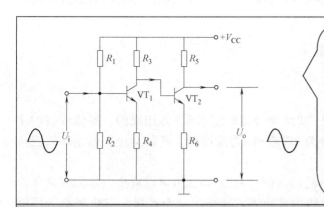

交流信号送到第一级放大电路的晶体管VT_1基极，放大后从集电极输出，再直接送到第二级放大电路的晶体管VT_2基极，放大后从集电极输出去往后级电路。

直接耦合的特点是：因为电路之间直接连接，所以各放大电路的直流工作点会互相影响，设计这种电路要考虑到前级电路对后级电路的影响，有一定的难度，但这种电路采用的元器件较少。另外，由于各电路之间是直接连接，对交流信号没有损耗。这种耦合电路还可以放大直流信号，故又称为直流放大器。

图2-39 直接耦合放大电路

2.4.3 变压器耦合放大电路

变压器耦合放大电路是指各放大电路之间采用变压器连接起来的多级放大电路，如图2-40所示。

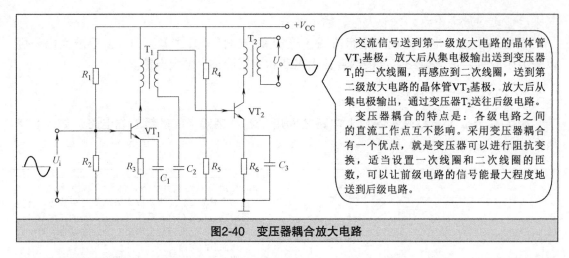

交流信号送到第一级放大电路的晶体管VT1基极，放大后从集电极输出送到变压器T1的一次线圈，再感应到二次线圈，送到第二级放大电路的晶体管VT2基极，放大后从集电极输出，通过变压器T2送往后级电路。

变压器耦合的特点是：各级电路之间的直流工作点互不影响。采用变压器耦合有一个优点，就是变压器可以进行阻抗变换，适当设置一次线圈和二次线圈的匝数，可以让前级电路的信号能最大程度地送到后级电路。

图2-40 变压器耦合放大电路

多级耦合放大电路的放大能力远大于单级放大电路，其放大倍数等于各单级放大电路放大倍数的乘积，即$A=A_1 \cdot A_2 \cdot A_3 \cdots$。

2.5 场效应晶体管放大电路

晶体管是一种电流控制型器件，当输入电流I_b变化时，输出电流I_c会随之变化；而场效应晶体管是一种电压控制型器件，当输入电压发生变化时，输出电压会发生变化。

根据结构的不同，场效应晶体管可分为结型场效应晶体管和绝缘栅型场效应晶体管，绝缘栅型场效应晶体管称作MOS管（MOS的含义为金属-氧化物-半导体），MOS管又可分成耗尽型MOS管和增强型MOS管。同晶体管一样，场效应晶体管具有放大功能，因此它也能组成放大电路。

2.5.1 结型场效应晶体管及其放大电路

1. 结型场效应晶体管

（1）结构

与晶体管一样，场效应晶体管也是由P型半导体和N型半导体组成的，晶体管有PNP型和NPN型两种，场效应晶体管则可分为P沟道和N沟道两种。两种沟道的结型场效应晶体管的结构如图2-41所示。

图2-41a所示为N沟道场效应晶体管的结构图。从图2-41a中可以看出，场效应晶体管的内部有两块P型半导体，它们通过导线内部相连，再引出一个电极，该电极称为栅极G，两块P型半导体以外的部分均为N型半导体，在P型半导体与N型半导体的交界处形成两个耗尽层（即PN结），耗尽层的中间区域为沟道，由于沟道由N型半导体构成，所以称为N沟道，漏极D与源极S分别接在沟道的两端。

图2-41b所示为P沟道场效应晶体管的结构图。P沟道场效应晶体管的内部有两块N型半导体，栅极G与它们连接，两块N型半导体与邻近的P型半导体在交界处形成两个耗尽

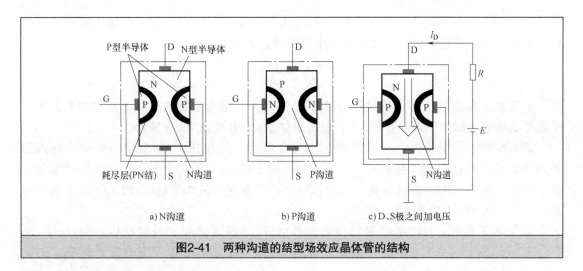

图2-41 两种沟道的结型场效应晶体管的结构

层，耗尽层的中间区域为P沟道。

如果在N沟道场效应晶体管D、S极之间加电压，如图2-41c所示，电源正极输出的电流就会由场效应晶体管D极流入，在内部通过沟道从S极流出，回到电源的负极。场效应晶体管流过电流的大小与沟道的宽窄有关，沟道越宽，能通过的电流越大。

（2）工作原理

场效应晶体管在电路中主要用来放大信号电压。下面通过图2-42来说明场效应晶体管的工作原理。

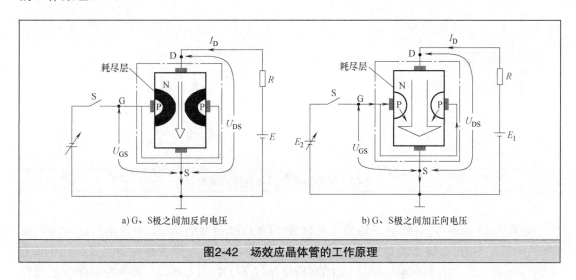

图2-42 场效应晶体管的工作原理

图2-42点画线框内为N沟道结型场效应晶体管结构图。当在D、S极之间加上正向电压U_{DS}，会有电流从D极流向S极，若再在G、S极之间加上反向电压U_{GS}（P型半导体接低电位，N型半导体接高电位），如图2-42a所示，场效应晶体管内部的两个耗尽层变厚，沟道变窄，由D极流向S极的电流I_D就会变小，反向电压U_{GS}越高，沟道越窄，电流I_D越小。

由此可见，改变G、S极之间的电压U_{GS}，就能改变沟道的宽窄，从而改变D极流向S

极的电流I_D的大小，并且电流I_D的变化较U_{GS}电压的变化大得多，这就是场效应晶体管的放大原理。**场效应晶体管的放大能力大小用跨导g_m表示，即**

$$g_m = \frac{\Delta I_D}{\Delta U}$$

g_m反映了栅源电压U_{GS}对漏极电流I_D的控制能力，是表征场效应晶体管放大能力的一个重要的参数（相当于晶体管的β），g_m的单位是S，也可以用A/V表示。

若给N沟道结型场效应晶体管的G、S极之间加正向电压，如图2-42b所示，其内部的两个耗尽层都会导通，直至消失，不管如何增大G、S间的正向电压，沟道的宽度都不变，电流I_D也不变化。也就是说，当给N沟道结型场效应晶体管G、S极之间加正向电压时，无法控制电流I_D的变化。

在正常工作时，N沟道结型场效应晶体管G、S极之间应加反向电压，即$U_G<U_S$，$U_{GS}=U_G-U_S$为负压；P沟道结型场效应晶体管G、S极之间应加正向电压，即$U_G>U_S$，$U_{GS}=U_G-U_S$为正压。

2. 结型场效应晶体管放大电路

结型场效应晶体管放大电路如图2-43所示。

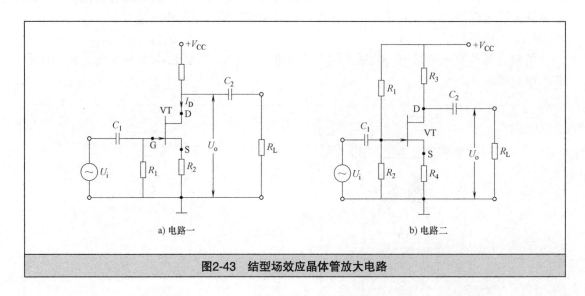

a) 电路一　　　　　　　　　　　　　　b) 电路二

图2-43　结型场效应晶体管放大电路

在图2-43a所示的电路中，场效应晶体管VT的G极通过R_1接地，G极电压$U_G=0V$，而VT的电流I_D不为0（结型场效应晶体管在G极不加电压时，内部就有沟道存在），电流I_D在流过电阻R_2时，R_2上有电压U_{R2}；VT的S极电压U_S不为0，$U_S=U_{R2}$，场效应晶体管的栅源电压$U_{GS}=U_G-U_S$为负压，该电压满足场效应晶体管的工作需要。

如果交流信号电压U_i经C_1送到VT的G极，G极电压U_G会发生变化，场效应晶体管内部沟道的宽度就会变化，I_D的大小就会发生变化，VT的D极电压有很大的变化（如I_D增大时，U_D会下降），该变化的电压就是放大的交流信号电压，它通过C_2送到负载。

在图2-43b所示的电路中，电源通过R_1为场效应晶体管VT的G极提供电压U_G，此电压较VT的S极电压U_S低，这里的电压U_S是电流I_D流过R_4，在R_4上得到的电压，VT的栅源电压

$U_{GS}=U_G-U_S$为负压，该电压能让场效应晶体管正常工作。

2.5.2 增强型绝缘栅型场效应晶体管及其放大电路

1. 增强型绝缘栅型场效应晶体管

（1）符号与结构

增强型绝缘栅型场效应晶体管又称增强型MOS管，它分为N沟道MOS管和P沟道MOS管，其电路符号如图2-44a所示，图2-44b所示为增强型N沟道MOS管（简称增强型NMOS管）的结构示意图。

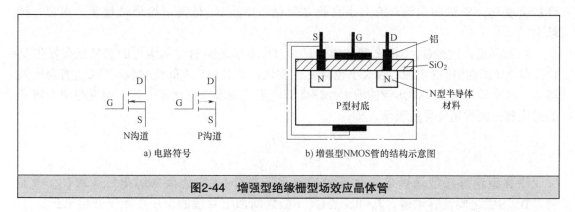

图2-44 增强型绝缘栅型场效应晶体管

增强型NMOS管是以P型硅片作为基片（又称衬底），在基片上制作两个含很多杂质的N型半导体材料，再在上面制作一层很薄的二氧化硅（SiO_2）绝缘层，在两个N型半导体材料上引出两个铝电极，分别称为漏极（D）和源极（S），在两极中间的二氧化硅绝缘层上制作一层铝制导电层，从该导电层上引出的电极称为G极。P型衬底通常与S极连接在一起。

（2）工作原理

增强型NMOS管需要加合适的电压才能工作。加有合适电压的增强型NMOS管如图2-45所示，图2-45a所示为结构图形式，图2-45b所示为电路图形式。

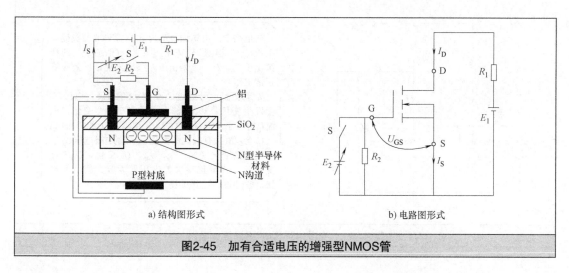

图2-45 加有合适电压的增强型NMOS管

如图2-45a所示，电源E_1通过R_1接场效应晶体管的D、S极，电源E_2通过开关S接场效应晶体管的G、S极。在开关S断开时，场效应晶体管的G极无电压，D、S极所接的两个N区之间没有导电沟道，所以两个N区之间不能导通，电流I_D为0；如果将开关S闭合，场效应晶体管的G极获得正电压，与G极连接的铝电极有正电荷，它产生的电场穿过SiO_2层，将P衬底的很多电子吸引靠近SiO_2层，从而在两个N区之间出现导电沟道，由于此时D、S极之间加上正向电压，马上有电流I_D从D极流入，再经导电沟道从S极流出。

如果改变电压E_2的大小，也就是改变G、S极之间的电压U_{GS}，与G极相通的铝层产生的电场大小就会发生变化，SiO_2下面的电子数量就会变化，两个N区之间沟道的宽度就会变化，流过的电流I_D的大小会随之变化。电压U_{GS}越高，沟道就越宽，电流I_D就越大。

由此可见，改变G、S极之间的电压U_{GS}，D、S极之间的内部沟道的宽窄就会发生变化，从D极流向S极的电流I_D的大小也就发生变化，并且电流I_D的变化较电压U_{GS}的变化大得多，这就是增强型NMOS管的放大原理（即电压控制电流变化原理）。**增强型NMOS管的放大能力同样用跨导g_m表示，即**

$$g_m = \frac{\Delta I_D}{\Delta U_{GS}}$$

增强型绝缘栅型场效应晶体管的特点是：在G、S极之间未加电压（即$U_{GS}=0$）时，D、S极之间没有沟道，$I_D=0$；当G、S极之间加上合适的电压（大于开启电压U_T）时，D、S极之间有沟道形成，电压U_{GS}变化时，沟道的宽窄会发生变化，电流I_D也会变化。

对于N沟道增强型绝缘栅型场效应晶体管，G、S极之间应加正电压（即$U_G>U_S$，$U_{GS}=U_G-U_S$为正压），D、S极之间才会形成沟道；对于P沟道增强型绝缘栅型场效应晶体管，G、S极之间须加负电压（即$U_G<U_S$，$U_{GS}=U_G-U_S$为负压），D、S极之间才有沟道形成。

2．增强型绝缘栅型场效应晶体管放大电路

N沟道增强型MOS管放大电路如图2-46所示。

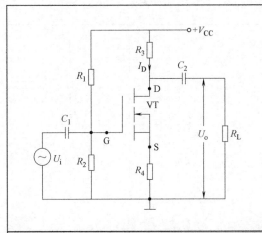

在电路中，电源通过R_1为MOS管VT的G极提供电压U_G，此电压较VT的S极电压U_S高，VT的栅源电压$U_{GS}=U_G-U_S$为正压，该电压能让场效应管正常工作。

如果交流信号通过C_1加到VT的G极，电压U_G会发生变化，VT内部沟道的宽窄也会变化，电流I_D的大小会有很大的变化，电阻R_3上的电压U_{R3}（$U_{R3}=I_DR_3$）有很大的变化，VT的D极电压U_D也有很大的变化（$U_D=V_{CC}-U_{R3}$，U_{R3}变化，U_D就会变化），该变化很大的电压即为放大的信号电压，它通过C_2送到负载。

图2-46　N沟道增强型MOS管放大电路

2.5.3 耗尽型绝缘栅型场效应晶体管及其放大电路

1. 耗尽型绝缘栅型场效应晶体管

耗尽型绝缘栅型场效应晶体管又称耗尽型MOS管，它分为N沟道MOS管和P沟道MOS管，其电路符号如图2-47a所示，图2-47b所示为耗尽型N沟道MOS管（简称耗尽型NMOS管）的结构示意图。

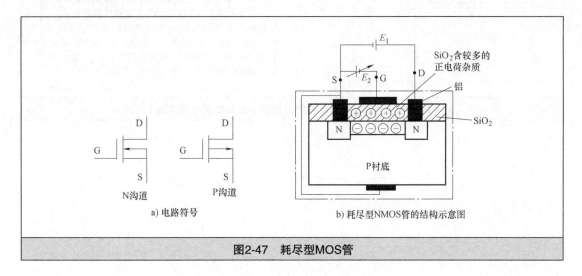

图2-47 耗尽型MOS管

N沟道耗尽型MOS管是以P型硅片作为基片（又称衬底），在基片上制作两个含很多杂质的N型半导体材料，再在上面制作一层很薄的SiO_2绝缘层，在两个N型半导体材料上引出两个铝电极，分别称为漏极（D）和源极（S），在两极中间的SiO_2绝缘层上制作一层铝制导电层，从该导电层上引出的电极称为G极。

与增强型MOS管不同的是，在耗尽型MOS管内的SiO_2中掺入含有大量的正电荷的杂质，它将衬底中大量的电子吸引靠近SiO_2层，从而在两个N区之间出现导电沟道。

当场效应晶体管D、S极之间加上电源E_1时，由于D、S极所接的两个N区之间有导电沟道存在，所以有电流I_D流过沟道；如果再在G、S极之间加上电源E_2，E_2的正极除了接S极外，还与下面的P衬底相连，E_2的负极则与G极的铝层相通，铝层负电荷电场穿过SiO_2层，排斥SiO_2层下方的电子，从而使导电沟道变窄，流过导电沟道的电流I_D减小。

如果改变电压E_2的大小，与G极相通的铝层产生的电场大小就会变化，SiO_2下面的电子数量就会变化，两个N区之间导电沟道的宽度就会变化，流过的电流I_D的大小就会变化。例如电压E_2增大，G极负电压更低，沟道就会变窄，电流I_D就会减小。

耗尽型MOS管具有的特点是：在G、S极之间未加电压（即$U_{GS}=0$）时，D、S极之间就有沟道存在，I_D不为0。在工作时，N沟道耗尽型MOS管G、S极之间应加负电压，即$U_G<U_S$，$U_{GS}=U_G-U_S$为负压；P沟道耗尽型MOS管G、S极之间应加正电压，即$U_G>U_S$，$U_{GS}=U_G-U_S$为正压。

2. 耗尽型绝缘栅型场效应晶体管放大电路

N沟道耗尽型绝缘栅型场效应晶体管放大电路如图2-48所示。

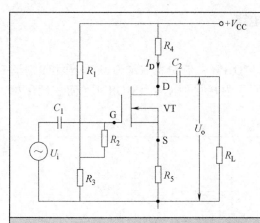

在电路中，电源通过R_1、R_2为场效应管VT的G极提供电压U_G，VT的电流I_D在流过电阻R_5时，在R_5上得到电压U_{R5}，U_{R5}与S极电压U_S相等，这里的$U_S>U_G$，VT的栅源电压$U_{GS}=U_G-U_S$为负压，该电压能让场效应管正常工作。

如果交流信号通过C_1加到VT的G极，电压U_G会发生变化，VT的导通沟道的宽窄也会变化，电流I_D会有很大的变化，电阻R_4上的电压U_{R4}（$U_{R4}=I_DR_4$）也有很大的变化，VT的D极电压U_D会有很大的变化，该变化的电压U_D为放大的交流信号电压，它经C_2送给负载R_L。

图2-48　N沟道耗尽型绝缘栅型场效应晶体管放大电路

第 3 章

集成运算放大器及应用

3.1 直流放大器

集成电路主要是由半导体材料构成的，在内部适于制作二极管、晶体管等类型的元件，而制作电容、电感和变压器较为困难，因此**集成放大电路内部的多个放大电路之间通常采用直接耦合**。**直接耦合放大电路除了可以放大交流信号外，还可以放大直流信号，故直接耦合放大电路又称为直流放大器**。

直流放大器的优点是各放大电路之间采用直接耦合方式，在传输信号时对高、中、低频率信号都不会衰减，但**直流放大器有两个明显的缺点：一是前、后级电路之间静态工作点会互相影响；二是容易出现零点漂移**。下面将介绍这两个问题的解决方法。

3.1.1 直流放大器的级间静态工作点影响问题

图3-1所示为一个两级直接耦合的直流放大器，该电路的VT_1容易进入饱和，可以通过提高后级放大电路中的晶体管发射极电压来解决这个问题，具体方法如图3-2所示。

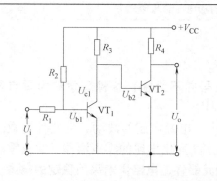

由于两级电路是直接耦合，前、后级电路的静态工作点会相互影响。从电路中可以看出，晶体管VT_1的集电极电压U_{c1}与VT_2基极电压U_{b2}是相等的，因为PN结导通电压是0.7V（硅材料0.5~0.7V，锗材料0.2~0.3V），所以$U_{c1}=U_{b2}=0.7V$，而VT_1的U_{b1}也为0.7V，VT_1的集电极电压U_{c1}很低，如果送到VT_1基极的信号稍大，会使U_{b1}上升，U_{c1}下降，出现$U_{b1}>U_{c1}$，VT_1就会由放大状态进入饱和状态而不能正常工作。

图3-1 两级直接耦合的直流放大器

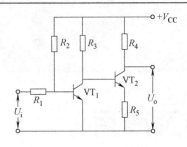

方法一：在后级电路中增加发射极电阻。

在VT$_2$的发射极增加一个电阻R_5来抬高VT$_2$的发射极电压U_{e2}，VT$_2$的基极电压U_{b2}也被抬高（U_{b2}较U_{e2}始终大于0.7V），电压U_{c1}也就被抬高，VT$_1$不容易进入饱和状态。电压U_{c1}越高，VT$_1$越不容易进入饱和，但要将U_{c1}抬得很高，要求电阻R_5很大，而R_5很大会使VT$_2$的电流I_{b2}减小而导致VT$_2$的增益下降，这是该方法的缺点。

a）增加发射极电阻

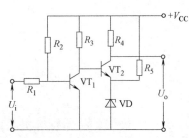

方法二：在后级电路中增加稳压二极管。

通过在VT$_2$的发射极增加一个稳压二极管VD，来抬高VT$_2$的发射极电压U_{e2}，选用不同稳压值的稳压二极管可以将U_{e2}抬高到不同的电压，另外由于稳压二极管击穿导通电阻不是很大，不会让VT$_2$的电流I_{b2}减小很多，VT$_2$仍有较大的增益。

b）增加稳压二极管

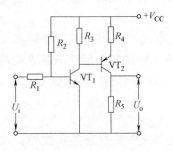

方法三：将PNP型晶体管与NPN型晶体管配合使用。

由于PNP型和NPN型晶体管各极电压高低有不同的特点，它们配合使用，可以使各级放大电路的直流工作点合理配置。

c）将 PNP 与 NPN 型晶体管互补

图3-2　提高后级放大电路中晶体管发射极电压的几种方法

3.1.2　零点漂移问题

　　一个直流放大器，在输入信号为零时，输出信号并不为零，这种现象称为零点漂移。下面以图3-3所示的电路来分析产生零点漂移的原因。

　　电路产生零点漂移的原因有很多，如温度的变化、电源电压的波动、元器件参数的变化等，其中最主要的是晶体管因温度变化而引起电流I_c变化出现的零点漂移。**解决零点漂移问题的方法是选择温度性能好的晶体管和其他的元器件，电路供电采用稳定的电源。**但这些都不能从根本上解决零点漂移问题，**最好的方法是采用差动放大电路作为直流放大器。**

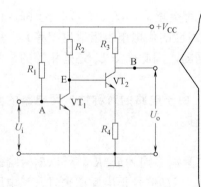

如果左图中的电路不存在零点漂移，当VT$_1$基极A点电压不变（即无输入电压）时，输出端B点电压应该也不会变化（即无输出电压）。但实际上由于某些原因，比如环境温度变化，即使A点电压不变化，输出端B点电压也会变化。其原因是：即使A点电压不变，当环境温度升高时，VT$_1$的电流I_{c1}会增大，E点电压会下降，VT$_2$的基极电压下降，I_{b2}减小，I_{c2}减小，VT$_2$的输出端B点电压会上升；如果环境温度下降，VT$_1$的电流I_{c1}减小，E点电压会上升，VT$_2$的基极电压上升，I_{b2}增大，I_{c2}增大，VT$_2$的输出端B点电压会下降。

也就是说，即使无输入信号A点电压不变时，因为环境温度的变化，在电路的输出端B点也会输出变化的电压，这就是零点漂移。放大电路的级数越多，零点漂移越严重。因为直流放大电路存在零点漂移，如果电路输入的有用信号很小，可能会出现放大电路输出的有用信号被零点漂移信号"淹没"的情况。

图3-3 零点漂移分析图

3.2 差动放大器

3.2.1 基本差动放大器

差动放大器的出现是为了解决直接耦合放大电路存在的零点漂移问题，另外差动放大器还具有灵活的输入输出方式。基本差动放大电路如图3-4所示。

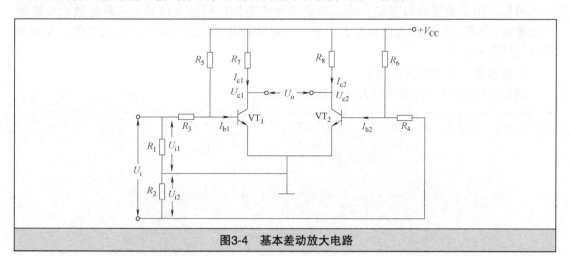

图3-4 基本差动放大电路

差动放大电路在电路结构上具有对称性，晶体管VT$_1$、VT$_2$同型号，$R_1=R_2$，$R_3=R_4$，$R_5=R_6$，$R_7=R_8$。输入信号电压U_i经R_3、R_4分别加到VT$_1$、VT$_2$的基极，输出信号电压U_o从VT$_1$、VT$_2$集电极之间取出，$U_o=U_{c1}-U_{c2}$。

1. 抑制零点漂移原理

当无输入信号（即$U_i=0$）时，由于电路的对称性，VT$_1$、VT$_2$的基极电流$I_{b1}=I_{b2}$，$I_{c1}=I_{c2}$，

所以$U_{c1}=U_{c2}$，输出电压$U_o=U_{c1}-U_{c2}=0$。

当环境温度上升时，VT_1、VT_2的集电极电流I_{c1}、I_{c2}都会增大，U_{c1}、U_{c2}都会下降，但因为电路是对称的（两个晶体管同型号，并且它们各自对应的供电电阻阻值也相等），所以I_{c1}、I_{c2}的增大量是相同的，U_{c1}、U_{c2}的下降量也是相同的，因此U_{c1}、U_{c2}还是相等的，故输出电压$U_o=U_{c1}-U_{c2}=0$。

也就是说，当差动放大电路的工作点发生变化时，由于电路的对称性，两电路的变化相同，故输出电压不会变化，从而有效抑制了零点漂移。

2. 差模输入与差模放大倍数

当给差动电路输入信号电压U_i时，U_i加到R_1、R_2的两端，因为$R_1=R_2$，所以R_1两端的电压U_{i1}与R_2两端的电压U_{i2}相等，并且$U_{i1}=U_{i2}=(1/2)U_i$。当U_i信号正半周期来时，U_i电压极性为上正下负，U_{i1}、U_{i2}两电压的极性都是上正下负，U_{i1}的上正电压经R_3加到VT_1的基极，U_{i2}的下负电压经R_4加到VT_2的基极。这种**大小相等、极性相反的两个输入信号称为差模信号；差模信号加到电路两个输入端的输入方式称为差模输入。**

以U_i信号正半周期来时为例：U_{i1}上正的电压加到VT_1基极，电压U_{b1}上升，电流I_{b1}增大，电流I_{c1}增大，电压U_{c1}下降；U_{i2}下负的电压加到VT_2基极时，电压U_{b2}下降，电流I_{b1}减小，电流I_{c2}减小，电压U_{c2}增大；电路的输出电压$U_o=U_{c1}-U_{c2}$，因为$U_{c1}<U_{c2}$，故$U_o<0$，即当输入信号U_i为正值（正半周期）时，输出电压为负值（负半周期），输入信号U_i与输出信号U_o是反相关系。

差动放大电路在差模输入时的放大倍数称为差模放大倍数A_d，即

$$A_d = \frac{U_o}{U_i}$$

另外，根据推导计算可知：上述**差动放大电路的差模放大倍数A_d与单管放大电路的放大倍数A相等，差动放大电路多采用了一个晶体管并不能提高电路的放大倍数，而只是用来抑制零点漂移。**

3. 共模输入与共模放大倍数

图3-5所示为另一种共模输入的差动放大电路。

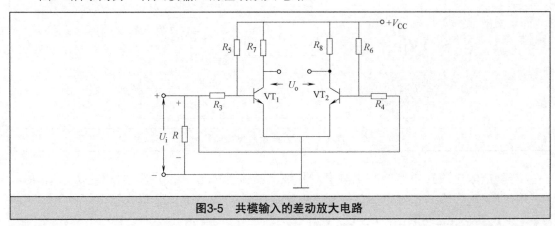

图3-5 共模输入的差动放大电路

在图3-5中，输入信号U_i一路经R_3加到VT_1的基极，另一路经R_4加到VT_2的基极，送到VT_1、VT_2基极的信号电压大小相等、极性相反。这种**大小相等、极性相同的两个输入信**

号称为共模信号；共模信号加到电路两个输入端的输入方式称为共模输入。

以U_i信号正半周期输入为例：U_i电压极性是上正下负，该电压一路经R_3加到VT_1的基极，电压U_{b1}上升，电流I_{b1}增大，电流I_{c1}增大，电压U_{c1}下降；电压U_i另一路经R_4加到VT_2的基极，电压U_{b2}上升，电流I_{b2}增大，电流I_{c2}增大，电压U_{c2}下降；因为U_{c1}、U_{c2}都下降，并且下降量相同，所以输出电压$U_o=U_{c1}-U_{c2}=0$。也就是说，差动放大电路在输入共模信号时，输出信号为0V。

差动放大电路在共模输入时的放大倍数称为共模放大倍数A_c，即

$$A_c = \frac{U_o}{U_i}$$

由于差动放大电路在共模输入时，不管输入信号U_i是多少，输出信号U_o始终为0V，故共模放大倍数$A_c=0$。差动放大电路中的零点漂移就相当于共模信号输入，比如当温度上升时，引起VT_1、VT_2的电流I_b、I_c增大，就相当于正的共模信号加到VT_1、VT_2基极使电流I_b、I_c增大一样，但输出电压为0V。实际上，差动放大电路不可能完全对称，这使得两个电路的变化量就不完全一样，输出电压就不会为0V，共模放大倍数就不为0。

共模放大倍数的大小可以反映差动放大电路的对称程度，共模放大倍数越小，说明对称程度越高，抑制零点漂移的效果越好。

4. 共模抑制比

一个性能良好的差动放大电路，应该对差模信号有很高的放大能力，而对共模信号有足够的抑制能力。为了衡量差动放大电路这两个能力的大小，常采用共模抑制比K_{CMR}来表示。**共模抑制比是指差动放大电路的差模放大倍数A_d与共模放大倍数A_c的比值，**即

$$K_{CMR} = \frac{A_d}{A_c}$$

共模抑制比越大，说明差动放大电路的差模信号放大能力越大，共模信号放大能力越小，抑制零点漂移能力越强，较好的差动放大电路共模抑制比可达到10^7。

3.2.2 实用的差动放大器

基本差动放大电路的元件参数不可能完全对称，所以电路仍有零点漂移存在，为了尽量减少零点漂移，可以对基本差动放大电路进行改进。下面介绍几种改进的实用差动放大电路。

1. 带调零电位器的长尾式差动放大电路

带调零电位器的长尾式差动放大电路如图3-6所示。这种差动放大电路中的晶体管VT_1、VT_2的发射极不是直接接地，而是通过电位器RP_1、R_e接负电源。

（1）调零电位器RP_1的作用

由于差动放大电路不可能完全对称，所以晶体管VT_1、VT_2的电流I_b、I_c也不可能完全相等，U_{c1}与U_{c2}就不会相等，在无输入信号时，输出信号$U_o=U_{c1}-U_{c2}$不会等于0V。在电路中采用了调零电位器后，可以通过调节电位器使输出电压为0V。

假设电路不完全对称，晶体管VT_1的电流I_{b1}、I_{c1}较VT_2的电流I_{b2}、I_{c2}大，那么VT_1的U_{c1}就比VT_2的U_{c2}小，输出电压$U_o=U_{c1}-U_{c2}$为负值。这时可以调节电位器RP_1，将滑动端C向B端移动，电位器A端与C端的电阻R_{AC}会增大，C端与B端的电阻R_{CB}会减小，VT_1的电流I_{b1}因R_{AC}的增大而减小（电流I_{b1}的途径是：$+V_{CC}\rightarrow R_5\rightarrow VT_1$的b极$\rightarrow$e极$\rightarrow RP_1$的AC段电

阻$\to R_e \to -V_{CC}$），I_{c1}减小，U_{c1}上升；而 VT$_2$的电流I_{b2}因R_{CB}的减小而增大，I_{c2}增大，U_{c2}下降。这样适当调节RP$_1$的位置，可以使$U_{c1}=U_{c2}$，输出电压U_o就能调到0V。

（2）电阻R_e和负电源的作用

当因温度上升引起VT$_1$、VT$_2$的电流I_b、I_c增大时，U_{c1}、U_{c2}会同时下降而保持输出电压U_o不变，这样虽然可以抑制零点漂移，但VT$_1$、VT$_2$的工作点已发生了变化，放大电路的性能会有所改变。电阻R_e可以解决这个问题。

增加电阻R_e后，当VT$_1$、VT$_2$的电流I_b、I_c增大时，这些电流都会流过电阻R_e，

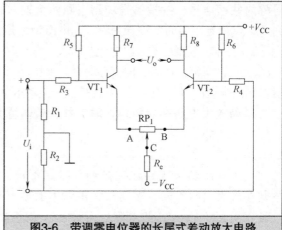

图3-6 带调零电位器的长尾式差动放大电路

R_e两端的电压会升高，VT$_1$、VT$_2$的发射极电压U_e会升高，VT$_1$、VT$_2$的电流I_b减小，电流I_c也会减小，电流I_b、I_c又降回到原来的水平。由此可见，增加了R_e后，通过R_e的反馈作用，不但可以使VT$_1$、VT$_2$的电流I_b、I_c稳定，同时可以抑制零点漂移，R_e的阻值越大，这种效果越明显。

电路中采用负电源的原因是：增加反馈电阻R_e后，如果直接将R_e接地，VT$_1$、VT$_2$的发射极电压较高，基极电压也会上升，VT$_1$、VT$_2$的动态范围会变小，容易进入饱和状态（当基极电压大于集电极电压，集电结正偏即会使晶体管进入饱和状态）；采用负电源可以拉低VT$_1$、VT$_2$的发射极电压，进而拉低基极电压，让基极和集电极电压差距增大，大信号来时基极电压不易超过集电极电压，VT$_1$、VT$_2$不容易进入饱和，提高了VT$_1$、VT$_2$的动态范围。

2. 带恒流源的差动放大电路

在图3-6所示的差动放大电路中，发射极公共电阻R_e的阻值越大，晶体管工作点的稳定性和抑制零点漂移的效果越好，但R_e越大，需要的负电源越低，这样才能让晶体管发射极电压和基极电压不会很高。

为了解决这个问题，可以采用图3-7所示的带恒流源的差动放大电路。这种差动放大

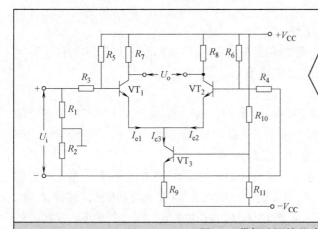

正负电源经R_{10}、R_{11}为晶体管VT$_3$提供基极电压，因为VT$_3$的基极电压由R_{10}、R_{11}分压固定，那么它的电流I_{b3}、I_{c3}也就不会变化，即使因温度上升使VT$_3$的I_{b3}、I_{c3}增大，通过反馈电阻R_9的作用，仍可以使I_{b3}、I_{c3}降回到正常水平，因为该电路可以保持电流I_{b3}、I_{c3}恒定，故将电流恒定的电路称为恒流源电路。VT$_3$的电流I_{e3}是由VT$_1$的I_{e1}和VT$_2$的电流I_{e2}组成，因为I_{c3}不会变化，所以电流I_{e1}、I_{e2}也就无法变化，VT$_1$、VT$_2$的静态工作点也就得到稳定，同时也抑制了零点漂移。

该电路中VT$_3$的c、e极之间的等效电阻与R_9的阻值不是很大，故负电源不用很低。

图3-7 带恒流源的差动放大电路

电路中VT_1、VT_2发射极不是通过反馈电阻接负电源，而是通过VT_3、R_9、R_{10}、R_{11}构成的恒流源电路接负电源。

3.2.3 差动放大器的几种连接形式

在实际使用时，差动放大器通常有下面几种连接形式。

1. 双端输入、双端输出形式

双端输入、双端输出形式的差动放大器如图3-8所示。

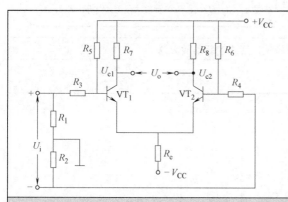

输入信号U_i经R_1、R_2分压后，在R_1、R_2上分别得到大小相等的电压U_{i1}和U_{i2}。当U_i正半周信号来时，U_{i1}、U_{i2}的极性都为上正下负，U_{i1}的上正电压送到VT_1基极，U_{i2}的下负电压送到VT_2基极，放大后在VT_1、VT_2的集电极分别得到电压U_{c1}和U_{c2}，输出信号从两个晶体管集电极取出，$U_o=U_{c1}-U_{c2}$。

双端输入、双端输出形式的差动放大器的差动放大倍数A_d（$A_d=U_o/U_i$）与单管放大倍数A相等，即$A_d=A$。

图3-8 双端输入、双端输出形式的差动放大器

2. 双端输入、单端输出形式

双端输入、单端输出形式的差动放大器如图3-9所示。

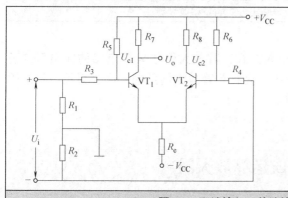

输入信号U_i经R_1、R_2分压后得到两个大小相等的电压U_{i1}、U_{i2}，它们极性相反，且分别送到VT_1、VT_2的基极，放大后在VT_1、VT_2的集电极分别得到电压U_{c1}和U_{c2}，输出信号只从晶体管VT_1集电极取出，$U_o=U_{c1}$。

双端输入、单端输出形式的差动放大器的差动放大倍数A_d是单管放大倍数A的一半，即$A_d=1/2A$。

图3-9 双端输入、单端输出形式的差动放大器

3. 单端输入、双端输出形式

单端输入、双端输出形式的差动放大器如图3-10所示。输入信号一端接到VT_1的基极，另一端在接到VT_2基极的同时也接地，所以该电路是单端输入。

4. 单端输入、单端输出形式

单端输入、单端输出形式的差动放大器如图3-11所示，它与图3-10所示的电路一样都是单端输入，但它的输出电压只取自VT_1的集电极，$U_o=U_{c1}$，故U_o的值比较小。

单端输入、单端输出形式的差动放大器的差动放大倍数A_d是单管放大倍数A的一半，即$A_d=(1/2)A$。

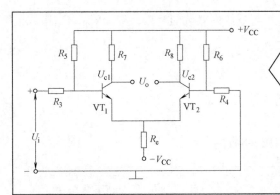

当输入信号U_i为上正下负时，上正电压经R_3加到VT_1的基极，VT_1的I_{b1}增大，I_{c1}也增大，U_{c1}下降；VT_1的I_{e1}增大（因为I_{b1}、I_{c1}是增大的），流过R_e的电流增大，两个晶体管的发射极电压（$U_{e1}=U_{e2}$）都增大，VT_2的U_{e2}增大，电流I_{b2}会减小，电流I_{c2}减小，电压U_{c2}上升。因为在放大信号时，U_{c1}下降时U_{c2}上升（或U_{c1}上升时U_{c2}会下降），输出电压取自两集电极电压差，即$U_o=U_{c1}-U_{c2}$，这个值较大。

单端输入、双端输出形式的差动放大器的差动放大倍数A_d（$A_d=U_o/U_i$）与单管放大倍数A相等，即$A_d=A$。

图3-10　单端输入、双端输出形式的差动放大器

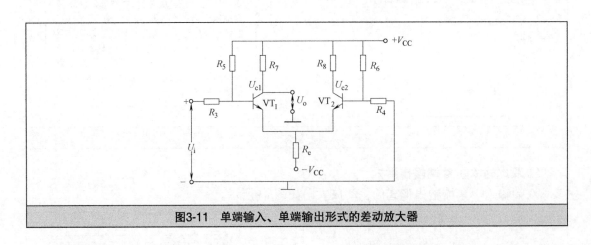

图3-11　单端输入、单端输出形式的差动放大器

综上所述，不管差动放大电路是哪种输入方式，其放大倍数只与电路的输出形式有关：采用了单端输出形式，它的放大倍数较小，只有单管放大倍数的一半；采用了双端输出形式，它的放大倍数与单管放大倍数相同。

3.3　集成运算放大器

集成运算放大器是一种应用极为广泛的集成放大电路，它除了具有很高的放大倍数外，还能通过外接一些元件构成加法器、减法器等运算电路，所以称为运算放大器，简称运放。

3.3.1　集成运算放大器的基础知识

1. 内部组成与符号

集成运算放大器内部由多级直接耦合的放大电路组成，其内部组成框图如图3-12所示，其电路图形符号如图3-13所示。

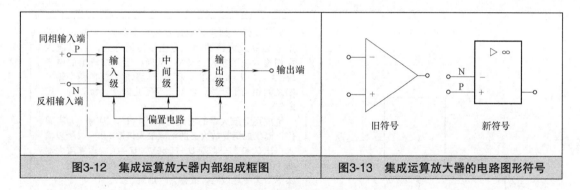

图3-12 集成运算放大器内部组成框图　　　图3-13 集成运算放大器的电路图形符号

从图3-12中可以看出，**运算放大器有同相输入端（用"+"或"P"表示）和反相输入端（用"−"或"N"表示），还有一个输出端，它的内部由输入级、中间级和输出级及偏置电路组成。**

输入级采用具有很强零点漂移抑制能力的差动放大电路；中间级常采用增益较高的共发射极放大电路；输出级一般采用带负载能力很强的功率放大电路；偏置电路的作用是为各级放大电路提供工作电压。

2．集成运算放大器的理想特性

集成运算放大器是一种放大电路，其等效图如图3-14所示，为了分析方便，常将集成运算放大器看成是理想的。

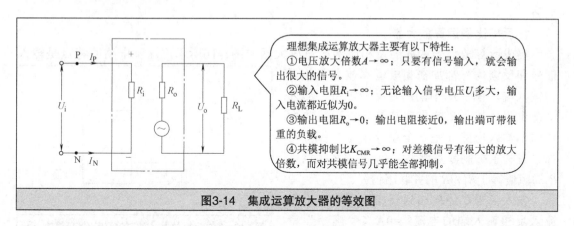

理想集成运算放大器主要有以下特性：

①电压放大倍数$A \to \infty$；只要有信号输入，就会输出很大的信号。

②输入电阻$R_i \to \infty$；无论输入信号电压U_i多大，输入电流都近似为0。

③输出电阻$R_o \to 0$；输出电阻接近0，输出端可带很重的负载。

④共模抑制比$K_{CMR} \to \infty$；对差模信号有很大的放大倍数，而对共模信号几乎能全部抑制。

图3-14 集成运算放大器的等效图

实际的集成运算放大器与理想集成运算放大器的特性接近，因此以后就把实际的集成运算放大器当成是理想集成运算放大器来分析。

集成运算放大器的工作状态有两种：线性状态和非线性状态。当给集成运算放大器加上负反馈电路时，它就会工作在线性状态（线性状态是指电路的输入电压与输出电压成正比关系）；如果给集成运算放大器加正反馈电路或在开环工作时，它就会工作在非线性状态。

3.3.2 集成运算放大器的线性应用电路

当给集成运算放大器增加负反馈电路时，它就会工作在线性状态，如图3-15所示，R_f为负反馈电阻。

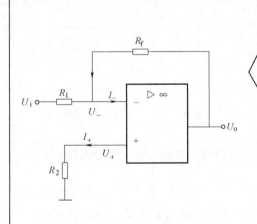

电压U_i经R_1加到集成运算放大器的"−"端，由于集成运算放大器的输入电阻R_i为无穷大，所以流入反相输入端的电流$I_-=0A$，从同相输入端流出的电流$I_+=0A$，$I_-=I_+=0A$。由此可见，运算放大器的两个输入端之间相当于断路，实际上又不是断路，故称为"虚断"。

集成运算放大器的输出电压$U_o=AU_i$，因为U_o为有限值，而集成运算放大器的电压放大倍数$A\to\infty$，所以输入电压$U_i\approx0V$，即$U_i=U_--U_+\approx0V$，$U_-=U_+$。运算放大器两个输入端的电压相等，两个输入端相当于短路，但实际上又不是短路，故称为"虚短"。

$U_+=I_+R_2$，而$I_+=0A$，所以$U_+=0V$，又因为$U_-=U_+$，故$U_-=0V$，从电位来看，运算放大器"−"端相当于接地，但实际上又未接地，故该端称为"虚地"。

图3-15　增加负反馈电路的集成运算放大器

工作在线性状态的集成运算放大器具有以下特性：

1）具有"虚断"特性，即流入和流出输入端的电流都为0A，$I_-=I_+=0A$。

2）具有"虚短"特性，即两个输入端的电压相等，$U_-=U_+$。

了解集成运算放大器的特性后，再来分析集成运算放大器在线性状态下的各种应用电路。

1. 反相比例运算放大器

集成运算放大器构成的反相比例运算放大器如图3-16所示，这种电路的特点是输入信号和反馈信号都加在集成运算放大器的反相输入端。图3-16中的R_f为反馈电阻，R_2为平衡电阻，接入R_2的作用是使集成运算放大器内部输入电路（是一个差分电路）保持对称，有利于抑制零点漂移，$R_2=R_1 /\!/ R_f$（意为R_2的阻值等于R_1和R_f的并联阻值）。

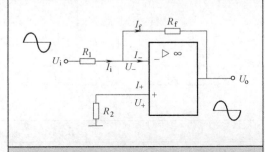

图3-16　集成运算放大器构成的反相比例运算放大器

输入信号U_i经R_1加到反相输入端，由于流入反相输入端的电流$I_-=0A$（"虚断"特性），所以有

$$I_i = I_f$$

$$\frac{U_i - U_-}{R_1} = \frac{U_- - U_o}{R_f}$$

根据"虚短"特性可知，$U_-=U_+=0$，所以有

$$\frac{U_i}{R_1} = -\frac{U_o}{R_f}$$

由此可求得**反相比例运算放大器的电压放大倍数为**

$$A_u = \frac{U_o}{U_i} = -\frac{R_f}{R_1}$$

上式中的负号表示输出电压U_o与输入电压U_i反相，所以称为反相比例运算放大器。从上式还可知，**反相比例运算放大器的电压放大倍数只与R_f和R_1有关。**

2. 同相比例运算放大器

集成运算放大器构成的同相比例运算放大器如图3-17所示。该电路的输入信号加到运算放大器的同相输入端，反馈信号送到反相输入端。

根据"虚短"特性可知，$U_- = U_+$，又因为输入端"虚断"，故流过电阻R_2的电流$I_+ = 0A$，R_2上的电压为0V，所以$U_+ = U_i = U_-$。在

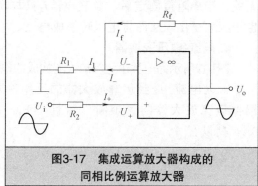

图3-17　集成运算放大器构成的同相比例运算放大器

图3-17中，因为集成运算放大器反相输入端流出的电流$I_- = 0A$，所以有

$$I_f = I_1$$

$$\frac{U_o - U_-}{R_f} = \frac{U_-}{R_1}$$

因为$U_- = U_i$，故上式可表示为

$$\frac{U_o - U_1}{R_f} = \frac{U_1}{R_1}$$

$$\frac{U_o}{U_1} = \frac{R_1 + R_f}{R_1} = 1 + \frac{R_f}{R_1}$$

同相比例运算放大器的电压放大倍数为

$$A_u = \frac{U_o}{U_i} = 1 + \frac{R_f}{R_1}$$

因为输出电压U_o与输入电压U_i同相，故该放大电路称为同相比例运算放大器。

3. 电压-电流转换器

图3-18所示为一种由运算放大器构成的电压-电流转换器，它与同相比例运算放大器有些相似，但该电路的负载R_L接在负反馈电路中。

输入电压U_i送到运算放大器的同相输入端，根据运算放大器的"虚断"特性可知，$I_+ = I_- = 0A$，所以有

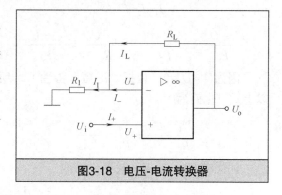

图3-18　电压-电流转换器

$$I_L = I_1 = \frac{U_-}{R_1}$$

又因为运算放大器具有"虚短"特性，故$U_i = U_+ = U_-$，上式可变换成

$$I_L = \frac{U_i}{R_1}$$

由上式可以看出，流过负载的电流 I_L 只与输入电压 U_i 和电阻 R_1 有关，与负载 R_L 的阻值无关，当 R_1 阻值固定后，负载电流 I_L 只与 U_i 有关，当电压 U_i 发生变化，流过负载的电流 I_L 也相应地变化，从而将电压转换成电流。

4. 电流-电压变换器

图3-19所示为一种由运算放大器构成的电流-电压转换器，它可以将电流转换成电压输出。

输入电流 I_i 送到运算放大器的反相输入端，根据运算放大器的"虚断"特性可知，$I_- = I_+ = 0A$，所以有

$$I_i = I_f$$

$$I_i = \frac{U_- - U_o}{R_f}$$

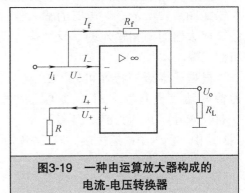

图3-19　一种由运算放大器构成的电流-电压转换器

因为 $I_+ = 0A$，故流过 R 的电流也为0，$U_+ = 0$，又根据运算放大器的"虚短"特性可知，$U_- = U_+ = 0$，上式可变换成

$$I_i = -\frac{U_o}{R_f}$$

$$U_o = -I_i R_f$$

由上式可以看出，输出电压 U_o 与输入电流 I_i 和电阻 R_f 有关，与负载 R_L 的阻值无关，当 R_f 阻值固定后，输出电压 U_o 只与输入电流 I_i 有关，当输入电流 I_i 发生变化时，负载上的电压 U_o 也相应地变化，从而将电流转换成电压。

5. 加法器

集成运算放大器构成的加法器如图3-20所示，R_o 为平衡电阻，$R_o = R_1 /\!/ R_2 /\!/ R_3 /\!/ R_f$，电路有三个信号电压 U_1、U_2、U_3 输入，有一个信号电压 U_o 输出，下面来分析它们的关系。

因为 $I_- = 0A$（根据"虚断"特性），所以有

$$I_1 + I_2 + I_3 = I_f$$

$$\frac{U_1 - U_-}{R_1} + \frac{U_2 - U_-}{R_2} + \frac{U_3 - U_-}{R_3} = \frac{U_- - U_o}{R_f}$$

因为 $U_- = U_+ = 0$（根据"虚短"特性），所以上式可化简为

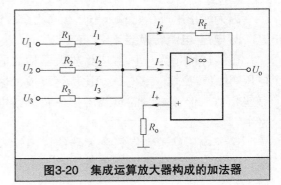

图3-20　集成运算放大器构成的加法器

$$\frac{U_1}{R_1} + \frac{U_2}{R_2} + \frac{U_3}{R_3} = -\frac{U_o}{R_f}$$

如果 $R_1 = R_2 = R_3 = R$，就有

$$U_o = \frac{R_f}{R}(U_1 + U_2 + U_3)$$

如果 $R_1 = R_2 = R_3 = R_f$，那么

$$U_{\mathrm{o}}=-(U_1+U_2+U_3)$$

上式说明**输出电压是各输入电压之和，从而实现了加法运算**，式中的负号表示输出电压与输入电压的相位相反。

6. 减法器

集成运算放大器构成的减法器如图3-21所示，电路的两个输入端同时输入信号，在反相输入端输入电压U_1，同相输入端输入电压U_2，为了保证两个输入端平衡，要求$R_2 /\!/ R_3 = R_1 /\!/ R_{\mathrm{f}}$。下面分析两个输入电压$U_1$、$U_2$与输出电压$U_{\mathrm{o}}$的关系。

根据电阻串联规律可得

$$U_+ = U_2 \frac{R_3}{R_2+R_3}$$

根据"虚断"特性可得

$$I_1 = I_{\mathrm{f}}$$

$$\frac{U_1-U_-}{R_1} = \frac{U_- - U_{\mathrm{o}}}{R_{\mathrm{f}}}$$

因为$U_-=U_+$（根据"虚短"特性），所以有

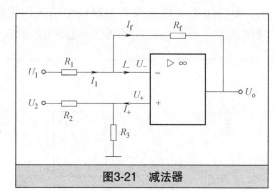

图3-21 减法器

$$\frac{U_1 - U_2 \dfrac{R_3}{R_2+R_3}}{R_1} = \frac{U_2 \dfrac{R_3}{R_2+R_3} - U_{\mathrm{o}}}{R_{\mathrm{f}}}$$

如果$R_2=R_3$，$R_1=R_{\mathrm{f}}$，上式可简化成

$$U_1 - \frac{U_2}{2} = \frac{U_2}{2} - U_{\mathrm{o}}$$

$$U_{\mathrm{o}}=U_2-U_1$$

由此可见，**输出电压U_{o}等于两个输入电压U_2、U_1的差，从而实现了减法运算**。

3.3.3 集成运算放大器的非线性应用电路

当集成运算放大器处于开环或正反馈时，它会工作在非线性状态，如图3-22所示。

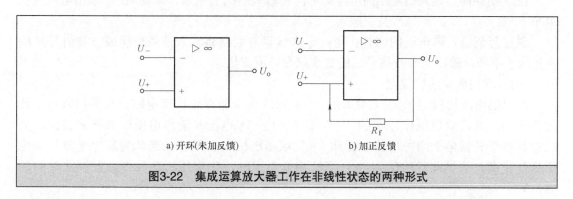

a) 开环(未加反馈)　　　　　　　b) 加正反馈

图3-22 集成运算放大器工作在非线性状态的两种形式

工作在非线性状态的集成运算放大器具有以下一些特点：

1）当同相输入端电压大于反相输入端电压时，输出电压为高电平，即

$$U_+>U_-\text{时，}\ U_o=+U\ \text{（高电平）}$$

2）当同相输入端电压小于反相输入端电压时，输出电压为低电平，即

$$U_+<U_-\text{时，}\ U_o=-U\ \text{（低电平）}$$

1. 电压比较器

电压比较器通常可分为两种：单门限电压比较器和双门限电压比较器。

（1）单门限电压比较器

单门限电压比较器如图3-23所示，该集成运算放大器处于开环状态。+5V的电压经R_1、R_2分压为集成运算放大器同相输入端提供+2V的电压，该电压作为门限电压（又称基准电压），反相输入端输入图3-23b所示的U_i信号。

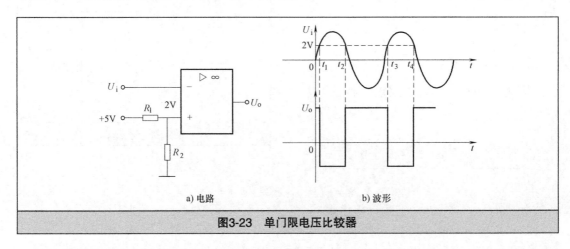

a) 电路　　　　　　　　　　　　b) 波形

图3-23　单门限电压比较器

在0～t_1期间，输入信号U_i的电压（也就是反相输入端U_-电压）低于同相输入端U_+的电压，即$U_-<U_+$，输出电压为高电平（即较高的电压）。

在t_1～t_2期间，输入信号U_i的电压高于同相输入端U_+的电压，即$U_->U_+$，输出电压为低电平。

在t_2～t_3期间，输入信号U_i的电压低于同相输入端U_+的电压，即$U_-<U_+$，输出电压为高电平。

在t_3～t_4期间，输入信号U_i的电压高于同相输入端U_+的电压，即$U_->U_+$，输出电压为低电平。

通过两个输入端电压的比较作用，集成运算放大器将输入信号转换成方波信号，U_+电压大小不同，输出的方波信号U_o的宽度就会有所变化。

（2）双门限电压比较器

双门限电压比较器如图3-24所示，该运算放大器加有正反馈电路。与单门限电压比较器不同，双门限电压比较器的"+"端电压由+5V电压和输出电压U_o共同来决定，而U_o有高电平和低电平两种可能，因此"+"端电压U_+也有两种：当U_o为高电平时，U_+电压被U_o抬高，假设此时的U_+为3V；当U_o为低电平时，U_+电压被U_o拉低，假设此时的U_+为-1V。

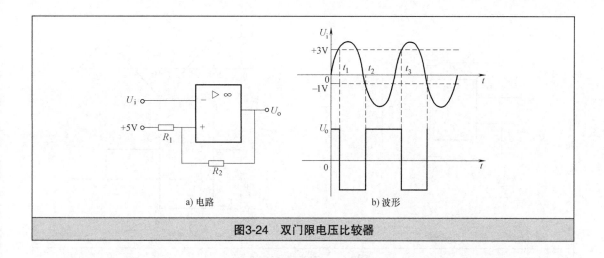

a) 电路　　　　　　　　　　b) 波形

图3-24　双门限电压比较器

在分析电路的工作原理时，给运算放大器的反相输入端输入图3-24b所示的输入信号U_i。

在$0 \sim t_1$期间，输入信号U_i的电压低于同相输入端U_+电压，即$U_- < U_+$，输出电压U_o为高电平，此时比较器的门限电压U_+为3V。

从t_1时刻起，输入信号U_i的电压开始超过3V，即$U_- > U_+$，输出电压U_o为低电平，此时比较器的门限电压U_+被U_o拉低到-1V。

在$t_1 \sim t_2$期间，输入信号U_i的电压始终高于U_+电压（-1V），即$U_- > U_+$，输出电压U_o为低电平。

从t_2时刻起，输入信号U_i的电压开始低于-1V，即$U_- < U_+$，输出电压U_o转为高电平，此时比较器的门限电压U_+被拉高到3V。

在$t_2 \sim t_3$期间，输入信号U_i的电压始终低于U_+电压（3V），即$U_- < U_+$，输出电压U_o为高电平。

从t_3时刻起，输入信号U_i的电压开始超过3V，即$U_- > U_+$，输出电压U_o为低电平。

以后电路就重复$0 \sim t_3$这个过程，从而将图3-24b中的输入信号U_i转换成输出信号U_o。

2. 方波信号发生器

方波信号发生器可以产生方波信号。图3-25所示的电路就是一个由集成运算放大器构成的方波信号发生器，它是在集成运算放大器上同时加上正、负反馈电路构成的。图中V_Z为双向稳压管，假设它的稳压值U_Z是5V，它可以使输出电压U_o稳定在$-5 \sim 5V$范围内。

在电路刚开始工作时，电容C上未充电，它两端的电压$U_C = 0$，集成运算放大器反相输入端电压$U_- = 0$，输出电压$U_o = +5V$（高电平），U_o电压经R_1、R_2分压为同相输入端提供$U_+ = +3V$。

在$0 \sim t_1$期间，$U_o = +5V$通过R对电容C充电，在电容上充得上正下负的电压，电压U_C上升，电压U_-也上升，在t_1时刻电压U_-达到门限电压+3V，开始有$U_- > U_+$，输出电压U_o马上变为低电平，即$U_o = -5V$，同相输入端的门限电压被U_o拉低至$U_+ = -3V$。

在$t_1 \sim t_2$期间，电容C开始放电，放电的途径是：电容C上正$\rightarrow R \rightarrow R_1 \rightarrow R_2 \rightarrow$地$\rightarrow$电容$C$下负，$t_2$时刻，电容$C$放电完毕。

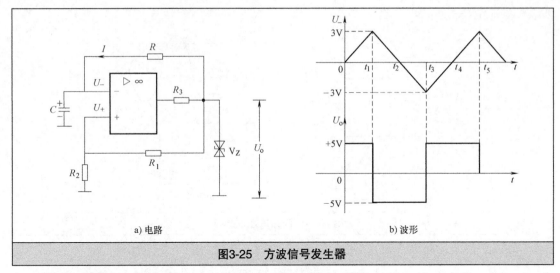

图3-25 方波信号发生器

在$t_2 \sim t_3$期间，电压$U_o=-5V$开始对电容反充电，其途径是：地→电容C→R→V_Z上（$-5V$），电容C被充得上负下正的电压，U_c为负压，U_-也为负压，随着电容C不断被反充电，U_-不断下降。在t_3时刻，U_-下降到$-3V$，开始有$U_-<U_+$，输出电压U_o马上转为高电平，即$U_o=+5V$，同相输入端的门限电压被U_o抬高到$U_+=+3V$。

在$t_3 \sim t_4$期间，$U_o=+5V$又开始经R对电容C充电，t_4时刻将电容C上的上负下正电压中和。

在$t_4 \sim t_5$期间再继续充得上正下负的电压，t_5时刻，U_-电压达到门限电压$+3V$，开始有$U_->U_+$，输出电压U_o马上变为低电平。

以后重复上述过程，从而在电路的输出端得到图3-25b所示的方波信号U_o。

3.3.4 集成运算放大器的保护电路

为了保护集成运算放大器，在使用时通常会给它加上一些保护电路。

1. 电源极性接错保护电路

集成运算放大器在工作时需要接正、负两种电源，为了防止集成运算放大器因电源极性接错而损坏，常要给其添加电源极性接错保护电路。图3-26所示为一种常用的运算放大器电源极性接错保护电路。

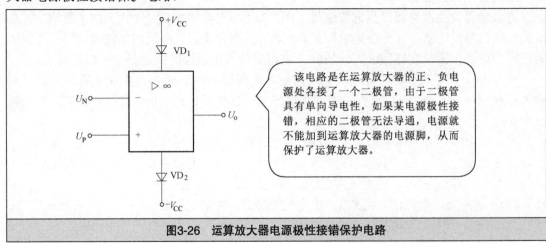

该电路是在运算放大器的正、负电源处各接了一个二极管，由于二极管具有单向导电性，如果某电源极性接错，相应的二极管无法导通，电源就不能加到运算放大器的电源脚，从而保护了运算放大器。

图3-26 运算放大器电源极性接错保护电路

2.输入保护电路

集成运算放大器加输入保护电路的目的是为了防止输入信号的幅度过大。典型的输入保护电路如图3-27所示。

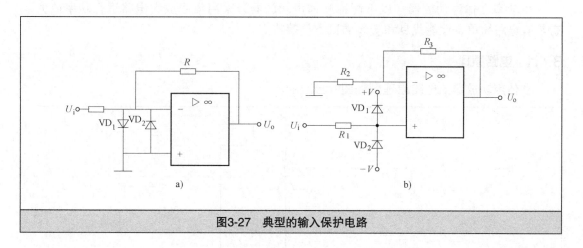

图3-27 典型的输入保护电路

在图3-27a中，集成运算放大器的反相输入端与地之间接了两个二极管，其中VD_1用来防止输入信号正半周期电压过大，如果信号电压超过+0.7V，VD_1会导通，输入信号正半周期无法超过+0.7V；VD_2用来防止输入信号负半周期电压过低，如果信号电压低于-0.7V，VD_2会导通，输入信号负半周期电压无法超过-0.7V。

在图3-27b中，集成运算放大器的同相输入端接了两个二极管，这两个二极管的另一端并不是直接接地，而是VD_1接正电压$+V$，VD_2接负电压$-V$，假设电压$V=2V$，如果输入信号正电压超过2.7V，VD_1会导通，运算放大器的输入端电压被钳位在2.7V，如果输入信号负电压低于-2.7V，VD_2会导通，运算放大器的输入端电压被钳位在-2.7V，即VD_1、VD_2能将输入信号电压的幅度限制在-2.7～2.7V范围内。

3. 输出保护电路

集成运算放大器加输出保护电路的目的是为了防止输出信号幅度过大。典型的输出保护电路如图3-28所示。

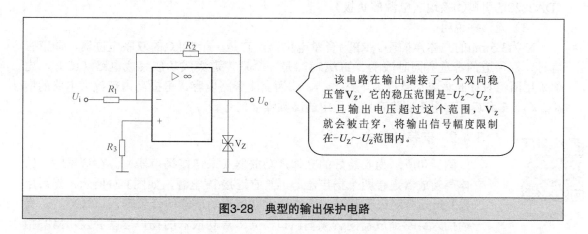

该电路在输出端接了一个双向稳压管V_Z，它的稳压范围是$-U_Z～U_Z$，一旦输出电压超过这个范围，V_Z就会被击穿，将输出信号幅度限制在$-U_Z～U_Z$范围内。

图3-28 典型的输出保护电路

3.4　电路小制作——小功率立体声功放器

小功率立体声功放器（以下简称立体声功放器）采用集成放大电路进行功率放大，它具有电路简单、性能优良和安装调试方便等特点。

3.4.1　电路原理

立体声功放器的电路原理图如图3-29所示。

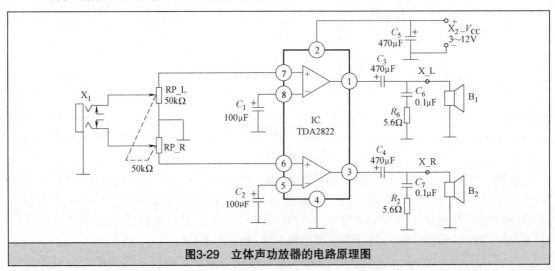

图3-29　立体声功放器的电路原理图

（1）信号处理过程

L、R声道音频信号（即立体声信号）通过插座X_1的双触点分别送到双联音量电位器RP_L和RP_R的滑动端，经调节后分别送到集成功放电路TDA2822的引脚⑦、⑥，在内部放大后再分别从引脚①、③送出，经C_3、C_4分别送入扬声器B_1、B_2，推动扬声器发声。

（2）直流工作情况

电源通过接插件X_2送入电路，并经C_5滤波后送到TDA2822的引脚②，电源电压可在3～12V范围内调节，电压越高，集成功放器的输出功率越大，扬声器发声越大。TDA2822的引脚④接地（电源的负极）。

（3）元器件说明

X_1为3.5mm的立体声插座。RP为音量电位器，它是一个50kΩ的双联电位器，调节音量时，双声道的音量会同时改变。TDA2822是一个双声道集成功放集成电路（IC），内部采用两组对称的集成功率放大电路，C_1、C_2为交流旁路电容，可提高内部放大电路的增益。C_6、R_1和C_7、R_2用于滤除音频信号中的高频噪声信号。

3.4.2　安装与调试

扫一扫看视频

图3-30所示为安装好的立体声功放器（未连接扬声器）。在调试时，给立体声功放器连接两个扬声器，再给它连接6V电源，如图3-31所示，然后用一根3.5mm公对公音频线，一端插入立体声功放器的音频输入口（X_1），另一端插入MP3播放器的音频输出口，立体声功放器的扬声器就会发出MP3播

放的声音，调节音量电位器RP，可以调节声音的大小。

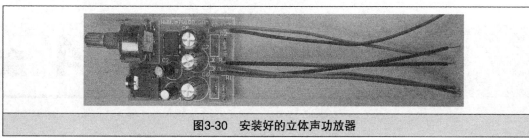

图3-30　安装好的立体声功放器

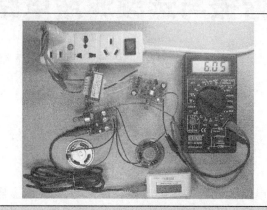

图3-31　立体声功放器的调试

3.4.3　电路检修

下面以"无声"故障为例来说明立体声功放器的检修（以左声道为例），其检修流程如图3-32所示。

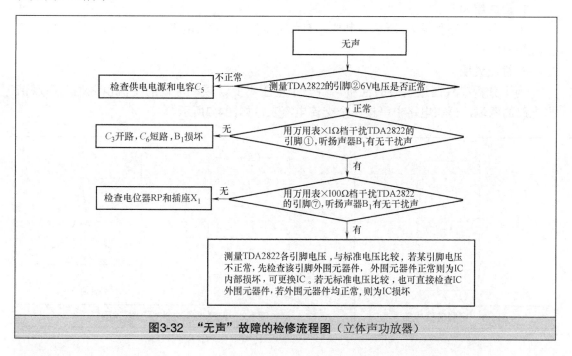

图3-32　"无声"故障的检修流程图（立体声功放器）

第 **4** 章

谐振与选频滤波电路

4.1　*LC*谐振电路

谐振电路是一种由电感和电容构成的电路，故又称为*LC*谐振电路。谐振电路在工作时会表现出一些特殊的性质，因此得到广泛的应用。谐振电路分为串联谐振电路和并联谐振电路。

4.1.1　串联谐振电路

电容和电感头尾相连，并与交流信号连接在一起就构成了串联谐振电路。

1. 电路结构

串联谐振电路如图4-1所示。其中，*U*为交流信号；*C*为电容；*L*为电感；*R*为电感*L*的直流等效电阻。

2. 性质说明

为了分析串联谐振电路的性质，将一个电压不变、频率可调的交流电源加到串联谐振电路的两端，再在电路中串接一个交流电流表，如图4-2所示。

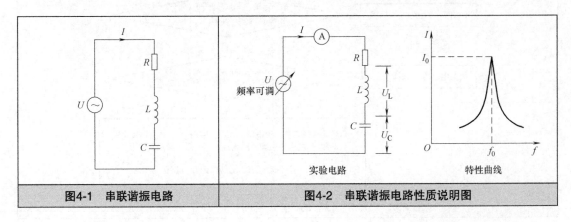

图4-1　串联谐振电路	图4-2　串联谐振电路性质说明图

让交流信号电压U始终保持不变，而将交流信号频率由0Hz慢慢调高，在调节交流信号频率的同时观察电流表，结果发现电流表指示的电流值先慢慢增大，当增大到某一值时，再将交流信号的频率继续调高，电流又开始逐渐下降，这个过程可用图4-2所示的特性曲线表示。

在串联谐振电路中，当交流信号频率为某一频率时，电路出现最大电流的现象称作串联谐振现象，简称串联谐振，这个频率叫作谐振频率，用f_0表示，谐振频率f_0的大小可用下式求得：

$$f_0 = \frac{1}{2\pi\sqrt{LC}}$$

3. 串联谐振电路谐振时的特点

串联谐振电路谐振时的特点主要如下：

1）谐振时，电路中的电流最大，此时LC元件串联在一起就像一只阻值很小的电阻，即串联谐振电路谐振时总阻抗最小（电阻、容抗和感抗统称为阻抗，用Z表示，阻抗的单位为Ω）。

2）谐振时，电路中电感上的电压U_L和电容上的电压U_C都很高，往往比交流信号电压U大Q倍（$U_L = U_C = QU$，Q为品质因数，$Q = 2\pi fL/R$），因此串联谐振又称电压谐振，在谐振时，电压U_L与U_C在数值上相等，但极性相反，故两电压之和（$U_L + U_C$）近似为零。

4.1.2　并联谐振电路

电容和电感并联后与交流信号连接起来就构成了并联谐振电路。

1. 电路结构

并联谐振电路如图4-3所示。其中，U为交流信号；C为电容；L为电感；R为电感L的直流等效电阻。

2. 电路说明

为了分析并联谐振电路的性质，将一个电压不变、频率可调的交流电源加到并联谐振电路的两端，再在电路中串接一个交流电流表，如图4-4所示。

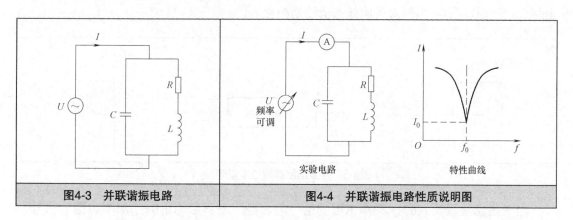

图4-3　并联谐振电路	图4-4　并联谐振电路性质说明图

让交流信号电压U始终保持不变，将交流信号频率从0Hz开始慢慢调高，在调节交流信号频率的同时观察电流表，结果发现电流表指示电流开始很大，随着交流信号的频率逐

渐调高电流值慢慢减小，当减小到某一值时再将交流信号的频率继续调高，电流又逐渐上升，这个过程可用图4-4所示的特性曲线表示。

在并联谐振电路中，当交流信号频率为某一频率时，电路出现最小电流的现象称作**并联谐振现象**，简称**并联谐振**，这个频率叫作谐振频率，用f_0表示，谐振频率f_0的大小可用下式求得：

$$f_0 \frac{1}{2\pi\sqrt{LC}}$$

3. 并联谐振电路谐振时的特点

并联谐振电路谐振时的特点主要如下：

1） 谐振时，电路中的电流I最小，此时LC元件并联在一起就像一只阻值很大的电阻，即并联谐振电路谐振时总阻抗最大。

2） 谐振时，流过电容支路的电流I_C和流过电感支路的电流I_L都比总电流I大很多，故并联谐振又称为电流谐振。其中I_C与I_L数值相等，但方向相反，I_C与I_L在LC支路构成的回路中流动，不会流过主干路。

4.2　选频滤波电路

选频滤波电路简称滤波电路，其功能是从众多的信号中选出需要的信号。根据电路工作时是否需要电源，滤波电路分为无源滤波电路和有源滤波电路；根据电路选取信号的特点，由两种滤波电路组成的滤波器可分为低通滤波器（LPF）、高通滤波器（HPF）、带通滤波器（BPF）和带阻滤波器（BEF）。

4.2.1　低通滤波器

低通滤波器（LPF）的功能是选取低频信号、低通滤波器意为"低频信号可以通过的电路"。下面以图4-5为例来说明低通滤波器的性质。

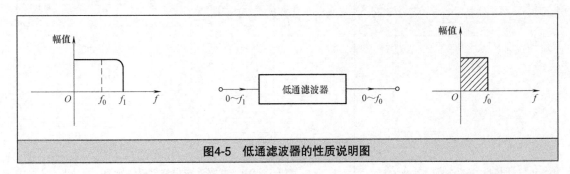

图4-5　低通滤波器的性质说明图

当低通滤波器输入$0\sim f_1$频率范围的信号时，经滤波器后输出$0\sim f_0$频率范围的信号。也就是说，只有f_0频率以下的信号才能通过滤波器。这里的f_0频率称为截止频率，又称转折频率，**低通滤波器只能通过频率低于截止频率f_0的信号**。

图4-6所示为几种常见的低通滤波器电路。

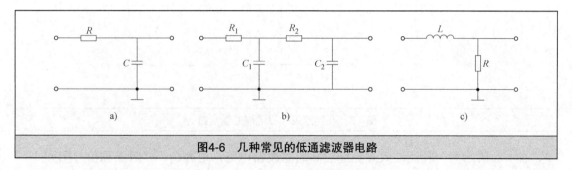

图4-6 几种常见的低通滤波器电路

图4-6a所示为RC低通滤波器电路，当电路输入各种频率的信号时，因为电容C对高频信号阻碍小（根据$X_C=1/2\pi fc$），高频信号经电容C旁路到地，电容C对低频信号阻碍大，低频信号不会旁路，而是输出去往后级电路。

如果单级RC低通滤波电路的滤波效果达不到要求，可采用图4-6b所示的多级RC滤波电路，这种滤波电路能更彻底地滤掉高频信号，使选出的低频信号更纯净。

图4-6c所示为RL低通滤波器电路，当电路输入各种频率的信号时，因为电感对高频信号阻碍大（根据$X_L=2\pi fL$），高频信号很难通过电感L，而电感对低频信号阻碍小，低频信号很容易通过电感去往后级电路。

4.2.2 高通滤波器

高通滤波器（HPF）的功能是选取高频信号。 下面以图4-7为例来说明高通滤波器的性质。

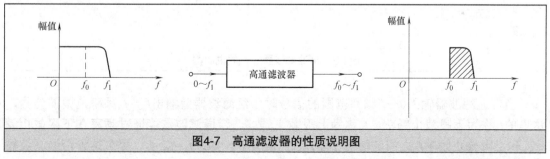

图4-7 高通滤波器的性质说明图

当高通滤波器输入$0\sim f_1$频率范围的信号时，经滤波器后输出$f_0\sim f_1$频率范围的信号。也就是说，只有f_0频率以上的信号才能通过滤波器。**高通滤波器能通过频率高于截止频率f_0的信号。**

图4-8所示为几种常见的高通滤波器电路。

图4-8a所示为RC高通滤波器电路，当电路输入各种频率的信号时，因为电容C对高频信号阻碍小，对低频信号阻碍大，故低频信号难于通过电容C，高频信号很容易通过电容去往后级电路。

图4-8b所示为RL高通滤波器电路，当电路输入各种频率的信号时，因为电感对高频信号阻碍大，而对低频信号阻碍小，故低频信号很容易通过电感L旁路到地，高频信号不容易被电感旁路而只能去往后级电路。

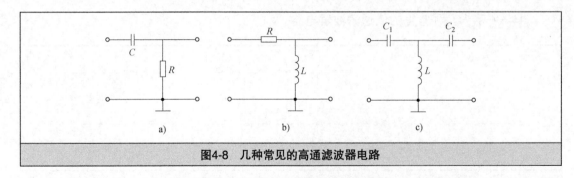

图4-8　几种常见的高通滤波器电路

图4-8c所示为一种滤波效果更好的高通滤波器电路，电容C_1、C_2对高频信号阻碍小、对低频信号阻碍大，低频信号难于通过，高频信号很容易通过；另外，电感L对高频信号阻碍大、对低频信号阻碍小，低频信号很容易被旁路，高频信号则不容易被旁路。这种滤波器的电容C_1、C_2对低频信号有较大的阻碍，再加上电感对低频信号的旁路作用，低频信号很难通过该滤波器，从而使低频信号分离得较彻底。

4.2.3　带通滤波器

带通滤波器（BPF）的功能是选取某一段频率范围内的信号。下面以图4-9为例来说明带通滤波器的性质。

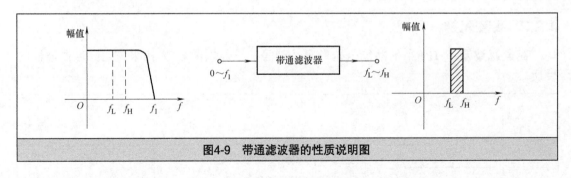

图4-9　带通滤波器的性质说明图

当带通滤波器输入$0\sim f_1$频率范围的信号时，经滤波器后输出$f_L\sim f_H$频率范围的信号，这里的f_L称为下限截止频率，f_H称为上限截止频率。**带通滤波器能通过频率在下限截止频率f_L和上限截止频率f_H之间的信号（含f_L、f_H信号），如果$f_L=f_H=f_0$，那么这种带通滤波器就可以选择单一频率的f_0信号。**

图4-10所示为几种常见的带通滤波器电路。

图4-10a所示为一种由RC元件构成的带通滤波器电路，其中R_1、C_1构成低通滤波器，它的截止频率为f_H，可以通过f_H频率以下的信号，C_2、R_2构成高通滤波器电路，它的截止频率为f_L，可以通过f_L频率以上的信号，结果只有$f_L\sim f_H$频率范围的信号通过整个滤波器。

图4-10b所示为一种由LC串联谐振电路构成的带通滤波器电路，L_1、C_1的谐振频率为f_0，它对频率为f_0的信号阻碍小，对其他频率的信号阻碍很大，故只有频率为f_0的信号可以通过，该电路可以选取单一频率的信号，如果想让f_0附近频率的信号也能通过，就要降低谐振电路的Q值（$Q=2\pi fL/R$，L为电感的电感量，R为电感线圈的直流电阻），Q值越低，LC电路的通频带越宽，能通过f_0附近更多频率的信号。

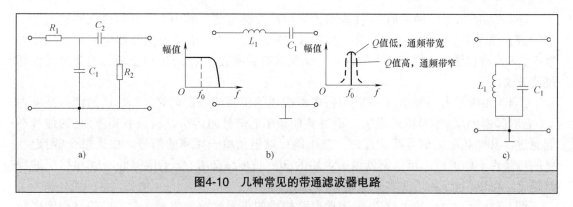

图4-10　几种常见的带通滤波器电路

图4-10c所示为一种由LC并联谐振电路构成的带通滤波器电路，L_1、C_1的谐振频率为f_0，它对频率为f_0的信号阻碍很大，对其他频率的信号阻碍小，故其他频率信号被旁路，只有频率为f_0的信号不会被旁路，而去往后级电路。

4.2.4　带阻滤波器

带阻滤波器（**BEF**）的功能是选取某一段频率范围以外的信号。带阻滤波器又称陷波器，它的功能与带通滤波器恰好相反。下面以图4-11为例来说明带阻滤波器的性质。

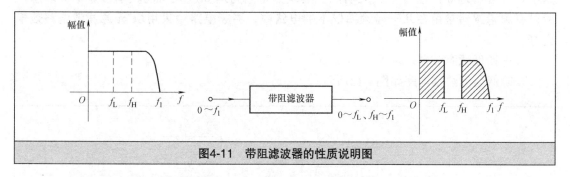

图4-11　带阻滤波器的性质说明图

当带阻滤波器输入$0 \sim f_1$频率范围的信号时，经滤波器滤波后输出$0 \sim f_L$和$f_H \sim f_1$频率范围的信号，而$f_L \sim f_H$频率范围内的信号不能通过。**带阻滤波器能通过频率在下限截止频率f_L以下的信号和上限截止频率f_H以上的信号（不含f_L、f_H信号），如果$f_L=f_H=f_0$，那么带阻滤波器就可以选择f_0以外的所有信号。**

图4-12所示为几种常见的带阻滤波器电路。

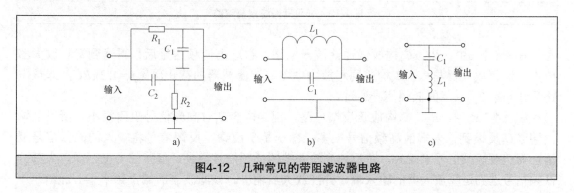

图4-12　几种常见的带阻滤波器电路

图4-12a所示为一种由RC元件构成的带阻滤波器电路，其中R_1、C_1构成低通滤波器，它的截止频率为f_L，可以通过f_L频率以下的信号，C_2、R_2构成高通滤波器电路，它的截止频率为f_H，可以通过f_H频率以上的信号，结果只有频率在f_L以下和f_H以上范围的信号可以通过滤波器。

图4-12b所示为一种由LC并联谐振电路构成的带阻滤波器电路，L_1、C_1的谐振频率为f_0，它对频率为f_0的信号阻碍很大，而对其他频率的信号阻碍小，故只有频率为f_0的信号不能通过，其他频率的信号都能通过。该电路可以阻止单一频率的信号，如果想让f_0附近频率的信号也不能通过，可以降低谐振电路的Q值（$Q=2\pi fL/R$），Q值越低，LC电路的通频带越宽，可以阻止f_0附近更多频率的信号通过。

图4-12c所示为一种由LC串联谐振电路构成的带阻滤波器电路，L_1、C_1的谐振频率为f_0，它仅对频率为f_0的信号阻碍很小，故只有频率为f_0的信号被旁路到地，其他频率信号不会被旁路，而是去往后级电路。

4.2.5　有源滤波器

无源滤波器一般由LC或RC元件构成，无信号放大功能，有源滤波器一般由有源器件（运算放大器）和RC元件构成，它的优点是不采用大电感和大电容，故体积小、质量小，并且对选取的信号有放大功能；其缺点是因为运算放大器的频率带宽不够理想，所以有源滤波器常用在几千赫频率以下的电路中，高频电路中采用LC无源滤波电路效果更好。

1. 一阶低通滤波器

一阶低通滤波器电路如图4-13所示。

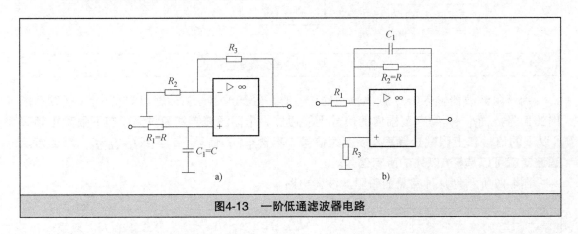

图4-13　一阶低通滤波器电路

在图4-13a中，R_1、C_1构成低通滤波器电路，它选出低频信号后，再送到运算放大器放大，运算放大器与R_2、R_3构成同相放大电路。该滤波器的截止频率$f_0=1/2\pi RC$，即该电路只让频率在f_0以下的低频信号通过。

在图4-13b中，R_2、C_1构成负反馈电路，因为电容C_1对高频信号阻碍很小，所以从输出端经C_1反馈到输入端的高频信号很多，由于是负反馈，反馈信号将输入的高频信号抵消，而C_1对低频信号阻碍大，负反馈到输入端的低频信号很少，低频信号抵消少，大部分低频信号送到运算放大器的输入端，并经放大后输出。该滤波器的截止频率$f_0=1/2\pi RC$。

2. 一阶高通滤波器

一阶高通滤波器电路如图4-14所示。

R_1、C_1构成高通滤波器电路，高频信号很容易通过电容C_1并送到运算放大器的输入端，运算放大器与R_2、R_3构成同相放大电路。该滤波器的截止频率$f_0=1/2\pi RC$。

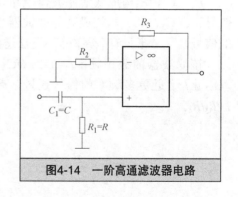

图4-14　一阶高通滤波器电路

3. 二阶带通滤波器

二阶带通滤波器电路如图4-15所示。

R_1、C_1构成低通滤波器电路，它可以通过f_0频率以下的低频信号（含f_0频率的信号）；C_2、R_2构成高通滤波器电路，可以通过f_0频率以上的高频信号（含f_0频率的信号），结果只有f_0频率信号送到运算放大器放大而输出。

该滤波器的截止频率$f_0=1/2\pi RC$，带通滤波器的Q值越小，滤波器的通频带越宽，可以通过f_0附近更多频率的信号。带通滤波器的品质因数$Q=1/(3-A_u)$，这里的$A_u=1+R_5/R_4$。

4. 二阶带阻滤波器

二阶带阻滤波器电路如图4-16所示。

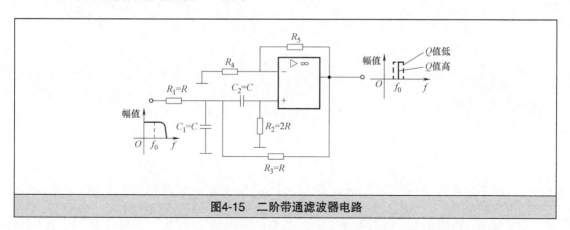

图4-15　二阶带通滤波器电路

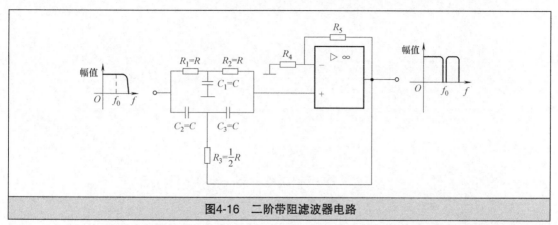

图4-16　二阶带阻滤波器电路

　　R_1、C_1、R_2构成低通滤波器电路，它可以通过f_0频率以下的低频信号（不含f_0频率的信号）；C_2、C_3、R_3构成高通滤波器电路，可以通过f_0频率以上的高频信号（不含f_0频率的信号），结果只有f_0频率信号无法送到运算放大器的输入端。

　　该滤波器的截止频率$f_0=1/2\pi RC$，带阻滤波器的Q值越小，滤波器的阻带越宽，可以阻止f_0附近更多频率的信号通过。带阻滤波器的品质因数$Q=1/2(2-A_u)$，这里的$A_u=1+R_5/R_4$。

第 5 章

正弦波振荡器

5.1 振荡器的基础知识

5.1.1 振荡器的组成

振荡器是一种用来产生交流信号的电器。正弦波振荡器用来产生正弦波信号。**振荡器主要由放大电路、选频电路和正反馈电路三部分组成**。振荡器的组成框图如图5-1所示。

振荡器的工作原理说明如下：

接通电源后，放大电路获得供电开始导通，导通时电流有一个从无到有的变化过程，该变化的电流中包含有微弱的$0 \sim \infty$Hz的各种频率信号，这些信号输出并送到选频电路，选频

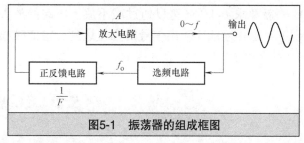

图5-1 振荡器的组成框图

电路从中选出频率为f_o的信号，f_o信号经正反馈电路反馈到放大电路的输入端，放大后输出幅值较大的f_o信号，f_o信号又经选频电路选出，再通过正反馈电路反馈到放大电路的输入端进行放大，然后输出幅值更大的f_o信号，接着又选频、反馈和放大，如此反复，放大电路输出的f_o信号越来越大，随着f_o信号的不断增大，由于晶体管非线性原因（即晶体管输入信号达到一定幅值时，放大能力会下降，幅值越大，放大能力下降越多），放大电路的放大倍数A自动不断减小。

放大电路输出的f_o信号不是全部都反馈到放大电路的输入端，而是经反馈电路衰减了再送到放大电路的输入端，设反馈电路的反馈衰减倍数为$1/F$。在振荡器工作后，放大电路的放大倍数A不断减小，当放大电路的放大倍数A与反馈电路的衰减倍数$1/F$相等时，输出的f_o信号幅值不会再增大。例如f_o信号被反馈电路衰减了10倍，再反馈到放大电路放大10倍，输出的f_o信号不会变化，电路输出稳定的f_o信号。

5.1.2　振荡器的工作条件

从前面振荡器的工作原理知道，振荡器正常工作需要满足下面两个条件：

（1）相位条件

相位条件要求电路的反馈为正反馈。

振荡器没有外加信号，它是将反馈信号作为输入信号，振荡器中的信号相位会有两次改变，放大电路相位改变Φ_A（又称相移Φ_A），反馈电路相位改变Φ_F，**振荡器的相位条件要求满足：**

$$\Phi_A + \Phi_F = 2n\pi \ (\ n = 0,\ 1,\ 2,\ \cdots\ )$$

只有满足了上述条件才能保证电路的反馈为正反馈。例如放大电路将信号倒相180°（$\Phi_A = \pi$），那么反馈电路必须再将信号倒相180°（$\Phi_F = \pi$），这样才能保证电路的反馈是正反馈。

（2）幅值条件

幅值条件指振荡器稳定工作后，要求放大电路的放大倍数A与反馈电路的衰减倍数$\dfrac{1}{F}$相等，即

$$A = \frac{1}{F}$$

只有这样才能保证振荡器能输出稳定的交流信号。

在振荡器刚起振时，要求放大电路的放大倍数A大于反馈电路的衰减倍数$1/F$，即$A > 1/F$（$AF > 1$），这样才能让输出信号的幅值不断增大，当输出信号的幅值达到一定值时，就要求$A = 1/F$（可以通过减小放大电路的放大倍数A或增大反馈电路的衰减倍数来实现），这样才能让输出信号的幅值达到一定值时稳定不变。

5.2　RC振荡器

RC振荡器的功能是产生低频信号。由于这种振荡器的选频电路主要由电阻、电容组成，所以称为RC振荡器，常见的RC振荡器有RC移相式振荡器和RC桥式振荡器。

5.2.1　RC移相式振荡器

RC移相式振荡器又分为超前移相式RC振荡器和滞后移相式RC振荡器。

1. 超前移相式RC振荡器

超前移相式RC振荡器如图5-2所示。

（1）判断电路的反馈类型

假设晶体管VT基极输入相位为0°的信号，经过VT倒相放大后，从集电极输出180°信号，该信号经三节RC元件移相并反馈到VT的基极，由于移相电路只能对频率为f_o的信号移相180°（$f_o = 1/2\pi\sqrt{6}RC$），而对其他频率信号移相大于或小于180°，所以三节RC元件

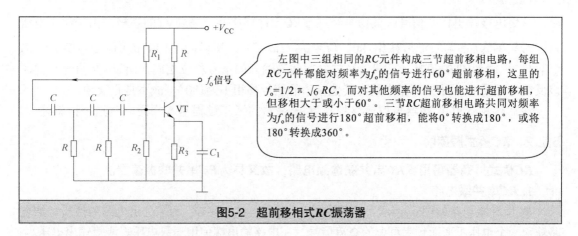

左图中三组相同的RC元件构成三节超前移相电路，每组RC元件都能对频率为f_o的信号进行60°超前移相，这里的$f_o=1/2\pi\sqrt{6}RC$，而对其他频率的信号也能进行超前移相，但移相大于或小于60°。三节RC超前移相电路共同对频率为f_o的信号进行180°超前移相，能将0°转换成180°，或将180°转换成360°。

图5-2　超前移相式RC振荡器

只能将180°的f_o信号转换成360°的f_o信号，因为360°也是0°，故反馈到VT基极的反馈信号与先前假设的输入信号相位相同，所以对f_o信号来说，该反馈为正反馈。而RC移相电路对VT集电极输出的其他频率信号移相不为180°，故不是正反馈。

（2）电路振荡过程

接通电源后，晶体管VT导通，集电极输出各种频率的信号，这些信号经三节RC元件移相并反馈到VT的基极，只有频率为f_o的信号被移相180°而形成正反馈，f_o信号再经放大、反馈、放大……VT集电极输出的f_o信号越来越大，随着反馈到VT基极的f_o信号不断增大，晶体管的放大倍数不断下降，当晶体管的放大倍数下降到与反馈衰减倍数相等时（VT集电极输出信号反馈到基极时，三节RC电路对反馈信号有一定的衰减），VT输出幅值稳定不变的f_o信号。对于其他频率的信号虽然也有反馈、放大过程，但因为不是正反馈，每次反馈不但不能增强信号，反而使信号不断削弱，最后都会消失。

从上面的分析过程可以看出，**超前移相式RC振荡器的RC移相电路既是正反馈电路，又是选频电路，其选频频率均为$f_o=1/2\pi\sqrt{6}RC$。**

2. 滞后移相式RC振荡器

滞后移相式RC振荡器如图5-3所示。

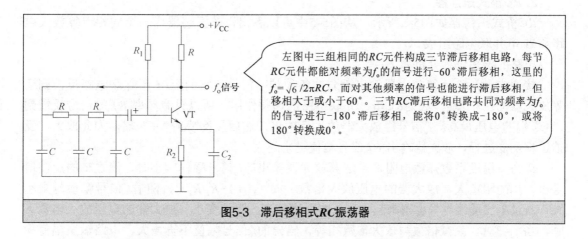

左图中三组相同的RC元件构成三节滞后移相电路，每节RC元件都能对频率为f_o的信号进行-60°滞后移相，这里的$f_o=\sqrt{6}/2\pi RC$，而对其他频率的信号也能进行滞后移相，但移相大于或小于60°。三节RC滞后移相电路共同对频率为f_o的信号进行-180°滞后移相，能将0°转换成-180°，或将180°转换成0°。

图5-3　滞后移相式RC振荡器

判断电路的反馈类型：假设晶体管VT基极输入相位为0°的信号，经过VT倒相放大后，从集电极输出180°信号，该信号经三节RC元件移相并反馈到VT的基极，由于移相电路只能对频率为f_o的信号滞后移相180°（$f_o=\sqrt{6}/2\pi RC$），所以能将180°的f_o信号转换成0°的f_o信号，反馈到VT的基极，反馈信号与先前假设输入的信号相位相同，所以对f_o信号来说，该反馈为正反馈。而RC移相电路对其他频率的信号移相不为180°，故不是正反馈。

滞后移相式RC振荡器与超前移相式RC振荡器的工作过程基本相同，这里不再叙述。

5.2.2　RC桥式振荡器

RC桥式振荡器需用到RC串并联选频电路，故又称为RC串并联振荡器。

1. RC串并联电路

RC串并联电路如图5-4所示，电路中的$R_1=R_2=R$，$C_1=C_2=C$。为了分析电路的性质，给电路输入一个电压不变而频率可调的交流信号，在电路输出端使用一只电压表测量输出电压。

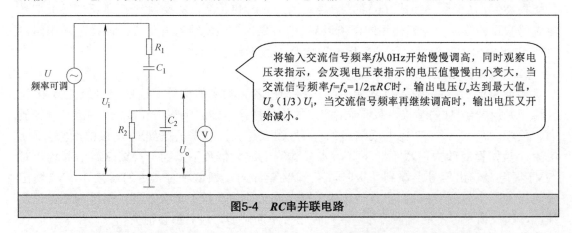

将输入交流信号频率f从0Hz开始慢慢调高，同时观察电压表指示，会发现电压表指示的电压值慢慢由小变大，当交流信号频率$f=f_o=1/2\pi RC$时，输出电压U_o达到最大值，U_o（1/3）U_i，当交流信号频率再继续调高时，输出电压又开始减小。

图5-4　RC串并联电路

如果给RC串并联电路输入各种频率的信号，只有频率$f=f_o=1/2\pi RC$的信号才有较大的电压输出，也就是说，RC串并联电路能从众多的信号中选出频率为f_o的信号。

另外，RC串并联电路对频率为f_o以外的信号还会进行移相（对频率为f_o的信号不会移相），例如当输入相位为0°但频率不等于f_o的信号时，电路输出的信号相位就不再是0°。

2. RC桥式振荡器

RC桥式振荡器如图5-5所示，从图5-5中可以看出，该振荡器由一个同相运算放大电路和RC串并联电路组成。

电路的振荡过程分析如下：

接通电源后，运算放大器输出微弱的各种频率信号，它们经RC串并联电路反馈到运算放大器的"+"端，因为RC串、并联电路的选频作用，所以只有频率为f_o的信号反馈到"+"端的电压最高。f_o信号经放大器放大后输出，然后又反馈到"+"端，如此放大、反馈过程反复进行，放大器输出的f_o信号幅值越来越大。

R_2为负温度系数热敏电阻，当运算放大器输出的f_o信号幅值较小时，流过R_2的反馈信号小，R_2的阻值大，放大器的电压放大倍数A_u大（$A_u=1+R_2/R_1$），随着f_o信号幅值越来越大，流过R_2的反馈信号也越来越大，R_2的温度升高，阻值变小，放大器的电压放大倍数下降，当$A_u=3$时，衰减倍数与放大倍数相等，输出的f_o信号幅值不再增大，电路输出幅值稳定的f_o信号。

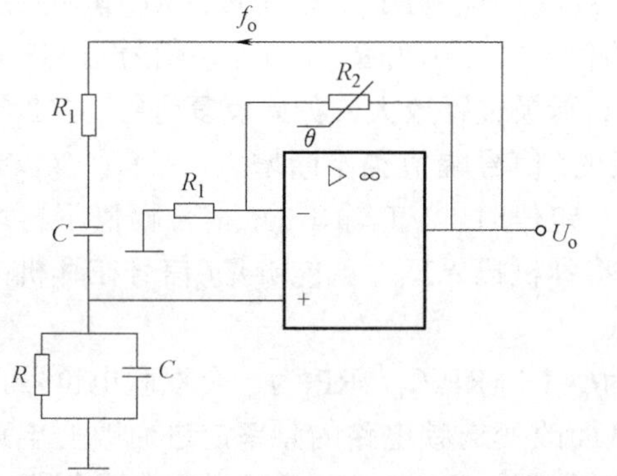

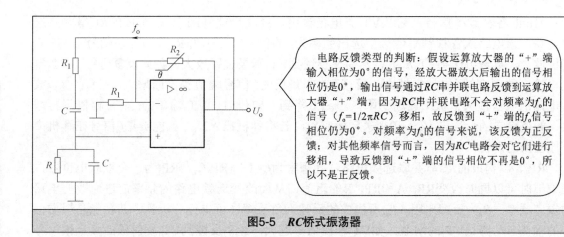

电路反馈类型的判断：假设运算放大器的“+”端输入相位为0°的信号，经放大器放大后输出的信号相位仍是0°，输出信号通过RC串并联电路反馈到运算放大器“+”端，因为RC串并联电路不会对频率为f_o的信号（f_o=1/2πRC）移相，故反馈到“+”端的f_o信号相位仍为0°。对频率为f_o的信号来说，该反馈为正反馈；对其他频率信号而言，因为RC电路会对它们进行移相，导致反馈到“+”端的信号相位不再是0°，所以不是正反馈。

图5-5　***RC*桥式振荡器**

5.3　电路小制作——可调音频信号发生器

可调音频信号发生器（以下简称音频信号发生器）是一种频率可调的低频振荡器，它可以产生频率在可听范围内的低频信号。在调节音频信号发生器的振荡频率时，它输出的信号频率也会随之改变，若将频率变化的信号送入耳机，可以听到音调变化的声音。音频信号发生器不但可以直观演示声音音调的变化，还可以当成频率可调的低频信号发生器使用。

5.3.1　电路原理

音频信号发生器的电路原理图如图5-6所示。

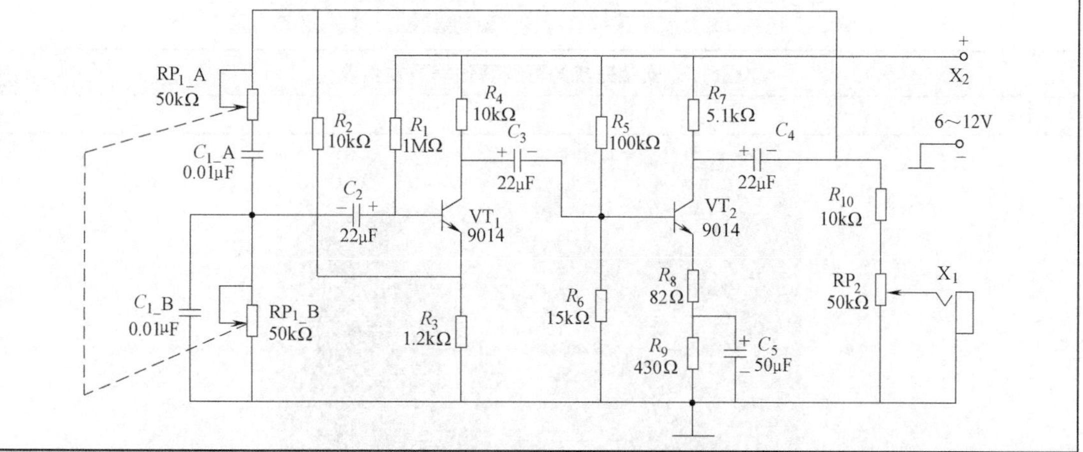

图5-6　音频信号发生器电路原理图

电路原理说明如下：

接通电源后，晶体管VT_2导通，导通时电流I_c从无到有，变化的电流I_c含有微弱的

0～∞Hz的各种频率信号，它从VT$_2$集电极输出，经C$_4$反馈到RP$_1$、C$_1$构成的RC串并联选频电路，该电路从各种频率信号中选出频率为f$_o$的信号（f$_o$=1/2πRP$_1$C$_1$），f$_o$信号送到VT$_1$基极放大，再输出送到VT$_2$放大，然后又反馈到VT$_1$基极进行放大，如此反复进行，VT$_2$集电极输出的f$_o$信号幅值越来越大，反馈到VT$_1$基极的f$_o$信号幅值也不断增大，VT$_1$、VT$_2$放大电路的电压放大倍数A$_u$逐渐下降，当A$_u$下降到一定值时，VT$_2$输出的f$_o$信号幅值不再增大，幅值稳定的f$_o$信号经R$_{10}$、RP$_2$送到插座X$_1$，若将耳机插入X$_1$，就能听见f$_o$信号在耳机中还原出来的声音。

　　RP$_1$、C$_1$构成的RC串并联选频电路，其频率为f$_o$=1/2πRP$_1$C$_1$，RP$_1$为一个双联电位器，在调节时可以同时改变RP$_1$_A和RP$_1$_B的阻值，从而改变选频电路的频率，进而改变电路的振荡频率。R$_2$为反馈电阻，它所构成的反馈为负反馈（可自行分析），其功能是根据信号的幅值自动降低VT$_1$的增益，如VT$_2$输出信号越大，经R$_2$反馈到VT$_1$发射极的负反馈信号幅值越大，VT$_1$增益越低。RP$_2$为幅值调节电位器，可以调节输出信号的幅值。

扫一扫看视频

5.3.2　安装与调试

　　图5-7所示为安装完成的可调音频信号发生器。在调试时，将可调音频信号发生器与0～12V可调电源连接，并将电源电压调到6V，如图5-8所示，

图5-7　安装完成的可调音频信号发生器

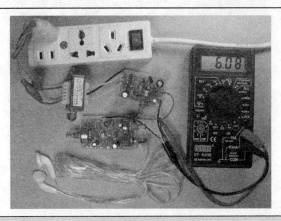

图5-8　可调音频信号发生器的调试

再将耳机插入音频信号发生器的X_1插座，并将幅值调节电位器RP_2调到最大幅值，然后调节频率电位器RP_1（双联 电位器），同时通过耳机听音，如果耳机有声音发出，并且声音的音调随RP_1的调节而变化，表明音频信号发生器正常。此时若调节RP_2，则可以改变音量的大小。

5.3.3　电路检修

下面以"无声"故障为例来说明音频信号发生器的检修，检修流程图如图5-9所示。

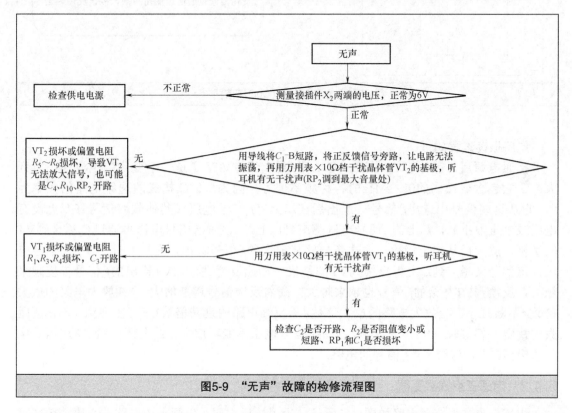

图5-9　"无声"故障的检修流程图

5.4　*LC*振荡器

*LC*振荡器是指选频电路由电感和电容构成的振荡器。常见的*LC*振荡器有变压器反馈式振荡器、电感三点式振荡器和电容三点式振荡器。

5.4.1　变压器反馈式振荡器

变压器反馈式振荡器如图5-10所示。晶体管VT和电阻R_1、R_2、R_3等元器件构成放大电路；线圈L_1、电容C_1构成选频电路，其频率$f_0 = 1/2\pi\sqrt{L_1C_1}$，变压器$T_1$、电容$C_3$构成反馈电路。

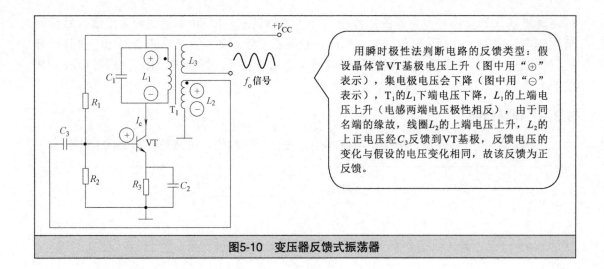

图5-10 变压器反馈式振荡器

电路振荡过程如下：

接通电源后，晶体管VT导通，有电流I_c经L_1流过VT，I_c是一个变化的电流（由小到大），它包含着微弱的$0 \sim \infty$Hz的各种频率信号，因为L_1、C_1构成的选频电路的频率为f_o，它从这些信号中选出f_o信号，选出后在L_1上有f_o信号电压（其他频率信号在L_1上没有电压或电压很小），L_1上的f_o信号电压感应到L_2上，L_2上的f_o信号电压再通过C_3耦合到VT的基极，放大后从集电极输出，选频电路将放大的f_o信号选出，在L_1上有更高的f_o信号电压，该信号又感应到L_2上再反馈到VT的基极，如此反复进行，VT输出的f_o信号幅值越来越大，反馈到VT基极的f_o信号也越来越大。随着反馈信号逐渐增大，VT放大电路的放大倍数A不断减小，当放大电路的放大倍数A与反馈电路的衰减倍数$1/F$（主要由L_1与L_2的匝数比决定）相等时，VT输出送到L_1上的f_o信号电压不能再增大，L_1上幅值稳定的f_o信号电压感应到L_3上，送给需要f_o信号的电路。

5.4.2 电感三点式振荡器

电感三点式振荡器电路如图5-11所示，为了分析方便，先画出该电路的交流等效图。电路的交流等效图不考虑电路的直流工作情况，只考虑电路的交流工作情况，下面以绘制图5-11所示的电感三点式振荡器为例来说明电路的交流等效图的绘制要点，其绘制过程如图5-12所示，具体步骤如下。

第一步：将电源正极$+V_{CC}$与地（负极）用导线连接起来，如图5-12a所示。这是因为直流电源的内阻很小，对交流信号相当于短路，故对交流信号来说，电源正负极之间相当于导线。

第二步：将电阻R_1、R_2、R_3、R_4这些元件去掉，如图5-12b所示。这是因为这些电阻是用来为晶体管提供直流工作条件的，并且对电路中的交流信号影响很小，故可去掉。

第三步：将电容C_1、C_3、C_4用导线代替，如图5-12c所示。这是因为电容C_1、C_3、C_4的容量很大，对电路中的交流信号阻碍很小，相当于短路，故可用导线取代，C_2的容量小，对交流信号不能相当于短路，故应保留。

经过上述三个步骤画出来的图5-12c所示的电路就是图5-11电路的交流等效图。从等效图可以看出，**晶体管的三个极连到电感的三端，所以将该振荡器称为电感三点式振荡器**。

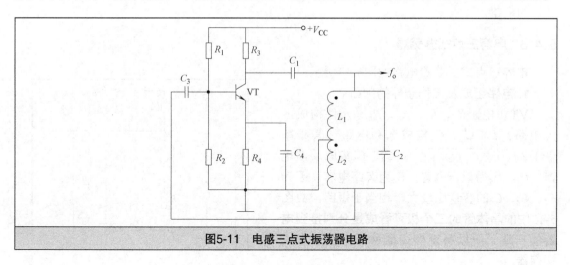

图5-11 电感三点式振荡器电路

图5-12 电感三点式振荡器交流等效图的绘制过程

1. 电路组成及工作条件的判断

晶体管VT和电阻R_1、R_2、R_3、R_4等元件构成放大电路；L_1、L_2、C_2构成选频电路，其频率$f_o = 1/2\pi\sqrt{(L_1 + L_2)C_2}$；$L_2$、$C_3$构成反馈电路；$C_1$、$C_3$为耦合电容，$C_2$为旁路电容。

反馈类型判断：假设VT基极电压上升，集电极电压会下降，该电压通过耦合电容C_1使线圈L（分成L_1、L_2两部分）的上端下降，它的下端电压就上升（线圈两端电压极性相反），下端上升的电压经C_3反馈到VT基极，反馈电压的变化与假设的电压变化相同，故该反馈为正反馈。

2. 电路振荡过程

接通电源后，晶体管VT导通，有电流I_c流过VT，I_c是一个变化的电流（由小到大），它包含着各种频率的信号。L_1、L_2、C_1构成的选频电路的频率为f_o，它从VT集电极输出的各种频率的信号中选出f_o信号，选出后在L_1、L_2上有f_o信号电压（其他频率信号在L_1、L_2上没有电压或电压很小），L_2上的f_o信号电压通过电容C_3耦合到VT的基极，经VT放大后，f_o信号从集电极输出，又送到选频电路，在L_1、L_2上的f_o信号电压更高，L_2上的f_o信号再反馈到VT的基极，如此反复进行，VT输出的f_o信号幅值越来越大，反馈到VT基极的f_o信号也越来越大。随着反馈信号的逐渐增大，VT放大电路的放大倍数A不断减小，当放大电路的放大倍数A与反馈电路的衰减倍数$1/F$相等时（衰减倍数主要由L_2的匝数决定，匝数越少，反馈信号越小，即衰减倍数越大），VT输出的f_o信号不能再增大，稳定的f_o信号输出送给其他的电路。

5.4.3　电容三点式振荡器

电容三点式振荡器电路如图5-13所示。

1. 电路组成及工作条件的判断

VT和电阻R_1、R_2、R_3、R_4等元件构成放大电路；L、C_2、C_3构成选频电路，其频率$f_o=1/2\pi\sqrt{LC_2C_3/C_2+C_3}$；$C_3$、$C_5$构成反馈电路；$C_1$、$C_5$为耦合电容，$C_4$为旁路电容。因为$C_1$、$C_4$、$C_5$的容量比较大，相当于短路，故图5-13中的**晶体管的三个极可看成是分别接到电容的三端，所以将该振荡器称为电容三点式振荡器**。

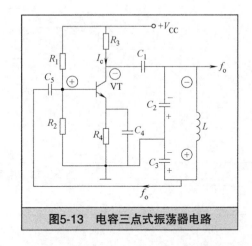

图5-13　电容三点式振荡器电路

反馈类型的判断：假设晶体管VT基极电压的瞬时极性为"+"，集电极电压的极性为"−"，通过耦合电容C_1使C_2上端的极性为"−"，C_2下端的极性为"+"，C_3上端的极性为"−"，C_3下端的极性为"+"，C_3下正电压反馈到VT基极，反馈信号电压的极性与假设的电压极性变化一致，故反馈为正反馈。

2. 电路振荡过程

接通电源后，晶体管VT导通，有电流I_c流过VT，I_c是一个变化的电流（由小到大），它包含着各种频率的信号。这些信号经C_1加到L、C_2、C_3构成的选频电路，选频电路从中选出f_o信号，选出后在C_2、C_3上有f_o信号电压（其他频率信号在C_2、C_3上没有电压或电压很小），C_2上的f_o信号电压通过电容C_5耦合到VT的基极，经VT放大后f_o信号从集电极输出，又送到选频电路，在C_2、C_3上的f_o信号电压更高，C_3上的f_o信号再反馈到VT的基极，如此反复进行，VT输出的f_o信号幅值越来越大，反馈到VT基极的f_o信号也越来越大。随着反馈信号的逐渐增大，VT放大电路的放大倍数A不断减小，当放大电路的放大倍数A与反馈电路的衰减倍数$1/F$相等时（衰减倍数主要由C_2、C_3分压决定），VT输出的f_o信号不再增大，稳定的f_o信号输出送给其他的电路。

5.4.4　改进型电容三点式振荡器

由于晶体管各极之间存在分布电容，为了减少分布电容对振荡器频率稳定性的影响，实际的电容三点式常采用以下两种改进型。

1. 串联型电容三点式振荡器

串联型电容三点式振荡器又称为克拉泼振荡器，其电路如图5-14所示。

从图5-14中可以看出，该电路主要是在普通的电容三点式振荡器的电感旁串联了一只容量很小的电容C_4，等效图中的C_{ce}、C_{be}分别为晶体管集-射极、基-射极之间的分布电容，C_1为旁路电容，其容量很大，可视为短路。选频电路电容的总容量C可以用下式计算

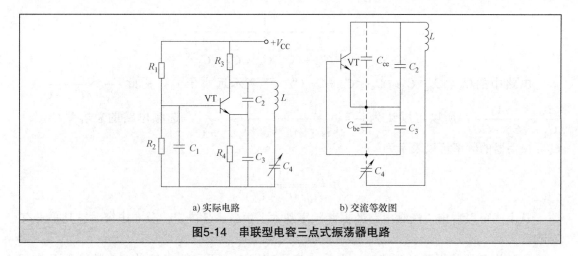

a) 实际电路　　　　　　　　　b) 交流等效图

图5-14　串联型电容三点式振荡器电路

$$\frac{1}{C} = \frac{1}{C_4} + \frac{1}{C_{be}+C_3} + \frac{1}{C_{ce}+C_2}$$

电路中的$C_4 \ll C_{be}+C_3$，$C_4 \ll C_{ce}+C_2$，因此$\frac{1}{C_4} \gg \frac{1}{C_{be}+C_3}$，$\frac{1}{C_4} \gg \frac{1}{C_{ce}+C_2}$，所以可以认为$\frac{1}{C} \approx \frac{1}{C_4} + \frac{1}{C_{be}+C_3} + \frac{1}{C_{ce}+C_2} = \frac{1}{C_4}$，$C \approx C_4$，那么选频电路的频率可以表示为

$$f = \frac{1}{2\pi\sqrt{LC_4}}$$

从上式可以看出，选频电路的振荡频率基本上由C_4决定，分布电容对它几乎没有影响。

这种电路的优点是振荡波形好、频率比较稳定；缺点是用作频率可调振荡器时，输出信号的幅值随频率的升高而下降。

2. 并联型电容三点式振荡器

并联型电容三点式振荡器又称为西勒振荡器，其电路如图5-15所示。

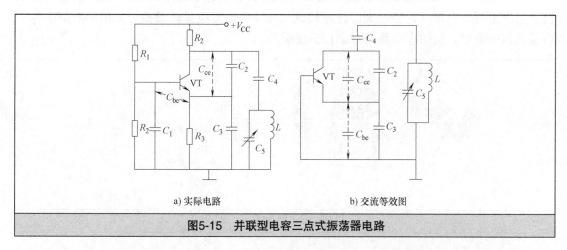

a) 实际电路　　　　　　　　　　b) 交流等效图

图5-15　并联型电容三点式振荡器电路

从图5-15中可以看出，该电路主要是在串联型电容三点式振荡器的电感两端再并联了一只容量很小的电容C_5。选频电路电容的总容量C可以用下式计算

$$C = C_5 + \cfrac{1}{\cfrac{1}{\cfrac{1}{C_{be}+C_3}+\cfrac{1}{C_{ce}+C_2}+\cfrac{1}{C_4}}}$$

电路中的 $C_4 \ll C_{be}+C_3$，$C_4 \ll C_{ce}+C_2$（"$\ll$"表示远小于），因此 $\dfrac{1}{C_4} \gg \dfrac{1}{C_{be}+C_3}$，$\dfrac{1}{C_4} \gg \dfrac{1}{C_{ce}+C_2}$，所以可以认为 $\dfrac{1}{C} \approx \dfrac{1}{C_{be}+C_3}+\dfrac{1}{C_{ce}+C_2}=\dfrac{1}{C_4}$，选频电路的总容量 $C=C_5+C_4$，振荡器的频率可以表示为

$$f = \frac{1}{\sqrt{L(C_5+C_4)}}$$

从上式可以看出，选频电路的振荡频率基本上由 C_5、C_4 决定，分布电容对它几乎没有影响。

这种振荡器的振荡频率稳定，分布电容影响很小，而且输出信号幅值随频率而改变的缺点大为改善。

5.5 晶体振荡器

有一些电子设备需要频率高度稳定的交流信号，而 LC 振荡器稳定性较差，频率容易飘移（即产生的交流信号频率容易变化）。在振荡器中采用一种特殊的元件——石英晶体，可以产生高度稳定的信号，这种采用石英晶体的振荡器称作晶体振荡器。

5.5.1 石英晶体

1. 外形、结构与符号

在石英晶体上按一定的方位切下薄片，将薄片的两端抛光并涂上导电的银层，再从银层上连出两个电极并封装起来，这样构成的元件叫作石英晶体谐振器，简称石英晶体。石英晶体的外形、结构和电路符号如图5-16所示。

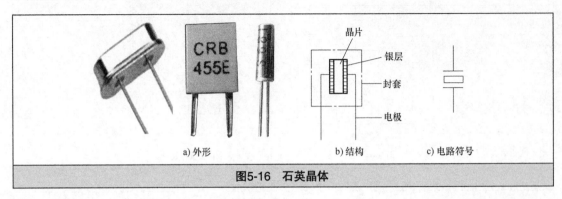

a) 外形　　　　　　b) 结构　　　　c) 电路符号

图5-16　石英晶体

2. 特性

石英晶体有两个谐振频率 f_s 和 f_p，f_p 略大于 f_s，当加到石英晶体两端信号的频率不同

时，它会呈现出不同的特性，如图5-17所示，具体说明如下：

① 当$f = f_s$时，石英晶体呈阻性，相当于阻值小的电阻。

② 当$f_s < f < f_p$时，石英晶体呈感性，相当于电感。

③ 当$f < f_s$或$f > f_p$时，石英晶体呈容性，相当于电容。

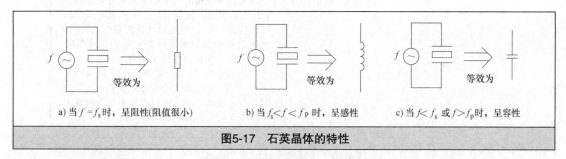

a) 当$f = f_s$时，呈阻性(阻值很小)　　b) 当$f_s < f < f_p$时，呈感性　　c) 当$f < f_s$ 或$f > f_p$时，呈容性

图5-17　石英晶体的特性

5.5.2　晶体振荡器

1. 并联型晶体振荡器

并联型晶体振荡器电路如图5-18所示。晶体管VT与R_1、R_2、R_3、R_4构成放大电路；C_3为交流旁路电容，对交流信号相当于短路；X_1为石英晶体，在电路中相当于电感。从交流等效图可以看出，该电路是一个电容三点式振荡器电路，C_1、C_2、X_1构成选频电路，其选频频率主要由X_1决定，频率接近f_p。

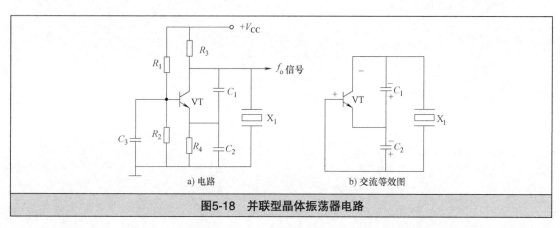

a) 电路　　　　　　　　　　b) 交流等效图

图5-18　并联型晶体振荡器电路

电路振荡过程：接通电源后，晶体管VT导通，有变化的电流I_c流过VT，它包含着微弱的0～∞Hz的各种频率信号。这些信号加到C_1、C_2、X_1构成的选频电路，选频电路从中选出f_o信号，在X_1、C_1、C_2两端有f_o信号电压，取C_2两端的f_o信号电压反馈到VT的基-射极之间进行放大，放大后输出信号又加到选频电路，C_1、C_2两端的信号电压增大，C_2两端的电压又送到VT的基-射极，如此反复进行，VT输出的信号越来越大，而VT放大电路的放大倍数逐渐减小，当放大电路的放大倍数与反馈电路的衰减倍数相等时，输出信号幅值保持稳定，不会再增大，该信号再送到其他的电路。

2. 串联型晶体振荡器

串联型晶体振荡器电路如图5-19所示。该振荡器采用了两级放大电路，石英晶体X_1除了构成反馈电路外，还具有选频功能，其选频频率$f_o=f_s$，电位器RP_1用来调节反馈信号的幅值。

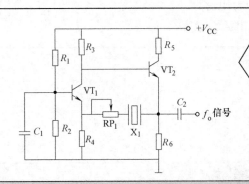

判断反馈电路的类型：因为信号是反馈到VT_1的发射极，现假设VT_1发射极电压的瞬时极性为"+"，集电极电压的极性为"+"（发射极与集电极是同相关系，当发射极电压上升时集电极电压也上升），VT_2的基极电压极性为"+"，发射极电压极性也为"+"，该极性的电压通过X_1反馈到VT_1的发射极，反馈电压极性与假设的电压极性相同，故该反馈为正反馈。

图5-19　串联型晶体振荡器电路

　　电路振荡过程：接通电源后，晶体管VT_1、VT_2导通，VT_2发射极输出变化的电流I_e中包含各种频率的信号，石英晶体X_1对其中的f_o信号阻抗很小，f_o信号经X_1、RP_1反馈到VT_1的发射极，该信号经VT_1放大后从集电极输出，又加到VT_2放大后从发射极输出，然后又通过X_1反馈到VT_1放大，如此反复进行，VT_2输出的f_o信号幅值越来越大，VT_1、VT_2组成的放大电路的放大倍数越来越小，当放大倍数等于反馈衰减倍数时，输出f_o信号幅值不再变化，电路输出稳定的f_o信号。

第 **6** 章

调制与解调电路

6.1　无线电的发送与接收

6.1.1　无线电信号的发送

电信号要以无线电波的方式传送出去，可以将电信号送到天线，由天线将电信号转换成无线电波，并发射出去。如果要把声音发射出去，可以先用话筒将声音转换成电信号，再将该电信号送到天线，让天线将它转换成无线电波并发射出去。但广播电台并没有采用这种将声音转换成电信号通过天线直接发射的方式来传送声音，主要原因是音频信号（声音转换成的电信号）的频率很低。

无线电波的传送规律表明：要将无线电波有效地发射出去，要求无线电波的频率与发射天线的长度有一定的关系，频率越低，要求发射天线越长。正常人耳能听到的声音的频率为20Hz～20kHz，声音经话筒转换成的音频信号频率也是20Hz～20kHz，音频信号经天线转换成的无线电波的频率同样是20Hz～20kHz，如果要将这样的低频无线电波有效地发射出去，要求天线的长度为几千米至几千千米，这是很难做到的。

1. 无线电信号的发送处理过程

为了解决音频信号发射需要很长天线的问题，人们想出了一个办法：在无线电的发送设备中，先让音频信号"坐"到高频信号上，再将高频信号发射出去，由于高频无线电波的频率高，发射天线不需要很长，高频无线电波传送出去后，"坐"到高频信号上的音频信号也随之传送出去。这就像人坐上飞机，当飞机飞到很远的地方时，人也就到达很远的地方。无线电波传送声音的处理过程如图6-1所示。

话筒将声音转换成音频信号（低频信号），再经音频放大器放大后送到调制器，与此同时高频载波信号振荡器产生高频载波信号也送到调制器，在调制器中，音频信号"坐"在高频载波信号上，这样的高频信号经高频信号放大器放大后送到天线，天线将该信号转换成无线电波发射出去。

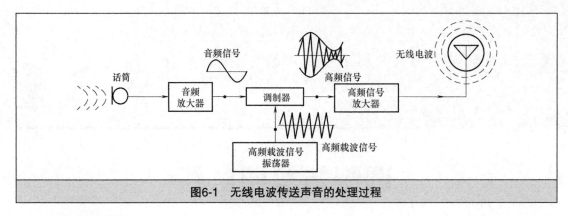

图6-1　无线电波传送声音的处理过程

2. 调制方式

将低频信号装载到高频信号上的过程称为调制，常见的调制方式有两种：调幅调制（AM）和调频调制（FM）。

（1）调幅调制

将低频信号和高频载波信号按一定的方式处理，得到频率不变而幅值随低频信号变化的高频信号，这个过程称为调幅调制。这种幅值随低频信号变化的高频信号称为调幅信号。调幅调制的过程如图6-2所示，低频信号送到调幅调制器，同时高频载波信号也送到调幅调制器，在内部调制后输出幅值随低频信号变化的高频调幅信号。

为了表示高频调幅信号的幅值是随低频信号变化的，图6-2中在高频信号上人为地画出了随幅值变化的包络线，实际的高频调幅信号上并没有该包络线。

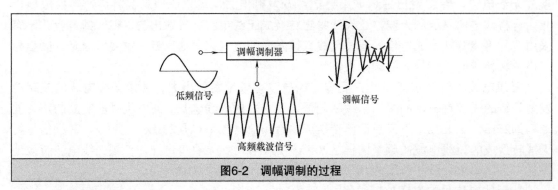

图6-2　调幅调制的过程

（2）调频调制

将低频信号与高频载波信号按一定的方式处理，得到幅值不变而频率随音频信号变化的高频信号，这个过程称为调频调制。这种频率随音频信号变化的高频信号称为调频信号。调频调制的过程如图6-3所示，音频信号送到调频调制器，同时高频载波信号也送到调频调制器，在内部调制后输出幅值不变而频率随音频信号变化的高频调频信号。

6.1.2　无线电信号的接收

在无线电发送设备中，将低频信号调制在高频载波信号上，通过天线发射出去，当无线电波经过无线电接收设备时，接收设备的天线将它接收下来，再通过内部电路处理后就可以取出低频信号。下面以收音机为例来说明无线电信号的接收处理过程。

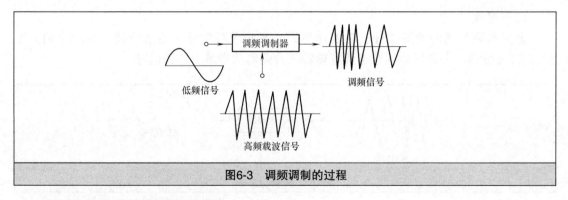

图6-3 调频调制的过程

1. 无线电信号的接收处理过程

无线电信号的接收处理简易过程如图6-4所示。

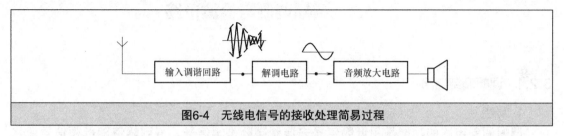

图6-4 无线电信号的接收处理简易过程

电台发射出来的无线电波经过收音机天线时，天线将它接收下来并转换成电信号，电信号送到输入调谐回路，该电路的作用是选出需要的电信号，电信号被选出后再送到解调电路。因为电台发射出来的信号是包含有音频信号的高频信号，解调电路的作用是从高频电信号中将音频信号取出。音频信号再经音频放大电路放大后送入扬声器，扬声器就会发出与电台话筒接收的同频率的声音。

2. 解调方式

在电台需要将音频信号加载到高频信号上（调制），而在收音机中需要从高频信号中将音频信号取出。**从高频信号中将低频信号取出的过程称为解调，它与调制恰好相反。调制的方式有两种：调幅调制和调频调制，相对应的解调也有两种方式：检波和鉴频。**

（1）检波

检波是调幅调制的逆过程，它的作用是从高频调幅信号中检出低频信号。 检波的过程如图6-5所示，高频调幅信号送到检波器，检波器从中检出低频信号。

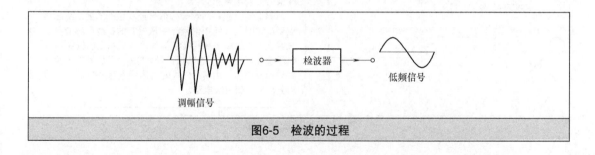

图6-5 检波的过程

（2）鉴频

鉴频是调频调制的逆过程，它的作用是从高频调频信号中检出低频信号。鉴频的过程如图6-6所示，高频调频信号送到鉴频器，鉴频器从中检出低频信号。

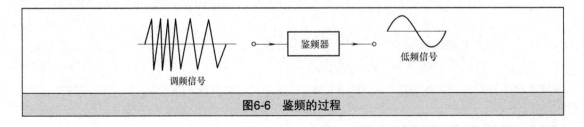

图6-6　鉴频的过程

6.2　调幅调制与检波电路

6.2.1　调幅调制电路

1. 功能

调幅调制电路的功能是用低频信号去调制高频等幅信号，得到幅值随低频信号变化而变化的高频调幅信号。

2. 电路分析

调幅调制电路如图6-7所示。

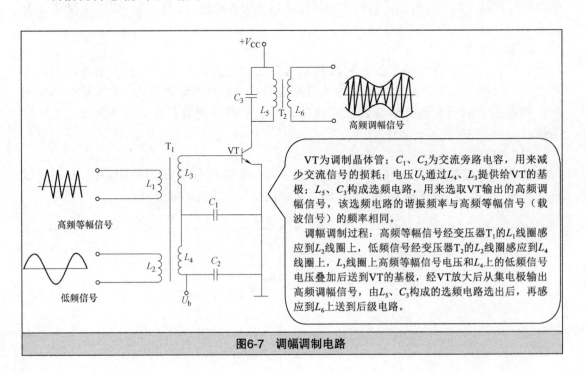

图6-7　调幅调制电路

6.2.2 检波电路

1. 功能

检波电路即调幅解调电路,其功能是从高频调幅信号中取出低频信号。

2. 电路分析

检波电路如图6-8a所示,该电路是最常见的二极管检波电路。

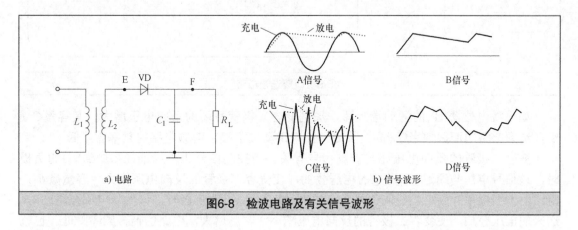

图6-8 检波电路及有关信号波形

该检波电路中采用了二极管。给二极管VD的正端E点输入一个图6-8b所示的A信号,当A信号正半周来时,E点的电压逐渐上升,VD导通,A信号经VD对C_1充电,C_1上的电压上升(见A信号上充电虚线标注),当A信号电压开始下降时,VD截止,C_1开始通过负载R_L放电,由于R_L的电阻较大,故C_1放电很慢,两端电压下降也慢(见A信号上放电虚线标注),当A信号下一个正半周来时,VD又会导通,A信号又会经VD对C_1充电,接着C_1又放电,如此反复进行,在R_L的两端可得到B信号(波形与A信号虚线所示一致),这就是二极管的检波原理。

如果给二极管VD正端送图6-8b所示的C信号,该信号经VD对C_1充电,然后C_1又放电,如此反复,结果在C_1上得到D信号,D信号的波形与C信号的幅值变化很相似,因此可看作检波电路能从C信号(高频调幅信号)中检出D信号(低频信号)。

6.3 调频调制电路

调频调制电路的功能是用低频信号去调制高频等幅信号,得到幅值不变但频率随低频信号变化的高频调频信号。

6.3.1 压控选频电路

压控选频电路是一种改变电压就能控制频率变化的选频电路,这种电路与普通的LC选频电路基本相同,只是用变容二极管取代电容。图6-9所示为一种常见的压控选频电路。

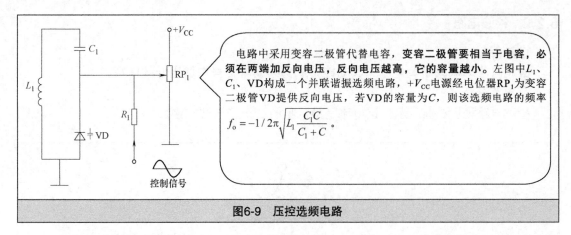

图6-9　压控选频电路

如果将电位器RP_1的滑动端上移，加到变容二极管两端的反向电压增大，其容量C减小，选频电路的谐振频率f_o升高，反之，如果滑动端下移，选频电路的频率会降低。

变容二极管的反向电压还与控制信号有关。当控制信号正半周期经R_1加到VD的负极时，该信号电压与通过RP_1送来的电压叠加，使变容二极管的反向电压增大，容量减小，电路的谐振频率升高；当控制信号负半周期经R_1加到VD的负极时，该信号电压与通过RP_1送来的电压叠加，使变容二极管的反向电压减小，容量增大，电路的谐振频率降低。也就是说，该选频电路的频率随着控制信号的电压变化而变化，故将该选频电路称为压控选频电路，当控制信号正半周期来时频率升高，负半周期信号来时频率降低，电路的频率变化是以f_o为中心进行的。

6.3.2　调频调制电路的电路分析

调频调制电路如图6-10所示，图6-10a所示为实际电路，图6-10b所示为交流等效电路。该电路实际上是一个频率可控的振荡电路。VT、$R_1 \sim R_4$组成放大电路；C_1为旁路电容，C_2为耦合电容，这两个电容的容量都很大，对振荡信号相当于短路；C_3、C_4、C_5、VD、L_1构成选频电路；VD为变容二极管，电源经R_5、R_6分压为它提供反向电压，使它可以相当于电容，其容量除了受R_5提供的反向电压的影响外，还与送来的调制信号（低频信号）有关，VD的电容量变化会使选频电路的频率也发生变化。

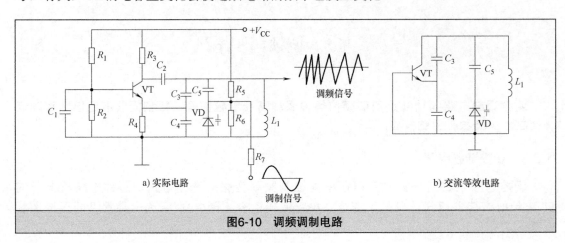

a) 实际电路　　　　　b) 交流等效电路

图6-10　调频调制电路

电路振荡过程：接通电源后，VT导通，集电极输出各种频率信号，这些信号送到由C_3、C_4、C_5、VD、L_1构成的选频电路上，选频电路从中选出频率为f_0的信号，取C_4两端的f_0信号电压反馈到VT基极放大，因为C_1的容量很大，对f_0的信号相当于短路，故C_4两端f_0的信号电压送到VT的基-射极，经VT放大后从集电极输出，输出的f_0信号又加到选频电路，如此反复进行，VT输出的f_0信号幅值越来越大，同时VT放大电路的放大倍数不断减小，当放大倍数与衰减倍数相等时，VT输出的信号幅值不会再增大而保持稳定。

调频调制过程：在无调制信号加到调频调制电路时，电路会输出频率为f_0的信号。当调制信号正半周期通过R_7加到变容二极管VD的负极时，正半周期信号电压与电源通过R_5加到VD负极的直流电压叠加，VD的反向电压增大，其容量减小，选频电路的频率上升（高于f_0），电路振荡输出的信号频率升高；当调制信号负半周期加到变容二极管的负极时，负半周期信号电压与VD负极的直流电压相叠加，VD的反向电压减小，其容量增大，选频电路的频率下降（低于f_0），电路振荡输出的信号频率下降。

也就是说，当调制信号加到调频调制电路时，电路的振荡频率会发生变化，调制信号正半周期来时，振荡频率上升，调制信号负半周期来时，振荡频率下降，从而使调频调制电路输出频率随调制信号电压变化的调频信号。

6.4　鉴 频 电 路

组成鉴频器的电路称为鉴频电路，即调频解调电路，其功能是从调频信号中检出调制信号。下面先以图6-11来简要地说明鉴频器的工作原理。

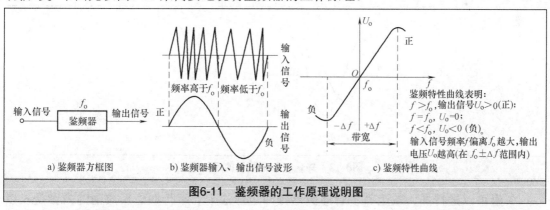

图6-11　鉴频器的工作原理说明图

给图6-11a所示的鉴频器输入图6-11b所示的幅值不变、频率变化的调频信号，经鉴频器处理后输出幅值变化的调制信号。鉴频器有个固有频率f_0，当输入信号的频率$f > f_0$时，鉴频器会输出正电压信号，当输入信号频率$f < f_0$时，鉴频器输出负电压信号。鉴频器的鉴频特点可用图6-11c所示的特性曲线表示。

鉴频器的组成元器件并不多，但电路的工作过程比较复杂，这主要是因为它涉及的知识面广，并且理论抽象的缘故，因此在分析鉴频器原理之前，先介绍与鉴频器相关的知识。鉴频器及有关的知识抽象复杂，可作选学内容。

6.4.1　矢量和正弦量

矢量是指有原点、长度和方向的量，矢量用图6-12a所示的图形表示。**正弦量是指大小呈正弦波状变化的量**，很多交流信号是正弦量，如调频信号和音频信号等都是正弦量，正弦量用图6-12b所示的图形表示。

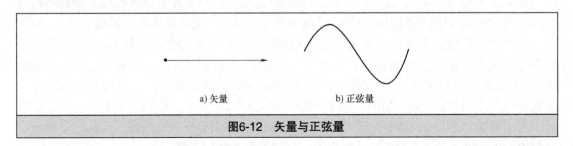

a) 矢量　　　　　　　　　　b) 正弦量

图6-12　矢量与正弦量

在分析电路时，为了方便，经常用矢量来表示正弦量。**矢量表示正弦量有以下规律：**
① 矢量的长度表示正弦量的幅值大小。
② 两个矢量之间的夹角表示两个正弦量的相位差。
③ 矢量水平向右表示相位为0，矢量逆时针旋转表示相位超前，顺时针旋转表示相位落后。

矢量表示正弦量的示例图如图6-13所示。图6-13a中的正弦量i_2比i_1幅值大，所以图6-13b中画出的对应矢量i_2较i_1长度长；图6-13a中的正弦量i_1相位为0°，图6-13b中i_1的矢量方向画作水平向右，正弦量i_2的相位落后$i_1$90°，i_2的矢量方向可看作是从水平向右方向出发，顺时针旋转90°而得到；图6-13a中的正弦量i_1与i_2的相位差为90°，在图6-13b中的矢量i_1与i_2的夹角则为90°。

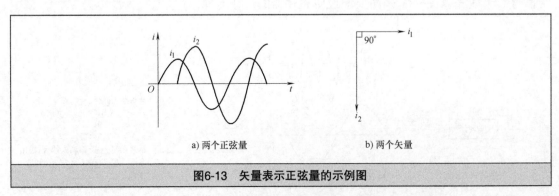

a) 两个正弦量　　　　　　　　　　b) 两个矢量

图6-13　矢量表示正弦量的示例图

矢量可以进行加、减运算，它遵循平行四边形法则。平行四边形法则的内容是：以已知两个矢量为边，作一个平行四边形，由原点连接平行四边形的对角线，得到新的矢量为两矢量相加获得的矢量。

若要对图6-13b中i_1、i_2矢量进行相加运算，可以以i_1、i_2矢量为边，作出一个平行四边形，如图6-14a所示，连接原点与对角点形成的矢量i_3就为i_1、i_2矢量相加得到的新矢量，从图6-14中可以看出，矢量相加得到的新矢量长度并不是两矢量长度和，新矢量的相位也有变化。若要进行i_2-i_1矢量相减运算，可以先在i_1的反方向作出一个相同长度的矢量，该矢量即为$-i_1$，再以矢量i_2、$-i_1$为边作出一个平行四边形，如图6-14b所示，连接原点与对角点形成的矢量i_4就为i_2、i_1矢量相减得到的新矢量。

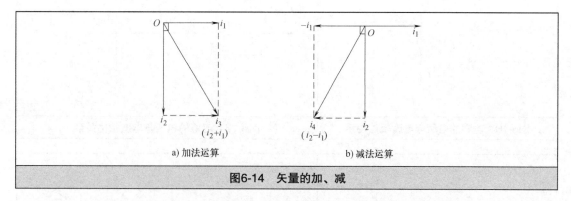

a) 加法运算　　　　　　　　　　　b) 减法运算

图6-14　矢量的加、减

两个同频率的正弦量信号混合相加会形成一个新的同频率的正弦量信号，如果采用对两个正弦量信号直接进行叠加的方法来求新正弦量会很复杂。如果先将两个正弦量用相应的矢量表示，然后进行矢量相加会得到一个新矢量，再将新矢量还原为正弦量，该正弦量为两正弦量混合相加得到的新正弦量。图6-14a中的i_3为i_1、i_2相加得到新矢量，它的相位较i_2超前、较i_1滞后，幅值较i_1、i_2都大，将它还原在正弦量信号i_3后，这样得到的正弦量信号i_3与正弦量i_1、i_2直接相加得到的i_3正弦量将完全相同，该正弦量i_3的相位较正弦量i_2超前、较i_1滞后，幅值较正弦量i_1、i_2都大。

6.4.2　电阻、电容和电感的电压与电流相位关系

（1）电阻两端电压与流过的电流是同相关系

可理解为：电阻两端有电压，马上有电流流过电阻，电压高时电流大。电阻的电压与电流相位关系如图6-15所示。

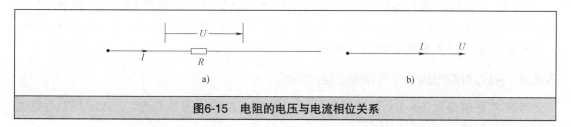

a)　　　　　　　　　　　　　　　　b)

图6-15　电阻的电压与电流相位关系

（2）电容两端电压与流过电流的相位关系是电流超前电压90°

可理解为：先有电流对电容充电，而后电容两端有电压。电容的电压与电流相位关系如图6-16所示。

（3）电感两端电压与流过电流的相位关系是电流滞后电压90°

可理解为：电感与电容是性质相反的元件，电压和电流相位关系相反。电感的电压与电流相位关系如图6-17所示。

6.4.3　*RLC*串联电路的电压与电流相位关系

*RLC*串联电路如图6-18所示，图6-18中，*RLC*电路的谐振频率为f_o，输入信号频率为f。*RLC*串联电路的电压与电流相位关系如图6-19所示。

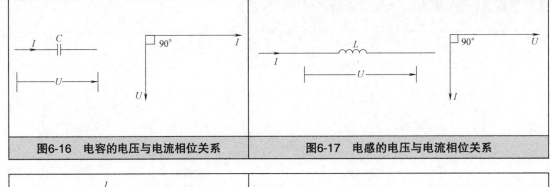

图6-16 电容的电压与电流相位关系 图6-17 电感的电压与电流相位关系

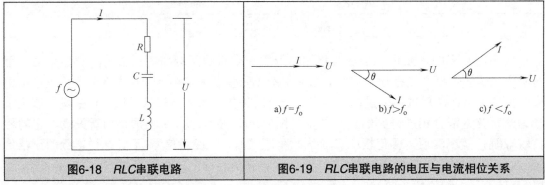

图6-18 *RLC*串联电路 图6-19 *RLC*串联电路的电压与电流相位关系

① 当$f=f_0$时，*RLC*串联电路谐振，*LC*电路相当于短路，电路只剩下电阻，因此电流与电压相位关系是：电流与电压同相，矢量表示如图6-19a所示。

② 当$f>f_0$时，输入信号频率偏高，电容*C*可视为短路（电容容易通过高频信号），剩下电感与电阻，*RLC*电路呈感性，因此电流与电压的相位关系是：电压超前电流θ角（$0°<\theta<90°$），矢量表示如图6-19b所示。

③ 当$f<f_0$时，输入信号频率偏低，电感*L*可视为短路（电感容易通过低频信号），剩下电容与电阻，*RLC*电路呈容性，因此电流与电压的相位关系是：电压滞后电流θ角（$0°<\theta<90°$），矢量表示如图6-19c所示。

6.4.4 *RLC*并联电路的电压与电流相位关系

*RLC*并联电路如图6-20所示，图6-20中，*RLC*电路的谐振频率为f_0。*RLC*并联电路的电压与电流相位关系如图6-21所示。

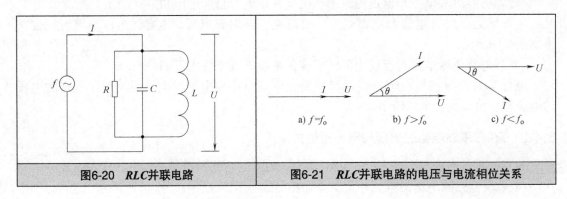

图6-20 *RLC*并联电路 图6-21 *RLC*并联电路的电压与电流相位关系

① 当$f=f_0$时，RLC并联电路谐振，RLC并联电路呈阻性，相当于一个阻值很大的电阻，因此电流与电压同相位，矢量表示如图6-21a所示。

② 当$f>f_0$时，输入信号频率偏高，电感可视为开路（电感对高频信号阻抗大），剩下电容和电阻，RLC并联电路呈容性，因此电流与电压的相位关系是：电流超前电压θ角（$0°<\theta<90°$），矢量表示如图6-21b所示。

③ $f<f_0$时，输入信号频率偏低，电容可视为开路（电容对低频信号阻抗大），剩下电感和电阻，RLC并联电路呈感性，因此电流与电压的相位关系是：电流滞后电压θ角（$0°<\theta<90°$），矢量表示如图6-21c所示。

6.4.5　鉴频电路分析

鉴频器的种类很多，常见的分立元件构成的鉴频器有相位鉴频器、对称比例鉴频器和不对称比例鉴频器。

1. 相位鉴频器

相位鉴频器电路如图6-22所示。

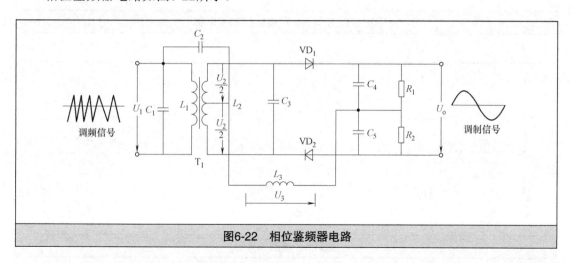

图6-22　相位鉴频器电路

C_1、L_1和L_2、C_3构成双调谐回路，谐振频率均为f_0，L_2线圈中心引出抽头，上半部和下半部线圈匝数相等，故上半部和下半部线圈上的电压相等，因为C_2对f_0信号容抗很小，可视为短路，所以高频扼流圈L_3上的电压U_3与电压U_1相位相同，VD_1、VD_2为检波管，C_4、R_1与C_5、R_2参数相同（$C_4=C_5$，$R_1=R_2$）；当频率为f_0的信号U_1输入时，经电路鉴频器后输出电压U_0为调制信号。

工作原理说明如下：

1）当调频信号频率$f=f_0$时，调频信号电压U_1加到L_1的两端，在二次线圈L_2上有感应电动势E_2产生，E_2的相位与U_1相同，E_2与L_2、C_3构成LC串联电路，如图6-23所示，因为E_2频率为f_0，与L_2、C_3构成的串联电路谐振频率相等，L_2、C_3电路对E_2信号呈阻性，所以E_2与I_2同相位（E_2可看作L_2、C_3两端的电压），而L_2两端的电压U_2超前电流I_2 90°，矢量关系如图6-24a所示，从矢量图可以看出U_2超前U_1 90°，又因为U_1与U_3同相，故U_2超前U_3 90°，L_3线圈上的电压U_3与L_2上半部线圈上的电压$\dfrac{U_2}{2}$相加得到电压U_{VD_1}，即$U_{VD_1}=U_3+\dfrac{U_2}{2}$，该电压经$VD_1$对$C_4$充电，在$C_4$上充得上正下负的电压。$U_3$与$L_2$下半部线圈电压$\dfrac{U_2}{2}$相减得到电压$U_{VD_2}$，即$U_{VD_2}=U_3-\dfrac{U_2}{2}$，该电压经$VD_2$对$C_5$充电，在$C_5$上充得上负下正的电压，从图6-24a可以看出，$U_{VD_1}$、$U_{VD_2}$大小相等，故$C_4$的上正下负电压与$C_5$的上负下正电压大小相等，方向相反，相互抵消，$U_o=0$。即当输入信号频率$f=f_o$时，**鉴频器输出的调制信号电压为0V。**

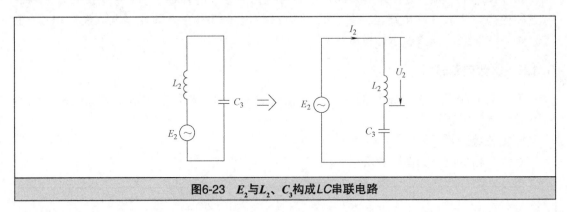

图6-23　E_2与L_2、C_3构成LC串联电路

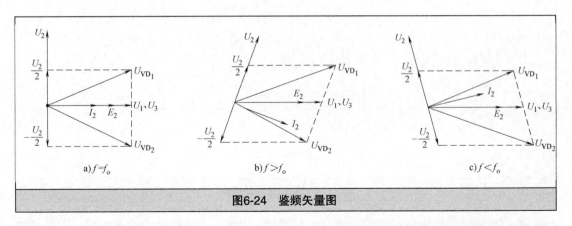

a) $f=f_o$　　　　b) $f>f_o$　　　　c) $f<f_o$

图6-24　鉴频矢量图

2）当调频信号频率$f>f_o$时，调频信号电压U_1加到L_1的两端，在二次线圈L_2上有感应电动势E_2产生，E_2的相位与U_1相同，E_2与L_2、C_3构成LC串联电路，如图6-23所示。因为E_2的频率（与U_1信号频率相同）大于f_o，且大于L_2、C_3构成的串联电路的谐振频率，L_2、C_3电路对E_2信号呈感性，故E_2超前$I_2\theta$角（$0°<\theta<90°$），矢量关系如图6-24b所示，U_3与U_1同相，在矢量图上进行加减，求$U_{VD_1}=U_3+\dfrac{U_2}{2}$，$U_{VD_2}=U_3-\dfrac{U_2}{2}$，从图6-24b所示的矢量图关系可以看出，电压$U_{VD_1}$较电压$U_{VD_2}$高，故$U_{VD_1}$通过$VD_1$对$C_4$充得的上正下负电压大于$U_{VD_2}$通过$VD_2$对$C_5$充得的上负下正电压，$C_5$的上负下正电压被完全抵消，$C_4$上还剩上正下负电压，$U_o>0$。即当输入调频信号频率$f>f_o$时，**鉴频器输出的调制信号为正电压（正半周部分）。**

3）当调频信号频率$f<f_o$时，U_1与E_2同相，E_2信号频率小于L_2、C_3构成的串联电路的谐振频率，L_2、C_3对E_2信号呈容性，E_2滞后$I_2\theta$角（$0°<\theta<90°$），L_2上电压U_2超前

I_2 90°，U_1 与 U_3 同相，矢量关系如图6-24c所示，在矢量图上进行加减求 $U_{VD_1} = U_3 + \dfrac{U_2}{2}$，

$U_{VD_2} = U_3 - \dfrac{U_2}{2}$，从矢量图可以看出，$U_{VD_1} < U_{VD_2}$，故 U_{VD_1} 对 C_4 充得的上正下负电压小于 U_{VD_2} 对 C_5 充得的上负下正电压，C_4 的上正下负电压被抵消，C_5 上还剩上负下正电压，$U_o < 0$。**即当输入信号频率 $f < f_o$ 时，鉴频器输出的调制信号为负电压（负半周部分）。**

相位鉴频器具有输出调制信号电压较大、灵敏度高等优点，故一般用在性能较好的电子设备中。

2.不对称比例鉴频器

不对称比例鉴频器电路如图6-25所示。

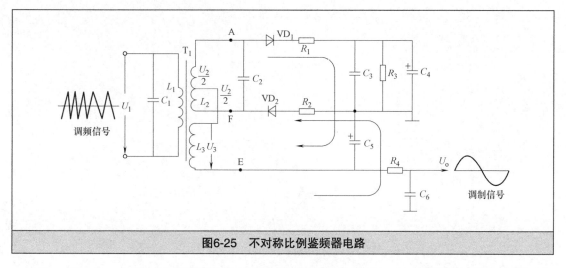

图6-25 不对称比例鉴频器电路

L_1、C_1 与 L_2、C_2 构成双调谐回路，两者的谐振频率都为 f_o，L_2 线圈中心引出抽头，上半部和下半部线圈匝数相等，故两者的电压相等，都为 $U_2/2$，L_3 线圈上的电压 U_3 与电压 U_1 相位相同，R_4、C_6 构成去加重电路，用于滤除调制信号中的高频干扰信号，提高信噪比。

工作原理说明如下：

1）当输入的调频信号频率 $f = f_o$ 时，调频信号电压 U_1 与 L_2 线圈上产生的电动势 E_2 为同相位，因为 E_2 信号频率与 L_2、C_2 构成的串联电路频率相同，L_2、C_2 电路对 E_2 信号呈阻性，所以 E_2 与 I_2 电流同相，L_2 上电压 U_2 又超前 I_2 90°，U_1 与 U_3 同相，矢量关系如图6-24a所示，L_3 上的电压 U_3 与 L_2 上半部的电压 $U_2/2$ 相加，得到电压 U_{VD_1}（即 $U_{VD_1} = U_3 + U_2/2$），U_3 与 L_2 下半部线圈上的电压相减，得到电压 U_{VD_2}（即 $U_{VD_2} = U_3 - U_2/2$）。U_{VD_1} 经VD$_1$对 C_5 充电，充电途径是：A点→VD$_1$→R_1→C_3→C_5→E点，在 C_5 上充得上正下负的电压；U_{VD_2} 经VD$_2$对 C_5 充电，充电途径是：E点→C_5→R_2→VD$_2$→F点，在 C_5 上充得上负下正的电压。因为当 $f = f_o$ 时，$U_{VD_1} = U_{VD_2}$，故 C_5 上充得的上正下负电压与上负下正的电压相等，相互抵消，C_5 两端的电压为0V。即当输入信号频率为 f_o 时，鉴频器输出的调制信号电压为0V。

2）当输入调频信号频率 $f > f_o$ 时，如图6-24b所示，$U_{VD_1} > U_{VD_2}$，U_{VD_1} 对 C_5 充得的上正下负电压大于 U_{VD_2} 对 C_5 充得的上负下正电压，C_5 的上负下正电压被抵消，还剩下上正下负

的电压，C_5两端的电压为负（C_5上端接地）。即当输入信号频率大于f_0时，鉴频器输出的调制信号为负电压（负半周）。

3）当输入调频信号频率$f < f_0$时，如图6-24c所示，$U_{VD_1} < U_{VD_2}$，U_{VD_1}对C_5充得的上正下负电压小于U_{VD_2}对C_5充得的上负下正电压，C_5的上正下负电压被抵消，C_5上还保留上负下正的电压，C_5两端的电压为正。即当输入信号频率小于f_0时，鉴频器输出的调制信号为正电压（正半周）。

不对称比例鉴频器输出的调制信号电压比相位鉴频器小，但它具有限幅功能。

第 **7** 章

变频与反馈控制电路

7.1 变频电路

变频电路可以改变信号频率。根据变频方式的不同，**变频电路可分为倍频电路和混频电路。**

7.1.1 倍频电路

倍频电路的功能是将信号的频率成倍地提高。根据电路提升频率倍数的不同，倍频电路可分为二倍频电路、三倍频电路、四倍频电路等。

1. 倍频原理

理论和实践表明：当某一频率的正弦交流信号通过非线性元件（如二极管、晶体管等）时，会产生并输出各种新的频率信号，主要有直流分量、基波分量、二次谐波、三次谐波……下面以图7-1为例来形象地说明这个原理。

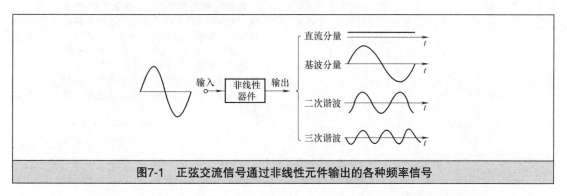

图7-1 正弦交流信号通过非线性元件输出的各种频率信号

当频率为*f*的交流信号输入非线性元件后，会输出各种新的频率成分，其中有直流成分、频率为*f*的基波信号、频率为2*f*的二次谐波信号和频率为3*f*的三次谐波信号……在这些信号中，基波信号的幅值最大，其次是二次谐波，随着谐波频率的升高，幅值逐渐减小。

如果在非线性元件后面加上一个选频电路，比如让选频电路的频率为$2f$，那么选频电路就可以从非线性元件输出的各种信号中只选出频率为$2f$的二次谐波信号，从而得到频率是输入信号2倍的信号。

2. 倍频电路

根据倍频电路采用的非线性元件的不同，**倍频电路主要可分为二极管倍频电路和晶体管倍频电路。**

（1）二极管倍频电路

二极管倍频电路如图7-2所示。该电路利用二极管VD来进行频率变换，图7-2中的C_1、L_1构成谐振频率为$3f$的并联谐振电路。

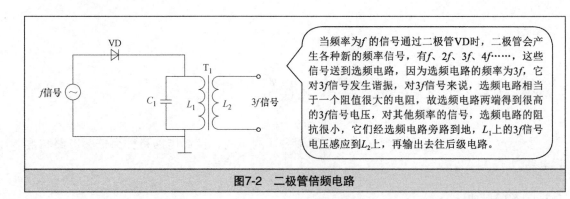

当频率为f的信号通过二极管VD时，二极管会产生各种新的频率信号，有f、$2f$、$3f$、$4f$……，这些信号送到选频电路，因为选频电路的频率为$3f$，它对$3f$信号发生谐振，对$3f$信号来说，选频电路相当于一个阻值很大的电阻，故选频电路两端得到很高的$3f$信号电压，对其他频率的信号，选频电路的阻抗很小，它们经选频电路旁路到地，L_1上的$3f$信号电压感应到L_2上，再输出去往后级电路。

图7-2　二极管倍频电路

（2）晶体管倍频电路

晶体管倍频电路如图7-3所示。该电路利用晶体管进行频率变换，图7-3中的C_2、L_1构成谐振频率为$2f$的并联谐振选频电路。

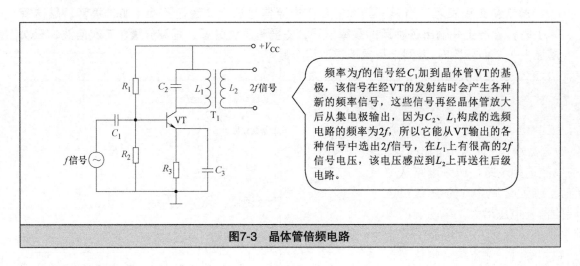

频率为f的信号经C_1加到晶体管VT的基极，该信号在经VT的发射结时会产生各种新的频率信号，这些信号再经晶体管放大后从集电极输出，因为C_2、L_1构成的选频电路的频率为$2f$，所以它能从VT输出的各种信号中选出$2f$信号，在L_1上有很高的$2f$信号电压，该电压感应到L_2上再送往后级电路。

图7-3　晶体管倍频电路

7.1.2　混频电路

混频电路的功能是让两个不同频率的信号通过非线性元件，得到其他频率的信号。

1. 混频原理

理论和实践表明：当两个不同频率的正弦交流信号通过非线性元件（如二极管、晶体管等）时，会产生并输出各种新的频率信号，主要有直流信号、基波信号、谐波信号、差频信号、和频信号……下面以图7-4为例来形象地说明这个原理。

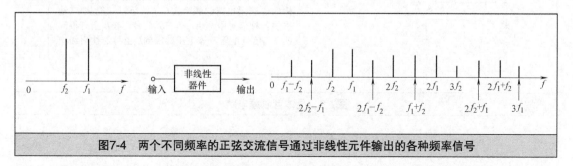

图7-4 两个不同频率的正弦交流信号通过非线性元件输出的各种频率信号

当频率分别为f_1、f_2的两个交流信号输入非线性元件后，会输出各种新的频率信号，其中除了有直流信号、频率为f_1和f_2的基波信号、频率为$2f_1$和$2f_2$的二次谐波信号和其他更高次的谐波信号外，还有频率为f_1+f_2的和频信号、f_1-f_2的差频信号及$2f_2-f_1$、$2f_2+f_1$等频率的信号。

如果在非线性元件后面加上一个选频电路，比如将选频电路的频率设为f_1-f_2，那么选频电路就可以从输出的各种信号中只选出频率为f_1-f_2的差频信号。

2. 混频电路

根据混频电路采用的非线性元件的不同，**混频电路主要可分为二极管混频电路和晶体管混频电路。**

（1）二极管混频电路

二极管混频电路如图7-5所示。该电路利用二极管VD来进行频率变换，图7-5中的C_1、L_1构成并联谐振电路，其谐振频率为f_1+f_2。

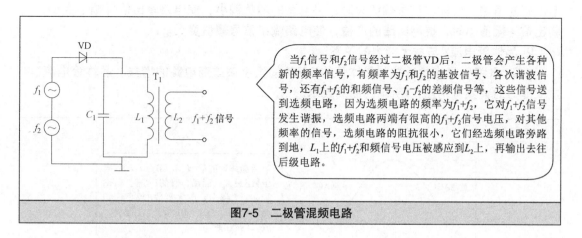

当f_1信号和f_2信号经过二极管VD后，二极管会产生各种新的频率信号，有频率为f_1和f_2的基波信号、各次谐波信号，还有f_1+f_2的和频信号、f_1-f_2的差频信号等，这些信号送到选频电路，因为选频电路的频率为f_1+f_2，它对f_1+f_2信号发生谐振，选频电路两端有很高的f_1+f_2信号电压，对其他频率的信号，选频电路的阻抗很小，它们经选频电路旁路到地，L_1上的f_1+f_2和频信号电压被感应到L_2上，再输出去往后级电路。

图7-5 二极管混频电路

（2）晶体管混频电路

晶体管混频电路如图7-6所示。该电路利用晶体管进行频率变换，图7-6中的C_2、L_1构成谐振频率为f_1-f_2的并联谐振选频电路。

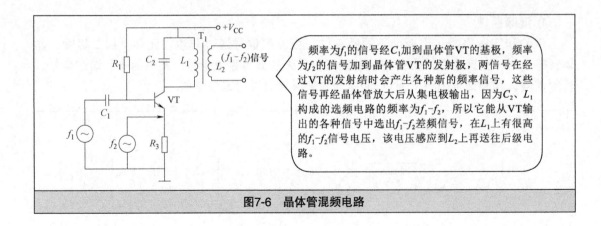

频率为f_1的信号经C_1加到晶体管VT的基极，频率为f_2的信号加到晶体管VT的发射极，两信号在经过VT的发射结时会产生各种新的频率信号，这些信号再经晶体管放大后从集电极输出，因为C_2、L_1构成的选频电路的频率为f_1-f_2，所以它能从VT输出的各种信号中选出f_1-f_2差频信号，在L_1上有很高的f_1-f_2信号电压，该电压感应到L_2上再送往后级电路。

图7-6　晶体管混频电路

7.2　反馈控制电路

反馈控制是电子技术中一种非常重要的技术。**反馈控制的基本原理是从电路的输出端取出一部分信号（取样信号），再对取样信号进行比较分析来判断电路的输出信号是否正常，若不正常，就会产生控制电压去改变电路的工作状态，使电路输出信号正常。**

常用的反馈控制电路主要有三类：自动增益控制（AGC）电路、自动频率控制（AFC）电路和锁相环（PLL）控制电路。

7.2.1　自动增益控制电路

1. 功能

自动增益控制电路简称**AGC电路**，其功能是根据电路输出信号幅值的大小来自动调节电路的增益。当输出信号幅值大时，将电路的增益调小，使电路输出信号幅值变小；当输出信号幅值小时，提高电路的增益，使电路输出信号幅值变大。

2. 晶体管电流I_c与放大能力的关系

AGC电路一般是通过控制晶体管的电流I_c的大小来改变电路的增益。晶体管电流I_c与放大能力的关系可用图7-7所示的曲线表示。

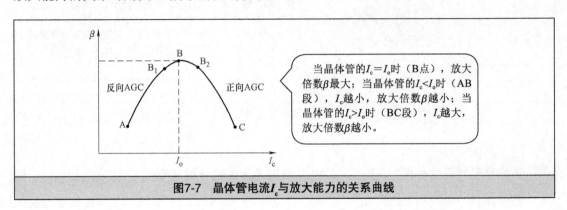

当晶体管的$I_c=I_o$时（B点），放大倍数β最大；当晶体管的$I_c<I_o$时（AB段），I_c越小，放大倍数β越小；当晶体管的$I_c>I_o$时（BC段），I_c越大，放大倍数β越小。

图7-7　晶体管电流I_c与放大能力的关系曲线

将晶体管的电流I_c设在**AB段范围内的AGC电路称为反向AGC**。反向AGC是通过增大电流I_c来提高电路增益，通过减小电流I_c来降低电路增益。反向AGC一般将电流I_c的大小设在B_1点（较B点小）。调幅收音机一般采用反向AGC电路。

将晶体管的电流I_c设在**BC段范围内的AGC电路称为正向AGC**。正向AGC是通过减小电流I_c来提高电路增益，通过增大电流I_c来降低电路增益。正向AGC一般将电流I_c的大小设在B_2点（较B点大）。电视机一般采用正向AGC电路。

3. AGC电路分析

图7-8所示为一种AGC电路，R_7、VD、C_2、R_2构成AGC电路，用来控制VT_1的增益，VT_1的电流I_c设置较小，故电路属于反向AGC。

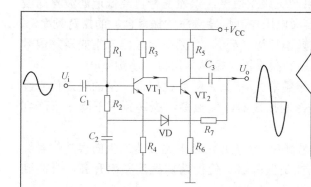

输入信号U_i经C_1送到晶体管VT_1基极，放大后从集电极输出，再由VT_2进一步放大，然后从集电极输出，VT_2输出信号U_o分作两路：一路去往后级电路，另一路送给AGC电路。当输出信号U_o为正半周时，二极管VD不能导通，当U_o为负半周时，VD导通，电压U_o经R_7、VD对C_2充电，在C_2上充得上负下正的电压，C_2上负电压经R_2送到VT_1的基极，与VT_1原有的基极电压（由电源经R_1提供）叠加，VT_1基极电压略有降低。

图7-8　一种AGC电路

自动增益控制过程：若输入信号U_i幅值很大，该信号经VT_1、VT_2放大后，从VT_2集电极输出的U_o信号幅值也增大（与正常幅值比较），U_o信号的负半周幅值也增大，U_o信号经R_7、VD对C_2充得上负下正的电压很高，即C_2上负电压很低，C_2很低的上负电压通过R_2使VT_1基极电压下降很多，VT_1的I_b减小，I_c也减小，由于VT_1工作在反向AGC状态，电流I_c减小，VT_1的放大能力下降，VT_1输出信号幅值减小，VT_2输出信号U_o也减小，U_o信号回到正常的幅值。也就是说，当输入信号增大导致输出信号幅值增大时，AGC电路自动减小放大电路的增益，将输出信号的幅值调回到正常值。

当输入信号减小时，输出信号幅值会随之减小，AGC电路自动增大放大电路的增益，具体过程可自行分析。

7.2.2　自动频率控制电路

1. 功能

自动频率控制电路简称**AFC电路**，其功能是将振荡器产生的信号与基准信号进行频率比较，若两信号频率不同，则会产生控制电压去控制振荡器，使振荡器产生的信号与基准信号频率保持相同。

2. 工作原理

AFC电路主要由频率比较器、低通滤波器和压控振荡器组成。AFC电路组成如图7-9所示。

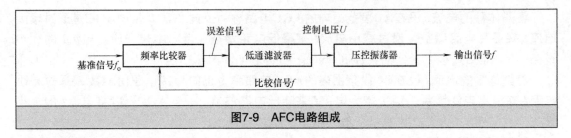

图7-9　AFC电路组成

电路工作原理：

压控振荡器产生频率为 f 的信号，该信号一路作为比较信号送到频率比较器，另一路作为输出信号提供给其他电路。在频率比较器中，振荡器送来的比较器信号 f 与基准电路送来的基准信号 f_o 进行频率比较，比较结果产生误差信号，误差信号再经低通滤波器滤波平滑后形成控制电压 U，去控制压控振荡器（电压控制振荡频率的振荡器）的振荡频率。

若振荡器产生的信号频率与基准信号频率相等（ $f=f_o$ ），频率比较器产生的误差信号经低通滤波后形成的控制电压 $U=0$，即不控制振荡器，振荡器保持振荡频率 $f=f_o$。

若振荡器产生的信号频率大于基准信号频率（ $f>f_o$ ），频率比较器产生的误差信号经低通滤波后形成的控制电压 $U<0$，该电压控制振荡器，使振荡器振荡频率下降，下降到 $f=f_o$。

若振荡器产生的信号频率小于基准信号频率（ $f<f_o$ ），频率比较器产生的误差信号经低通滤波后形成的控制电压 $U>0$，该电压控制振荡器，使振荡器振荡频率升高，升高到 $f=f_o$。

也就是说，AFC电路可以将振荡器的频率锁定在 $f=f_o$，让振荡器产生的信号频率与基准信号频率始终相等，如果振荡器频率发生飘移，电路就会产生控制电压控制振荡器，使振荡器振荡频率往 $f=f_o$ 靠近，一旦 $f=f_o$，电路就不再产生控制电压（ $U=0$ ），让振荡器振荡频率保持 $f=f_o$。

3. 其他形式的AFC电路

图7-9所示为基本形式的AFC电路，AFC还有一些其他形式。图7-10所示为另外两种常见的AFC电路组成形式。

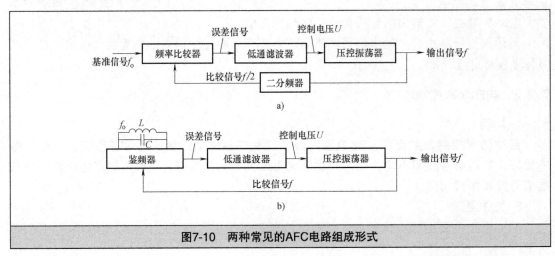

图7-10　两种常见的AFC电路组成形式

图7-10a所示的AFC电路较图7-9电路增加了一个二分频器，这样可以让振荡器产生$f=2f_o$的信号。在工作时，振荡器产生的信号频率为f，该信号经二分频器将频率降低一半，变成频率为$f/2$的信号，它作为比较信号去频率比较器与基准信号f_o进行比较，如果$f/2 \neq f_o$，即$f \neq 2f_o$，比较器就会产生控制电压去控制振荡器，使振荡器的振荡频率往$f=2f_o$靠近，直至$f=2f_o$时，比较器产生的控制电压才为0，振荡器的振荡频率就被锁定在$f=2f_o$。如果分频器分频数为n，那么AFC电路就可以将振荡器的振荡频率锁定在$f=nf_o$。

图7-10b所示的AFC电路没有基准信号，而是采用一个频率为f_o的鉴频器。在工作时，振荡器产生的信号频率为f，它送到鉴频器进行鉴频，如果$f \neq f_o$，鉴频器就会产生控制电压去控制振荡器，使振荡器的振荡频率往$f=f_o$靠近，直至$f=f_o$时，鉴频器产生的控制电压才为0，振荡器的振荡频率就被锁定在$f=f_o$。

7.2.3　锁相环控制电路

1. 功能

锁相环控制电路简称PLL电路，又称自动相位控制电路（APC电路），其功能是将振荡器产生的信号与基准信号进行相位比较，若两信号的相位差不合要求，则会产生控制电压去控制振荡器，使振荡器产生的信号相位超前或落后，直到两信号的相位差符合要求。

2. 工作原理

锁相环控制电路主要由相位比较器、低通滤波器和压控振荡器组成。锁相环控制电路组成如图7-11所示。

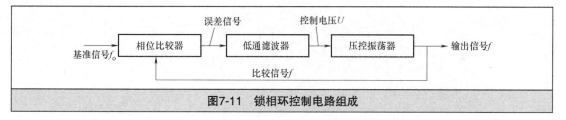

图7-11　锁相环控制电路组成

电路工作原理：

压控振荡器产生频率为f的信号，该信号一路作为比较信号送到相位比较器，另一路作为输出信号提供给其他电路。在相位比较器中，振荡器送来的比较器信号f与基准电路送来的基准信号f_o进行相位比较，比较结果产生误差信号，误差信号再经低通滤波器滤波平滑后形成控制电压U，去调节压控振荡器产生信号的相位。

若振荡器产生的信号（比较信号）相位与基准信号相同，如图7-12a所示，相位比较器产生的误差信号经低通滤波后形成的控制电压$U=0$，即不控制振荡器，振荡器输出信号相位不变。

若振荡器产生的信号相位超前基准信号，如图7-12b所示，相位比较器产生的误差信号经低通滤波后形成的控制电压$U<0$，该电压控制振荡器，使振荡器输出信号相位后移，以便与基准信号同相。

若振荡器产生的信号相位落后基准信号，如图7-12c所示，相位比较器产生的误差信号经低通滤波后形成的控制电压$U>0$，该电压控制振荡器，使振荡器输出信号相位前移，以便与基准信号同相。

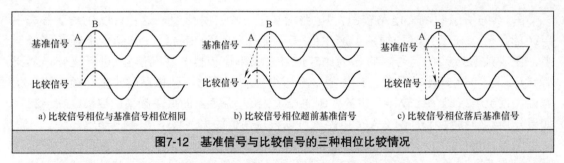

a) 比较信号相位与基准信号相位相同　　b) 比较信号相位超前基准信号　　c) 比较信号相位落后基准信号

图7-12　基准信号与比较信号的三种相位比较情况

　　锁相环控制电路与自动频率控制电路的控制对象都是振荡器，AFC电路以控制振荡器的频率为目的，而PLL电路以控制振荡器的信号相位为目的， 实际上PLL电路控制稳定后，比较信号不但相位与基准信号保持同步，两者的频率也相同，所以**PLL电路是一种精度更高的控制电路。**

　　AFC电路就像是指挥两支行进队伍的指挥员，它只要求两支队伍行进的速度相同，而不管哪支队伍在前在后；PLL电路也像是指挥两支行进的队伍的指挥员，但它除了要求两支队伍行进的速度相同外，还要求两支队伍人员并排前行（或者始终保持一定的横向距离前行），如果一支队伍超前，则要求该队伍减慢行进速度，当两支队伍同步后，如果一直保持同速行进，就会一直保持同步同速。

第 8 章

电　源　电　路

　　电路工作时需要提供电源，电源是电路工作的动力。电源的种类很多，如干电池、蓄电池和太阳能电池等，但最常见的电源则是220V交流市电。大多数电子设备供电都来自220V市电，不过这些电器内部电路真正需要的是直流电压，为了解决这个问题，电子设备内部通常设有电源电路，其任务是将220V交流电压转换成很低的直流电压，再供给内部各个电路。

　　由220V交流电转换成直流电的电源电路，通常是由整流电路、滤波电路和稳压电路组成的。其组成方框图如图8-1所示。

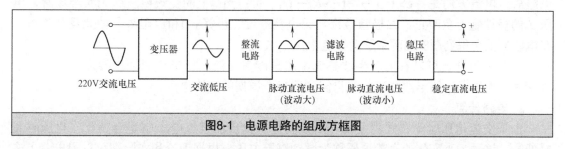

图8-1　电源电路的组成方框图

　　220V的交流电压先经变压器降压，得到较低的交流电压，交流低电压再由整流电路转换成脉动的直流电压，该脉动直流电压的波动很大（即电压时高时低，变化幅值很大），它经滤波电路平滑后波动变小，然后经稳压电路进一步稳压，得到稳定的直流电压，供给其他电路作为直流电源。

8.1　整　流　电　路

　　整流电路的功能是将交流电转换成直流电。整流电路主要有半波整流电路、全波整流电路、桥式整流电路和倍压整流电路等。

8.1.1　半波整流电路

1. 电路结构与原理

半波整流电路采用一只二极管将交流电转换成直流电，它只能利用到交流电的半个周期，故称为半波整流。半波整流电路及有关电压波形如图8-2所示。

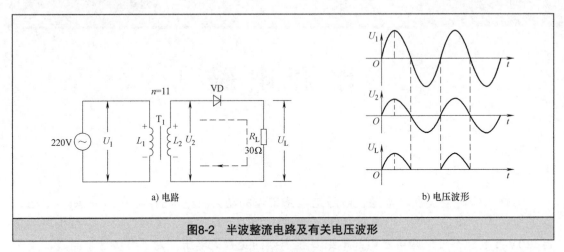

a) 电路　　　　　　　　　　b) 电压波形

图8-2　半波整流电路及有关电压波形

电路工作原理说明如下：

220V交流电压送到变压器T_1一次线圈L_1的两端，L_1两端的交流电压U_1的波形如图8-2b所示，该电压感应到二次线圈L_2上，在L_2上得到图8-2b所示的较低的交流电压U_2。当L_2上的交流电压U_2为正半周时，U_2的极性是上正下负，二极管VD导通，有电流流过二极管和电阻R_L，电流方向是：U_2上正→VD→R_L→U_2下负；当L_2上的交流电压U_2为负半周时，电压U_2的极性是上负下正，二极管截止，无电流流过二极管VD和电阻R_L。如此反复工作，在电阻R_L上会得到图8-2b所示脉动直流电压U_L波形。

从上面的分析可以看出，半波整流电路只能在交流电压半个周期内导通，另外半个周期内不能导通，即半波整流电路只能利用半个周期的交流电压。

2. 电路计算

由于交流电压时刻在发生变化，所以整流后输出的直流电压U_L也会变化（电压时高时低），这种大小变化的直流电压称为脉动直流电压。根据理论和实验都可以得出，半波整流电路负载R_L两端的平均电压值为

$$U_L = 0.45 U_2$$

负载R_L流过的电流平均值为

$$I_L = \frac{U_L}{R_L} = 0.45 \frac{U_2}{R_L}$$

例如在图8-2a中，U_1=220V、变压器T_1的匝数比n=11、负载R_L=30Ω，那么电压U_2=220V/11=20V，负载R_L两端的电压U_L=0.45×20V=9V，R_L流过的平均电流I_L=9V/30Ω=0.3A。

3. 元件的选用

对于整流电路，整流二极管的选择非常重要。在选择整流二极管时，主要考虑最高

反向工作电压U_{RM}和最大整流电流I_{RM}。

在半波整流电路中，整流二极管两端承受的最高反向电压为U_2的峰值，即

$$U = \sqrt{2} U_2$$

整流二极管流过的平均电流与负载电流相同，即

$$I = 0.45 \frac{U_2}{R_L}$$

例如：图8-2a半波整流电路中的U_2=20V、R_L=30Ω，那么整流二极管两端承受的最高反向电压$U=\sqrt{2}\,U_2 \approx 1.41 \times 20V = 28.2V$，流过二极管的平均电流$I = 0.45 \frac{U_2}{R_L} = 0.45 \times 20V/30Ω = 0.3A$。

在选择整流二极管时，所选择二极管的最高反向电压U_{RM}应高于在电路中承受的最高反向电压，最大整流电流I_{RM}应大于流过二极管的平均电流。因此，要让图8-2a中的二极管正常工作，应选用U_{RM}>28.2V、I_{RM}>0.3A的整流二极管，若选用的整流二极管参数小于该值，则容易反向击穿或烧坏。

4. 特点

半波整流电路结构简单、使用元件少，但整流输出的直流电压波动大，另外，由于整流时只利用了交流电压的半个周期（半波），故效率很低，因此半波整流常用在对效率和电压稳定性要求不高的小功率电子设备中。

8.1.2　全波整流电路

1. 电路结构与原理

全波整流电路采用两只二极管将交流电转换成直流电，由于它可以利用交流电的正、负半周，所以称为全波整流。 全波整流电路及有关电压波形如图8-3所示，这种整流电路采用两只整流二极管，采用的变压器二次线圈L_2被对称分作L_{2A}和L_{2B}两部分。

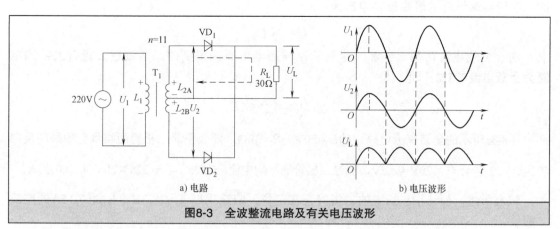

图8-3　全波整流电路及有关电压波形

电路工作原理说明如下：

220V交流电压U_1送到变压器T_1的一次线圈L_1的两端，电压U_1波形如图8-3b所示。当交流电压U_1的正半周送到L_1时，L_1上的交流电压U_1的极性为上正下负，该电压感应到L_{2A}、L_{2B}上，L_{2A}、L_{2B}上的电压极性也是上正下负，L_{2A}的上正下负电压使VD_1导通，有电

流流过负载R_L，其途径是：L_{2A}上正→VD_1→R_L→L_{2A}下负，此时L_{2B}的上正下负电压对VD_2为反向电压（L_{2B}下负对应VD_2正极），故VD_2不能导通；当交流电压U_1的负半周来时，L_1上的交流电压极性为上负下正，L_{2A}、L_{2B}感应到的电压极性也为上负下正，L_{2B}的上负下正电压使VD_2导通，有电流流过负载R_L，其途径是：L_{2B}下正→VD_2→R_L→L_{2B}上负，此时L_{2A}的上负下正电压对VD_1为反向电压，VD_1不能导通。如此反复工作，在R_L上会得到图8-3b所示的脉动直流电压U_L。

从上面的分析可以看出，全波整流能利用到交流电压的正、负半周，效率大大提高，达到半波整流的2倍。

2. 电路计算

全波整流电路能利用到交流电压的正、负半周，故负载R_L两端的平均电压值是半波整流的2倍，即

$$U_L = 0.9 U_{2A}$$

U_{2A}为变压器二次线圈L_{2A}或L_{2B}两端的电压，$U = U_2/2$，所以上式也可以写成：

$$U_L = 0.45 U_2$$

负载R_L流过的电流平均值为

$$I_L = \frac{U_L}{R_L} = 0.45\frac{U_2}{R_L}$$

例如：图8-3a中的$U_1 = 220V$、变压器T_1的匝数比$n = 11$、负载$R_L = 30\Omega$，那么电压$U_2 = 220V/11 = 20V$，负载R_L两端的电压$U_L = 0.45 \times 20V = 9V$，$R_L$流过的平均电流$I_L = 9V/30\Omega = 0.3A$。

3. 元件的选用

在全波整流电路中，每只整流二极管有半个周期处于截止，由于一只二极管截止时另一个二极管导通，整个L_2线圈上的电压通过导通的二极管加到截止的二极管两端，**截止的二极管两端承受的最高反向电压为**

$$U = \sqrt{2}\, U_2$$

由于负载电流是两只整流二极管轮流导通半个周期得到的，故**流过二极管的平均电流为负载电流的1/2**，即

$$I = \frac{I_L}{2} = 0.225\frac{U_2}{R_L}$$

图8-3a所示的全波整流电路中的$U_2 = 20V$、$R_L = 30\Omega$，那么整流二极管两端承受的最高反向电压$U = \sqrt{2}\, U_2 \approx 1.41 \times 20V = 28.2V$，流过二极管的平均电流$I = 0.225\frac{U_2}{R_L} = 0.225 \times 20V/30\Omega = 0.15A$。

综上所述，要让图8-3a中的二极管正常工作，应选用$U_{RM} > 28.2V$、$I_{RM} > 0.15A$的整流二极管。

4. 特点

全波整流电路的输出直流电压脉动小，整流二极管流过的电流小，但由于两只整流二极管轮流导通，使变压器始终只有半个二次线圈工作，使变压器利用率低，从而使输出电压低、输出电流小。

8.1.3 桥式整流电路

1. 电路结构与原理

桥式整流电路采用4只二极管将交流电转换成直流电,由于4只二极管在电路中的连接与电桥相似,故称为桥式整流电路。桥式整流电路及有关电压波形如图8-4所示,它用到了4只整流二极管。

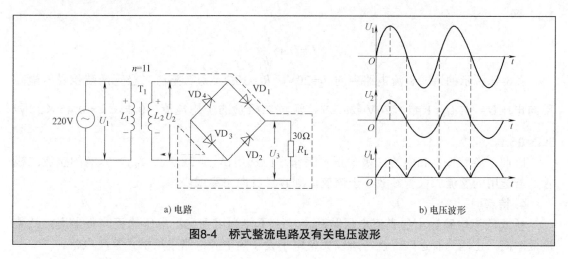

a) 电路　　　　　　　　　　b) 电压波形

图8-4　桥式整流电路及有关电压波形

电路工作原理分析如下:

220V交流电压U_1送到变压器一次线圈L_1的两端,该电压经降压感应到L_2上,在L_2上得到电压U_2,U_1、U_2的电压波形如图8-4b所示。当交流电压U_1为正半周时,L_1上的电压极性是上正下负,L_2上感应的电压U_2极性也是上正下负,L_2上正下负电压U_2使VD$_1$、VD$_3$导通,有电流流过R_L,电流途径是:L_2上正→VD$_1$→R_L→VD$_3$→L_2下负;当交流电压负半周来时,L_1上的电压极性是上负下正,L_2上感应的电压U_2极性也是上负下正,L_2上负下正电压U_2使VD$_2$、VD$_4$导通,电流途径是:L_2下正→VD$_2$→R_L→VD$_4$→L_2上负。如此反复工作,在R_L上得到图8-4b所示的脉动直流电压U_L。

从上面的分析可以看出,桥式整流电路在交流电压的整个周期内都能导通,即桥式整流电路能利用整个周期的交流电压。

2. 电路计算

由于桥式整流电路能利用到交流电压的正、负半周,故负载R_L两端的平均电压值是半波整流的2倍,即

$$U_L = 0.9U_2$$

负载R_L流过的电流平均值为

$$I_L = \frac{U_L}{R_L} = 0.9\frac{U_2}{R_L}$$

例如:图8-4a中的U_1=220V、变压器T_1的匝数比n=11、负载R_L=30Ω,那么电压U_2=220V/11=20V,负载R_L两端的电压U_L=0.9×20V=18V,R_L流过的平均电流I_L=0.9×20V/30Ω=0.6A。

3. 元件的选用

在桥式整流电路中，每只整流二极管有半个周期处于截止，在截止时，**整流二极管两端承受的最高反向电压为**

$$U = \sqrt{2}\, U_2$$

由于整流二极管只有半个周期导通，故**流过整流二极管的平均电流为负载电流的1/2**，即

$$I = 0.45 \frac{U_2}{R_L}$$

图8-4a所示的桥式整流电路中的U_2=20V、R_L=30Ω，那么整流二极管两端承受的最高反向电压$U = \sqrt{2}\, U_2 \approx 1.41 \times 20V = 28.2V$，流过二极管的平均电流$I = 0.45\frac{U_2}{R_L} = 0.45 \times 20V/30Ω=0.3A$。

因此，要让图8-4a中的二极管正常工作，应选用$U_{RM} > 28.2V$、$I_{RM} > 0.3A$的整流二极管，若选用的整流二极管参数小于该值，则容易反向击穿或烧坏。

4. 特点

桥式整流电路输出的直流电压脉动小，由于能利用到交流电压的正、负半周，故整流效率高，正因为有这些优点，所以大量电子设备的电源电路采用桥式整流电路。

5. 整流桥堆

桥式整流电路采用了4只二极管，在电路安装时较为麻烦，为此有些元器件制作厂将**4只二极管制作并封装成一个元件，这种元件称为整流桥堆**。整流桥堆的实物外形与内部结构如图8-5所示。**整流桥堆有4个引脚，标有"~"两个引脚为交流电压的输入端，标有"+"和"-"分别为直流电压"+"和"-"输出端。**

a) 外形 　　　　　　　　　　　　　　　　b) 内部结构

图8-5　整流桥堆的实物外形与内部结构

8.1.4　倍压整流电路

倍压整流电路是一种将较低交流电压转换成较高直流电压的整流电路。倍压整流电路可以成倍地提高输出电压，根据提升电压倍数的不同，倍压整流可分为两倍压整流、三倍压整流、四倍压整流……

1. 两倍压整流电路

两倍压整流电路如图8-6所示。

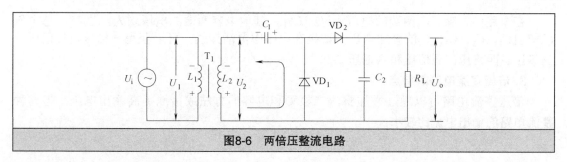

图8-6　两倍压整流电路

电路工作原理说明如下：

交流电压U_i送到变压器T_1的一次线圈L_1，再感应到二次线圈L_2上，L_2上的交流信号电压为U_2，电压U_2的最大值（峰值）为$\sqrt{2}\,U_2$。当交流电压的负半周来时，L_2上电压极性为上负下正，该电压经VD_1对C_1充电，充电途径是：L_2下正$\rightarrow VD_1 \rightarrow C_1 \rightarrow L_2$上负，在$C_1$上充得左负右正电压，该电压大小约为$\sqrt{2}\,U_2$；当交流电压的正半周来时，$L_2$上电压的极性为上正下负，该上正下负电压与$C_1$上的左负右正电压叠加（与两节电池叠加相似），再经$VD_2$对$C_2$充电，充电途径是：$C_1$右正$\rightarrow VD_2 \rightarrow C_2 \rightarrow L_2$下负（$L_2$上的电压与$C_1$上的电压叠加后，$C_1$右端相当于整个电压的正极，$L_1$下负相当于整个电压的负极），结果在$C_2$上获得大小约为$2\sqrt{2}\,U_2$的电压$U_o$，提供给负载$R_L$。

2. 七倍压整流电路

七倍压整流电路如图8-7所示。七倍压整流电路的工作原理与两倍压整流电路基本相同。

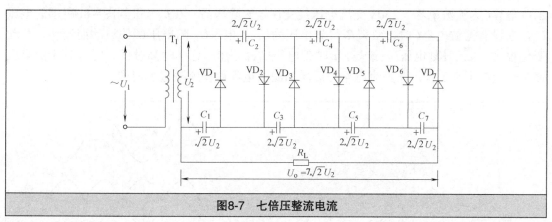

图8-7　七倍压整流电流

当U_2电压极性为上负下正时，它经VD_1对C_1充得左正右负电压，大小为$\sqrt{2}\,U_2$；当U_2电压极性变为上正下负时，上正下负的电压U_2与C_1左正右负电压叠加，经VD_2对C_2充得左正右负电压，大小为$2\sqrt{2}\,U_2$；当U_2电压极性又变为上负下正时，上负下正的U_2电压、C_1上的左正右负电压与C_2上的左正右负电压三个电压进行叠加，由于U_2电压、C_1上的电压极性相反，相互抵消，故叠加后总电压为$2\sqrt{2}\,U_2$，它经VD_3对C_3充电，在C_3上充得左正右负的电压，电压大小为$2\sqrt{2}\,U_2$。电路中的C_4、C_5、C_6、C_7的充电原理与C_3的充电原理基本类似，它们两端充得的电压大小均为$2\sqrt{2}\,U_2$。

在电路中，除了C_1两端的电压为$\sqrt{2}\,U_2$外，其他电容两端的电压均为$2\sqrt{2}\,U_2$，总电压U_o取自C_1、C_3、C_5、C_7的叠加电压。如果在电路中灵活接线，可以获得一倍压、二倍压、三倍压、四倍压、五倍压和六倍压。

3. 倍压整流电路的特点

倍压整流电路可以通过增加整流二极管和电容的方法成倍地提高输出电压，但这种整流电路的输出电流比较小。

8.2 滤 波 电 路

整流电路能将交流电转变为直流电，但由于交流电压的大小时刻在变化，故整流后流过负载的电流大小也时刻变化。例如当变压器线圈的正半周交流电压逐渐上升时，经二极管整流后流过负载的电流会逐渐增大；而当线圈的正半周交流电压逐渐下降时，经整流后流过负载的电流会逐渐减小，这样忽大忽小的电流流过负载，负载很难正常工作。为了让流过负载的电流大小稳定不变或变化尽量小，需要在整流电路后加上滤波电路。

常见的滤波电路有电容滤波电路、电感滤波电路、复合滤波电路和电子滤波电路等。

8.2.1 电容滤波电路

电容滤波是利用电容充、放电原理工作的。电容滤波电路及有关电压波形如图8-8所示，电容C为滤波电容。220V交流电压经变压器T_1降压后，在L_2上得到图8-8b所示的电压U_2，在没有滤波电容C时，负载R_L得到电压为U_{L1}，电压U_{L1}随电压U_2的波动而波动，波动变化很大，如t_1时刻电压U_{L1}最高，t_2时刻电压U_{L1}变为0，这样时高时低、时有时无的电压使负载无法正常工作，在整流电路之后增加滤波电容可以解决这个问题。

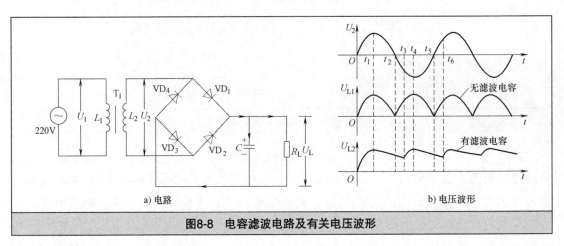

a) 电路　　　b) 电压波形

图8-8 电容滤波电路及有关电压波形

电容滤波的工作原理说明如下：

在$0\sim t_1$期间，U_2电压极性为上正下负且逐渐上升，U_2的波形如图8-8b所示，VD_1、VD_3导通，电压U_2通过VD_1、VD_3整流输出的电流一方面流过负载R_L，另一方面对电容C充电，在电容C上充得上正下负的电压，t_1时刻充得的电压最高。

在$t_1 \sim t_2$期间，U_2电压极性为上正下负但逐渐下降，电容C上的电压高于U_2，VD_1、VD_3截止，电容C开始对R_L放电，使整流二极管截止时R_L仍有电流流过，电容C上的电压因放电而缓慢下降。

在$t_2 \sim t_3$期间，U_2电压极性变为上负下正且逐渐增高，但电容C上的电压仍高于U_2，VD_1、VD_3截止，电容C继续对R_L放电，电容C上的电压继续下降。

在$t_3 \sim t_4$期间，U_2电压极性为上负下正且继续增高，U_2电压开始高于电容C上的电压，VD_2、VD_4导通，电压U_2通过VD_2、VD_4整流输出的电流又流过负载R_L，并对电容C充电，在电容C上的上正下负的电压又开始升高。

在$t_4 \sim t_5$期间，U_2电压极性仍为上负下正但逐渐减小，电容C上的电压高于U_2，VD_2、VD_4截止，电容C又对R_L放电，使R_L仍有电流流过，C上的电压因放电缓慢下降。

在$t_5 \sim t_6$期间，U_2电压极性变为上正下负且逐渐增高，但电容C上的电压仍高于U_2，VD_2、VD_4截止，电容C继续对R_L放电，电容C上的电压则继续下降。

t_6时刻以后，电路会重复$0 \sim t_6$的过程，从而在负载R_L的两端（也是电容C的两端）得到图8-8b所示的U_{L2}电压。将图8-8b中的U_{L1}和U_{L2}电压波形进行比较不难发现，增加了滤波电容后在负载上得到的电压波动较无滤波电容时要小得多。

电容使整流电路输出电压波动变小的功能称为滤波。电容滤波的实质是在输入电压高时通过充电将电能存储起来，而在输入电压较低时通过放电将电能释放出来，从而保证负载得到波动较小的电压。电容滤波与水缸蓄水相似，如果自来水供应紧张，白天不供水或供水量很少而晚上供水量很多时，为了保证一整天能正常用水，可以在晚上水多时一边用水一边用水缸蓄水（相当于给电容充电），而在白天水少或无水时水缸可以供水（相当于电容放电），这里的水缸就相当于电容，只不过水缸储存水，而电容储存电能。

电容能使整流输出电压波动变小，电容的容量越大，其两端的电压波动越小，滤波效果越好。容量大和容量小的电容可相当于大水缸和小茶杯，大水缸蓄水多，在停水时可以供很长时间的用水，而小茶杯蓄水少，停水时供水时间短，还会造成用水时有时无。

8.2.2　电感滤波电路

电感滤波是利用电感储能和放能原理工作的。电感滤波电路如图8-9所示，电感L为滤波电感。220V交流电压经变压器T_1降压后，在L_2上得到电压U_2。

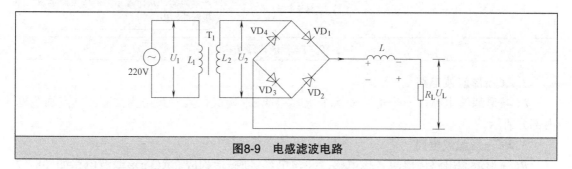

图8-9　电感滤波电路

电感滤波的工作原理说明如下：

当U_2极性为上正下负且逐渐上升时，VD_1、VD_3导通，有电流流过电感L和负载R_L，电流的途径是：L_2上正→VD_1→电感L→R_L→VD_3→L_2下负，电流在流过电感L时，电感会产生左正右负的自感电动势阻碍电流，同时电感存储能量，由于电感自感电动势的阻碍，流过负载的电流缓慢增大。

当U_2极性为上正下负且逐渐下降时，经整流二极管VD_1、VD_3流过电感L和负载R_L的电流变小，电感L马上产生左负右正的自感电动势开始释放能量，电感L的左负右正电动势产生电流，电流的途径是：L右正→R_L→VD_3→L_2→VD_1→L左负，该电流与电压U_2产生的电流一齐流过负载R_L，使流过R_L的电流不会因U_2的下降而变小。

当U_2极性为上负下正时，VD_2、VD_4导通，电路的工作原理与U_2极性为上正下负时基本相同，这里不再叙述。

从上面的分析可知，当输入电压高使整流电流大时，电感产生电动势对电流进行阻碍，避免流过负载的电流突然增大（让电流缓慢增大），而当输入电压低使整流电流小时，电感又产生反电动势，反电动势产生的电流与减小的整流电流叠加在一起流过负载，避免流过负载的电流因输入电压的下降而迅速减小，这样就使得流过负载的电流大小波动大大减小。

电感滤波的效果与电感的电感量有关，电感量越大，流过负载的电流波动越小，滤波效果越好。

8.2.3　复合滤波电路

单独的电容滤波或电感滤波效果往往不理想，因此可**将电容、电感和电阻组合起来构成复合滤波电路**，复合滤波电路的滤波效果比较好。

1. LC滤波电路

LC滤波电路由电感和电容构成，其电路结构如图8-10点画线框内部分所示。

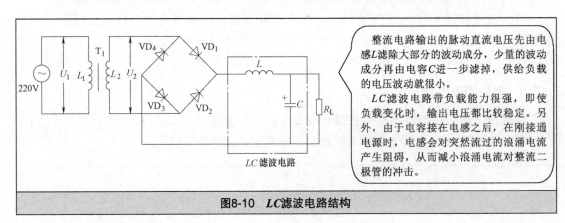

图8-10　LC滤波电路结构

2. LC-π形滤波电路

LC-π形滤波电路由一个电感和两个电容接成π形构成，其电路结构如图8-11点画线框内部分所示。

3. RC-π形滤波电路

RC-π形滤波电路用电阻替代电感，并与电容接成π形构成。RC-π形滤波电路如图8-12点画线框内部分所示。

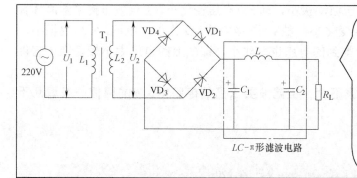

整流电路输出的脉动直流电压依次经电容C_1、电感L和电容C_2滤波后，波动成分基本被滤掉，供给负载的电压波动很小。

LC-π形滤波电路的滤波效果要好于LC滤波电路，由于电容C_1接成电感之前，在刚接通电源时，变压器二次绕组通过整流二极管对C_1充电的浪涌电流很大，为了缩短浪涌电流的持续时间，一般要求C_1的容量小于C_2的容量。

图8-11 LC-π形滤波电路

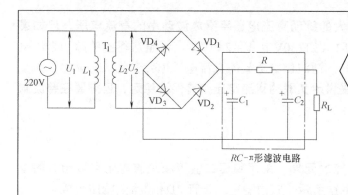

整流电路输出的脉动直流电压经电容C_1滤除部分波动成分后，在通过电阻R时，波动电压在R上会产生一定的压降，从而使C_2上的波动电压大大减小。R的阻值越大，滤波效果越好。

RC-π形滤波电路成本低、体积小，但电流在经过电阻时有电压降和损耗，会导致输出电压下降，所以这种滤波电路主要用在负载电流不大的电路中，另外要求R的阻值不能太大，一般为几十至几百Ω，且满足$R \ll R_L$。

图8-12 RC-π形滤波电路

8.2.4 电子滤波电路

对于RC滤波电路来说，电阻R的阻值越大，滤波效果越好，但电阻阻值大会使电路损耗增大、输出电压偏低。**电子滤波电路是一种由RC滤波电路和晶体管组合构成的电路**，电子滤波电路如图8-13所示，其中晶体管VT和R、C构成电子滤波电路。

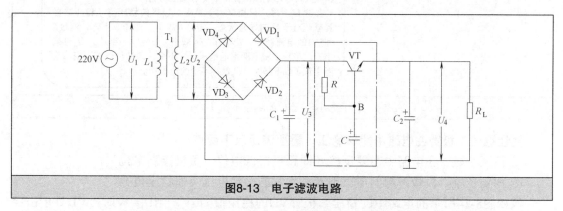

图8-13 电子滤波电路

变压器二次线圈L_2两端的电压U_2经$VD_1 \sim VD_4$整流后，在C_1上得到脉动直流电压U_3，该电压再经电阻R、电容C进行滤波，由于R的阻值很大，大部分波动电压落在R上，加上

C_2具有滤波作用，电容C两端的电压波动极小，即B点电压变化小，B点电压提供给晶体管VT作基极电压，因为VT基极电压变化小，故VT基极电流I_b变化小，电流I_c变化也很小，变化小的电流I_c对C_3充电，在C_3上得到的电压也变化小，即C_3上的电压大小较稳定，它供给负载R_L。

电子滤波电路常用在整流电流不大，但滤波要求高的电路中，R的阻值一般取几千欧，C的容量取几微法至一百微法。

8.3　稳　压　电　路

滤波电路可以将整流输出波动大的脉动直流电压平滑成波动小的直流电压，但如果因供电原因引起220V电压大小变化时（如220V上升至240V），经整流得到的脉动直流电压平均值也会随之发生变化（升高），滤波供给负载的直流电压也会变化（升高）。**为了保证在市电电压高低发生变化时，提供给负载的直流电压始终保持稳定，还需要在整流滤波电路之后增加稳压电路。**

8.3.1　简单的稳压电路

稳压二极管是一种具有稳压功能的元件，采用稳压二极管和限流电阻可以组成简单的稳压电路。简单的稳压电路如图8-14所示，它由稳压二极管VD和限流电阻R组成。

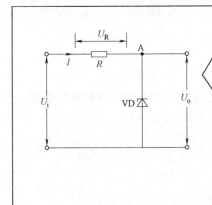

输入电压U_i经限流电阻R送到稳压二极管VD的两端，VD被反向击穿，有电流流过R和VD，R两端的电压为U_R，VD两端的电压为U_o，U_i、U_R和U_o三者满足：

$$U_i=U_R+U_o$$

如果U_i升高，流过R和VD的电流增大，R两端的电压U_R增大（$U_R=IR$，I增大，故U_R也增大），由于稳压二极管具有"击穿后两端电压保持不变"的特点，所以U_o保持不变，从而实现了U_i升高时输出电压U_o保持不变的稳压功能。

如果U_i下降，只要U_i大于稳压二极管的稳压值，稳压二极管就仍处于反向导通状态（击穿状态），由于U_i下降，流过R和VD的电流减小，R两端的U_R减小（$U_R=IR$，I减小，U_R也减小），稳压二极管两端的电压保持不变，即U_o仍保持不变，从而实现了U_i下降时让U_o保持不变的稳压功能。

图8-14　简单的稳压电路

要让稳压二极管在电路中能够稳压，需要满足以下两点：
① 稳压二极管在电路中需要反接（即正极接低电位，负极接高电位）。
② 加到稳压二极管两端的电压不能小于它的击穿电压（即稳压值）。
例如图8-14所示的电路中的稳压二极管VD的稳压值为6V，当U_i=9V时，VD处于击穿状态，U_o=6V，U_R=3V；若U_i由9V上升到12V时，U_o仍为6V，而U_R则由3V升高到6V（因输入电压升高使流过R的电流增大而导致U_R升高）；若U_i由9V下降到5V时，稳压二极管

无法击穿，限流电阻R无电流通过，$U_R=0$，$U_o=5V$，此时稳压二极管无稳压功能。

8.3.2　串联型稳压电路

　　串联型稳压电路由晶体管和稳压二极管等元器件组成，由于电路中的晶体管与负载是串联关系，所以称为串联型稳压电路。

　　1. 简单的串联型稳压电路

　　图8-15所示为一种简单的串联型稳压电路。

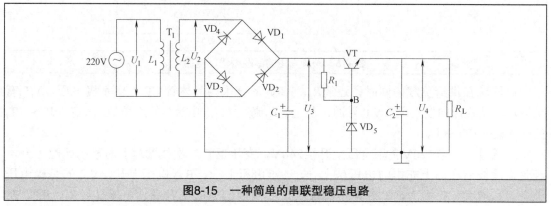

图8-15　一种简单的串联型稳压电路

　　电路的工作原理说明如下：

　　220V交流电压经变压器T_1降压后得到电压U_2，U_2经整流电路变成直流电压，对C_1进行充电，在C_1上得到上正下负的电压U_3，该电压经限流电阻R_1加到稳压二极管VD_5的两端，由于VD_5的稳压作用，在VD_5的负极，即B点得到一个与VD_5稳压值相同的电压U_B，U_B送到晶体管VT的基极，VT产生电流I_b，VT导通，有电流I_c从VT的集电极流入、发射极流出，它对滤波电容C_2充电，在C_2上得到上正下负的电压U_4供给负载R_L。

　　稳压过程：若220V交流电压上升至240V，变压器T_1二次线圈L_2上的电压U_2也上升，经整流滤波后在C_1上充得的电压U_3上升，因电压U_3上升，流过R_1、VD_5的电流增大，R_1上的电压U_{R1}增大，由于稳压二极管VD_5击穿后两端电压保持不变，故B点电压U_B仍保持不变，VT基极电压不变，I_b不变，I_c也不变（$I_c=\beta I_b$，I_b、β都不变，故I_c也不变），因为电流I_c的大小不变，故I_c对C_3充的电压U_4也保持不变，从而实现了输入电压上升时保持输出电压U_4不变的稳压功能。

　　对于220V交流电压下降时电路的稳压过程，读者可自行分析。

　　2. 常用的串联型稳压电路

　　图8-16所示为一种常用的串联型稳压电路。

　　电路的工作原理说明如下：

　　220V交流电压经变压器T_1降压后得到电压U_2，电压U_2经整流电路对C_1进行充电，在C_1上得到上正下负的电压U_3，这里的C_1可相当于一个电源（类似充电电池），其负极接地，正极电压送到A点，A点电压U_A与U_3相等。电压U_A经R_1送到B点，即调整晶体管VT_1的基极，有电流I_{b1}由VT_1的基极流往发射极，VT_1导通，有电流I_c由VT_1的集电极流往发射极，该电流I_c对C_2充电，在C_2上充得上正下负的电压U_4，该电压供给负载R_L。

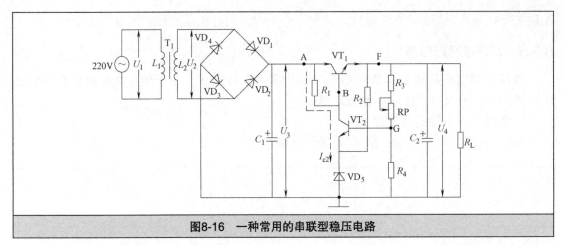

图8-16　一种常用的串联型稳压电路

电压U_4在供给负载的同时，还经R_3、RP、R_4分压为晶体管VT_2提供基极电压，VT_2有电流I_{b2}从基极流向发射极，VT_2导通，马上有I_{c2}流过VT_2，电流I_{c2}的途径是：A点→R_1→VT_2的c、e极→VD_5→地。

稳压过程：若220V交流电压上升至240V，变压器T_1二次线圈L_2上的电压U_2也上升，经整流滤波后在C_1上充得的电压U_3上升，A点电压上升，B点电压上升，VT_1的基极电压上升，I_{b1}增大，I_{c1}增大，C_2充电电流增大，C_2两端的电压U_4升高，电压U_4经R_3、RP、R_4分压在G点得到的电压也升高，VT_2基极电压U_{b2}升高，由于VD_5的稳压作用，VT_2的发射极电压U_{e2}保持不变，VT_2的基-射极之间的电压差U_{be2}增大（$U_{be2}=U_{b2}-U_{e2}$，U_{b2}升高，U_{e2}不变，故U_{be2}增高），VT_2的电流I_{b2}增大，电流I_{c2}也增大，流过R_1的电流I_{c2}增大，R_1两端产生的压降U_{R1}增高，B点电压U_B下降，即VT_1的基极电压下降，VT_1的I_{b1}下降，I_{c1}下降，C_2的充电电流减小，C_2两端的电压U_4下降，回落到正常电压值。

在220V交流电压不变的情况下，若要提高输出电压U_4，可调节调压电位器R_P。

输出电压的调高过程：将电位器RP的滑动端上移→RP的阻值变大→G点电压下降→VT_2基极电压U_{b2}下降→VT_2的U_{be2}下降（$U_{be2}=U_{b2}-U_{e2}$，U_{b2}下降，由于VD_5的稳压作用，U_{e2}保持不变，故U_{be2}下降）→VT_2的电流I_{b2}减小→电流I_{c2}也减小→流过R_1的电流I_{c2}减小→R_1两端产生的压降U_{R1}减小→B点电压U_B上升→VT_1的基极电压上升→VT_1的I_{b1}增大→I_{c1}增大→C_2的充电电流增大→C_2两端的电压U_4上升。

8.3.3　电路小制作：0～12V可调电源

0～12V可调电源是一个将220V交流电压转换成直流电压的电源电路，通过调节电位器可使输出的直流电压在0～12V范围内变化。

1. 电路原理

图8-17所示为0～12V可调电源的电路原理图。

220V交流电压经变压器T降压后，在二次线圈A、B端得到15V的交流电压，该交流电压通过VD_1～VD_4构成的桥式整流电路对电容C_1充电，在C_1上得到约18V的直流电压，该直流电压一方面加到晶体管VT（又称调整管）的集电极，另一方面经R_1、VD_5构成的稳压电路稳压后，在VD_5的负极得到约13V的电压，此电压再经电位器RP调节送到晶体管VT的基极，晶体管VT导通，有电流I_b、I_c通过VT对电容C_5充电，在C_5上得到0～12V的直流电压，该电压一方面从接插件XS$_2$_+端和XS$_2$_-端输出供给其他电路，另一方面经R_2为发光二极管VL供电，使之发光，指示电源电路有电压输出。

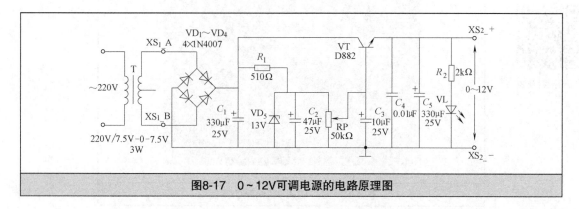

图8-17　0～12V可调电源的电路原理图

电源变压器T二次线圈有一个中心抽头端，将二次线圈平均分成两部分，每部分有7.5V的电压，本电路的电压取自中心抽头以外的两端，电压为15V（交流电压）。C_1、C_2、C_3、C_4、C_5均为滤波电容，用于滤除电压中的脉动成分，使直流电压更稳定。RP为调压电位器，当滑动端移到最上端时，稳压二极管VD$_5$负极的电压直接送到晶体管VT的基极，VT基极电压最高，约13V，VT导通程度最深，电流I_b、I_c最大，C_5两端充得的电压最高，约12V；当RP滑动端移到最下端时，VT基极电压为0，VT无法导通，无电流I_b、I_c对C_5充电，C_5两端的电压为0；调节RP可以使VT基极电压在0～13V范围内变化，由于VT发射极较基极低一个门电压（0.5～0.7V），故VT发射极电压在0～12.3V，VT发射极电压与C_5两端的电压相同。

2. 安装与调试

图8-18a所示为0～12V可调电源的元件和电路板，图8-18b所示为安装好的可调电源。在调试时，万用表选择直流电压档（档位大于12V），红、黑表笔分别接到电源的正、负输出线，然后将电源的变压器一次绕组接220V的交流电压，如图8-19所示，电源会将220V的交流电压转换成直流电压输出，万用表显示电源的输出电压，调节调压电位器，电源的输出电压会在0～12V范围内变化。

扫一扫看视频

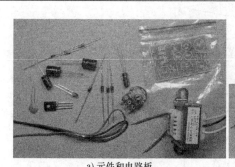

a) 元件和电路板

b) 安装好的可调电源

图8-18　0～12V可调电源的安装

扫一扫看视频

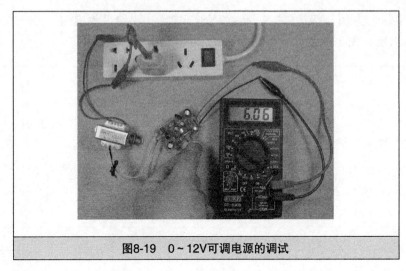

图8-19 0～12V可调电源的调试

3. 电路检修

0～12V可调电源常见的故障有无输出电压、输出电压偏低、输出电压偏高。下面以"无输出电压"为例来说明0～12V可调电源的检修,无输出电压的检修流程图如图8-20所示。

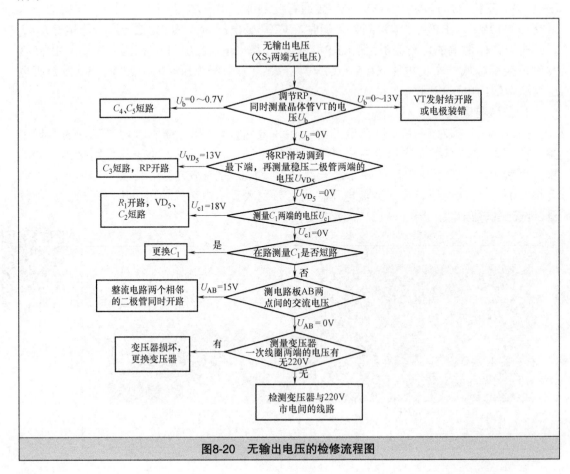

图8-20 无输出电压的检修流程图

8.4 开 关 电 源

开关电源是一种应用很广泛的电源，常用在彩色电视机、计算机和复印机等功率较大的电子设备中。与前面的串联型稳压电源比较，**开关电源主要有以下特点：**

① 效率高、功耗小。开关电源的效率一般在80%以上，串联调整型电源效率只有约50%。

② 稳压范围宽。开关电源的稳压范围在130～260V，性能优良的开关电源可达到90～280V，而串联调整型电源的稳压范围在190～240V。

③ 质量小、体积小。开关电源不用体积大且笨重的电源变压器，只用到体积小的开关变压器，又因为效率高、功耗小，所以开关电源不用大的散热片。

开关电源虽然有很多优点，但电路复杂，维修难度大，而且干扰性很强。

8.4.1 开关电源的基本工作原理

开关电源电路较复杂，但其基本工作原理却不难理解，开关电源的基本工作原理如图8-21所示。

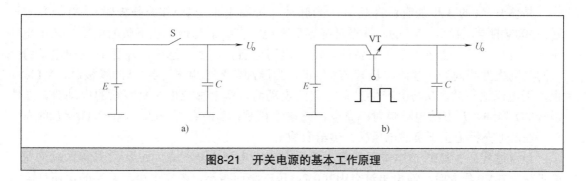

图8-21 开关电源的基本工作原理

在图8-21a所示的电路中，当开关S合上时，电源E经S对C充电，在C上获得上正下负的电压，当开关S断开时，C往后级电路（未画出）放电。若开关S的闭合时间长，则电源E对C的充电时间长，C两端的电压U_o会升高；反之，如果S的闭合时间短，电源E对C的充电时间短，C上充电少，C两端的电压会下降。由此可见，改变开关的闭合时间长短就能改变输出电压的高低。

在实际的开关电源中，开关S常用晶体管来代替，并且在晶体管的基极加一个控制信号（脉冲信号）来控制晶体管的导通和截止，如图8-21b所示。当控制信号高电平送到晶体管的基极时，晶体管基极电压会上升而导通，VT的c、e极相当于短路，电源E经VT的c、e极对C充电；当控制信号低电平到来时，VT基极电压下降而截止，VT的c、e极相当于开路，C往后级电路放电。如果晶体管基极的控制信号高电平持续时间长，低电平持续时间短，电源E对C的充电时间长，C的放电时间短，C两端的电压会上升。

由此可见，**控制晶体管导通、截止时间的长短就能改变输出电压，开关电源就是利用这个原理来工作的。**

8.4.2　三种类型的开关电源工作原理分析

1. 串联型开关电源

串联型开关电源如图8-22所示。

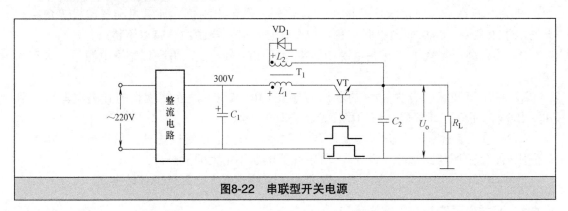

图8-22　串联型开关电源

220V交流市电经整流和C_1滤波后，在C_1上得到300V的直流电压（市电电压为220V，该值是指有效值，其最大值可达到$220\sqrt{2}$ V=311V，故220V市电直接整流后可得到300V的直流电压），该电压经线圈L_1送到晶体管VT的集电极。

晶体管VT的基极加有脉冲信号，当脉冲信号高电平送到VT的基极时，VT饱和导通，300V的电压经L_1、VT的c、e极对电容C_2充电，在C_2上充得上正下负的电压，充电电流在经过L_1时，L_1会产生左正右负的电动势阻碍电流，L_2上会感应出左正右负的电动势（同名端极性相同），续流二极管VD_1截止；当脉冲信号低电平送到VT的基极时，VT截止，无电流流过L_1，L_1马上产生左负右正的电动势，L_2上感应出左负右正的电动势，二极管VD_1导通，L_2上的电动势对C_2充电，充电途径是：L_2的右正→C_2→地→VD_1→L_2的左负，在C_2上充得上正下负的电压U_o，供给负载R_L。

稳压过程：若220V市电电压下降，C_1上的300V电压也会下降，如果VT基极的脉冲宽度不变，在VT导通时，充电电流会因300V电压下降而减小，C_2充电少，两端的电压U_o会下降。为了保证在市电电压下降时C_2两端的电压不会下降，可让送到VT基极的脉冲信号变宽（高电平持续时间长），VT导通时间长，C_2充电时间长，C_2两端的电压又回升到正常值。

2. 并联型开关电源

并联型开关电源如图8-23所示。

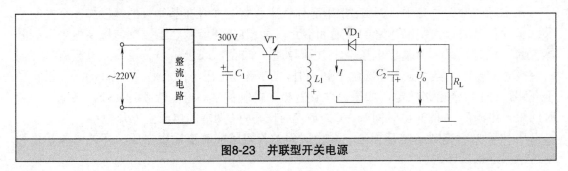

图8-23　并联型开关电源

220V交流电经整流和C_1滤波后，在C_1上得到300V的直流电压，该电压送到晶体管VT的集电极。晶体管VT的基极加有脉冲信号，当脉冲信号高电平送到VT的基极时，VT饱和导通，300V的电压产生电流经VT、L_1到地，电流在经过L_1时，L_1会产生上正下负的电动势阻碍电流，同时L_1中储存了能量；当脉冲信号低电平送到VT的基极时，VT截止，无电流流过L_1，L_1马上产生上负下正的电动势，该电动势使续流二极管VD_1导通，并对电容C_2充电，充电途径是：L_1的下正→C_2→VD_1→L_1的上负，在C_2上充得上负下正的电压U_o，该电压供给负载R_L。

稳压的过程：若市电电压上升，C_1上的300V电压也会上升，流过L_1的电流大，L_1储存的能量多，在VT截止时L_1产生的上负下正电动势高，该电动势对C_2充电，使电压U_o升高。为了保证在市电电压上升时C_2两端的电压不会上升，可让送到VT基极的脉冲信号变窄，VT导通时间短，流过线圈L_1的电流时间短，L_1储能减小，在VT截止时产生的电动势下降，对C_2充电电流减小，C_2两端的电压又回落到正常值。

3. 变压器耦合型开关电源

变压器耦合型开关电源如图8-24所示。

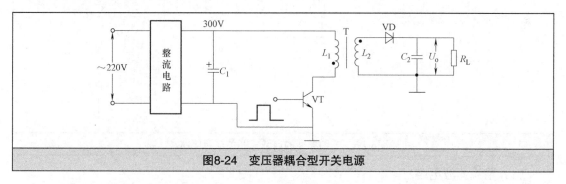

图8-24　变压器耦合型开关电源

220V的交流电压经整流电路整流和C_1滤波后，在C_1上得到300V的直流电压，该电压经开关变压器T_1的一次线圈L_1送到晶体管VT的集电极。

晶体管VT的基极加有控制脉冲信号，当脉冲信号高电平送到VT的基极时，VT饱和导通，有电流流过VT，其途径是：300V→L_1→VT的c、e极→地，电流在流经线圈L_1时，L_1会产生上正下负的电动势阻碍电流，L_1上的电动势感应到二次线圈L_2上，由于同名端的原因，L_2上感应的电动势极性为上负下正；当脉冲信号低电平送到VT的基极时，VT截止，无电流流过线圈L_1，L_1马上产生相反的电动势，其极性是上负下正，该电动势感应到二次线圈L_2上，L_2上得到上正下负的电动势，此电动势经二极管VD对C_2充电，在C_2上得到上正下负的电压U_o，该电压供给负载R_L。

稳压的过程：若220V的电压上升，经电路整流滤波后在C_1上得到的300V电压也上升，在VT饱和导通时，流经L_1的电流大，L_1中储存的能量多，当VT截止时，L_1产生的上负下正电动势高，L_2上感应得到的上正下负电动势高，L_2上的电动势经VD对C_2充电，在C_2上充得的电压U_o升高。为了保证在市电电压上升时，C_2两端的电压不会上升，可让送到VT基极的脉冲信号变窄，VT导通时间短，电流流过L_1的时间短，L_1储能减小，在VT截止时，L_1产生的电动势低，L_2上感应得到的电动势低，L_2上电动势经VD对C_2充电减少，C_2上的电压下降，回到正常值。

8.4.3 自激式开关电源

开关电源在工作时一定要在开关管基极加控制脉冲，根据控制脉冲产生方式的不同，可将开关电源分为自激式开关电源和他激式开关电源。

图8-25所示为一种典型的自激式开关电源电路。**开关电源电路一般由整流滤波电路、振荡电路、稳压电路和保护电路四部分组成，**下面就从这四个方面来分析开关电源电路的工作原理。

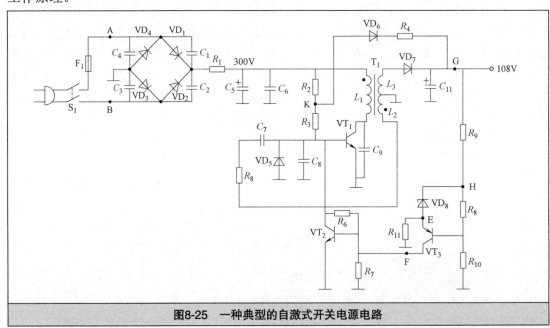

图8-25　一种典型的自激式开关电源电路

（1）整流滤波电路

$VD_1 \sim VD_4$、$C_1 \sim C_4$、F_1、C_5、C_6和R_1等元器件构成整流滤波电路，其中$VD_1 \sim VD_4$组成桥式整流电路；$C_1 \sim C_4$为保护电容，在开机时，电流除了流过整流二极管外，还分出一部分对保护电容充电，从而使流过整流二极管的电流不至于过大而被烧坏；C_5、C_6为滤波电容；R_1为保护电阻，它是一个大功率的电阻，阻值很小，相当于一个有阻值的熔丝，当后级电路出现短路时，流过R_1的电流很大，R_1会烧坏而开路，保护后级电路不被烧坏；F_1为熔丝，S_1为电源开关。

整流滤波电路的工作原理：220V的交流电压经电源开关S_1和保险丝F_1送到整流电路。当交流电压的正半周期来时，整流电路输入端电压的极性分别是A点为正，B点为负，该电压经VD_1、VD_3对C_5充电，充电的途径是：A点→VD_1→C_5→地→VD_3→B点，在C_5上充得上正下负的电压；当交流电压负半周期来时，A点电压的极性为负，B点电压的极性为正，该电压经VD_2、VD_4对C_5充电，充电的途径是：B点→VD_2→C_5→地→VD_4→A点，在C_5上充得300V的电压。因为220V的市电最大值可达到$220\sqrt{2} = 311$V，故能在C_5上充得300V的电压。

（2）振荡电路

振荡电路的功能是产生控制脉冲信号，来控制开关管的导通和截止。

振荡电路由T_1、VT_1、R_2、R_3、VD_5、C_7、R_5、L_2等元器件构成，其中T_1为晶体变压

器，VT$_1$为晶体管，R_2、R_3为起动电阻，L_2、R_5、C_7构成正反馈电路，L_2为正反馈线圈，C_7为正反馈电容。C_8为滤波电容，用来旁路VT$_1$基极的高频干扰信号，C_9为保护电容，用来降低VT$_1$截止时L_1上产生的反峰电压（反峰电压会对C_9充电而下降），避免过高的反峰电压击穿晶体管VT$_1$。VD$_5$用于构成C_7放电回路。

振荡电路的工作过程如下：

① 起动过程：C_5上的300V电压经T$_1$的一次线圈L_1送到VT$_1$的集电极，另外，300V电压还会经R_2、R_3降压后为VT$_1$提供基极电压，VT$_1$有了集电极电压和基极电压后就会导通，导通后有电流I_b和电流I_c，电流I_b的途径是：300V→R_2→R_3→VT$_1$的b、e极→地，电流I_c的途径是：300V→L_1→VT$_1$的c、e极→地。

② 振荡过程：VT$_1$起动后导通，有电流I_c流过线圈L_1，L_1马上产生上正下负的电动势E_1阻碍电流通过，由于同名端的原因，正反馈线圈L_2上感应出上负下正的电动势E_2，L_2的下正电压经R_5、C_7反馈到VT$_1$的基极，VT$_1$基极电压上升，电流I_{b1}增大，电流I_{c1}增大，流过L_1的电流I_{c1}增大，L_1产生上正下负的电动势E_2更高，L_2下端更高的正电压又反馈到VT$_1$基极，VT$_1$基极电压又增大，这样形成强烈的正反馈，该过程如下：

$$U_{b1}\uparrow \rightarrow I_{b1}\uparrow \rightarrow I_{c1}\uparrow \rightarrow E_1\uparrow \rightarrow E_2\uparrow$$
$$\underset{L_2\text{下正电压}}{\underline{\hspace{5cm}}}$$

正反馈使VT$_1$的基极电压、电流I_{b1}和电流I_{c1}一次比一次高，当I_b、I_c大到一定程度时，I_{b1}增大，电流I_{c1}不会再增大，晶体管VT$_1$进入饱和状态。VT$_1$饱和后，L_2的电动势开始对C_7充电，充电的途径是：L_2下正→R_5→C_7→VT$_1$的b、e极→地→L_2上负，结果在C_7上充得左正右负的电压，C_7的右负电压送到VT$_1$基极，VT$_1$基极电压下降，VT$_1$退出饱和进入放大状态。

VT$_1$进入放大状态后，电流I_{c1}较饱和状态有所减小，即流过L_1的电流I_{c1}减小，L_1马上产生上负下正的电动势E_1'，L_2上感应出上正下负的电动势E_2'，L_2上的下负电压经R_5、C_7反馈到VT$_1$的基极，VT$_1$基极电压U_{b1}下降，基极电流I_{b1}下降，电流I_{c1}下降，流过L_1的电流I_{c1}下降，L_1产生上负下正的电动势E_1'增大（L_1的上负电压更低，下正电压更高，E_1'的值更大），L_2感应出上正下负的电动势E_2'增大，L_2的下负电压又经R_5、C_7反馈到VT$_1$基极，使U_{b1}下降，这样又形成强烈的正反馈，该过程如下：

$$U_{b1}\downarrow \rightarrow I_{b1}\downarrow \rightarrow I_{c1}\downarrow \rightarrow E_1'\uparrow \rightarrow E_2'\uparrow$$
$$\underset{L_2\text{下负电压}}{\underline{\hspace{5cm}}}$$

正反馈使VT$_1$的基极电压、电流I_{b1}和电流I_{c1}一次比一次小，最后I_{b1}、I_{c1}都为0A，VT$_1$进入截止状态。

在VT$_1$截止期间，L_1上的上负下正电动势感应到二次线圈L_3上，L_3上得到上正下负的电动势，该电动势经VD$_7$对C_{11}充电，在C_{11}上充得上正下负的电压，大小约为108V。另外，在VT$_1$截止期间，C_7开始放电，放电的途径是：C_7左正→R_5→L_2→地→VD$_5$→C_7右负，放电将C_7右端的负电荷慢慢中和，VT$_1$基极电压开始回升，当基极电压回升到某一值时，VT$_1$又开始导通，又有电流流过L_1，L_1又会产生上正下负的电动势E_1。以后电路不断地重复上述的工作过程。

（3）稳压电路

VT_2、VT_3、$R_6 \sim R_{11}$、VD_8等元器件构成稳压电路，VT_2为脉宽控制管，VT_3为取样管，VD_8为稳压二极管。

稳压的过程：若220V市电电压上升，经整流滤波后，在C_5上充得的300V电压上升，电源电路输出端C_{11}上的电压108V也会上升，H点的电压上升，H点的电压一路经VD_8送到VT_3的发射极，使U_{e3}上升，H点的电压同时另一路经R_9、R_8送到VT_3基极，使U_{b3}也上升，因为稳压二极管具有保持两端电压不变的稳压功能，所以H点上升的电压会全部送到VT_3的发射极，从而使电压U_{e3}较U_{b3}上升得更多，U_{eb3}增大（$U_{eb3}=U_{e3}-U_{b3}$，U_{e3}上升更多，U_{b3}上升得少），I_{b3}增大，I_{c3}增大，VT_3导通程度加深，VT_3的e、c极之间的阻值减小，E点的电压上升，F点的电压也上升，VT_2的基极电压U_{b3}上升，I_{b2}增大，I_{c2}增大，VT_2导通程度深，VT_2的c、e极之间的阻值减小，这样会使晶体管VT_1的基极电压下降，VT_1因基极电压低而截止时间长（因基极电压低，所以上升至饱和所需的时间长），饱和时间缩短。VT_1饱和导通时间短，电流流过L_1的时间短，L_1储能减少，在VT_1截止时，L_1产生的电动势低，L_3上的感应电动势低，L_3经VD_7对C_{11}充电减少，C_{11}两端的电压下降，回落到正常值（108V）。

（4）保护电路

R_4、VD_6构成欠电压过电流保护电路。在电源电路正常工作时，二极管VD_6负端电压高（电压为108V），因此VD_6截止，保护电路不工作。若108V的负载电路（图8-25中未画出）出现短路，C_{11}往后级电路放电快（放电电流大），C_{11}两端的电压会下降很多，G点的电压下降，VD_6导通，K点的电压下降，由于K点的电压很低，所以供给VT_1基极电压低，不足以使VT_1导通，VT_1处于截止状态，无电流流过L_1，L_1无能量储存，不会产生电动势，L_3上则无感应电动势，无法继续对C_{11}充电，C_{11}两端无电压供给后级电路，从而保护了后级有故障的电路使其不会被进一步损坏。

8.4.4　他激式开关电源

他激式开关电源与自激式开关电源的区别在于：他激式开关电源有单独的振荡器，自激式开关电源则没有独立的振荡器，晶体管是振荡器的一部分。他激式开关电源中独立的振荡器产生控制脉冲信号，去控制晶体管工作在开关状态，另外电路中无正反馈线圈构成的正反馈电路。他激式开关电源组成示意图如图8-26所示。

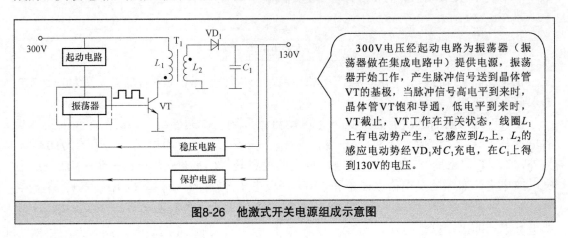

图8-26　他激式开关电源组成示意图

　　稳压的过程：若负载很重（负载阻值变小），130V电压会下降，该下降的电压送到稳压电路，稳压电路检测出输出电压下降后，会输出一个控制信号送到振荡器，让振荡器产生的脉冲信号宽度变宽（高电平持续时间长），晶体管VT的导通时间变长，L_1储能多，VT截止时L_1产生的电动势升高，L_2感应出的电动势升高，该电动势对C_1充电，使C_1两端的电压上升，仍回到130V。

　　保护的过程：若由于某些原因使输出电压130V上升过高（如负载电路存在开路），该过高的电压送到保护电路，保护电路工作，它输出一个控制电压到振荡器，让振荡器停止工作，振荡器不能产生脉冲信号，无脉冲信号送到晶体管VT的基极，VT处于截止状态，无电流流过L_1，L_1无能量储存而无法产生电动势，L_2上也无感应电动势，无法对C_1充电，C_1两端的电压变为0V，这样可以避免过高的输出电压击穿负载电路中的元器件，从而保护了负载电路。

第 9 章

数字电路基础与门电路

9.1　数字电路基础

电子技术分为模拟电子技术和数字电子技术，我国的模拟电子技术发展相对较早且很成熟，在20世纪80年代和90年代，大量的电子制造企业采用模拟电子技术生产出大量物美价廉的电子产品，如收音机、录音机、电视机和录像机等，从而极大程度地丰富了人们的物质生活和精神生活。

数字电子技术在我国发展较晚，进入21世纪后，数字电子技术才开始迅速发展，日常生活中的数字电子产品也越来越多，家电消费类的数字电子产品如影碟机、数字电视机、计算机、移动电话、数码相机、数码摄像机、MP3、MP4和移动电话等。另外，在工业生产过程的自动控制、无线电遥感测量、智能化仪表、高科技军事武器和航空航天领域等方面都广泛采用了数字电子技术，可以说21世纪将是数字电子技术的天下。

9.1.1　模拟信号与数字信号

模拟电路处理的是模拟信号，而数字电路处理的是数字信号。下面就以图9-1为例来说明模拟信号和数字信号的区别。

模拟信号电压或电流的大小是随时间连续缓慢变化的，而数字信号的特点是"保持"（一段时间内维持低电压或高电压）和"突变"（低电压与高电压的转换瞬间完成）。为了分析方便，在数字电路中常将0～1V范围的电压称为低电平，用"0"表示；而将3～5V范围的电压称为高电平，用"1"表示。

9.1.2　正逻辑与负逻辑

数字信号只有"1"和"0"两位数值。在数字电路中，有正逻辑与负逻辑两种体制。

正逻辑体制规定：高电平为1，低电平为0。

负逻辑体制规定：低电平为1，高电平为0。

在这两种逻辑中，正逻辑更为常用。图9-2所示的数字信号用正逻辑表示就是010101。

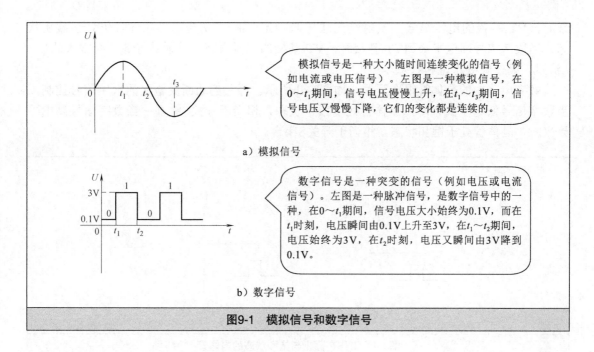

a）模拟信号

b）数字信号

图9-1 模拟信号和数字信号

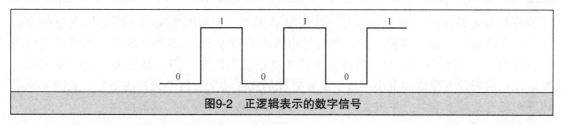

图9-2 正逻辑表示的数字信号

9.1.3 晶体管的三种工作状态

晶体管的工作状态有三种：截止、放大和饱和。在模拟电路中，晶体管主要工作在放大状态。图9-3所示为一个含晶体管的模拟电路，晶体管工作在放大状态。

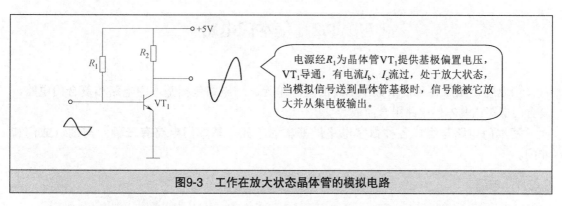

图9-3 工作在放大状态晶体管的模拟电路

在数字电路中，晶体管工作在截止与饱和状态，也称为"开关"状态。图9-4a所示为一个含晶体管的数字电路，晶体管VT_1的基极没有提供偏置电压，所以它不能导通，处于截止状态；如果给VT_1基极加一个图示的数字信号，当数字信号低电平（较低的电压）到来时，VT_1基极的电压很低，发射结无法导通，无电流I_b、I_c流过，晶体管仍处于截止状态；当数字信号高电平来到VT_1基极时，VT_1基极的电压很高，发射结导通，有很大的I_b、I_c流过，晶体管处于饱和状态。

数字电路中的晶体管很像开关，如图9-4b所示。开关的通断受输入的数字信号控制，当数字信号低电平到来时，晶体管处于截止状态，相当于开关S断开；当数字信号高电平到来时，晶体管处于饱和状态，相当于开关S闭合。

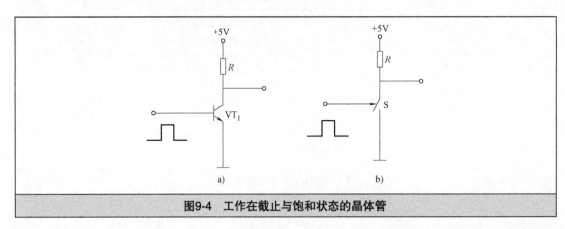

图9-4　工作在截止与饱和状态的晶体管

与模拟电路比较，数字电路有一些明显的优点。在模拟电路中，不允许电路处理信号产生大的失真，如电视机中的视频信号电压由3V变为5V，屏幕上的白色图像就会变为灰色图像。而在数字电路中，即使输入信号产生失真畸变，但只要高电平没有变成低电平，或低电平没有变成高电平，数字电路处理后就能输出正常不失真的信号。正因为数字电路对信号处理不容易产生失真，所以它在电子设备中得到了广泛的应用。

但是，不管数字电子技术如何发展，它都是和模拟电子技术水乳交融的，你中有我，我中有你，人们很难找到一种不含模拟电路的数字电子产品。因此在学习电子技术时，对模拟电路和数字电路要等同对待。

9.2　基本门电路

门电路是组成各种复杂数字电路的基本单元。门电路包括基本门电路和复合门电路，复合门电路由基本门电路组合而成。

基本门电路是组成各种数字电路最基本的单元，**基本门电路有三种：与门、或门和非门。**

9.2.1　与门

1. 电路结构与原理

与门的电路结构如图9-5所示，它是一个由二极管和电阻构成的电路，其中A、B为输入端，S_1、S_2为开关，Y为输出端，+5V电压经R_1、R_2分压，在E点得到+3V的电压。

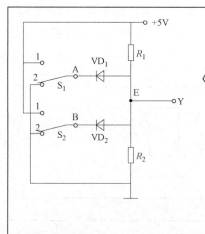

与门电路的工作原理：

当S$_1$、S$_2$均拨至位置"2"时，A、B端电压都为0V，由于E点的电压为3V，所以二极管VD$_1$、VD$_2$都导通，E点的电压马上下降到0.7V，Y端输出电压为0.7V。

当S$_1$拨至位置"2"、S$_2$拨至位置"1"时，A端电压为0V，B端电压为5V，由于E点的电压为3V，所以二极管VD$_1$马上导通，E点的电压下降到0.7V，此时VD$_2$正端电压为0.7V，负端电压为5V，VD$_2$处于截止状态，Y端输出电压为0.7V。

当S$_1$拨至位置"1"、S$_2$拨至位置"2"时，A端电压为5V，B端电压为0V，VD$_2$导通，VD$_1$截止，E点的电压为0.7V，Y端输出电压为0.7V。

当S$_1$、S$_2$均拨至位置"1"时，A、B端电压都为5V，VD$_1$、VD$_2$均不能导通，E点的电压为3V，Y端输出电压为3V。

图9-5　与门的电路结构

为了分析方便，在数字电路中通常将0～1V范围的电压规定为低电平，用"0"表示，将3～5V范围的电压称为高电平，用"1"表示。根据该规定，可将与门电路的工作原理简化如下：

当A=0、B=0时，Y=0；

当A=0、B=1时，Y=0；

当A=1、B=0时，Y=0；

当A=1、B=1时，Y=1。

由此可见，**与门电路的功能是：只有输入端都为高电平时，输出端才会输出高电平；只要有一个输入端为低电平，输出端就会输出低电平。**

2. 真值表

真值表是用来列举电路各种输入值和对应输出值的表格。它能让人们直观地看出电路输入与输出之间的关系。与门电路的真值表见表9-1。

表9-1　与门电路的真值表

输　入		输　出	输　入		输　出
A	B	Y	A	B	Y
0	0	0	1	0	0
0	1	0	1	1	1

3. 逻辑表达式

真值表虽然能直观地描述电路输入和输出之间的关系，但比较麻烦且不便记忆。为此**可采用关系式来表达电路输入与输出之间的逻辑关系，这种关系式称为逻辑表达式。**

与门电路的逻辑表达式是

$$Y=A \cdot B$$

式中，"·"表示"与"，读作"A与B"（或"A乘B"）。

4. 与门电路的图形符号

图9-5所示的与门电路由多个元件组成，这在画图和分析时很不方便，可以用一个简

单的符号来表示整个与门电路，这个符号称为图形符号。与门电路的图形符号如图9-6所示，其中旧符号是指早期采用的符号，常用符号是指有些国家采用的符号，新标准符号是指我国最新公布的标准符号。

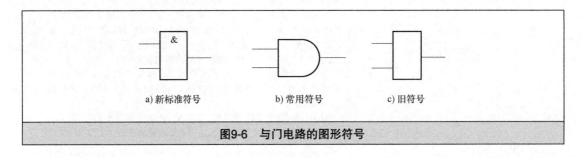

a) 新标准符号　　　　b) 常用符号　　　　c) 旧符号

图9-6　与门电路的图形符号

5. 与门芯片

在数字电路系统中，已经很少采用分立元件组成的与门电路，市面上有很多集成化的与门芯片（又称与门集成电路）。74LS08P是一种较常用的与门芯片，其外形和结构如图9-7所示，从图9-7b中可以看出，74LS08P内部有四个与门，每个与门有两个输入端、一个输出端。

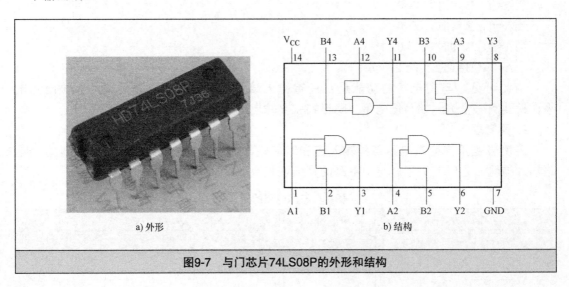

a) 外形　　　　　　　　　b) 结构

图9-7　与门芯片74LS08P的外形和结构

9.2.2　或门

1. 电路结构与原理

或门的电路结构如图9-8所示，它由二极管和电阻构成，其中A、B为输入端，Y为输出端。

或门电路的功能是：只要有一个输入端为高电平，输出端就为高电平；只有输入端都为低电平时，输出端才输出低电平。

2. 真值表

或门电路的真值表见表9-2。

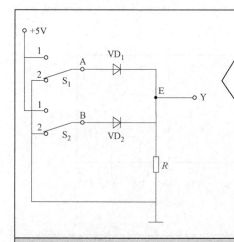

或门电路的工作原理:

当S_1、S_2均拨至位置"2"时，A、B端电压都为0V，二极管VD_1、VD_2都无法导通，E点的电压为0V，Y端输出电压为0V。即A=0、B=0时，Y=0。

当S_1拨至位置"2"、S_2拨至位置"1"时，A端电压为0V，B端电压为5V，二极管VD_2马上导通，E点的电压为4.3V，此时VD_1处于截止状态，Y端输出电压为4.3V。即A=0、B=1时，Y=1。

当S_1拨至位置"1"、S_2拨至位置"2"时，A端电压为5V，B端电压为0V，VD_1导通，VD_2截止，E点的电压为4.7V，Y端输出电压为4.3V。即A=1、B=0时，Y=1。

当S_1、S_2均拨至位置"1"时，A、B端电压都为5V，VD_1、VD_2均导通，E点的电压为4.3V，Y端输出电压为4.3V。即A=1、B=1时，Y=1。

图9-8　或门的电路结构

表9-2　或门电路的真值表

输　入		输　出	输　入		输　出
A	B	Y	A	B	Y
0	0	0	1	0	1
0	1	1	1	1	1

3. 逻辑表达式

或门电路的逻辑表达式为

$$Y=A+B$$

式中，"+"表示"或"。

4. 或门电路的图形符号

或门电路的图形符号如图9-9所示。

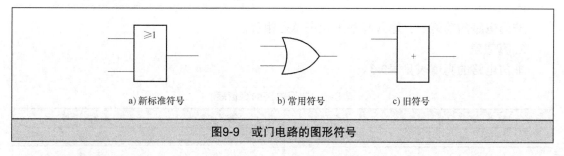

a) 新标准符号　　　　b) 常用符号　　　　c) 旧符号

图9-9　或门电路的图形符号

5. 或门芯片

74LS32N是一种较常用的或门芯片，其外形和结构如图9-10所示，从图9-10b中可以看出，74LS32N内部有四个或门，每个或门有两个输入端、一个输出端。

9.2.3　非门

1. 电路结构与原理

非门的电路结构如图9-11所示，它是由晶体管和电阻构成的电路，其中A为输入端，Y为输出端。

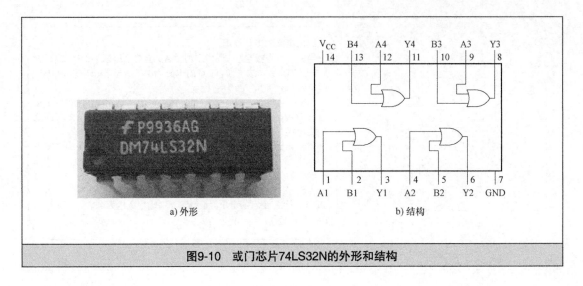

a) 外形　　　　　　　　　　b) 结构

图9-10　或门芯片74LS32N的外形和结构

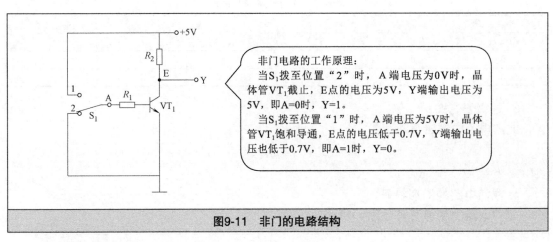

非门电路的工作原理：
当S_1拨至位置"2"时，A端电压为0V时，晶体管VT_1截止，E点的电压为5V，Y端输出电压为5V，即A=0时，Y=1。
当S_1拨至位置"1"时，A端电压为5V时，晶体管VT_1饱和导通，E点的电压低于0.7V，Y端输出电压也低于0.7V，即A=1时，Y=0。

图9-11　非门的电路结构

非门电路的功能是：输入与输出状态总是相反。

2. 真值表

非门电路的真值表见表9-3。

表9-3　非门电路的真值表

输　　入	输　　出	输　　入	输　　出
A	**Y**	**A**	**Y**
1	0	0	1

3. 逻辑表达式

非门电路的逻辑表达式为

$$Y = \overline{A}$$

式中，"⁻"表示"非"（或"相反"）。

4. 非门电路的图形符号

非门电路的图形符号如图9-12所示。

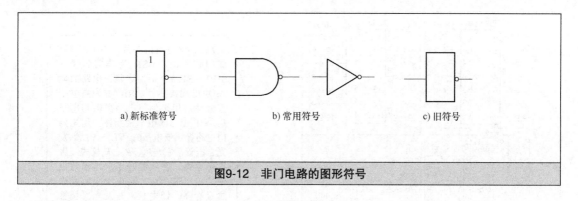

a) 新标准符号　　　　　　　　b) 常用符号　　　　　　　　c) 旧符号

图9-12　非门电路的图形符号

5. 非门芯片

74LS04P是一种常用的非门芯片（又称反相器），其外形和结构如图9-13所示，从图9-13b中可以看出，74LS04P内部有六个非门，每个非门有一个输入端、一个输出端。

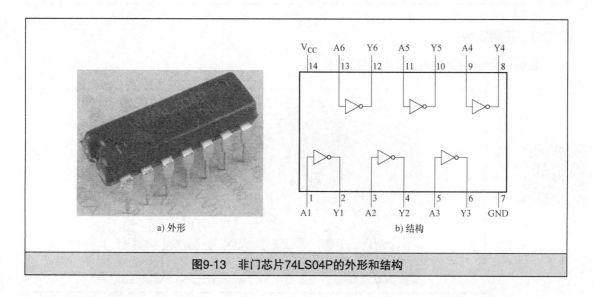

a) 外形　　　　　　　　　　　b) 结构

图9-13　非门芯片74LS04P的外形和结构

9.3　电路小制作——门电路实验板

门电路实验板是一块包含与门、或门、非门和输入及输出指示电路的实验板，利用它不但可以验证与门、或门和非门的逻辑功能，还可以用板上的基本门芯片组合成更复杂的电路，并能验证它们的功能。

9.3.1　电路原理

图9-14所示为门电路实验板的电路原理图。

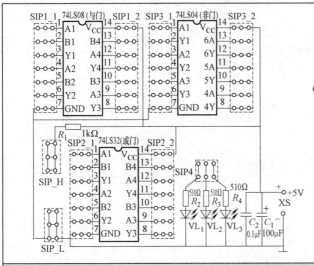

　74LS08为与门芯片，74LS32为或门芯片、74LS04为非门芯片；SIP1～SIP3分别为这些门电路的输入/输出端接插件，SIP_H为高电平接插件，用来为门电路提供高电平1，SIP_L为低电平接插件，用来为门电路提供低电平0；VL_1～VL_3为发光二极管，它与R_2、R_3、R_4构成三组指示电路，在实验时用来指示门电路的输出端状态，高电平来时发光二极管亮，低电平来时发光二极管灭；C_1、C_2为电源滤波电容，确保提供给电路的电压波动小。

图9-14　门电路实验板的电路原理图

9.3.2　实物安装

图9-15所示为安装完成的门电路实验板。

扫一扫看视频

图9-15　安装完成的门电路实验板

9.3.3　基本门电路实验

利用门电路实验板可以验证与门、或门和非门的输入输出关系。

1. 与门实验

实验板中的74LS08是一块2输入与门芯片，内含四组相同的与门，其内部结构如图9-7所示，可以使用任意一组与门做验证实验。

在实验时，如图9-16所示，先用两根导线将74LS08的A1、B1端（第一组与门输入端）分别与SIP_H插件连接，再用一根导线将Y1端（第一组与门输出端）和插件SIP4的第一组指示电路（由R_2、VL_1构成）连接好，然后给实验板接通5V电源，发现指示灯VL_1_____（亮或不亮）。

上述实验表明：当与门输入端A1=1、B1=1时，输出端Y1=_____。用相同的方法可以验证与门的其他三种输入输出关系。

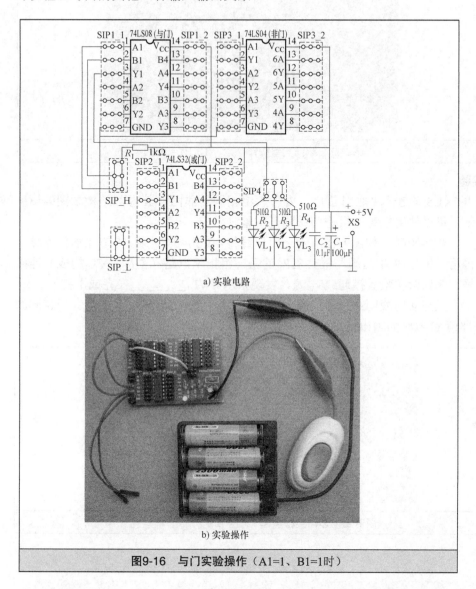

扫一扫看视频

a) 实验电路

b) 实验操作

图9-16 与门实验操作（A1=1、B1=1时）

2. 或门实验

实验板中的74LS32是一块2输入或门芯片，内含四组相同的或门，其内部结构如图9-10所示，可以使用任意一组或门做验证实验。

在实验时，如图9-17所示，先用导线将74LS32的A1端与SIP_H插件连接，然后用导线将74LS32的B1端与SIP_L插件连接，再用一根导线将74LS32的Y1端与插件SIP4的第一组指示电路（由R_2、VL$_1$构成）连接好，然后给实验板接通5V电源，发现指示灯VL$_1$_____（亮或不亮）。

上述实验表明：当或门输入端A1=1、B1=0时，输出端Y1=_____。用相同的方法可以验证或门的其他三种输入输出关系。

扫一扫看视频

图9-17　或门实验操作（A1＝1，B1＝0时）

3. 非门实验

实验板中的74LS04是一块非门芯片，内含六组相同的非门，其内部结构如图9-13所示，可以使用任意一组非门做验证实验。

扫一扫看视频

在实验时，如图9-18所示，用导线将74LS04的A1端与SIP_L插件连接，再用一根导线将Y1端与插件SIP4的第一组指示电路（由R_2、VL_1构成）连接好，然后给实验板接通5V电源，发现指示灯VL_1_____（亮或不亮）。

上述实验表明：当非门输入端A1=0时，输出端Y1=_____。用相同的方法可以验证非门A1=1时的输出情况。

图9-18　非门实验操作（A1＝0时）

9.4　复合门电路

复合门电路又称组合门电路，由基本门电路组合而成。常见的复合门电路有：与非门、或非门、与或非门、异或门和同或门等。

9.4.1　与非门

1. 结构与原理

与非门是由与门和非门组成的，其逻辑结构及图形符号如图9-19所示。

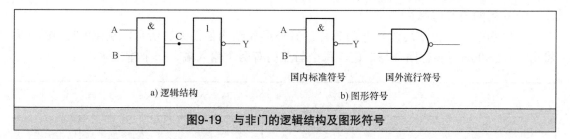

a) 逻辑结构　　　　　　　　　　　b) 图形符号

图9-19　与非门的逻辑结构及图形符号

与非门的工作原理说明如下：

当A端输入"0"、B端输入"1"时，与门的C端会输出"0"，C端的"0"送到非门的输入端，非门的Y端（输出端）会输出"1"。

A、B端其他三种输入情况，读者可以按上述方法进行分析，这里不再叙述。

2. 逻辑表达式

与非门的逻辑表达式为

$$Y=\overline{A \cdot B}$$

3. 真值表

与非门的真值表见表9-4。

表9-4　与非门的真值表

输　　入		输　　出	输　　入		输　　出
A	B	Y	A	B	Y
0	0	1	1	0	1
0	1	1	1	1	0

4. 逻辑功能

与非门的逻辑功能是：只有输入端全为"1"时，输出端才为"0"；只要有一个输入端为"0"，输出端就为"1"。

5. 与非门的实验操作

与非门的实验操作如图9-20所示，将与门的A1端接高电平，B1端接低电平，再将与门的Y1端接非门的A1端，非门的Y1端接发光二极管，发光二极管变亮。

扫一扫看视频

图9-20　与非门的实验操作

6. 常用的与非门芯片

74LS00N是一种常用的与非门芯片，其外形和结构如图9-21所示，从图9-21b中可以看出，74LS00N内部有四个与非门，每个与非门有两个输入端、一个输出端。

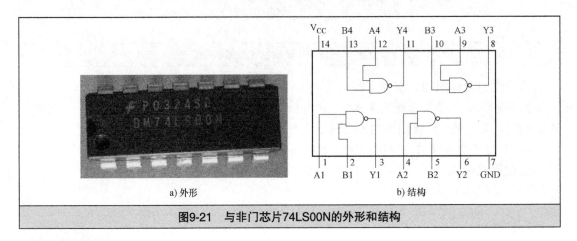

a) 外形　　　　　　　　　　　b) 结构

图9-21　与非门芯片74LS00N的外形和结构

9.4.2　或非门

1. 结构与原理

或非门是由或门和非门组合而成的，其逻辑结构和图形符号分别如图9-22所示。

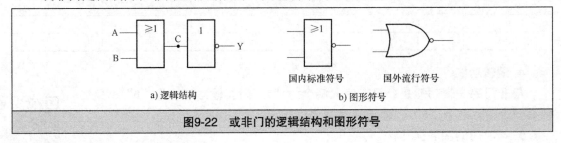

a) 逻辑结构　　　　　　　　　　　b) 图形符号

图9-22　或非门的逻辑结构和图形符号

或非门的工作原理说明如下：

当A端输入"0"、B端输入"1"时，或门的C端会输出"1"，C端的"1"送到非门的输入端，结果非门的Y端（输出端）会输出"0"。

A、B端其他三种输入情况，读者可以按上述方法进行分析。

2. 逻辑表达式

或非门的逻辑表达式为

$$Y= \overline{A+B}$$

根据逻辑表达式很容易求出与输入值对应的输出值，例如，当A=0、B=1时，Y=0。

3. 真值表

或非门的真值表见表9-5。

表9-5　或非门的真值表

输　　入		输　　出	输　　入		输　　出
A	**B**	**Y**	**A**	**B**	**Y**
0	0	1	1	0	1
0	1	0	1	1	0

4. 逻辑功能

或非门的逻辑功能是：只有输入端全为"0"时，输出端才为"1"；只要输入端有一个"1"，输出端就为"0"。

5. 或非门的实验操作

或非门的实验操作如图9-23所示，将或门的A1、B1端均接低电平，再将或门的Y1端接非门的A1端，非门的Y1端接发光二极管，发光二极管变亮。

图9-23　或非门的实验操作

6. 常用的或非门芯片

74LS27P是一种常用的或非门芯片，其外形和结构如图9-24所示，从图9-24b中可以看出，74LS27P内部有三个或非门，每个或非门有三个输入端、一个输出端。

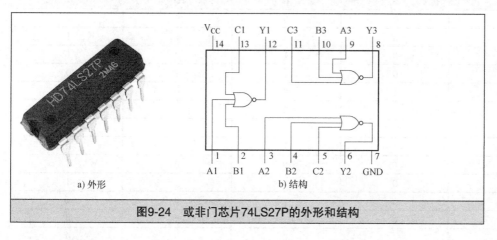

a) 外形　　　　　　b) 结构

图9-24　或非门芯片74LS27P的外形和结构

扫一扫看视频

9.4.3　与或非门

1. 结构与原理

与或非门是由与门、或门和非门组成的，其逻辑结构和图形符号如图9-25所示。

与或非门的工作原理说明如下：

当A=0，B=0，C=1，D=0时，与门1输出端E=0，与门2的输出端F=0，或门3输出端G=0，非门输出端Y=1。

当A=0，B=0，C=1，D=1时，与门1输出端E=0，与门2的输出端F=1，或门3输出端G=1，非门输出端Y=0。

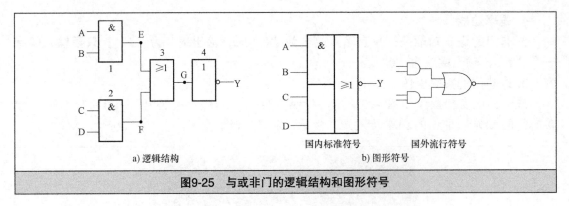

a) 逻辑结构   b) 图形符号

图9-25　与或非门的逻辑结构和图形符号

A、B、C、D端其他输入情况，读者可以按上述方法进行分析。

2. 逻辑表达式

与或非门的逻辑表达式为

$$Y=\overline{A \cdot B+C \cdot D}$$

3. 真值表

与或非门的真值表见表9-6。

表9-6　与或非门的真值表

输　　　入				输　　出
A	**B**	**C**	**D**	**Y**
0	0	0	0	1
0	0	0	1	1
0	0	1	0	1
0	0	1	1	0
0	1	0	0	1
0	1	0	1	1
0	1	1	0	1
0	1	1	1	0
1	0	0	0	1
1	0	0	1	1
1	0	1	0	1
1	0	1	1	0
1	1	0	0	0
1	1	0	1	0
1	1	1	0	0
1	1	1	1	0

4. 逻辑功能

与或非门的逻辑功能是：**A、B端或C、D端中只要有一组全为"1"时，输出端就为"0"，否则输出端为"1"。**

5. 常用的与或非门芯片

74LS54B1是一种常用的与或非门芯片，其外形和结构如图9-26所示，从图9-26b中可以看出，74LS54B1内部有一个与或非门，它由四个2输入与门和一个4输入或非门组成。

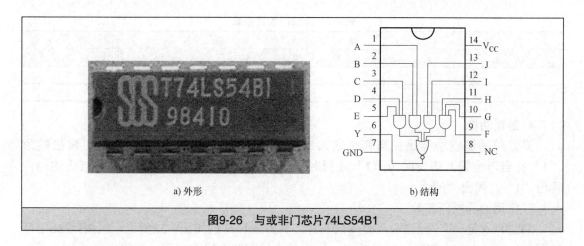

a) 外形   b) 结构

图9-26 与或非门芯片74LS54B1

9.4.4 异或门

1. 结构与原理

异或门是由两个与门、两个非门和一个或门组成的，其逻辑结构和图形符号如图9-27所示。

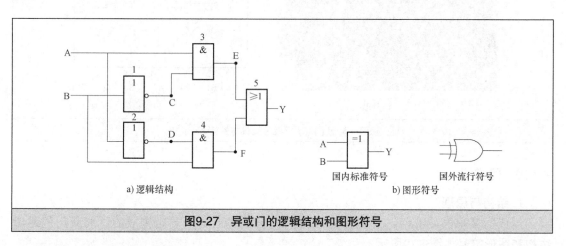

a) 逻辑结构   b) 图形符号

图9-27 异或门的逻辑结构和图形符号

异或门的工作原理说明如下：

当A=0，B=0时，非门1输出端C=1，非门2的输出端D=1，与门3输出端E=0，与门4输出端F=0，或门5输出端Y=0。

当A=0，B=1时，非门1输出端C=0，非门2的输出端D=1，与门3输出端E=0，与门4输出端F=1，或门5输出端Y=1。

A、B端其他输入情况，读者可以按上述方法进行分析。

2. 逻辑表达式

异或门的逻辑表达式为

$$Y = A \cdot \overline{B} + \overline{A} \cdot B = A \oplus B$$

3. 真值表

异或门的真值表见表9-7。

153

表9-7　异或门的真值表

输　　入		输　出	输　　入		输　出
A	B	Y	A	B	Y
0	0	1	1	0	1
0	1	1	1	1	0

4. 逻辑功能

异或门的逻辑功能是：当两个输入端一个为"0"、另一个为"1"时，输出端为"1"；当两个输入端同时为"1"或同时为"0"时，输出端为"0"。该特点简述为：异出"1"，同出"0"。

5. 常用的异或门芯片

74LS86N是一个四组2输入异或门芯片，其外形和结构如图9-28所示，从图9-28b中可以看出，74LS86N内部有四组异或门，每组异或门有两个输入端和一个输出端。

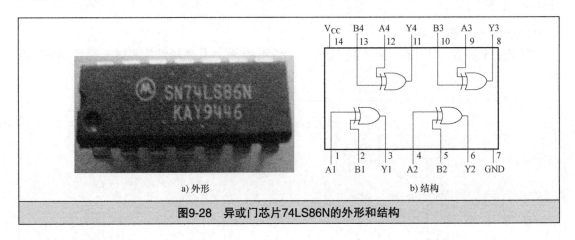

a) 外形　　　　　　　　　　　　　　b) 结构

图9-28　异或门芯片74LS86N的外形和结构

9.4.5　同或门

1. 结构与原理

同或门又称异或非门，它是在异或门的输出端加上一个非门构成的。同或门的逻辑结构和图形符号如图9-29所示。

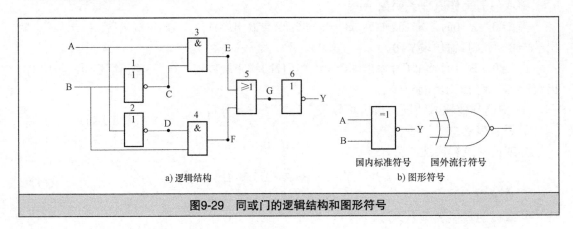

a) 逻辑结构　　　　　　　　　　　　b) 图形符号

图9-29　同或门的逻辑结构和图形符号

同或门的工作原理说明如下：

当A=0，B=0时，非门1输出端C=1，非门2输出端D=1，与门3输出端E=0，与门4输出端F=0，或门5输出端G=0，非门6的输出端Y=1。

当A=0，B=1时，非门1输出端C=0，非门2的输出端D=1，与门3输出端E=0，与门4输出端F=1，或门5输出端G=1，非门6的输出端Y=0。

A、B端其他输入情况，读者可以按上述方法进行分析。

2. 逻辑表达式

同或门的逻辑表达式为

$$Y = A \cdot B + \overline{A} \cdot \overline{B}$$

3. 真值表

同或门的真值表见表9-8。

表9-8 同或门的真值表

输　入		输　出	输　入		输　出
A	B	Y	A	B	Y
0	0	1	1	0	1
0	1	0	1	1	1

4. 逻辑功能

同或门的逻辑功能是：当两个输入端一个为"0"、另一个为"1"时，输出端为"0"；当两个输入端都为"1"或都为"0"时，输出端为"1"。该特点简述为：异出"0"，同出"1"。

5. 常用的同或门芯片

74LS266N是一个四组2输入同或门芯片，其外形和结构如图9-30所示，从图9-30b中可以看出，74LS266N内部有四组同或门，每组同或门有两个输入端和一个输出端。

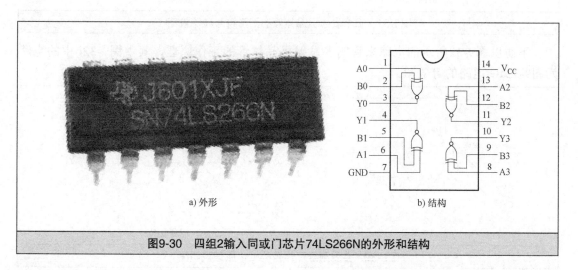

a) 外形　　　　　　　　　　　　　b) 结构

图9-30 四组2输入同或门芯片74LS266N的外形和结构

9.5　集成门电路

分立件构成的门电路已非常少见，现在的门电路大多数已集成化。**集成化的门电路称为集成门电路，集成门电路内部电路的结构与分立件门电路有所不同，但它们的输入输出逻辑关系是相同的。**根据芯片内部采用的主要元件的不同，集成门电路主要分为TTL集成门电路和CMOS集成门电路，它们的逻辑关系是相同的。

TTL集成门电路简称TTL门电路，其芯片内部主要采用双极型晶体管来构成门电路，74LS系列和74系列芯片属于TTL门电路。TTL门电路是电流控制型器件，其功耗较大，但工作速度快、传输延迟时间短（5～10ns）。

CMOS集成门电路简称CMOS门电路，其芯片内部主要采用MOS场效应晶体管来构成门电路，74HC、74HCT和4000系列芯片属于CMOS门电路。CMOS门电路是电压控制型器件，其工作速度较TTL门电路慢，但功耗小、抗干扰性强、驱动负载能力强。

9.5.1　TTL集成门电路

1. 多发射极晶体管

在TTL集成门电路中常用到多发射极晶体管，它具有两个以上的发射极，图9-31所示为一只具有三个发射极的晶体管的图形符号和等效图，该晶体管内部有三个发射结和一个集电结。

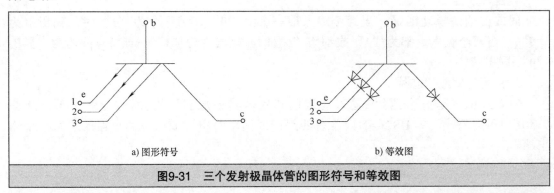

图9-31　三个发射极晶体管的图形符号和等效图

下面以图9-32所示的电路来说明多发射极晶体管的工作原理，其中图9-32b中的电路为图9-32a中电路的等效图。

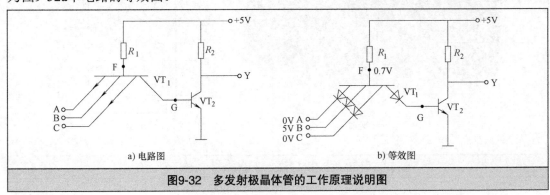

图9-32　多发射极晶体管的工作原理说明图

当多发射极晶体管VT_1的发射极A、B、C分别输入0V、5V、0V电压时，F、A和F、C之间的两个发射结导通，F点的电压下降为0.7V，F、B之间的发射结反偏截止（B端电压为5V）。因为F点的电压为0.7V，该电压不能使VT_1的集电结和VT_2的发射结同时导通（两者同时导通需要1.4V的电压），所以VT_2处于截止状态，VT_2集电极电压为5V。

当VT_1的发射极A、B、C同时输入5V电压时，F、A，F、B和F、C之间的三个发射结都不能导通，F点的电压为5V，该电压使VT_1的集电结和VT_2的发射结同时导通（这时F点的电压会从5V降至1.4V），VT_2饱和导通，VT_2集电极电压为0.3V。

2. TTL与非门电路

TTL集成门电路与分立件门电路一样，有与门、或门、非门、与非门、或非门、异或门和同或门等多种类型。这些门电路的分析方法基本相同，下面以TTL与非门电路为例来说明TTL集成门电路的工作原理。TTL与非门电路如图9-33所示。该电路的输入与输出之间有"与非"的关系。

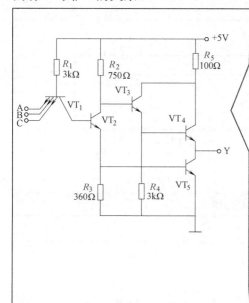

当A、B、C三个输入端都加5V电压时，即A=1、B=1、C=1时，多发射极晶体管VT_1的三个发射结都处于截止状态，VT_1的基极电压很高，VT_1集电结导通，基极电压经集电结加到VT_2的基极，VT_2饱和导通，VT_2的集电极电压下降，发射极电压上升。因为VT_2的集电极电压下降至很低，VT_3基极电压也很低，VT_3不能导通，处于截止状态，发射极无电压，VT_4基极无电压，VT_4截止。因VT_2发射极电压上升，该电压加到VT_5的基极，VT_5饱和导通，集电极电压很低（0.1～0.3V），为低电平，即当A=1、B=1、C=1时，电路输出端Y=0。

当A、B、C三个输入端分别加0V、5V、5V电压时，即A=0、B=1、C=1时，VT_1与A端相接的发射结导通，VT_1基极电压降为0.7V，所以VT_1另外两个发射结处于截止状态。VT_1的基极电压为0.7V，它不足以使VT_1集电结和VT_2的发射结同时导通，VT_2无法导通，它的发射极电压很低（为0V），而集电极电压很高。VT_2很低的发射极电压送到VT_5的基极，VT_5无法导通而处于截止状态。VT_2很高的集电极电压送到VT_3的基极，VT_3导通，VT_3发射极电压很高，该电压送到VT_4的基极，VT_4饱和导通，+5V电源经R_5、VT_4送到输出端，在输出端得到一个较高的电压，即当A=0、B=1、C=1时，电路输出端Y=1。

图9-33 TTL与非门电路

3. TTL集电极开路门（OC门）

（1）结构与原理

TTL集电极开路门又称OC门，图9-34a所示为一个典型OC门的电路结构，从图9-34a中可以看出，**OC门输出端内部的晶体管集电极是悬空的，没有接负载。**

（2）常用的OC门芯片

74LS01P是一种常用的OC门芯片，其外形和结构如图9-35所示，从图9-35b中可以看出，74LS01P内部有四个OC与非门，每个与非门有两个输入端、一个输出端。

（3）外接负载形式

OC门输出端内部的晶体管集电极没有接负载，在实际使用时，OC门可根据需要在输出端外接各种负载。图9-36所示为OC门三种常见的外接负载方式。

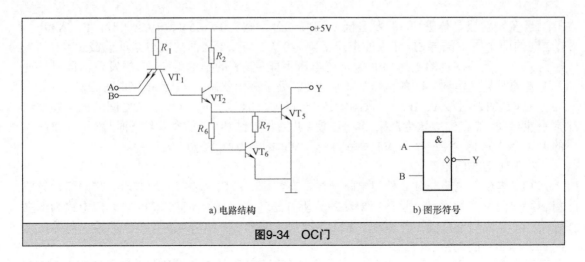

a) 电路结构　　　　　　　　　　　　b) 图形符号

图9-34　OC门

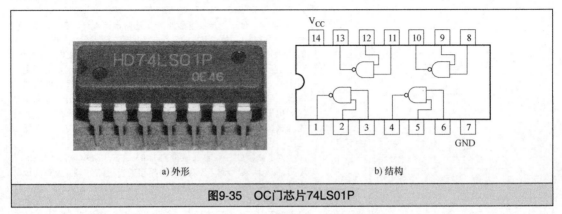

a) 外形　　　　　　　　　　　　b) 结构

图9-35　OC门芯片74LS01P

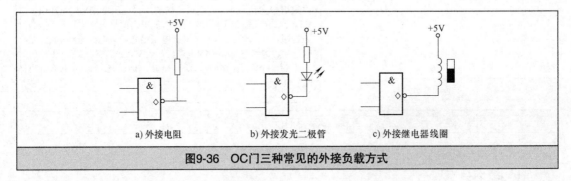

a) 外接电阻　　　　b) 外接发光二极管　　　　c) 外接继电器线圈

图9-36　OC门三种常见的外接负载方式

　　在图9-36a所示的电路中，输出端外接电阻R，该电阻常称为上拉电阻；在图9-36b所示的电路中，输出端外接发光二极管，当OC门输出端的内部晶体管导通（相当于输出低电平）时，发光二极管有电流流过而发光；在图9-36c所示的电路中，输出端外接继电器线圈，当OC门输出端的内部晶体管导通时，有电流流过线圈，线圈产生磁场吸合开关（开关未画出）。

　　（4）"线与"电路

　　几个OC门并联时还可以构成"线与"电路。OC门构成的"线与"电路如图9-37所示，该电路是将几个OC门的输出端连接起来，再接一个公共的负载R。下面来分析该电路是否有"与"的关系。

如果Y_1输出为"1"、Y_2输出为"0",则OC门1内部输出端的晶体管VT_4处于截止状态,如图9-37b所示,OC门2内部输出端的晶体管VT_8处于饱和状态,E点的电压很低,故输出端Y=0。

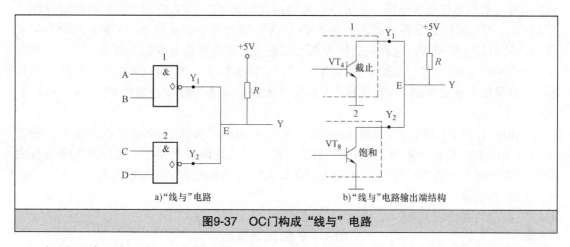

图9-37 OC门构成"线与"电路

如果Y_1输出为"1"、Y_2输出为"1",则OC门1和 OC门2内部输出端的晶体管都处于截止状态,E点的电压很高,故输出端Y=1。

其他几种情况读者可自己分析。由上述分析可知,**当将几个OC门的输出端连接起来,再接一个公共负载时,输出端确实有"与"的关系,这个"与"关系不是靠与门来实现的,而是由导线连接来实现的,故称为"线与"。**

4. 三态输出门(TS门)

三态输出门简称为三态门,或称TS门,这种门电路输出不仅会出现高电平和低电平,还可以出现第三种状态——高阻态(又称禁止态或悬浮态)。

(1)结构与原理

图9-38a所示为一个典型三态门的电路结构,从图9-38a中可以看出,它是在TTL与非门电路的基础上进行了改进,它的一个输入端在内部通过二极管VD与晶体管VT_2集电极相连,该端不再当作输入端,而称作控制端(又称使能端),常用"EN"表示。

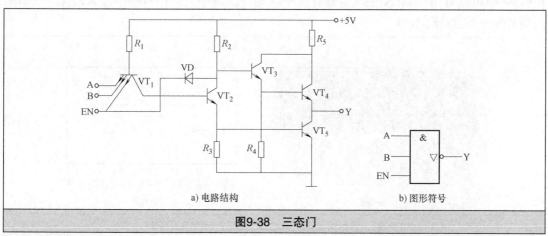

图9-38 三态门

三态门的工作原理说明如下：

当EN=0（0V）时，VT_1与EN端相连的发射结和二极管VD都处于导通状态。VT_1一个发射结导通，其基极电压为0.7V，该电压无法使VT_1的集电结和VT_2的发射结导通，VT_2处于截止状态，VT_2的发射电压为0V，VT_5基极无电压而处于截止状态。二极管VD处于导通状态，VT_2的集电极电压下降，为0.7V，该电压无法使VT_3、VT_4的两个发射结同时导通，所以VT_3、VT_4同时处于截止状态。因为VT_4和VT_5同时处于截止状态，Y输出端既不与地接通，又不与电源相通，这种状态称为高阻状态（又称悬浮状态或禁止状态）。

在EN=0（0V）时，无论A、B端输入"1"还是"0"，VT_1与EN相连的发射结和二极管VD都处于导通状态，VT_1基极和VT_2集电极的电压都为0.7V，最终VT_4、VT_5都处于截止状态。

当EN=1（5V）时，与EN端相连的VT_1的发射结和二极管VD都处于截止状态，相当于与EN相连的VT_1发射结和二极管VD处于开路，可认为两者不存在，这样该电路可看成是只有两个输入端的普通的与非门电路，输入端A、B与输出端Y有与非关系。

（2）真值表

三态门的真值表见表9-9。

表9-9　三态门的真值表

输　入			输　出	输　入			输　出
EN	A	B	Y	EN	A	B	Y
0	0	0	高阻	1	0	0	1
0	0	1	高阻	1	0	1	1
0	1	0	高阻	1	1	0	1
0	1	1	高阻	1	1	1	0

（3）逻辑功能

三态门的逻辑功能是：当控制端EN=0时，电路处于高阻状态，无论输入端输入什么，输出端都无输出；当控制端EN=1时，电路正常工作，相当于与非门电路，输出与输入有与非关系。

（4）常用的三态门芯片

74LS126A是一种常用的高电平有效型三态门芯片，其外形和结构如图9-39所示，从图9-39b中可以看出，74LS126A内部有四个三态门，每个三态门有一个输入端A、一个输出端Y和一个控制端C。

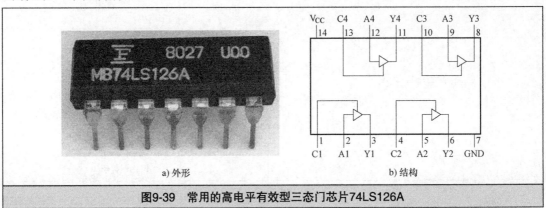

a）外形　　　　　　b）结构

图9-39　常用的高电平有效型三态门芯片74LS126A

（5）三态门构成的单向总线传递电路

三态门构成的单向总线传递电路如图9-40所示。

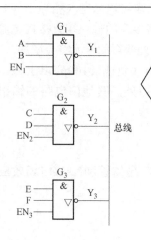

该电路由三个三态门构成。在任何时刻，三个三态门中只允许其中一个三态门的控制端为"1"，让这三态门处于工作状态，而其他的三态门控制端一定要为"0"，让它们处于高阻状态，这样控制端为"1"的三态门电路才能正常工作。如果有两个或两个以上三态门的控制端同时为"1"，则这些三态门会同时工作，同时有数据送向总线，那么总线传递信息就会出错，这是不允许的。

数据单向传递过程：假设三个三态门的输入端分别是A=0、B=0、C=1、D=1、E=0、F=1，各个三态门的EN端均为0。首先让EN_1=1，三态门G_1工作，输出端Y_1=1（因输入端A=0、B=0），"1"送往总线去其他的电路；然后让EN_2=1（此时EN_1变为0），三态门G_2工作，输出端Y_2=0，"0"送往总线去其他的电路；再让EN_3=1，三态门G_3工作，输出端Y_3=1，"1"送往总线去其他的电路。

由此可见，当让几个三态门的控制端依次为"1"时，这几个三态门输出的数据就会依次送往总线。

图9-40　三态门构成的单向总线传递电路

（6）三态门构成的双向总线传递电路

三态门构成的双向总线传递电路如图9-41所示。

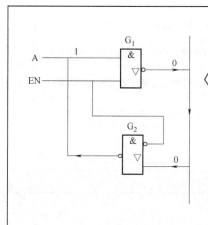

该电路由两个三态门构成。这两个三态门控制端的控制方式不同，三态门G_1的控制端为"1"时处于工作状态，而三态门G_2的控制端为"0"时才处于工作状态（三态门G_2的EN端的小圆圈表示当该端电平为"0"时工作，为"1"时处于高阻状态）。

数据双向传递过程：假设三态门G_1输入端A=1，当控制端EN为"1"时，三态门G_1处于工作状态，三态门G_2处于高阻状态，于是三态门G_1输出数据"0"，并送到总线；当控制端EN为"0"时，三态门G_1处于高阻状态，三态门G_2处于工作状态，总线上的数据"0"送到三态门G_2的输入端，三态门G_2输出数据"1"，并送到G_1的输入端。

由此可见，通过改变三态门的控制端电平，就能改变数据的传递方向，实现数据的双向传递。

图9-41　三态门构成的双向总线传递电路

5．TTL器件使用注意事项

TTL器件在使用时要注意以下事项：

① 电源电压。电源电压V_{CC}允许范围为+5V±10%，超过该范围可能会损坏TTL器件，或使器件逻辑功能混乱。

② 电源滤波。为了减小TTL器件工作时引起电源电压滤动，使TTL器件工作稳定，可在电源两端并联一个100μF的滤波电容（低频滤波）和一个0.01～0.1μF的滤波电容（高频滤波）。

③ 输入端的连接。输入端高电平有两种获得方式：一是输入端通过串接1个1～10kΩ

的电阻与电源连接；二是输入端直接与电源连接。输入端直接接地获得低电平。

或门、或非门等输入端为"或"逻辑的TTL器件，其多余的输入端不能悬空，要接地。与门、与非门等输入端为"与"逻辑的TTL器件，其多余的输入端可以悬空（相当于接高电平），但这样易受外界的干扰，为了提高器件的可靠性，通常将多余的输入端直接接电源或与其他输入端并联，如果与其他输入端并联，输入端从输入信号处获得的电流将会增加。

④ 输出端的连接。输出端禁止直接接电源或接地，对于容性负载（100pF以上），应串接几百欧姆的限流电阻，否则器件易损坏。除OC门和三态门外，其他门电路的输出端禁止并联使用，否则会损坏器件或引起逻辑功能混乱。

9.5.2　CMOS集成门电路

CMOS集成门电路简称CMOS门电路，它由PMOS场效应晶体管和NMOS场效应晶体管以互补对称的形式组成。

1. CMOS非门

（1）结构与原理

CMOS非门的电路结构如图9-42所示，VT_1为PMOS管，VT_2为NMOS管，电路输入端A与两管的G极连接，电路输出端Y与两管的D极连接，PMOS管的S极接电源V_{DD}，NMOS管的S极接地。

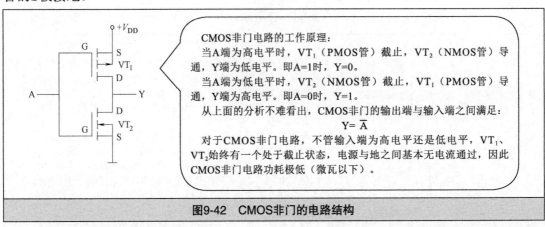

图9-42　CMOS非门的电路结构

（2）常用的CMOS非门芯片

CC4069是一种常用的CMOS非门芯片，其结构如图9-43所示，CC4069内部有六个非门，每个非门有一个输入端和一个输出端。

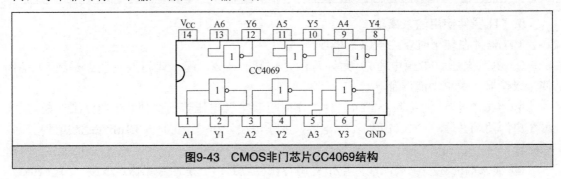

图9-43　CMOS非门芯片CC4069结构

2. CMOS与非门

（1）结构与原理

CMOS与非门的电路结构如图9-44所示，VT_1、VT_2为PMOS管，VT_3、VT_4为NMOS管。

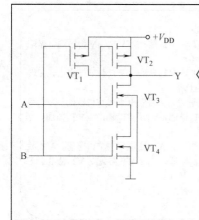

CMOS与非门电路的工作原理：

当A、B端均为高电平时，VT_1、VT_2截止，VT_3、VT_4导通，Y端为低电平。即A=1、B=1时，Y=0。

当A、B端均为低电平时，VT_1、VT_2导通，VT_3、VT_4截止，Y端为高电平。即A=0、B=0时，Y=1。

当A端为低电平、B端为高电平时，A端低电平使VT_2导通、VT_3截止，B端高电平使VT_1截止、VT_4导通，由于VT_2导通、VT_3截止，Y端输出高电平。即A=0、B=1时，Y=1。

当A端为高电平、B端为低电平时，A端高电平使VT_3导通、VT_2截止，B端低电平使VT_4截止、VT_1导通，由于VT_1导通、VT_4截止，Y端输出高电平。即A=1、B=0时，Y=1。

CMOS与非门的输出端与输入端之间满足：

$$Y=\overline{AB}$$

图9-44　CMOS与非门的电路结构

（2）常用的CMOS与非门芯片

CC4011是一种常用的CMOS与非门芯片，其结构如图9-45所示，CC4011内部有四个与非门，每个与非门有两个输入端和一个输出端。

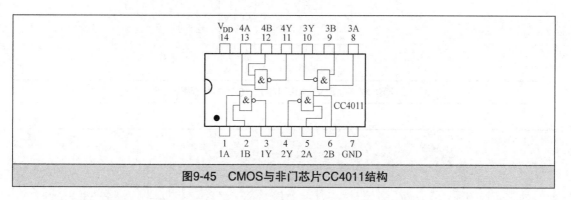

图9-45　CMOS与非门芯片CC4011结构

3. CMOS或非门

（1）结构与原理

CMOS或非门的电路结构如图9-46所示，VT_1、VT_2为PMOS管，VT_3、VT_4为NMOS管。

（2）常用的CMOS或非门芯片

CC4001是一种常用的CMOS或非门芯片，其结构如图9-47所示，CC4001内部有四个或非门，每个或非门有两个输入端和一个输出端。

4. CMOS传输门

（1）结构与原理

CMOS传输门是一种由控制信号来控制电路通断的门电路。 CMOS传输门的电路结构和逻辑符号如图9-48所示，VT_1为PMOS管，VT_2为NMOS管，两端并联连接在一起，在两个MOS管衬底未与源极连接时，漏极D与源极S具有互换性，如果E端作为输入端，分析时将VT$_1$、VT$_2$与E端相连的极作为S极，与F端相连的极作为D极。C、$\overline{C}$为一对互补控制端，两者控制电平始终相反，当C端为高电平时，$\overline{C}$为低电平。

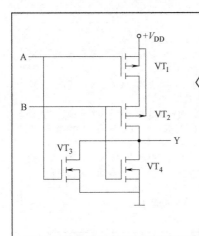

CMOS或非门电路的工作原理：

当A、B端均为高电平时，VT$_1$、VT$_2$截止，VT$_3$、VT$_4$导通，Y端为低电平。即A=1，B=1时，Y=0。

当A、B端均为低电平时，VT$_1$、VT$_2$导通，VT$_3$、VT$_4$截止，Y端为高电平。即A=0，B=0时，Y=1。

当A端为低电平、B端为高电平时，A端低电平使VT$_1$导通、VT$_3$截止，B端高电平使VT$_2$截止、VT$_4$导通，由于VT$_2$截止、VT$_4$导通，Y端输出低电平。即A=0，B=1时，Y=0。

当A端为高电平、B端为低电平时，A端高电平使VT$_3$导通、VT$_1$截止，B端低电平使VT$_4$截止、VT$_2$导通，由于VT$_3$导通、VT$_1$截止，Y端输出低电平。即A=1，B=0时，Y=0。

CMOS或非门的输出端与输入端之间满足：

$$Y=\overline{A+B}$$

图9-46　CMOS或非门的电路结构

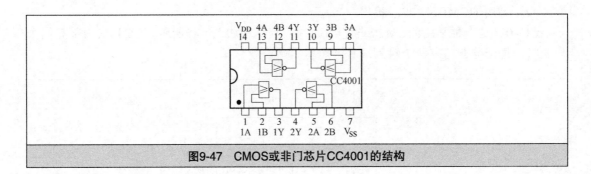

图9-47　CMOS或非门芯片CC4001的结构

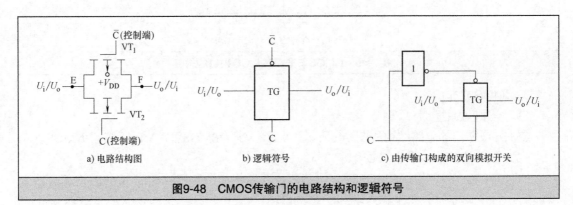

a) 电路结构图　　　　b) 逻辑符号　　　　c) 由传输门构成的双向模拟开关

图9-48　CMOS传输门的电路结构和逻辑符号

CMOS传输门的工作原理说明如下：

当控制信号为高电平（即C=1，$\overline{C}$=0）时，VT$_1$（PMOS管）的G极为低电平，VT$_1$导通，VT$_2$（NMOS管）的G极为高电平，VT$_2$导通，CMOS传输门开通，E端输入电压U_i经导通的VT$_1$、VT$_2$送到F端输出。

当控制信号为低电平（即C=0，$\overline{C}$=1）时，VT_1（PMOS管）的G极为高电平，VT_1截止，VT_2（NMOS管）的G极为低电平，VT_2截止，CMOS传输门关断，输入电压U_i无法通过。

由于两个MOS管的漏极D与源极S具有互换性，故也可将F端作为输入端，E端作为输出端，那么信号电压就可以双向传送，所以CMOS传输门又称双向开关。

为了控制方便，CMOS传输门常和非门组合构成双向模拟开关，其结构如图9-48c所示，当C=1时，开关接通，当C=0时，开关断开。

（2）常用的CMOS传输门芯片

CC4016是一种常用的CMOS传输门芯片（双向模拟开关），其结构如图9-49所示，CC4016内部有四个传输门，每个传输门有一个输入/输出端、一个输出/输入端和一个控制端。

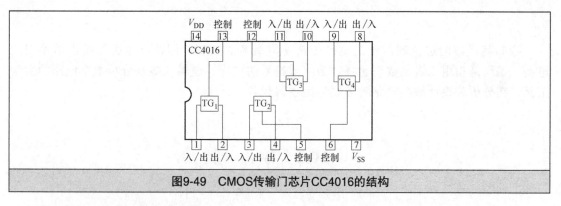

图9-49 CMOS传输门芯片CC4016的结构

5. CMOS器件使用注意事项

CMOS器件在使用时要注意以下事项：

① 电源电压。电源电压不能接反，规定V_{DD}接电源正极，V_{SS}接电源负极（通常为地）。

② 输入端的连接。输入端的信号电压U_i应为$V_{DD} \geqslant U_i \geqslant V_{SS}$，超出该范围易损坏CMOS内部的保护二极管或栅极，可在输入端串接一个10～100kΩ的限流电阻，所有多余的输入端应根据逻辑要求接V_{DD}或V_{SS}，对器件工作速度要求不高时输入端允许并联使用。

③ 输出端的连接。输出端禁止直接接电源或接地，除三态门外，其他门电路的输出端禁止并联使用。

④ 测试。在测试CMOS器件时，应先加电源V_{DD}，然后加输入信号，停止测试时，要先撤去输入信号，再切断电源，另外要求所有测试仪器的外壳必须良好接地。

⑤ 存放与焊接。由于CMOS器件的输入阻抗很高，易被静电击穿，存放时应尽量让所有引脚短接（如用金属箔包装），焊接时电烙铁要良好接地，也可用烙铁余温焊接。

第 **10** 章

数制、编码与逻辑代数

数制就是数的进位制，十进制是平常使用最多的数制，而数字电路系统中常使用二进制。编码是指用二进制数表示各种数字或符号的过程。逻辑代数是分析数字电路的数学工具，在分析和设计数字电路时需要应用逻辑代数。

10.1　数　　制

在日常生活中，经常会接触到0、7、8、9、168、295等这样的数字，这些数字就是一种数制——十进制数。另外，数制还有二进制数和十六进制数等。

10.1.1　十进制数

十进制数有以下两个特点：

① 有十个不同的数码：**0、1、2、3、4、5、6、7、8、9**。任意一个十进制数均可以由这十个数码组成。

② 遵循"逢十进一"的计数原则。对于任意一个十进制数N，它都可以表示成

$$N=a_{n-1}\times 10^{n-1}+a_{n-2}\times 10^{n-2}+\cdots+a_1\times 10^1+a_0\times 10^0+a_{-1}\times 10^{-1}+\cdots+a_{-m}\times 10^{-m}$$

式中，m和n为正整数；a_{n-1}，a_{n-2}，$\cdots$，a_{-m}称为数码；10称作基数；10^{n-1}，10^{n-2}，$\cdots$，10^{-m}是各位数码的"位权"。

例如，根据上面的方法可以将十进制数3259.46表示成$3259.46=3\times 10^3+2\times 10^2+5\times 10^1+9\times 10^0+4\times 10^{-1}+6\times 10^{-2}$。

请写出8436.051的展开式：

8436.051=＿＿＿＿＿＿＿＿＿＿＿＿＿＿＿＿＿＿＿＿＿＿＿＿＿＿。

10.1.2　二进制数

十进制数是最常见的数制，除此以外，还有二进制数、八进制数、十六进制数等。

在数字电路中，二进制数用得最多。

1. 二进制数的特点

二进制数有以下两个特点：

① 有两个数码：0和1。任何一个二进制数都可以由这两个数码组成。

② 遵循"逢二进一"的计数原则。对于任意一个二进制数N，它都可以表示成

$$N=a_{n-1}\times 2^{n-1}+a_{n-2}\times 2^{n-2}+\cdots+a_0\times 2^0+a_{-1}\times 2^{-1}+\cdots+a_{-m}\times 2^{-m}$$

式中，m和n为正整数；a_{n-1}，a_{n-2}，$\cdots$，a_{-m}称为数码；2称作基数；2^{n-1}，2^{n-2}，$\cdots$，2^{-m}是各位数码的"位权"。

例如，二进制数11011.01可表示为$(11011.01)_2=1\times 2^4+1\times 2^3+0\times 2^2+1\times 2^1+1\times 2^0+0\times 2^{-1}+1\times 2^{-2}$。

请写出$(1011.101)_2$的展开式：

$(1011.101)_2=$＿＿＿＿＿＿＿＿＿＿＿＿＿＿＿＿＿＿＿＿＿＿＿＿＿＿＿＿。

2. 二进制的四则运算

（1）加法运算

加法运算法则是"逢二进一"。运算规律如下：

$$0+0=0 \quad 0+1=1 \quad 1+0=1 \quad 1+1=10$$

当遇到"1+1"时就向相邻高位进1。

例如，求$(1011)_2+(1011)_2$，可以用与十进制数相同的竖式计算：

```
    1011
 +  1011
 ───────
   10110
```

即$(1011)_2+(1011)_2=(10110)_2$。

（2）减法运算

减法运算法则是"借一当二"。运算规律如下：

$$0-0=0 \quad 1-0=1 \quad 1-1=0 \quad 10-1=1$$

当遇到"0-1"时，需向高位借1当"2"用。

例如，求$(1100)_2-(111)_2$

```
    1100
 -   111
 ───────
     101
```

即$(1100)_2-(111)_2=(101)_2$。

（3）乘法运算

乘法运算法则是"各数相乘，再作加法运算"。运算规律如下：

$$0\times 0=0 \quad 1\times 0=0 \quad 0\times 1=0 \quad 1\times 1=1$$

例如，求$(1101)_2\times(101)_2$

```
      1101
 ×     101
 ─────────
      1101
     1101
 ─────────
   1000001
```

即（1101)$_2$×(101)$_2$=(1000001)$_2$。

（4）除法运算

除法运算法则是"各数相除，再作减法运算"。运算规律如下：

$$0 \div 1=0 \quad 1 \div 1=1$$

例如，求（1111)$_2$÷(101)$_2$

$$
\begin{array}{r}
11 \\
101{\overline{\smash{\big)}\,1111}} \\
\underline{101} \\
101 \\
\underline{101} \\
0
\end{array}
$$

即（1111)$_2$÷(101)$_2$=(11)$_2$。

10.1.3　十六进制数

十六进制数有以下两个特点：

① 有16个数码：0、1、2、3、4、5、6、7、8、9、A、B、C、D、E、F，这里的A、B、C、D、E、F分别代表10、11、12、13、14、15。

② 遵循"逢十六进一"的计数原则。对于任意一个十六进制数N，它都可表示成

$$N=a_{n-1}\times16^{n-1}+a_{n-2}\times16^{n-2}+\cdots+a_0\times16^0+a_{-1}\times16^{-1}+\cdots+a_{-m}\times16^{-m}$$

式中，m和n为正整数；a_{n-1}，a_{n-2}，…，a_{-m}称为数码；16称作基数；16^{n-1}，16^{n-1}，…，16^{-m}是各位数码的"位权"。

例如，十六进制数可表示为（3A6.D)$_{16}$=3×16^2+10×16^1+6×16^0+13×16^{-1}。

十六进制常用字母H表示，故（3A6.D)$_{16}$也可表示成3A6.DH。

请写出（B65F.6)$_{16}$的展开式：

（B65F.6)$_{16}$=＿＿＿＿＿＿＿＿＿＿＿＿＿＿＿＿＿＿＿＿＿＿＿。

10.1.4　数制转换

不同数制之间可以相互转换，下面介绍几种数制之间的转换方法。

1. 二进制数转换成十进制数

二进制数转换成十进制数的方法是：将二进制数各位数码与位权相乘后求和，就能得到十进制数。

例如，（101.1)$_2$=1×2^2+0×2^1+1×2^0+1×2^{-1}=4+0+1+0.5=(5.5)$_{10}$

2. 十进制数转换成二进制数

十进制数转换成二进制数的方法是：采用除2取余法，即将十进制数依次除2，并依次记下余数，一直除到商数为0，最后把全部余数按相反次序排列，就能得到二进制数。

例如，将十进制数（29)$_{10}$转换成二进制数，方法为

$$
\begin{array}{r|l|ll}
2 & 29 & \text{余}1 & a_0 \quad \text{低位} \\
2 & 14 & \text{余}0 & a_1 \\
2 & 7 & \text{余}1 & a_2 \\
2 & 3 & \text{余}1 & a_3 \\
2 & 1 & \text{余}1 & a_4 \quad \text{高位} \\
& 0 &
\end{array}
$$

即 $(29)_{10}=(11101)_2$。

3. 二进制与十六进制的相互转换

（1）二进制数转换成十六进制数

二进制数转换成十六进制数的方法是：从小数点起向左、右按四位分组，不足四位的，整数部分可在最高位的左边加"0"补齐，小数点部分不足四位的，可在最低位右边加"0"补齐，每组以其对应的十六进制数代替，将各个十六进制数依次写出即可。

例如，将二进制数 $(1011000110.111101)_2$ 转换为十六进制数，转换如下：

$$
\begin{aligned}
&(1011000110.111101)_2 \\
&=(\underline{0010}\ \underline{1100}\ \underline{0110}\ \cdot\ \underline{1111}\ \underline{0100})_2 \\
&\qquad\downarrow\quad\ \downarrow\quad\ \downarrow\qquad\ \downarrow\quad\ \downarrow \\
&=(\quad 2\quad\ \ C\quad\ \ 6\quad\cdot\quad F\quad\ \ 4\quad)_{16} \\
&=(2C6.F4)_{16}
\end{aligned}
$$

注：十六进制的16位数码为0、1、2、3、4、5、6、7、8、9、A、B、C、D、E、F，它们分别与二进制数0000、0001、0010、0011、0100、0101、0110、0111、1000、1001、1010、1011、1100、1101、1110、1111相对应。

（2）十六进制数转换成二进制数

十六进制数转换成二进制数的方法是：从左到右将待转换的十六进制数中的每个数依次用四位二进制数表示。

举例：将十六进制数 $(13AB.6D)_{16}$ 转换成二进制数。

$$
\begin{aligned}
&(\quad 1\quad\ 3\quad\ A\quad\ B\quad\cdot\quad 6\quad\ D\ )_{16} \\
&\quad\ \downarrow\quad\ \downarrow\quad\ \downarrow\quad\ \downarrow\qquad\ \downarrow\quad\ \downarrow \\
&=(\underline{0001}\ \underline{0011}\ \underline{1010}\ \underline{1011}\ \cdot\ \underline{0110}\ \underline{1101})_2 \\
&=(0001001110101011.01101101)_2
\end{aligned}
$$

10.2 编 码

数字电路只能处理二进制形式的信息，而实际上经常会遇到其他形式的信息，如十进制数字、字母和文字等，这些信息数字电路是无法直接处理的，必须要将其先处理成二进制数。**用二进制数表示各种数字或符号的过程称为编码。编码是由编码电路来完成的。**

编码电路的种类很多，在本节主要介绍二-十进制编码。利用四位二进制数组合表示十进制10个数的编码，称为二-十进制编码，简称**BCD码**。根据编码方式的不同，可分为8421BCD码、2421BCD码、5421BCD码、余3码、格雷码和奇偶校验码。

10.2.1 8421BCD码、2421BCD码和5421BCD码

1. 8421BCD码

8421BCD码是一种有权码，它的四位二进制从高到低的位权依次为$2^3=8$、$2^2=4$、$2^1=2$、$2^0=1$。

8421BCD码转换成十进制数举例：

$(0110)_{8421BCD}=0\times2^3+1\times2^2+1\times2^1+0\times2^0=0\times8+1\times4+1\times2+0\times1=(6)_{10}$

$(011001011000.01000010)_{8421BCD}=(0110\ 0101\ 1000\ .0100\ 0010)_{8421BCD}=(6\ 5\ 8\ .4\ 2)_{10}=$
$(658.42)_{10}$

十进制数转换成8421BCD码举例：

$(7)_{10}=(0111)_{8421BCD}$

$(901.73)_{10}=(1001\ 0000\ 0001.0111\ 0011)_{8421BCD}=(100100000001.01110011)_{8421BCD}$

2. 2421BCD码和5421BCD码

2421BCD码、5421BCD码和8421BCD码相似，它们都是有权码。**2421BCD码的四位二进制从高到低的位权依次为2、4、2、1。5421BCD码的四位二进制从高到低的位权依次为5、4、2、1。它们与十进制数的相互转换与8421BCD码相同。**

8421BCD码、2421BCD码、5421BCD码、余3码与十进制数的对应关系见表10-1。

表10-1　常见的BCD码与十进制数对照表

十进制数	8421码	2421码	5421码	余3码
0	0000	0000	0000	0011
1	0001	0001	0001	0100
2	0010	0010	0010	0101
3	0011	0011	0011	0110
4	0100	0100	0100	0111
5	0101	1011	1000	1000
6	0110	1100	1001	1001
7	0111	1101	1010	1010
8	1000	1110	1011	1011
9	1001	1111	1100	1100
权	8、4、2、1	2、4、2、1	5、4、2、1	无权

2421BCD码与十进制数的相互转换举例说明如下：

$(1010)_{2421BCD}=1\times2+0\times4+1\times2+0\times1=2+0+2+0=(4)_{10}$

$(702.54)_{10}=(1101\ 0000\ 0010.1011\ 0100)_{2421BCD}$

5421BCD码与十进制数的相互转换举例说明如下：

$(1010)_{5421BCD}=1\times5+0\times4+1\times2+0\times1=5+0+2+0=(7)_{10}$

$(702.54)_{10}=(1010\ 0000\ 0010.1000\ 0100)_{5421BCD}$

10.2.2 余3码

余3码是由8421BCD码加上3（0011）得来的，它是一种无权码。余3码与十进制数的

相互转换举例说明如下：

$$(0111)_{余3码}=(0111-0011)_{8421BCD}=(0100)_{8421BCD}=(4)_{10}$$
$$(6)_{10}=(0110)_{8421BCD}=(0110+0011)_{余3码}=(1001)_{余3码}$$
$$(7.5)_{10}=(0111.0101)_{8421BCD}=(1010.1000)_{余3码}$$

10.2.3　格雷码

两个相邻代码之间仅有一位数码不同的无权码称为格雷码。十进制数与格雷码的对应关系见表10-2。

表10-2　十进制数与格雷码对照表

十进制数	格雷码	十进制数	格雷码
0	0000	9	1101
1	0001	10	1111
2	0011	11	1110
3	0010	12	1010
4	0110	13	1011
5	0111	14	1001
6	0101	15	1000
7	0100	权	无权
8	1100		

从表10-2中可以看出，相邻的两个格雷码之间仅有一位数码不同，如5的格雷码是0111，它与4的格雷码0110仅最后一位不同，与6的格雷码0101仅倒数第二位不同。其他的编码方法表示的数码在递增或递减时，往往多位发生变化，3的8421BCD码0011与4的8421BCD码0100同时有三位发生变化，这样在数字电路处理中很容易出错，而格雷码在递增或递减时，仅有一位发生变化，这样不容易出错，所以格雷码常用于高分辨率的设备中。

10.2.4　奇偶校验码

二进制数在传递、存储的过程中，可能会发生错误，即有时"1"变成"0"或"0"变成"1"。为了检查二进制数有无错误，可以采用奇偶校验码。

奇偶校验码由信息位和校验位组成。信息位就是数据本身，可以是位数不受限的任意二进制数；校验位是根据信息位中的"1"或"0"的个数加在信息位后面的一位二进制数。

奇偶校验码可分为奇校验码和偶校验码两种。校验位产生的规则是：对于奇校验，若信息位中有奇数个"1"，则校验位为"0"，若信息位中有偶数个"1"，则校验位为"1"；对于偶校验，若信息位中有偶数个"1"，则校验位为"0"，若信息位中有奇数个"1"，则校验位为"1"。

下面以图10-1来说明奇偶校验码的形成过程。

图10-1a所示为奇校验编码，十进制数6先经8421BCD编码器转换成0110，再送到奇校验编码器，因为0110中1的个数是偶数，所以校验位为"1"，编码输出的数据为01101。

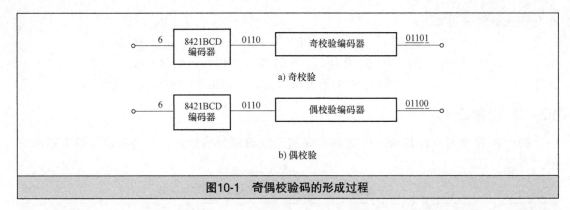

图10-1　奇偶校验码的形成过程

图10-1b所示为偶校验编码，十进制数6先经8421BCD编码器转换成0110，再送到偶校验编码器，因为0110中1的个数是偶数，所以校验位为"0"，编码输出的数据为01100。

在传递奇偶校验码数据时，如果数据中的某位发生了错误，如奇校验码01101在传递时变成了01001，这样信息位1的个数为奇数，按奇校验规则校验位应为0，但校验位为"1"，这样信息位与校验位不相符，说明该数据出错。

奇偶校验码只能发现一位数出错，不能发现两位以上（偶数位）数字出错，不过两位数字同时出错的可能性很小。另外，奇偶校验码不能发现是数据中的哪一位出错。目前有一种汉明校验码，它既能发现错误又能查出错误数的位置，这种编码是在奇偶校验码的基础上改进的，如果有兴趣，读者可以查阅有关资料。

奇偶校验码虽然有一些缺陷，但它编码简单、实现容易，在要求不是很高的数字电路系统中仍被广泛采用。

10.3　逻辑代数

逻辑代数又称开关代数，是19世纪一位英国数学家布尔创立的，因而又称布尔代数。**逻辑代数是按一定的逻辑规律进行运算的代数，它是研究数字电路的数学工具，为分析和设计数字电路提供了理论基础。**

10.3.1　逻辑代数的常量和变量

常量是指不变化的量，如2、15等都是常量；**变量是指会发生变化的量，**如A既可以代表8，也可以代表17，这里的A就是变量，它可以根据需要取不同的值，变量常用字母表示。

逻辑代数有以下两个特点：

① 逻辑代数的常量有两个："1"和"0"；而变量只能有两个值："1"和"0"。

② 逻辑代数中的"1"和"0"不是表示数量大小，而是表示两种对立的逻辑状态（如真或假、高或低、开或关等）。

10.3.2　逻辑代数的基本运算规律

普通的代数在运算时有一定的规律，逻辑代数在运算时也有一定的规律，主要有基本运算定律和常用的恒等式。

1. 逻辑代数的基本运算定律

逻辑代数的基本运算定律见表10-3。

表10-3　逻辑代数的基本运算定律

自等律	$A+0=A$　$A \cdot 1=A$
0-1律	$A+1=1$　$A \cdot 0=0$
重叠律	$A+A=A$　$A \cdot A=A$
互补律	$A+\overline{A}=A$　$A \cdot \overline{A}=0$
吸收律	$A+AB=A$　$A(A+B)=A$
非非律	$\overline{\overline{A}}=A$
交换律	$A+B=B+A$　$AB=BA$
结合律	$(A+B)+C=A+(B+C)$　　$(AB)C=A(BC)$
分配律	$A(B+C)=AB+AC$　$A+BC=(A+B)(A+C)$
反演律（又称摩根定理）	$\overline{AB}=\overline{A}+\overline{B}$　$\overline{A+B}=\overline{A} \cdot \overline{B}$

若要证明以上各个定律是否正确，可将各变量的取值代入相应的式子中，再计算等号左右的值是否相等。例如证明自等律$A+0=A$，可先设$A=1$，会有$1+0=1$，再假设$A=0$，就有$0+0=0$，结果都符合$A+0=A$，所以$A+0=A$是正确的。

2. 常用的恒等式

在进行逻辑代数运算时，可运用前面介绍的各种定律，另外，逻辑代数中还有一些常见的恒等式，在某些情况下应用这些恒等式可以使逻辑代数运算更为简单快捷。下面介绍几种最常用的恒等式。

（1）$AB+A\overline{B}=A$

该恒等式证明如下：

$$AB+A\overline{B}$$
$$=A(B+\overline{B})$$
$$=A$$

此等式又称作合并律。

（2）$A+\overline{A}B=A+B$

该恒等式证明如下：

$$A+\overline{A}B=A(1+B)+\overline{A}B$$
$$=A+AB+\overline{A}B=A+B(A+\overline{A})$$
$$=A+B$$

以上等式说明，在一个与或表达式中，如果一项的非是另一项的因子，则此因子是多余的，故它是另一种形式的吸收律。

（3）$AB+\overline{A}C+BC=AB+\overline{A}C$

该恒等式证明如下：

$$AB+\overline{A}C+BC=AB+\overline{A}C+BC（A+\overline{A}）$$
$$=AB+\overline{A}C+ABC+\overline{A}BC$$
$$=AB（1+C）+\overline{A}C（1+B）$$
$$=AB+\overline{A}C$$

此等式有一个推论：

$$AB+\overline{A}C+BCD=AB+\overline{A}C$$

以上等式说明，在一个与或表达式中，如果两项分别包含A和$\overline{A}$，而其余的因子为第三项的因子，则第三项是多余的。此等式又称作添加律。

10.3.3　逻辑表达式的化简

1.逻辑表达式化简的意义

利用逻辑表达式可以分析数字电路，逻辑表达式又是设计数字电路的依据。但同一逻辑关系往往可以有几种不同的表达式，有的表达式简单些，有的则较复杂，如下面两个表达式：

$$Y=AB+\overline{A}C+\overline{B}C$$
或
$$Y=AB+C$$

上面两个表达式的逻辑关系是完全一样的，可以明显地看出第二个表达式要比第一个简单。逻辑表达式越简单，与之对应的电路也就越简单。**逻辑表达式化简就是将比较复杂的表达式转化成最简单的表达式。**那么什么才是最简表达式呢？**所谓最简表达式就是：式子中的乘积项最少；在满足乘积项最少的条件下，每个乘积项中的变量个数最少。**

2.逻辑表达式化简的方法

根据逻辑表达式可以设计数字逻辑电路，为了使设计出来的电路最简单，需要将逻辑表达式转化为最简表达式，这就要求对逻辑表达式进行化简。逻辑表达式化简的方法主要有公式法和卡诺图法，下面仅介绍公式法。

公式法是根据逻辑代数基本定律公式和恒等式，将逻辑表达式转化为最简表达式。利用公式法化简逻辑表达式的常用方法有并项法、吸收法、消去法和配项法。

（1）并项法

它是利用公式$AB+A\overline{B}=A（B+\overline{B}）=A$，将两个乘积项合并成一项，合并时消去互补变量。例如：

① $A（BC+B\overline{C}）+A（\overline{B}C+\overline{B}\overline{C}）$
$$=ABC+AB\overline{C}+A\overline{B}C+A\overline{B}\overline{C}$$
$$=AB（C+\overline{C}）+A\overline{B}（C+\overline{C}）（利用公式A+\overline{A}=1）$$
$$=AB+A\overline{B}$$
$$=A（B+\overline{B}）（利用公式A+\overline{A}=1）$$
$$=A$$

② $A\overline{B}C+\overline{A}\overline{B}C$
$$=C（A\overline{B}+\overline{A}\overline{B}）（利用公式A+\overline{A}=1）$$
$$=C$$

（2）吸收法

它是利用公式A+AB=A(1+B)=A，消去多余项。例如：

① $A\overline{B}+A\overline{B}CD(E+F)$

$=A\overline{B}[1+CD(E+F)]$（利用公式1+A=1）

$=A\overline{B}$

② $\overline{C}+\overline{A}B\overline{C}D$

$=\overline{C}(1+\overline{A}BD)$（利用公式1+A=1）

$=\overline{C}$

（3）消去法

它是利用公式$A+\overline{A}B=A+B$，消去多余项。例如：

$AB+\overline{A}C+\overline{B}C$

$=AB+C(\overline{A}+\overline{B})$（利用公式$\overline{A}+\overline{B}=\overline{AB}$）

$=AB+\overline{AB}C$（利用公式$A+\overline{A}B=A+B$）

$=AB+C$

（4）配项法

有些表达式不能直接利用公式化简，这时往往可以用$A=A(B+\overline{B})=AB+A\overline{B}$的方式将部分乘积项变为两项，或利用$AB+\overline{A}C=AB+\overline{A}C+BC$增加一个项，再利用公式进行化简。例如：

① $A\overline{B}+B\overline{C}+\overline{B}C+\overline{A}B$

$=A\overline{B}+B\overline{C}+(A+\overline{A})\overline{B}C+\overline{A}B(C+\overline{C})$

$=A\overline{B}+B\overline{C}+A\overline{B}C+\overline{A}\overline{B}C+\overline{A}BC+\overline{A}B\overline{C}$

$=(A\overline{B}+A\overline{B}C)+(B\overline{C}+\overline{A}B\overline{C})+(\overline{A}\overline{B}C+\overline{A}BC)$（利用公式A+AB=A）

$=A\overline{B}+B\overline{C}+\overline{A}B$

② $A\overline{B}+B\overline{C}+\overline{B}C+\overline{A}B$

$=A\overline{B}+B\overline{C}+\overline{B}C+\overline{A}B+\overline{A}C$（利用恒等式$AB+\overline{A}C=AB+\overline{A}C+BC$增加一项$\overline{A}C$）

$=A\overline{B}+\overline{A}C+B\overline{C}+\overline{B}C+\overline{A}B$

$=A\overline{B}+\overline{A}C+B\overline{C}+\overline{A}B$（利用恒等式$AB+\overline{A}C+BC=AB+\overline{A}C$消去一项$\overline{B}C$）

$=A\overline{B}+\overline{A}C+B\overline{C}+\overline{A}B$

$=A\overline{B}+\overline{A}C+B\overline{C}$（利用恒等式$AB+\overline{A}C+BC=AB+\overline{A}C$消去一项$\overline{A}B$）

10.3.4 逻辑表达式、逻辑电路和真值表的相互转换

任何一个逻辑电路，它的输入与输出关系都可以用逻辑表达式表示出来，反之，任何一个逻辑表达式总可以设计出一个逻辑电路来对它进行运算；逻辑表达式可以用真值表直观显示各种输入及对应的输出情况，而根据真值表也可以写出逻辑表达式。总之，逻辑表达式、逻辑电路和真值表之间是可以相互转换的，了解它们的互相转换对设计和分析数字电路非常重要。

1. 逻辑表达式与逻辑电路的相互转换

（1）根据逻辑电路写出逻辑表达式

根据逻辑电路写出逻辑表达式比较简单，下面以图10-2所示的逻辑电路来说明。

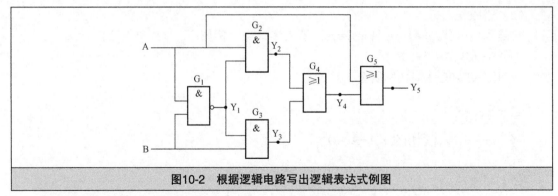

图10-2 根据逻辑电路写出逻辑表达式例图

根据逻辑电路写出逻辑表达式的过程一般分为以下两步：

① 从前往后依次写出逻辑电路中各门电路的逻辑表达式。

门电路G_1：$Y_1=\overline{AB}$；

门电路G_2：$Y_2=AY_1$；

门电路G_3：$Y_3=Y_1B$；

门电路G_4：$Y_4=Y_2+Y_3$；

门电路G_5：$Y_5=A+Y_4$。

② 依次将前一个门电路的表达式代入后一个门电路的表达式中，最终就能得到整个逻辑电路的表达式。

将$Y_1=\overline{AB}$代入$Y_2=AY_1$中，得到$Y_2=A\overline{AB}$；

将$Y_1=\overline{AB}$代入$Y_3=Y_1B$中，得到$Y_3=\overline{AB}B$；

将$Y_2=A\overline{AB}$和$Y_3=\overline{AB}B$代入$Y_4=Y_2+Y_3$中，得到$Y_4=A\overline{AB}+\overline{AB}B$；

将$Y_4=A\overline{AB}+\overline{AB}B$代入$Y_5=A+Y_4$中，得到$Y_5=A+(A\overline{AB}+\overline{AB}B)$。

最终得到的$Y_5=A+(A\overline{AB}+\overline{AB}B)$就是图10-2所示逻辑电路的逻辑表达式。

（2）根据逻辑表达式画出逻辑电路

由逻辑表达式画出逻辑电路的过程与逻辑表达式的运算过程相似。下面以画逻辑表达式$Y=(A+B)\overline{AB}$的逻辑电路为例来说明。

$Y=(A+B)\overline{AB}$的运算顺序：先将A和B进行或运算（A+B），同时将A和B进行与非运算（$\overline{AB}$）；然后将A、B或运算的结果和A、B与非运算的结果进行与运算，就可以得出表达式的最终结果。

$Y=(A+B)\overline{AB}$的逻辑电路图的绘制过程如下：先画出A、B的或门电路（完成A+B运算），再在垂直并列的位置画出A、B的与非门电路（完成$\overline{AB}$运算），然后以这两个门电路输出端作为后级的输入端在后面画一个与门电路［完成$(A+B)\overline{AB}$运算］，这样画出的电路就是$Y=(A+B)\overline{AB}$的逻辑电路图。

$Y=(A+B)\overline{AB}$的逻辑电路图如图10-3所示。

2. 逻辑表达式与真值表的相互转换

（1）根据逻辑表达式列出真值表

真值表是描述数字电路输入、输出逻辑关系的表格，依据真值表可以很直观地

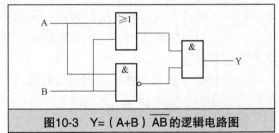

图10-3 $Y=(A+B)\overline{AB}$的逻辑电路图

看出输入与输出之间的逻辑关系。下面以列逻辑表达式$Y=\overline{A}B+A\overline{B}$的真值表为例来说明，具体过程如下：

① 首先画一个两行多列表格，第二行的行距较大，列数与逻辑表达式的变量个数一致，$Y=\overline{A}B+A\overline{B}$中的变量数有三个，即A、B、Y，所以列出一个两行三列的表格，见表10-4。

② 将所有的变量符号写入第一行的表格中。

③ 将输入变量的各种可能值写入第二行表格内，并根据逻辑表达式写出相应的输出变量值，见表10-5。

表10-5为逻辑表达式$Y=\overline{A}B+A\overline{B}$的真值表。

表10-4 两行三列表

表10-5 $Y=\overline{A}B+A\overline{B}$真值表

A	B	Y
0	0	0
0	1	1
1	0	1
1	1	0

（2）根据真值表写出逻辑表达式

根据真值表写出逻辑表达式的过程如下：

① 从真值表上找出输出为1的各行，再把这些行的输入变量写成乘积的形式，如果变量值为0，要在变量上加非。

② 把以上各行的乘积项相加。

下面以表10-6为例来说明由真值表写出逻辑表达式的过程。

表10-6 由真值表写出逻辑表达式列表

A	B	C	Y	A	B	C	Y
0	0	0	0	1	0	0	1
0	0	1	0	1	0	1	0
0	1	0	0	1	1	0	0
0	1	1	1	1	1	1	1

首先在真值表中找到输出变量值为1的各行，表中共有三行输出变量为1，将这些行的输入变量写成乘积形式：$\overline{A}BC$、$A\overline{B}\overline{C}$、$ABC$，然后将这三个乘积项相加，得到表达式$Y=\overline{A}BC+A\overline{B}\overline{C}+ABC$。此表达式就是真值表10-6的逻辑表达式。

10.3.5 逻辑代数在逻辑电路中的应用

逻辑代数对分析和设计逻辑电路有很重要的作用，特别是在设计逻辑电路时，逻辑表达式化简的应用可以使设计出来的逻辑电路简单化。

例如，根据逻辑表达式$Y=AB+AC$设计出它的逻辑电路。

方法一：并列画出A、B的与门电路和A、C的与门电路，再以这两个与门电路的输出端作为后级电路的输入端在后面画一个或门电路，画出的逻辑电路如图10-4所示。

方法二：观察到$Y=AB+AC$不是最简表达式，先对它化简，得到$Y=A（B+C）$，再画出它的逻辑电路，如图10-5所示。

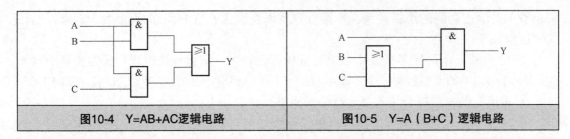

图10-4　Y=AB+AC逻辑电路	图10-5　Y=A（B+C）逻辑电路

　　从上面的情况可以得出这样的结论：**当需要根据逻辑表达式设计逻辑电路时，首先观察其是否为最简表达式，如果不是，要将它化简成最简表达式，再依据最简表达式设计出逻辑电路。**

第11章

组合逻辑电路

组合逻辑电路又称组合电路，它任何时刻的输出只由当时的输入决定，而与电路的原状态（以前的状态）无关，电路没有记忆功能。

常见的组合逻辑电路有编码器、译码器、加法器、数值比较器、数据选择器和奇偶校验器等。

11.1 组合逻辑电路分析与设计

组合逻辑电路的分析是指根据逻辑电路分析出它具有的功能；而设计则是指为了完成某些功能而设计出具体的逻辑电路来执行。

11.1.1 组合逻辑电路的分析

1. 分析步骤

组合逻辑电路的分析一般按以下步骤：

① 根据逻辑电路写出逻辑表达式。

② 对逻辑表达式进行化简。

③ 根据化简后的表达式列出真值表。

④ 描述逻辑电路的功能（若功能较复杂，难于描述，该步骤可省掉）。

2. 分析举例

下面以图11-1所示的电路为例来说明组合逻辑电路的分析过程。

分析过程如下：

1）根据逻辑电路写出逻辑表达式：

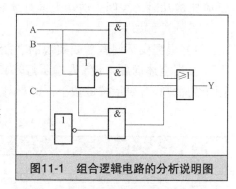

图11-1 组合逻辑电路的分析说明图

$$Y=AB+\overline{A}C+\overline{B}C$$

2）对逻辑表达式进行化简：

$$Y=AB+\overline{A}C+\overline{B}C$$

$$=AB+C(\overline{A}+\overline{B})（根据公式\overline{A}+\overline{B}=\overline{AB}）$$

$$=AB+\overline{\overline{AB}}C（根据公式A+\overline{A}B=A+B）$$

$$=AB+C$$

3）根据化简后的表达式列出真值表，见表11-1。

表11-1 Y=AB+C的真值表

A	B	C	Y	A	B	C	Y
0	0	0	0	1	0	0	0
0	0	1	1	1	0	1	1
0	1	0	0	1	1	0	1
0	1	1	1	1	1	1	1

4）描述逻辑电路的功能。

从表11-1中的真值表可以看出，图11-1所示电路的逻辑功能是：当输入端C为1时，输出端一定为1；当输入端C为0时，只有A、B同时输入为1，输出端才会输出1。

11.1.2 组合逻辑电路的设计

1. 设计步骤

组合逻辑电路的设计步骤如下：

① 根据实际问题需要实现的功能，列出相应的真值表。

② 依据真值表写出逻辑表达式。

③ 化简逻辑表达式。

④ 根据化简后的逻辑表达式画出逻辑电路图。

2. 设计举例

下面举例来说明组合逻辑电路的设计。

某个运动会举行举重比赛，比赛有三个裁判，A为主裁判，B、C为副裁判。举重是否成功由每个裁判按面前的按键来决定，只有两个以上裁判（其中必须有主裁判）按下按键确定成功时，表明"成功"的灯才亮。请设计一个逻辑电路来实现上述功能。

设计过程如下：

1）根据实际问题需要实现的功能，列出相应的真值表。

根据上述问题，设Y为指示灯，1表示灯亮，0表示灯不亮；A表示主裁判，B、C表示两个副裁判，1表示按键按下，0表示按键未按下。列出的真值表见表11-2。

表11-2 举重裁判判定问题的真值表

A	B	C	Y	A	B	C	Y
0	0	0	0	0	1	0	0
0	0	1	0	0	1	1	0

（续）

A	B	C	Y	A	B	C	Y
1	0	0	0	1	1	0	1
1	0	1	1	1	1	1	1

2）根据真值表写出逻辑表达式。

根据真值表写出逻辑表达式的方法是：①从真值表上找出输出为1的各行，再把这些行的输入变量写成乘积的形式，如果变量值为0，要在变量上加非；②把以上各行的乘积项相加，写出的逻辑表达式为

$$Y=A\overline{B}C+AB\overline{C}+ABC$$

3）化简逻辑表达式：

$$Y=A\overline{B}C+AB\overline{C}+ABC$$
$$=A\overline{B}C+AB(\overline{C}+C)（根据A+\overline{A}=1）$$
$$=A\overline{B}C+AB$$
$$=A(\overline{B}C+B)（根据A+\overline{A}B=A+B）$$
$$=A(B+C)$$

4）根据化简后的逻辑表达式画出逻辑电路图，画出的逻辑电路如图11-2所示。

图11-2所示的逻辑电路能满足裁判判决的逻辑关系，但还不是一个可以实际应用的电路，在图11-2的电路上再增加一些电路就可以构成具有实用价值的电路。举重比赛裁判裁决的实用电路如图11-3所示。

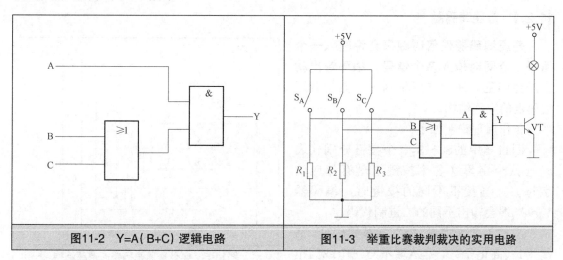

图11-2　Y=A(B+C) 逻辑电路	图11-3　举重比赛裁判裁决的实用电路

在图11-3所示的电路中，当按下按键S_A和S_B时，A、B端分别输入高电平（即为"1"），C端为低电平，结果逻辑电路Y端输出高电平（也为"1"），高电平加到晶体管VT的基极，VT导通，有电流流过灯，灯亮，表明判决成功。其他各种情况请读者自己分析。

5）用门电路实验板操作验证。

举重比赛裁决器主要由一个或门和一个与门组成，可以用门电路实验板进行实验操作验证，如图11-4所示。

将或门的A1端接高电平、B1端接低电平，然后将或门的Y1端接与门的B1端，与门的A1端接高电平，再将与门的Y1端接发光二极管，发光二极管点亮，这样相当于举重比赛裁决器的S_A、S_B闭合，S_C断开，"成功"灯亮。

图11-4　用门电路实验板操作验证举重比赛裁决器

11.2　编　码　器

在数字电路中，将输入信号转换成一组二进制代码的过程称为编码。编码器是指能实现编码功能的电路。计算机键盘内部就用到编码器，当按下某个按键时，会给编码器输入一个信号，编码器会将该信号转换成一串由1、0组成的二进制代码送入计算机，按压不同的按键时，编码器转换成的二进制代码不同，计算机根据代码的不同就能识别按下哪个按键。编码器的种类很多，主要分为两类：普通编码器和优先编码器。

11.2.1　普通编码器

普通编码器任何时刻只允许输入一个信号，若同时输入多个信号，编码输出就会产生混乱。图11-5所示为一个典型普通编码器的电路结构。

工作原理说明如下：

图11-5中的$S_0 \sim S_7$八个按键分别代表a~h八个字母（各个按键上刻有相应的字母），当按下不同的按键时，编码器$Y_0 \sim Y_2$端会输出不同的二进制代码。

当按下代表字母"a"的按键S_0时，A端为1（高电平），但A端不与三个或门电路相连，又因为$S_1 \sim S_7$的按键都未按下，故

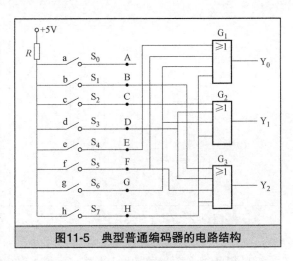

图11-5　典型普通编码器的电路结构

三个或门输入都为0，结果编码器输出$Y_2Y_1Y_0=000$。即字母"a"经编码器编码后转换成二进制代码000。

按下代表字母"f"的按键S_5时，F端为1，F=1加到门G_1和门G_3的输入端，门G_1输出$Y_0=1$，门G_3输出$Y_2=1$，而门G_2输出$Y_1=0$，结果编码器输出$Y_2Y_1Y_0=101$。即字母"f"经编码器编码后转换成二进制代码101。

扫一扫看视频

当按下其他代表不同字母的按键时，编码器会输出相应的二进制代码，具体见表11-3。

表11-3 普通编码器的真值表

代表符号	输入变量	编码输出代码			代表符号	输入变量	编码输出代码		
		Y_0	Y_1	Y_2			Y_0	Y_1	Y_2
a	A=1	0	0	0	e	E=1	1	0	0
b	B=1	0	0	1	f	F=1	1	0	1
c	C=1	0	1	0	g	G=1	1	1	0
d	D=1	0	1	1	h	H=1	1	1	1

在图11-5所示的编码器中，如果同时按下多个按键，如同时按下"b""c"键，编码输出的代码为$Y_2Y_1Y_0$=110，它与按下"d"键时的编码输出相同。因此普通编码器在任意时刻只允许输入一个信号。

11.2.2 优先编码器

普通编码器在任意时刻只允许输入一个信号，而**优先编码器同一时刻允许输入多个信号，但仅对输入信号中优先级别最高的一个信号进行编码输出。**

1. 八-三线优先编码器芯片

74LS148是一种常用的八-三线优先编码器芯片，其各脚功能与真值表如图11-6所示，表中的×表示无论输入何值，均不影响输出。74LS148有八个编码输入端（0～7）、三个编码输出端（A0～A2）、一个输入使能端（EI）、一个输出使能端（EO）和一个片扩展输出端（GS）。由于该编码器芯片有八个输入端和三个输出端，故称为八-三线编码器。

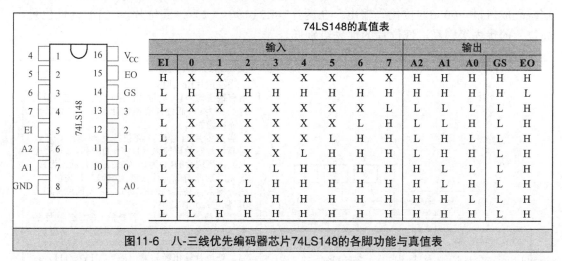

图11-6 八-三线优先编码器芯片74LS148的各脚功能与真值表

从真值表中不难看出：

① 当输入使能端EI=H时，0～7端无论输入何值，输出端均为H。即EI=H时，编码器无法编码。

② 当EI=L时，编码器可以对输入信号进行编码。在八个输入端中，优先级别由高到低依次是7，6，…，1，0，当优先级别高的端子有信号输入时（端子为低电平L时表示有信号输入），编码器仅对该端信号进行编码，而不理睬优先级别低的端子。例如端子7输

入信号时，编码器仅对该端输入进行编码，输出A2A1A0=000，若这时0～6端子有信号输入，编码器不予理睬。

另外，在编码器有编码输入时，会使GS=L、EO=H，无编码输入时，GS=H、EO=L。

2. 八-三线优先编码器

图11-7所示为一个由74LS148芯片组成的八-三线优先编码器，其输入使能端EI接地（EI=L），让芯片能进行编码，GS、EO端悬空未用。

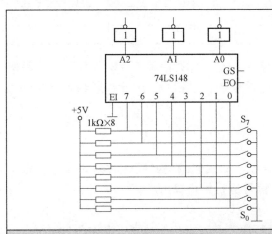

当按键S_0～S_7均未按下时，编码器0～7端子均为高电平，编码器无输入。

当S_6按下时，编码器6端变为低电平，表示6端有编码输入，编码器编码输出A2A1A0=001，经非门反相后变为110。

当S_6、S_5同时按下时，编码器6、5端均为低电平，但编码器仅对6端输入进行编码，编码输出A2A1A0仍为001。

图11-7　由74LS148芯片组成的八-三线优先编码器

3. 十六-四线优先编码器

图11-8所示为由两片74LS148芯片组成的十六-四线优先编码器，它可以将D15～D0分别编码成1111～0000四位代码输出。在两片74LS148中（2）为高位片，（1）为低位片，高位片的优先级别高，低位片的优先级别低。

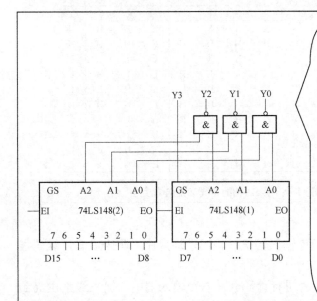

当高位片EI=1时，高位片禁止编码，高位片所有输出均为1，高位片的EO也为1，它使低位片的EI为1，低位片也被禁止编码，低位片所有输出均为1。

当高位片EI=0时，高位片允许编码。若此时高位片有编码输入（D15～D8有低电平输入），高位片的EO为1，它使低位片的EI为1，优先级别低的低位片被禁止编码。若高位片无编码输入，高位片的EO为0，它使低位片EI为0，低位片允许编码。

在高位片EI=0时，若D15=0，高位片的A2A1A0=000，高位片有编码输入，其EO=1使低位片禁止编码，低位片的A2A1A0=111，高、低位片输出经非门后Y2Y1Y0=111，由于低位片GS=1，故Y3Y2Y1Y0=1111。

在高位片EI=0时，若D6=0，高位片无编码输入，其A2A1A0=111，高位片的EO=0使低位片允许编码，低位片的A2A1A0=001，高、低位片输出经与非门后Y2Y1Y0=110，由于低位片GS=0，故Y3Y2Y1Y0=0110。

图11-8　由两片74LS148芯片组成的十六-四线优先编码器

11.3 译 码 器

"译码"是编码的逆过程，编码是将输入信号转换成二进制代码，而**译码是将二进制代码翻译成特定的输出信号的过程**。能完成译码功能的电路称为译码器。常见的译码器有二进制译码器、二-十进制译码器和显示译码器等。

11.3.1 二进制译码器

1. 二进制译码器的工作原理

二进制译码器是一种能将不同组合的二进制代码译成相应输出信号的电路。二位二进制译码器框图如图11-9所示，其真值表见表11-4。

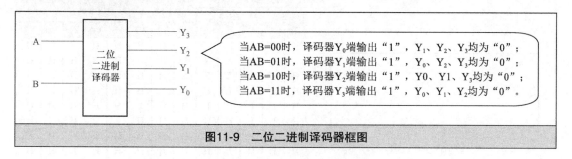

当AB=00时，译码器Y_0端输出"1"，Y_1、Y_2、Y_3均为"0"；
当AB=01时，译码器Y_1端输出"1"，Y_0、Y_2、Y_3均为"0"；
当AB=10时，译码器Y_2端输出"1"，Y_0、Y_1、Y_3均为"0"；
当AB=11时，译码器Y_3端输出"1"，Y_0、Y_1、Y_2均为"0"。

图11-9 二位二进制译码器框图

表11-4 二位二进制译码器真值表

输入		输出				输入		输出			
A	**B**	Y_3	Y_2	Y_1	Y_0	**A**	**B**	Y_3	Y_2	Y_1	Y_0
0	0	0	0	0	1	1	0	0	1	0	0
0	1	0	0	1	0	1	1	1	0	0	0

通过上面的过程了解二进制译码器后，下面再来分析二位二进制译码器的电路工作原理。二位二进制译码器的电路结构如图11-10所示。

当A=0、B=0时，非门G_A输出"1"，非门G_B输出"1"，与门G_3的两个输入端同时输入"0"，故输出端$Y_3=0$；与门G_2的两个输入端一个为"0"，另一个为"1"，输出端$Y_2=0$；与门G_1的两个输入端一个为

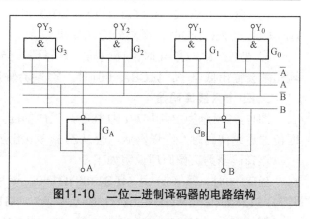

图11-10 二位二进制译码器的电路结构

"0"，另一个为"1"，输出端$Y_1=0$；与门G_0的两个输入端同时输入"1"，故输出端$Y_0=1$。也就是说，当AB=00时，只有Y_0输出为"1"。

当A=0、B=1时，非门G_A输出"1"，非门G_B输出"0"，与门G_3的两个输入端一个为"0"，另一个为"1"，输出端$Y_3=0$；与门G_2的两个输入端同时输入"0"，输出端$Y_2=0$；与门G_1的两个输入端同时输入"1"，输出端$Y_1=1$；与门G_0的两个输入端一个为

"0"，另一个为"1"，输出端Y_0=0。也就是说，当AB=01时，只有Y_1输出为"1"。

当A=1、B=0时，只有Y_2=1；当A=1、B=1时，只有Y_3=1；分析过程与上述过程相同，这里不再叙述。

二位二进制译码器可以将二位代码译成四种输出状态，故又称二-四线译码器，而n位二进制译码器可以译成2^n种输出状态。

2. 三-八线译码器芯片

74LS138是一种常用的三-八线译码器芯片，其各脚功能与真值表如图11-11所示。74LS138有三个译码输入端（A、B、C）、八个译码输出端（Y0～Y7））和三个使能端（G2A、G2B、G1）。

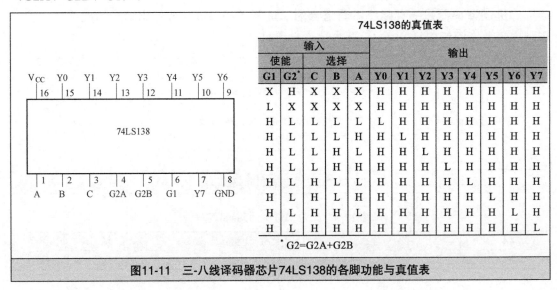

74LS138的真值表

输入					输出							
使能		选择										
G1	G2*	C	B	A	Y0	Y1	Y2	Y3	Y4	Y5	Y6	Y7
X	H	X	X	X	H	H	H	H	H	H	H	H
L	X	X	X	X	H	H	H	H	H	H	H	H
H	L	L	L	L	L	H	H	H	H	H	H	H
H	L	L	L	H	H	L	H	H	H	H	H	H
H	L	L	H	L	H	H	L	H	H	H	H	H
H	L	L	H	H	H	H	H	L	H	H	H	H
H	L	H	L	L	H	H	H	H	L	H	H	H
H	L	H	L	H	H	H	H	H	H	L	H	H
H	L	H	H	L	H	H	H	H	H	H	L	H
H	L	H	H	H	H	H	H	H	H	H	H	L

*G2=G2A+G2B

图11-11　三-八线译码器芯片74LS138的各脚功能与真值表

从真值表中不难看出：

① 当G1=L或G2=H（G2=G2A+G2B）时，C、B、A端无论输入何值，输出端均为H。即G1=L或G2=H时，译码器无法译码。

② 当G1=H、G2=L时，译码器允许译码，当C、B、A端输入不同的代码时，相应的输出端会输出低电平，如CBA=001时，Y1端会输出低电平（其他输出端均为高电平）。

3. 四-十六线译码器

图11-12所示为由两片74LS138芯片组成的四-十六线译码器，当D3～D0端输入不同的四位二进制代码时，经译码后，会从Z15～Z0相应端输出低电平。

该译码器的工作原理说明如下：

当D3=0时，第（2）片74LS138的G1=0，该片禁止译码，Z15～Z8端全为1，第（1）片74LS138的G2=0（G2=G2A+G2B=0+0=0）、G1=1，该片允许译码。

例如在D3D2D1D0=0101时，第（2）片74LS138禁止译码，第（1）片74LS138的ABC=101，Y5端输出低电平，即Z5=0。

当D3=1时，第（2）片74LS138的G1=1、G2=0，该片允许译码，第（1）片74LS138的G2=1，该片禁止译码。

例如在D3D2D1D0=1101时，第（1）片74LS138禁止译码，第（2）片74LS138的

ABC=101，该片的Y5端输出低电平，即Z13=0。

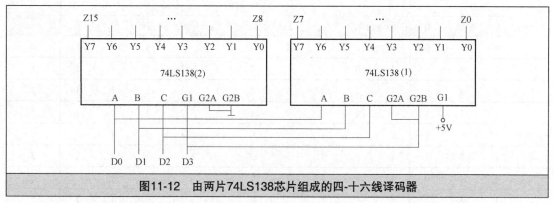

图11-12　由两片74LS138芯片组成的四-十六线译码器

11.3.2 二-十进制译码器

二-十进制译码器的功能是将8421BCD码中的10个代码译成10个相应的输出信号。

1．结构与原理

二-十进制译码器的电路结构如图11-13所示，其真值表见表11-5。

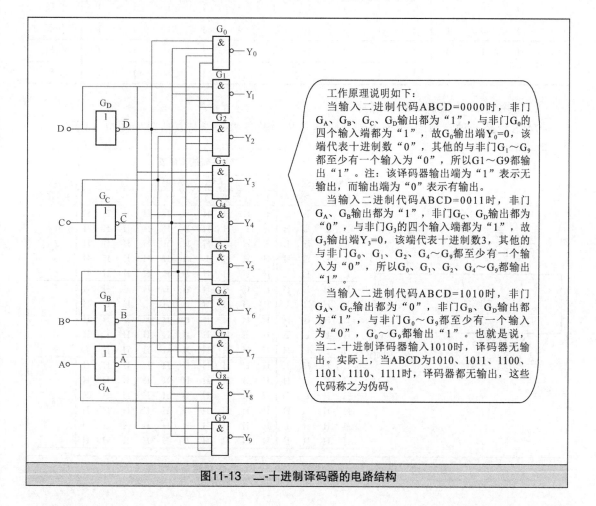

工作原理说明如下：

当输入二进制代码ABCD=0000时，非门G_A、G_B、G_C、G_D输出都为"1"，与非门G_0的四个输入端都为"1"，故G_0输出端Y_0=0，该端代表十进制数"0"，其他的与非门G_1～G_9都至少有一个输入为"0"，所以G1～G9都输出"1"。注：该译码器输出端为"1"表示无输出，而输出端为"0"表示有输出。

当输入二进制代码ABCD=0011时，非门G_A、G_B输出都为"1"，非门G_C、G_D输出都为"0"，与非门G_3的四个输入端都为"1"，故G_3输出端Y_3=0，该端代表十进制数3，其他的与非门G_0、G_1、G_2、G_4～G_9都至少有一个输入为"0"，所以G_0、G_1、G_2、G_4～G_9都输出"1"。

当输入二进制代码ABCD=1010时，非门G_A、G_C输出都为"0"，非门G_B、G_D输出都为"1"，与非门G_0～G_9都至少有一个输入为"0"，G_0～G_9都输出"1"。也就是说，当二-十进制译码器输入1010时，译码器无输出。实际上，当ABCD为1010、1011、1100、1101、1110、1111时，译码器都无输出，这些代码称之为伪码。

图11-13　二-十进制译码器的电路结构

表11-5 二-十进制译码器的真值表

输入				输出										十进制数
A	B	C	D	Y_0	Y_1	Y_2	Y_3	Y_4	Y_5	Y_6	Y_7	Y_8	Y_9	
0	0	0	0	0	1	1	1	1	1	1	1	1	1	0
0	0	0	1	1	0	1	1	1	1	1	1	1	1	1
0	0	1	0	1	1	0	1	1	1	1	1	1	1	2
0	0	1	1	1	1	1	0	1	1	1	1	1	1	3
0	1	0	0	1	1	1	1	0	1	1	1	1	1	4
0	1	0	1	1	1	1	1	1	0	1	1	1	1	5
0	1	1	0	1	1	1	1	1	1	0	1	1	1	6
0	1	1	1	1	1	1	1	1	1	1	0	1	1	7
1	0	0	0	1	1	1	1	1	1	1	1	0	1	8
1	0	0	1	1	1	1	1	1	1	1	1	1	0	9
1	0	1	0	1	1	1	1	1	1	1	1	1	1	伪码
1	0	1	1	1	1	1	1	1	1	1	1	1	1	伪码
1	1	0	0	1	1	1	1	1	1	1	1	1	1	伪码
1	1	0	1	1	1	1	1	1	1	1	1	1	1	伪码
1	1	1	0	1	1	1	1	1	1	1	1	1	1	伪码
1	1	1	1	1	1	1	1	1	1	1	1	1	1	伪码

2. 常用的二-十进制译码器芯片

74LS42是一种常用的二-十进制译码器芯片，其各脚功能与真值表如图11-14所示。

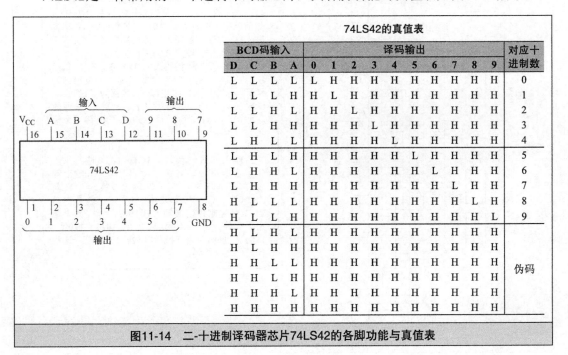

74LS42的真值表

BCD码输入				译码输出										对应十进制数
D	C	B	A	0	1	2	3	4	5	6	7	8	9	
L	L	L	L	L	H	H	H	H	H	H	H	H	H	0
L	L	L	H	H	L	H	H	H	H	H	H	H	H	1
L	L	H	L	H	H	L	H	H	H	H	H	H	H	2
L	L	H	H	H	H	H	L	H	H	H	H	H	H	3
L	H	L	L	H	H	H	H	L	H	H	H	H	H	4
L	H	L	H	H	H	H	H	H	L	H	H	H	H	5
L	H	H	L	H	H	H	H	H	H	L	H	H	H	6
L	H	H	H	H	H	H	H	H	H	H	L	H	H	7
H	L	L	L	H	H	H	H	H	H	H	H	L	H	8
H	L	L	H	H	H	H	H	H	H	H	H	H	L	9
H	L	H	L	H	H	H	H	H	H	H	H	H	H	伪码
H	L	H	H	H	H	H	H	H	H	H	H	H	H	伪码
H	H	L	L	H	H	H	H	H	H	H	H	H	H	伪码
H	H	L	H	H	H	H	H	H	H	H	H	H	H	伪码
H	H	H	L	H	H	H	H	H	H	H	H	H	H	伪码
H	H	H	H	H	H	H	H	H	H	H	H	H	H	伪码

图11-14 二-十进制译码器芯片74LS42的各脚功能与真值表

11.3.3　数码显示器与显示译码器

数码显示器的功能是在显示译码器送来的信号驱动下直观地显示十进制数码。显示译码器的功能是将输入二进制代码译成一定的输出信号，让该信号驱动显示器显示与输入代码相对应的字符。

1. 七段半导体数码显示器

数码显示器用来显示十进制数码。七段数码显示器是一种最常见的数码显示器，它可分为半导体数码显示器、荧光数码显示器和液晶数码显示器等。

七段半导体数码显示器又称七段数码管，它采用七个半导体发光二极管（LED），将a、b、c、d、e、f、g共七个发光二极管排成图11-15所示的“8”字形，这种显示器采用七段组合来显示数字0～9。七段半导体数码显示器的外形如图11-16所示。

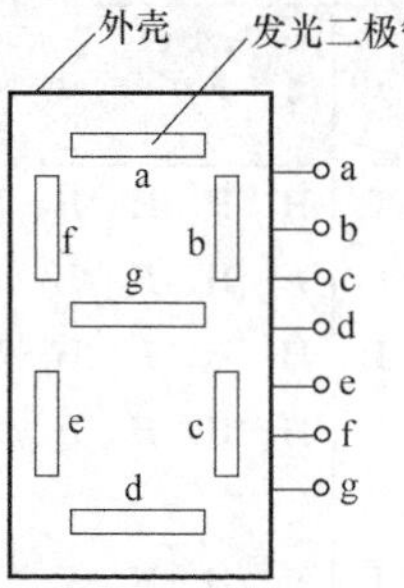

图11-15　七段半导体数码显示器排列图

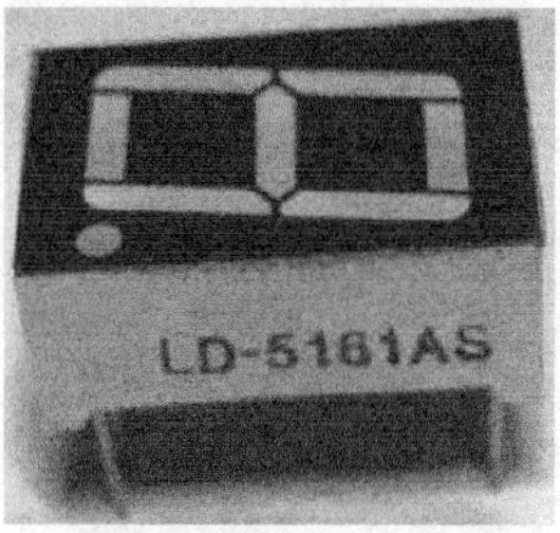

图11-16　七段半导体数码显示器的外形

由于七个发光二极管共有十四个引脚，**为了减少显示器的引脚数，在显示器内部将七个发光二极管正极或负极引脚连接起来，接成一个公共端，根据公共端是发光二极管正极还是负极，可分为共阳型接法（正极相连）和共阴型接法（负极相连），**如图11-17所示。

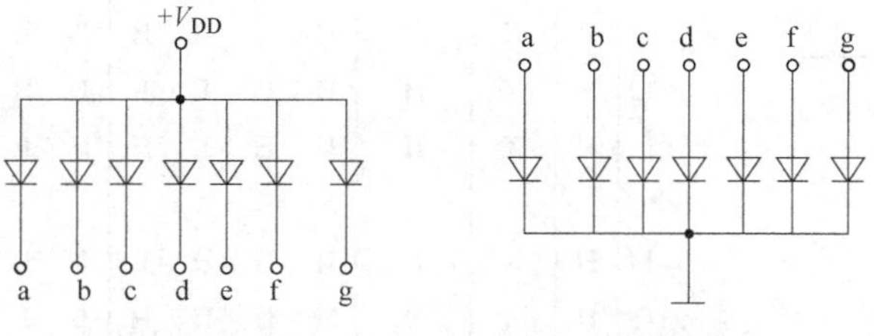

a) 共阳型接法　　b) 共阴型接法

图11-17　半导体数码显示器内部发光二极管的连接方式

对于共阳型接法的显示器，需要给发光二极管加低电平才能发光；而对于共阴型接法的显示器，需要给发光二极管加高电平才能发光。假设图11-15是一个共阴型接法的显示器，如果让它显示数字“5”，那么需要给a、c、d、f、g引脚加高电平（即这些引脚为1），b、e引脚加低电平（即这些引脚为0），这样a、c、d、f、g段的发光二极管有电流通过而发光，b、e段的发光二极管不发光，显示器就会显示出数字“5”。

2. 显示译码器

显示译码器的功能是将输入的二进制代码译成一定的输出信号，让输出信号驱动显示器来显示与输入代码相对应的字符。 显示译码器的种类很多，这里介绍BCD-七段显示译码器，它可以将BCD码译成一定的输出信号，该信号能驱动七段数码显示器显示与BCD码对应的十进制数。

（1）常用的BCD-七段显示译码器芯片

74LS48是一种常用的BCD-七段显示译码器芯片，其各脚功能与真值表如图11-18所示。

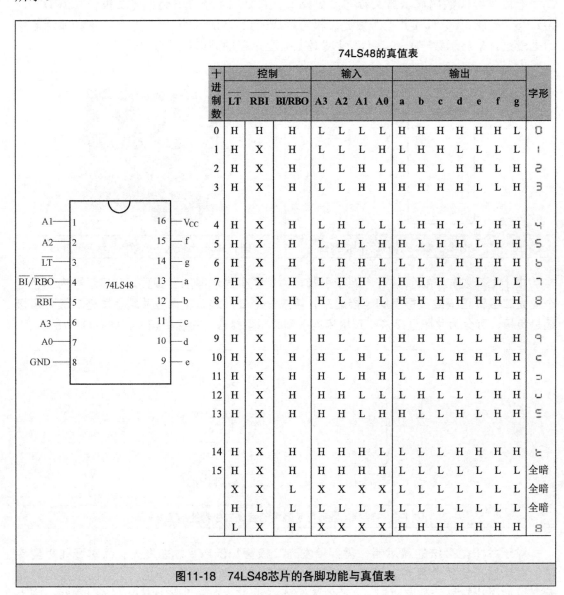

74LS48的真值表

十进制数	控制			输入				输出							字形
	LT	RBI	BI/RBO	A3	A2	A1	A0	a	b	c	d	e	f	g	
0	H	H	H	L	L	L	L	H	H	H	H	H	H	L	0
1	H	X	H	L	L	L	H	L	H	H	L	L	L	L	1
2	H	X	H	L	L	H	L	H	H	L	H	H	L	H	2
3	H	X	H	L	L	H	H	H	H	H	H	L	L	H	3
4	H	X	H	L	H	L	L	L	H	H	L	L	H	H	4
5	H	X	H	L	H	L	H	H	L	H	H	L	H	H	5
6	H	X	H	L	H	H	L	L	L	H	H	H	H	H	6
7	H	X	H	L	H	H	H	H	H	H	L	L	L	L	7
8	H	X	H	H	L	L	L	H	H	H	H	H	H	H	8
9	H	X	H	H	L	L	H	H	H	H	L	L	H	H	9
10	H	X	H	H	L	H	L	L	L	L	H	H	L	H	c
11	H	X	H	H	L	H	H	L	L	H	H	L	L	H	⊐
12	H	X	H	H	H	L	L	L	H	L	L	L	H	H	U
13	H	X	H	H	H	L	H	H	L	L	H	L	H	H	𝟝
14	H	X	H	H	H	H	L	L	L	L	H	H	H	H	㇄
15	H	X	H	H	H	H	H	L	L	L	L	L	L	L	全暗
	X	X	L	X	X	X	X	L	L	L	L	L	L	L	全暗
	H	L	L	L	L	L	L	L	L	L	L	L	L	L	全暗
	L	X	H	X	X	X	X	H	H	H	H	H	H	H	8

图11-18　74LS48芯片的各脚功能与真值表

74LS48有三类端子：输入端、输出端和控制端。A3～A0为输入端，用来输入8421BCD码；a～g为输出端，芯片对输入的BCD码译码后，会从a～g端输出相应的信号，来驱动七段显示器显示与BCD码对应的十进制数。$\overline{LT}$、$\overline{RBI}$和$\overline{BI}/\overline{RBO}$为控制端。

$\overline{LT}$端为灯测试输入端。只要$\overline{LT}=0$，就可以使a～g端输出全为高电平，将七段显示器的所有段全部点亮，以检查显示器各段显示是否正常。

$\overline{RBI}$端为灭零输入端。当多位七段显示器显示多位数字时，利用该端$\overline{RBI}=0$可以将不希望显示的"0"熄灭，如八位七段显示器显示数字"12.3"，如果不灭零，会显示"0012.3000"，灭零后则显示"12.3"，使显示更醒目。

$\overline{BI}/\overline{RBO}$端为灭灯输入/灭零输出端，它是一个双功能端子。当$\overline{BI}/\overline{RBO}$端用作输入端使用时，称灭灯输入控制端，只要$\overline{BI}/\overline{RBO}=0$，无论A3、A2、A1、A0输入什么，a～g端输出全为低电平，使七段显示器的各段同时熄灭。当$\overline{BI}/\overline{RBO}$作为输出端使用时，称灭零输出端。当A3A2A1A0=0000且有灭零信号输入（$\overline{RBI}=0$）时，该端会输出低电平，表示译码器已进行了灭零操作。

（2）一位译码显示电路

图11-19所示为一个由74LS48芯片和BS202型共阴型半导体数码管组成的一位译码显示电路。

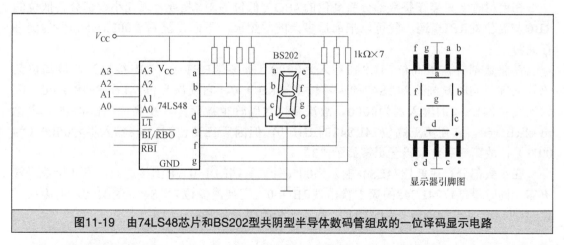

图11-19　由74LS48芯片和BS202型共阴型半导体数码管组成的一位译码显示电路

如果要检测数码管各段是否显示正常，可以让$\overline{LT}=0$，74LS48芯片的a～g端输出全为高电平，数码管各段同时点亮。若某段不显示，而芯片相应的输出端又为高电平，则为数码管该段有故障。

当A3A2A1A0=0000时，74LS48芯片的a～f端输出为高电平，g端为低电平，数码管显示"0"，如果要将该"0"熄灭，可以让$\overline{RBI}=0$，芯片a～g端输出全为低电平。

在数码管显示任何数字时，若让$\overline{BI}/\overline{RBO}=0$，74LS48芯片a～g端输出全变为低电平，数码管原先显示的数字将消失。

当A3A2A1A0=0000且$\overline{RBI}=0$（有灭零信号输入）时，74LS48芯片a～g端输出全为低电平，同时$\overline{BI}/\overline{RBO}$会输出低电平，表示译码器已经进行了灭零操作。

在正常工作时，可将$\overline{LT}$、$\overline{RBI}$和$\overline{BI}/\overline{RBO}$三端连接在一起，并接高电平，数码管的显示会随A3A2A1A0的变化而变化。

（3）多位译码显示电路

图11-20所示为一个由74LS48芯片和半导体数码管组成的八位译码显示电路。该电路

采用将74LS48的灭零输入端与灭零输出端配合使用，来实现多位数码显示控制。

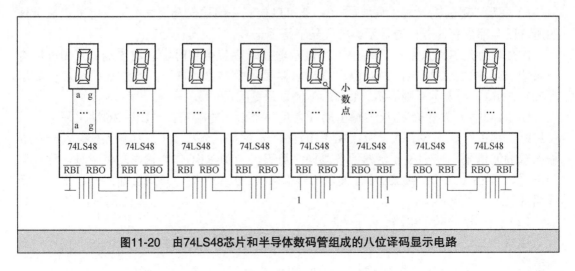

图11-20　由74LS48芯片和半导体数码管组成的八位译码显示电路

在使用时，只需在整数部分将高位的$\overline{\text{RBO}}$与低位的$\overline{\text{RBI}}$相连，而在小数部分将低位的$\overline{\text{RBO}}$与高位的$\overline{\text{RBI}}$相连，就可以把前后多余的零熄灭。下面以显示"00381.560"为例进行说明。

在整数部分，最高位74LS48输入为0000且灭零端$\overline{\text{RBI}}$=0（$\overline{\text{RBI}}$接地），最高位数码管灭零，同时最高位74LS48的灭零输出端$\overline{\text{RBO}}$=0，它使次高位74LS48的$\overline{\text{RBI}}$=0，因为次高位74LS48的输入也为0000，故次高位数码管也被灭零，次高位74LS48的灭零输出端$\overline{\text{RBO}}$=0，它使第三高位74LS48的$\overline{\text{RBI}}$=0，但因第三高位74LS48输入不为0000（为0011），故第三高位数码管正常显示"3"。

在小数部分，最低位74LS48输入为0000且灭零端$\overline{\text{RBI}}$=0（$\overline{\text{RBI}}$接地），最低位数码管灭零，同时最低位74LS48的灭零输出端$\overline{\text{RBO}}$=0，它使次低位74LS48的$\overline{\text{RBI}}$=0，但因次低位74LS48输入不为0000（为0110），故次低位数码管正常显示"6"。

11.4　电路小制作——数码管译码控制器

数码管译码控制器是一种将8421BCD码进行译码并驱动七段数码管显示数字0～9的电路，该控制器还能对数码管进行试灯、灭灯和灭零控制。

11.4.1　电路原理

图11-21所示为数码管译码控制器的电路原理图。在电路中，5161BS为共阳型七段数码管，74LS47为BCD-七段显示译码器芯片，表11-6所示为74LS47的真值表。S_RBI为灭零键，S_LT为试灯键，S_BI/RBO为灭灯输入/灭零输出键，这三个键在未按下时，74LS47的$\overline{\text{LT}}$、$\overline{\text{RBI}}$和$\overline{\text{BI/RBO}}$引脚均为高电平；S_0～S_3键分别为74LS47的A0～A3引脚提供输入信号，键未按下时，输入为低电平，按下时输入为高电平。

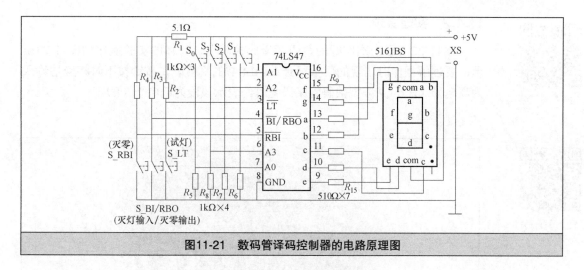

图11-21 数码管译码控制器的电路原理图

表11-6 74LS47的真值表

十进制数或功能引脚	输入及控制							输出						
	$\overline{LT}$	$\overline{RBI}$	A3	A2	A1	A0	$\overline{BI}/\overline{RBO}$	a	b	c	d	e	f	g
0	H	H	L	L	L	L	H	L	L	L	L	L	L	H
1	H	X	L	L	L	H	H	H	L	L	H	H	H	H
2	H	X	L	L	H	L	H	L	L	H	L	L	H	L
3	H	X	L	L	H	H	H	L	L	L	L	H	H	L
4	H	X	L	H	L	L	H	H	L	L	H	H	L	L
5	H	X	L	H	L	H	H	L	H	L	L	H	L	L
6	H	X	L	H	H	L	H	H	H	L	L	L	L	L
7	H	X	L	H	H	H	H	L	L	L	H	H	H	H
8	H	X	L	L	L	L	H	L	L	L	L	L	L	L
9	H	X	H	L	L	H	H	L	L	L	H	H	L	L
10	H	X	H	L	H	L	H	H	H	H	L	L	H	L
11	H	X	H	L	H	H	H	H	H	L	L	H	H	L
12	H	X	H	H	L	L	H	L	H	H	H	L	L	L
13	H	X	H	H	L	H	H	L	H	L	L	L	L	L
14	H	X	H	H	H	L	H	H	H	L	L	L	L	L
15	H	X	H	H	H	H	H	H	H	H	H	H	H	H
$\overline{BI}$	X	X	X	X	X	X	L	H	H	H	H	H	H	H
$\overline{RBI}$	H	L	L	L	L	L	L	H	H	H	H	H	H	H
$\overline{LT}$	L	X	X	X	X	X	H	L	L	L	L	L	L	L

11.4.2　实验操作

　　图11-22所示为制作好的数码管译码控制器，具体的实验操作如图11-23所示，要理解操作时出现的现象可查看74LS47的真值表，按键按下时相应端输入为高电平（H），共阳型数码管某段亮时，表示该段为低电平（L）。

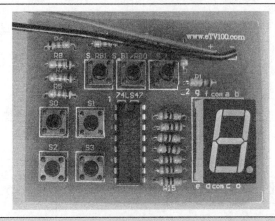

图11-22　制作好的数码管译码控制器

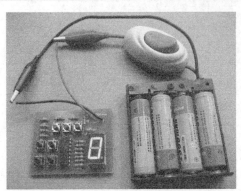

a) 接通电源时显示"0"

b) 按下S$_0$键时显示"1"

c) 按下S$_2$键时显示"4"

d) 同时按下S$_0$、S$_2$键时显示"5"

图11-23　数码管译码控制器的实验操作

e) 按下S_LT(试灯)键时显示"8"

f) 按下S_BI(灭灯输入)键时无任何显示

g) 按下S_RBI(灭零)键时"0"消失

图11-23 数码管译码控制器的实验操作（续）

11.5 加法器

计算机等数字电子设备最基本的任务是进行算术运算，数字电子设备中的加、减、乘、除四则运算都是分解成加法运算进行的，所以加法器是数字电子设备中最基本的运算单元。加法器又分为半加器和全加器。

11.5.1 半加器

两个一位二进制数相加运算，称为半加，实现半加运算功能的电路称为半加器。半加器可以由一个异或门和一个与门组成，如图11-24a所示；也可以由一个异或门、一个与非门及一个非门组成，如图11-24b所示。半加器的图形符号如图11-24c所示，其中A、B表示加数，S表示半加和，C表示进位数。

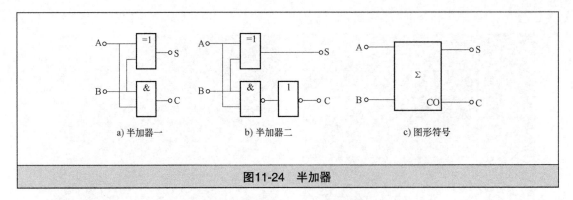

a) 半加器一　　　　　　b) 半加器二　　　　　　c) 图形符号

图11-24　半加器

下面以图11-24a所示的半加器为例来说明其工作原理：

当A端输入"0"，B端输入"1"时，异或门的S端输出"1"（异或门的功能是输入相同时输出为"0"，输入相异时输出为"1"），而与门的C端输出"0"，即"0+1=1"。

当A、B端都输入"1"时，异或门的S端输出"0"，与门的C端输出"1"，即"1+1=10"。A、B端其他的输入情况不再叙述，请读者自己分析。半加器的真值表见表11-7。

表11-7　半加器的真值表

输入		输出		输入		输出	
A	**B**	**S**	**C**	**A**	**B**	**S**	**C**
0	0	0	0	1	0	1	0
0	1	1	0	1	1	0	1

11.5.2　全加器

在实际的二进制加法运算中，经常会遇到多位数相加的情况，例如两位数11+01的运算，两个数的低位1和1相加时会产生进位1，而两个数的高位除了要进行1+0外，还要加上低位的进位数1，这是半加器无法完成的，需要由全加器来完成。

全加是带进位的加法运算，它除了要将两个同位数相加外，还要加上低位送来的进位数。全加器是用来实现全加运算的电路。全加器具有三个输入端：加数A、B和低位来的进位数C_{n-1}；两个输出端：和数S_n和向高位进位数C_n。全加器由两个半加器和一个或门组成，如图11-25a所示，全加器的图形符号如图11-25b所示。

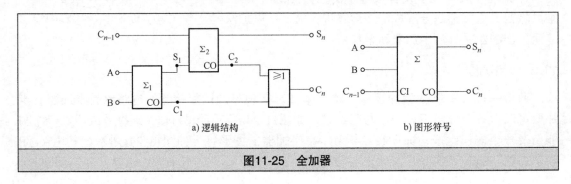

a) 逻辑结构　　　　　　　　　　　　　　b) 图形符号

图11-25　全加器

下面来分析图11-25a所示的全加器的工作原理。

A、B为两个加数，C_{n-1}为低位来的进位数，S_n为和数，C_n为高位进位数，Σ_1和Σ_2均为半加器。

当A端输入"1"、B端输入"0"、C_{n-1}端输入"0"（即低位无进位）时，半加器Σ_1的进位C_1端输出"0"去或门，和数S_1端输出"1"去半加器Σ_2的一个输入端，同时低位进位数C_{n-1}的"0"送到半加器Σ_2的另一个输入端，结果半加器Σ_2的和数S_n端输出"1"，进位C_2端输出"0"。$C_1=0$和$C_2=0$送到或门的输入端，或门C_n端输出"0"。即当A端输入"1"、B端输入"0"、C_{n-1}端输入"0"时，全加器的$S_n=1$，高位进位数$C_n=0$。

当A=1、B=1、低位进位数$C_{n-1}=1$（即低位有进位数）时，半加器Σ_1的和数端$S_1=0$，进位输出端$C_1=1$。$S_1=0$和$C_{n-1}=1$送到半加器Σ_2的输入端，半加器Σ_2的和数端$S_n=1$，进位数端$C_2=0$。$C_2=0$和$C_1=1$去或门，或门输出端C_n为"1"。即当A=1、B=1、低位进位数$C_{n-1}=1$时，全加器的$S_n=1$，高位进位数$C_n=1$。

全加器的真值表见表11-8。

表11-8　全加器的真值表

输入		输出			输入		输出		
A	B	C_{n-1}	S_n	C_n	A	B	C_{n-1}	S_n	C_n
0	0	0	0	0	1	0	0	1	0
0	0	1	1	0	1	0	1	0	1
0	1	0	1	0	1	1	0	0	1
0	1	1	0	1	1	1	1	1	1

11.5.3　多位加法器

半加器和全加器只能实现一位二进制数相加，而实际更多的是多位二进制数进行相加，这就要用到多位加法器。**多位加法器由多个全加器或者全加器与半加器混合组成。**

1. 结构与原理

图11-26所示为四位串行二进制加法器的电路结构，它由四个全加器$\Sigma_1 \sim \Sigma_4$组成。

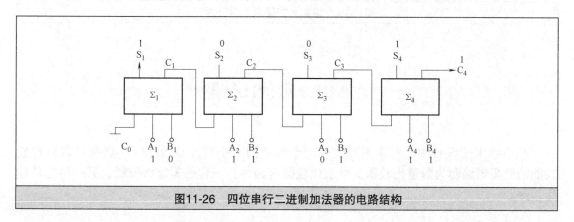

图11-26　四位串行二进制加法器的电路结构

下面以"$A_4A_3A_2A_1+B_4B_3B_2B_1$"为例来说明其工作过程，这里设$A_4A_3A_2A_1$=1011、$B_4B_3B_2B_1$=1110。

多位加法器的相加过程就像用竖式计算一样，先将低位数相加，得到和数，若有进位，则向高位进位，高位相加时则要考虑有无进位，1011与1110相加的竖式计算过程如下

$$\begin{array}{r} 1011 \\ +1110 \\ \hline 11001 \end{array}$$

在全加器Σ_1中进行"A_1+B_1（1+0）"运算，其进位数C_1=0（无进位），和数S_1=1；在全加器Σ_2中进行"A_2+B_2（1+1）"运算，其进位数C_2=1（有进位），和数S_2=0；在全加器Σ_3中进行"A_3+B_3（0+1）"并加低位进位数C_2=1运算，得到和数S_3=0，同时产生高位进位数C_3=1；在全加器Σ_4中进行"A_4+B_4（1+1）"并加Σ_3送来的进位数C_3=1运算，结果和数S_4=1，高位进位数C_4=1。

通过上述过程，四位串行二进制加法器的输出端$C_4S_4S_3S_2S_1$=11001，从而完成了"1011+1110=11001"的运算。

2.常用的多位加法器芯片

74LS83是一个常用的四位加法器芯片，内部由四个全加器组成。74LS83各脚功能如图11-27所示。

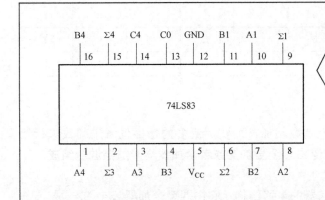

图11-27 多位加法器芯片74LS83

11.6 数值比较器

在数字电子设备中，经常需要比较两个数值的大小以及是否相等，**能完成数据比较功能的逻辑电路称为数值比较器。数值比较器有两种：一种是等值比较器；另一种是数值比较器。**

11.6.1　等值比较器

等值比较器的功能是检验数据是否相等。等值比较器可分为一位等值比较器和多位等值比较器。

1. 一位等值比较器

一位等值比较器如图11-28所示，其中图11-28a为异或非门构成的一位等值比较器，图11-28b为与或非门构成的一位等值比较器。

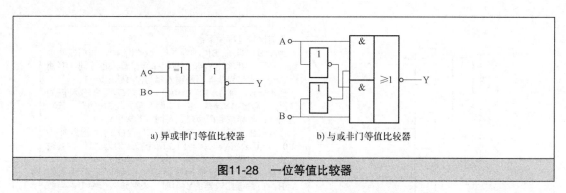

a) 异或非门等值比较器　　　　b) 与或非门等值比较器

图11-28　一位等值比较器

异或非门又称同或门，在第2章中已经介绍过，其逻辑功能是：当A、B输入相同（相等）时，输出为"1"，否则为"0"。因此可以根据异或非门的输出来判断A、B是否相等，在图11-28a中，当输出为"1"时，表明A、B相等；当输出为"0"时，表明A、B不相等。

图11-28b中的等值比较器由两个非门和一个与或非门构成。与或非门的逻辑功能是：两个与门中有一组全为"1"时，输出就为"0"，否则为"1"。在图11-28b中，如果A、B相同（相等）时，两个与门的两个输入值必不相同（即A、B相同时，A和$\overline{B}$不相同，B和$\overline{A}$也不相同），输出Y=1；如果A、B不相同时，两个与门的两个输入值必然相同，输出Y=0。

2. 多位等值比较器

在实际的数字电路中经常需要进行多位数值的比较，这就要用到多位等值比较器。图11-29所示为四位等值比较器，它由四个同或门（即异或非门）和一个与门构成。

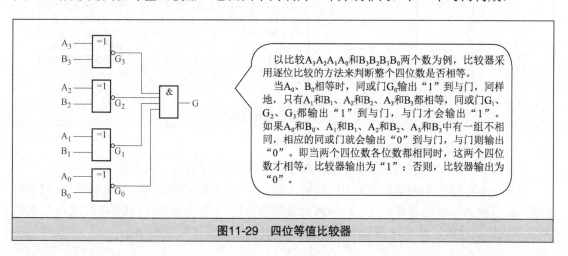

以比较$A_3A_2A_1A_0$和$B_3B_2B_1B_0$两个数为例，比较器采用逐位比较的方法来判断整个四位数是否相等。

当A_0、B_0相等时，同或门G_0输出"1"到与门，同样地，只有A_1和B_1、A_2和B_2、A_3和B_3都相等，同或门G_1、G_2、G_3都输出"1"到与门，与门才会输出"1"。

如果A_0和B_0、A_1和B_1、A_2和B_2、A_3和B_3中有一组不相同，相应的同或门就会输出"0"到与门，与门则输出"0"。即当两个四位数各位数都相同时，这两个四位数才相等，比较器输出为"1"；否则，比较器输出为"0"。

图11-29　四位等值比较器

11.6.2　大小比较器

数值比较器又称为大小比较器，它不但能检验两个数据是否相等，还能比较它们的大小。

1. 一位数值比较器

一位数值比较器的电路结构如图11-30所示，它是由一个异或非门、两个与门和两个非门构成的。

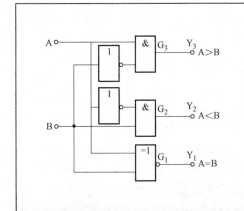

数值比较过程如下：

当A=B，即A、B同时为"1"或"0"时，与门G_3两个输入不同，其输出Y_3=0；与门G_2两个输入也不同，其输出Y_2=0；而与异或非门两输入相同，其输出Y_1=1。

当A＞B，即A=1、B=0时，与门G_3两个输入都为"1"，其输出Y_3=1；与门G_2两个输入均为"0"，其输出Y_2=0；与异或非门两输入不同，其输出Y_1=0。

当A＜B，即A=0、B=1时，与门G_3两个输入都为"0"，其输出Y_3=0；与门G_2两个输入均为"1"，其输出Y_2=1；与异或非门两输入不同，其输出Y_1=0。

也就是说，当数值比较器的Y_1=1时，表明输入值A=B；当数值比较器的Y_3=1时，表明输入值A＞B；当数值比较器的Y_2=1时，表明输入值A＜B。

图11-30　一位数值比较器的电路结构

2. 多位数值比较器

（1）多位数值比较器原理

多位数值比较器采用由高位到低位逐次比较的方式，当高位数值大时，则整个多位数数值都大，若高位相等，再比较下一位，下一位数值大的整个多位数数值大，这样依次逐位进行比较，当所有的位数值都相等时，则两个多位数相等。图11-31所示为一个四位数值比较器框图。

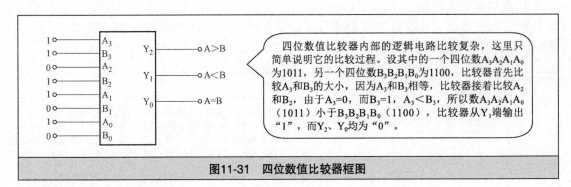

四位数值比较器内部的逻辑电路比较复杂，这里只简单说明它的比较过程。设其中的一个四位数$A_3A_2A_1A_0$为1011，另一个四位数$B_3B_2B_1B_0$为1100，比较器首先比较A_3和B_3的大小，因为A_3和B_3相等，比较器接着比较A_2和B_2，由于A_2=0，而B_2=1，$A_2＜B_2$，所以数$A_3A_2A_1A_0$（1011）小于$B_3B_2B_1B_0$（1100），比较器从Y_1端输出"1"，而Y_2、Y_0均为"0"。

图11-31　四位数值比较器框图

（2）多位数值比较器芯片

74LS85是一个常用的四位数值比较器芯片，如图11-32所示，其真值表见表11-9。

74LS85的A3～A0和B3～B0为比较输入端，可同时输入两组四位二进制数；74LS85的5、6、7脚为比较输出端，2、3、4脚为级联输入端，当使用多片74LS85组成八位或更高位数值比较器时，高位片74LS85级联输入端接低位片的比较输出端。

从真值表可以看出，当74LS85的 A3A2A1A0≠B3B2B1B0时，级联输入端输入无效（即不管输入何值都不会影响比较输出），当74LS85的A3A2A1A0=B3B2B1B0时，级联输入端输入会影响比较输出。

（3）数值比较器的扩展

在进行多位数值比较时，单个芯片常常无法胜任，采用多个芯片进行级联可以解决这个问题。图11-33所示为一个由两片74LS85级联构成的八位数值比较器，从图11-33中可以看出，低位片的级联输入端均接地，而比较输出端接高位片的级联输入端。

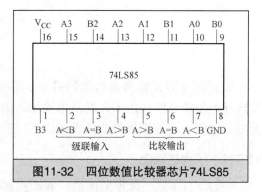

图11-32　四位数值比较器芯片74LS85

表11-9　74LS85的真值表

比较输入				级联输入			比较输出		
A3，B3	A2，B2	A1，B1	A0，B0	A＞B	A＜B	A=B	A＞B	A＜B	A=B
A3＞B3	X	X	X	X	X	X	H	L	L
A3＜B3	X	X	X	X	X	X	L	H	L
A3=B3	A2＞B2	X	X	X	X	X	H	L	L
A3=B3	A2＜B2	X	X	X	X	X	L	H	L
A3=B3	A2=B2	A1＞B1	X	X	X	X	H	L	L
A3=B3	A2=B2	A1＜B1	X	X	X	X	L	H	L
A3=B3	A2=B2	A1=B1	A0＞B0	X	X	X	H	L	L
A3=B3	A2=B2	A1=B1	A0＜B0	X	X	X	L	H	L
A3=B3	A2=B2	A1=B1	A0=B0	H	L	L	H	L	L
A3=B3	A2=B2	A1=B1	A0=B0	L	H	L	L	H	L
A3=B3	A2=B2	A1=B1	A0=B0	L	L	H	L	L	H
A3=B3	A2=B2	A1=B1	A0=B0	X	X	H	L	L	H
A3=B3	A2=B2	A1=B1	A0=B0	H	H	L	L	L	L
A3=B3	A2=B2	A1=B1	A0=B0	L	L	L	H	H	L

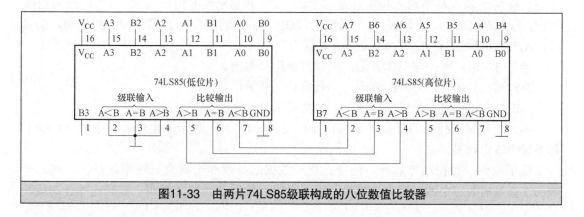

图11-33　由两片74LS85级联构成的八位数值比较器

11.7　数据选择器

数据选择器又称为多路选择开关，它是一个多路输入、一路输出的电路，其功能是在选择控制信号的作用下，能从多路输入的数据中选择其中一路输出。 数据选择器在音响设备、电视机、计算机和通信设备中广泛应用。

11.7.1　结构与原理

图11-34a所示为典型的四选一数据选择器的电路结构，图11-34b所示为其等效图。

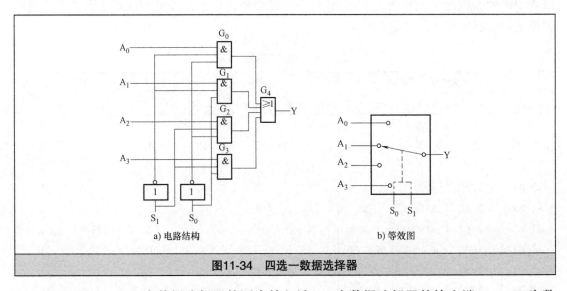

a) 电路结构　　　　　　　　　　　b) 等效图

图11-34　四选一数据选择器

A_0、A_1、A_2、A_3为数据选择器的四个输入端，Y为数据选择器的输出端，S_0、S_1为数据选择控制端，用来控制数据选择器选择四路数据中的某一路数据输出。为了分析更直观，假设数据选择器的四路输入端A_0、A_1、A_2、A_3分别输入1、1、1、1。

当S_0=0、S_1=1时，S_1的"1"经非门后变成"0"送到与门G_0和G_1的输入端，与门G_0和G_4关闭（与门只要有一个输入为"0"，输出就为"0"），A_0和A_1数据"1"均无法通过；S_0的"0"一路直接送到与门G_3输入端，与门G_3关闭，A_3数据"1"无法通过与门G_3；而与门G_2两个输入端则输入由S_1直接送来的"1"和由S_0经非门转变成"1"，故与门G_2开通，G_2输出"1"，该数据"1"送到或门G_4，G_4输出"1"。也就是说，当S_0=0、S_1=1时，A_2数据能通过与门G_2和或门G_4从Y端输出。

当S_0=1、S_1=1时，与门G_3开通，A_3数据被选择输出。

当S_0=0、S_1=0时，与门G_0开通，A_0数据被选择输出。

当S_0=1、S_1=0时，与门G_1开通，A_1数据被选择输出。

四选一数据选择器的真值表见表11-10。表中的"×"表示无论输入什么值（1或0）都不影响输出结果。

除了四选一数据选择器外，还有八选一数据选择器和十六选一数据选择器。八选一数据选择器需要三个数据选择控制端，而十六选一数据选择器需要四个数据选择控制端。

表11-10 四选一数据选择器的真值表

选择控制输入		输入				输出
S_1	S_0	A_0	A_1	A_2	A_3	Y
0	0	A_0	×	×	×	A_0
0	1	×	A_1	×	×	A_1
1	0	×	×	A_2	×	A_2
1	1	×	×	×	A_3	A_3

11.7.2 常用的数据选择器芯片

74LS153是一个常用的双四选一数据选择器芯片，其各脚功能与真值表如图11-35所示。74LS153内部有两个完全相同的四选一数据选择器，C3～C0为数据输入端，Y为数据输出端。1G、2G分别是1组、2组选通端，当1G=0时，第1组数据选择器工作，当2G=0时，第2组数据选择器工作，当1G、2G均为高电平时，1、2组数据选择器均不工作。

A、B为选择控制端，在G端为低电平时，可以选择某路输入数据并输出。例如当1G=0时，若AB=10，1C1端输入的数据会被选择并从1Y端输出。

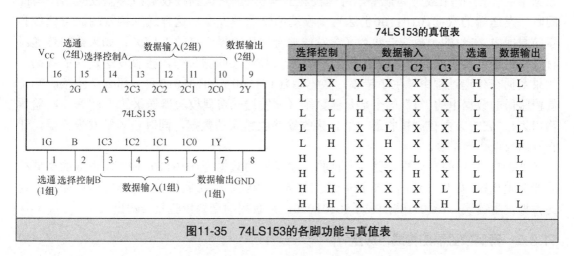

图11-35 74LS153的各脚功能与真值表

11.8 奇偶校验器

在数字电子设备中，数字电路之间经常要进行数据传递，由于受一些因素的影响，数据在传送过程中可能会产生错误，从而会引起设备工作不正常。为了解决这个问题，常常在数据传送电路中设置奇偶校验器。

11.8.1 奇偶校验的原理

奇偶校验是检验数据传递是否发生错误的方法之一。它是通过检验传递数据中"1"

的个数是奇数还是偶数来判断传递数据是否有错误。

奇偶校验有奇校验和偶校验之分。对于奇校验，若数据中有奇数个"1"，则校验结果为0，若数据中有偶数个"1"，则校验结果为1；对于偶校验，若数据中有偶数个"1"，则校验结果为0，若数据中有奇数个"1"，则校验结果为1。

下面以图11-36所示的八位并行传递奇偶校验示意图为例来说明奇偶校验原理。

在图11-36中，发送器通过八根数据线同时向接收器传递八位数据，这种通过多根数据线同时传递多位数的数据传递方式称为并行传递。发送器在往接收器传递数据的同时，也会把数据传递给发送端的奇偶校验器，假设发送端要传递的数据是10101100。

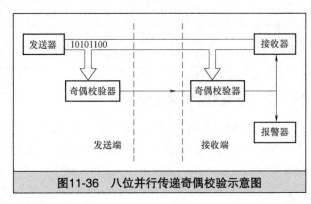

图11-36　八位并行传递奇偶校验示意图

若图11-36中的奇偶校验器为奇校验，发送器的数据10101100送到奇偶校验器，由于数据中的"1"的个数是偶数个，奇偶校验器输出1，它送到接收端的奇偶校验器，与此同时，发送端的数据10101100也送到接收端的奇偶校验器，这样送到接收端的奇偶校验器的数据中"1"的个数为奇数个（含发送端奇偶校验器送来的"1"），如果数据传递没有发生错误，接收端的奇偶校验器输出0，它去控制接收器工作，接收发送过来的数据。如果数据在传递过程中发生了错误，数据由10101100变为10101000，那么送到接收端奇偶校验器的数据中的"1"的个数是偶数个（含发送端奇偶校验器送来的"1"），校验器输出为1，它一方面控制接收器，禁止接收器接收错误的数据，同时还去触发报警器，让它发出数据错误报警。

若图11-36中的奇偶校验器为偶校验，发送器的数据为10101100时，发送端的奇偶校验器会输出0。如果传递的数据没有发生错误，接收端的奇偶校验器会输出0；如果传递的数据发生错误，10101100变成了10101000，接收端的奇偶校验器会输出1。

11.8.2　奇偶校验器的构成与应用

奇偶校验器可采用异或门构成，两位奇偶校验器和三位奇偶校验器分别如图11-37a和图11-37b所示。

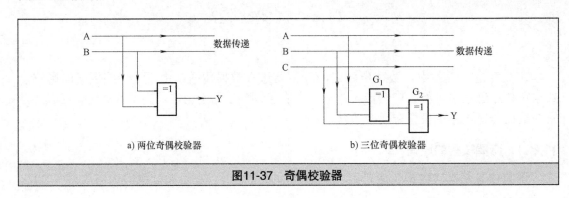

a) 两位奇偶校验器　　　　　　　　　　b) 三位奇偶校验器

图11-37　奇偶校验器

　　图11-37中的奇偶校验器是由异或门构成的，异或门具有的特点是：输入相同时输出为"0"，输入相异时输出为"1"。图11-37a所示的两位奇偶校验器由一个异或门构成，当A、B都输入"1"，即输入的"1"为偶数个时，输出Y=0；当A、B中只有一个为"1"，即输入的"1"为奇数个时，输出Y=1。

　　图11-37b所示的三位奇偶校验器由两个异或门构成，当A=1、B=1、C=1时，输出Y=1；当A=1、B=1，而C=0时，异或门G₁输出为"0"，异或门G₂输出为"0"，即输入的"1"为偶数个时，输出Y=0。

　　以上两种由异或门组成的奇偶校验器具有偶校验功能，如果将异或门换成异或非门组成奇偶校验器，它就具有奇校验功能。

　　从图11-36中可以看出，由于接收端的奇偶校验器除了要接收传递的数据外，还要接收发送端奇偶校验器送来的校验位，所以接收端的奇偶校验器的位数比发送端的奇偶校验器的位数多1位。

　　下面以图11-38所示的电路为例进一步说明奇偶校验器的实际应用。图11-38中的发送器要送两位数AB=10到接收器，A=1、B=0一方面通过数据线往接收器传递，另一方面送到发送端的奇偶校验器，该校验器为偶校验，它输出的校验位为1。校验位1与A=1、B=0送到接收端的奇偶校验器，此校验器校验输出为"0"，该校验位0去控制接收器，让接收器接收数据线送到的正确数据。

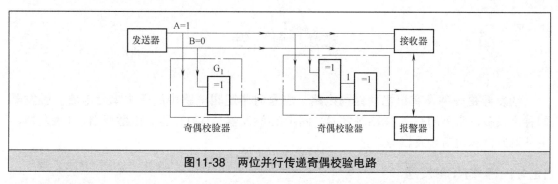

图11-38　两位并行传递奇偶校验电路

　　如果数据在传递过程中，AB由10变为11（注：送到发送端奇偶校验器的数据AB是正确的，仍为10，只是数据在传送到接收器的途中发生了错误，由10变成11），发送端的奇偶校验器输出的校验位仍为1，而由于传送到接收端的数据10变成了11，所以接收端的奇偶校验器输出校验位为1，从而禁止接收器接收错误的数据，同时控制报警器报警。

第12章

时序逻辑电路

时序逻辑电路简称时序电路，它是一种具有记忆功能的电路。时序逻辑电路是由组合逻辑电路与记忆电路（又称存储电路）组合而成的。常见的时序逻辑电路有触发器、寄存器和计数器等。

12.1 触 发 器

触发器是一种具有记忆功能的电路，它是时序逻辑电路中的基本单元电路。触发器的种类很多，常见的有基本RS触发器、同步RS触发器、D触发器、JK触发器、T触发器、主从触发器和边沿触发器等。

12.1.1 基本RS触发器

基本RS触发器是一种结构最简单的触发器，其他类型的触发器大多是在基本RS触发器的基础上进行改进而得到的。

1.结构与原理

基本RS触发器的逻辑结构和图形符号如图12-1所示。

基本RS触发器是由两个交叉的与非门组成的，它有$\overline{R}$端（称为置"0"端）和$\overline{S}$端（称为置"1"端），字母上标"—"表示该端低电平有效。逻辑符号的输入端加上圆圈也表示低电平有效。另外，基本RS触发器有两个输出端Q和$\overline{Q}$，Q和$\overline{Q}$的值总是相反的，以Q端输出的值作为触发器的状态，当Q端为"0"时（此时$\overline{Q}=1$），就说触发器处于"0"状态，若Q=1，则触发器处于"1"状态。

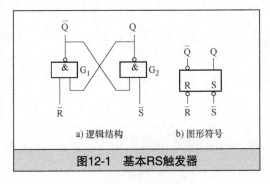

a) 逻辑结构　　b) 图形符号

图12-1　基本RS触发器

基本RS触发器的工作原理说明如下：

（1）当$\overline{R}$=1、$\overline{S}$=1时

若触发器原状态为"1"，即Q=1（$\overline{Q}$=0）。与非门G_1的两个输入端均为"1"（$\overline{R}$=1、Q=1），与非门G_1输出为"0"。与非门G_2的两输入端$\overline{S}$=1、$\overline{Q}$=0，与非门G_2输出则为"1"。此时的Q=1、$\overline{Q}$=0，电路状态不变。

若触发器原状态为"0"，即Q=0（$\overline{Q}$=1）。与非门G_1的两个输入端$\overline{R}$=1、Q=0，则输出端$\overline{Q}$=1；与非门G_2的两输入端$\overline{S}$=1、$\overline{Q}$=1，输出端Q=0，电路状态仍保持不变。

也就是说，**当$\overline{R}$、$\overline{S}$输入端输入都为"1"（即$\overline{R}$=1、$\overline{S}$=1）时，触发器保持原状态不变。**

（2）当$\overline{R}$=0、$\overline{S}$=1时

若触发器原状态为"1"，即Q=1（$\overline{Q}$=0）。与非门G_1的两个输入端$\overline{R}$=0、Q=1，输出端$\overline{Q}$由"0"变为"1"；与非门G_2的两输入端均为"1"（$\overline{S}$=1、$\overline{Q}$=1），输出端Q由"1"变为"0"，电路状态由"1"变为"0"。

若触发器原状态为"0"，即Q=0（$\overline{Q}$=1）。与非门G_1的两个输入端$\overline{R}$=0、Q=0，输出端$\overline{Q}$仍为"1"；与非门G_2的两输入端均为"1"（$\overline{S}$=1、$\overline{Q}$=1），输出端Q仍为"0"，即电路状态仍为"0"。

由上述过程可以看出，**不管触发器原状态如何，只要$\overline{R}$=0、$\overline{S}$=1，触发器状态马上变为"0"，所以$\overline{R}$端称为置"0"端（或称复位端）。**

（3）当$\overline{R}$=1、$\overline{S}$=0时

若触发器原状态为"1"，即Q=1（$\overline{Q}$=0）。与非门G_1的两个输入端均为"1"（$\overline{R}$=1、Q=1），输出端$\overline{Q}$仍为"0"，与非门G_2的两输入端$\overline{S}$=0、$\overline{Q}$=0，输出端Q为"1"，即电路状态仍为"1"。

若触发器原状态为"0"，即Q=0（$\overline{Q}$=1）。与非门G_1的两个输入端$\overline{R}$=1、Q=0，输出端$\overline{Q}$=1；与非门G_2的两输入端$\overline{S}$=0、$\overline{Q}$=1，输出端Q=1，这是不稳定的，Q=1反馈到与非门G_1的输入非端，与非门G_1输入端现在变为$\overline{R}$=1、Q=1，其输出端$\overline{Q}$=0，$\overline{Q}$=0反馈到与非门G_2的输入端，与非门G_2输入端为$\overline{S}$=1、$\overline{Q}$=0，其输出端Q=1，电路此刻达到稳定（即触发器状态不再变化），其状态为"1"。

由此可见，**不管触发器原状态如何，只要$\overline{R}$=1、$\overline{S}$=0，触发器状态马上变为"1"。**若触发器原状态为"0"，现变为"1"；若触发器原状态为"1"，则仍为"1"。**所以$\overline{S}$端称为置"1"端，即$\overline{S}$为低电平时，能将触发器状态置为"1"。**

（4）当$\overline{R}$=0、$\overline{S}$=0时

此时与非门G_1、G_2的输入端都至少有一个为"0"，这样会出现$\overline{Q}$=1、Q=1，这种情况是不允许的。

综上所述，**基本RS触发器具有的逻辑功能是：置"0"、置"1"和保持。**

2. 功能表

基本RS触发器的功能表见表12-1。

3. 特征方程

基本RS触发器的输入、输出和原状态之间的关系也可以用特征方程来表示。基本RS触发器的特征方程为

$$\begin{cases} Q^{n+1}=S+\overline{R}Q^n \\ \overline{R}+\overline{S}=1 \end{cases}$$

表12-1　基本RS触发器的功能表

$\overline{R}$	$\overline{S}$	Q	逻辑功能	$\overline{R}$	$\overline{S}$	Q	逻辑功能
0	1	0	置"0"	1	1	不变	保持
1	0	1	置"1"	0	0	不定	不允许

　　特征方程中的$\overline{R}+\overline{S}=1$是约束条件，它的作用是规定$\overline{R}$、$\overline{S}$不能同时为"0"。在知道基本RS触发器的输入和原状态的情况下，不用分析触发器的工作过程，仅利用上述特征方程就能知道触发器的输出状态。例如已知触发器原状态为"1"（$Q^n=1$），当$\overline{R}$为"0"、$\overline{S}$为"1"时，只要将$Q^n=1$、$\overline{R}=0$、$\overline{S}=1$代入方程即可得$Q^{n+1}=0$。也就是说，在知道$Q^n=1$、$\overline{R}$为"0"、$\overline{S}$为"1"时，通过特征方程计算出来的结果可知触发器状态应为"0"。

12.1.2　同步RS触发器

1. 时钟脉冲

　　在数字电路系统中，往往有很多的触发器，为了使它们能按统一的节拍工作，大多需要加控制脉冲控制各个触发器，只有当控制脉冲来时，各触发器才能工作，该控制脉冲称为时钟脉冲，简称CP，其波形如图12-2所示。

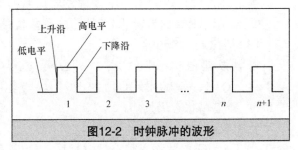

图12-2　时钟脉冲的波形

　　时钟脉冲的每个周期可分为四个部分：低电平部分、高电平部分、上升沿部分（由低电平变为高电平的部分）和下降沿部分（由高电平变为低电平的部分）。

2. 同步RS触发器

（1）结构与原理

　　同步RS触发器是在基本RS触发器的基础上增加了两个与非门和时钟脉冲输入端构成的，其逻辑结构和图形符号分别如图12-3a和图12-3b所示。

　　同步RS触发器就好像是在基本RS触发器上加了两道门（与非门），该门的开与关受时钟脉冲的控制。

　　当无时钟脉冲到来时，与非门G₃、G₄的输入端CP都为"0"，这时无论R、S端输入什么信号，与非门G₃、G₄输出都为"1"，这两个"1"送到基本RS触发器的输入端，基本RS触发器状态保持不变。即无时钟脉冲到来时，无论R、S端输入什么信号，触发器的输

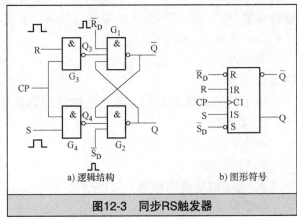

a) 逻辑结构　　　　　　b) 图形符号

图12-3　同步RS触发器

出状态都不改变，即触发器不工作。

当有时钟脉冲到来时，时钟脉冲高电平加到与非门G_3、G_4的输入端，相当于两个与非门CP端都输入"1"，它们开始工作，R、S端输入的信号到与非门G_3、G_4，与时钟脉冲的高电平进行与非运算后再送到基本RS触发器的输入端。这时的同步触发器就相当于一个基本的RS触发器。

$\overline{R}_D$为同步RS触发器置"0"端，$\overline{S}_D$为置"1"端。当$\overline{R}_D$为"0"时，将触发器置"0"态（Q=0）；当$\overline{S}_D$为"0"时，将触发器置"1"态（Q=1）；在不需要置"0"和置"1"时，让$\overline{R}_D$、$\overline{S}_D$都为"1"，不影响触发器的工作。

同步RS触发器的特点是：无时钟脉冲到来时，它不工作；有时钟脉冲到来时，其工作过程与基本RS触发器一样。

综上所述，**同步RS触发器在无时钟脉冲时不工作，在有时钟脉冲时，其逻辑功能与基本RS触发器相同：置"0"、置"1"和保持。**

（2）功能表

同步RS触发器的功能表见表12-2。

表12-2　同步RS触发器的功能表

R	S	Q^{n+1}	逻辑功能	R	S	Q^{n+1}	逻辑功能
0	0	Q^n	保持	1	0	0	置"0"
0	1	1	置"1"	1	1	不定	不允许

（3）特征方程

同步RS触发器的特征方程为

$$\begin{cases} Q^{n+1}=S+\overline{R}Q^n \\ R \cdot S=0 \end{cases}$$

特征方程中的约束条件是R·S=0，它规定R和S不能同时为"1"，因为R、S同时为"1"会使送到基本RS触发器两个输入端的信号同时为"0"，从而会出现基本RS触发器工作状态不定的情况。

12.1.3　D触发器

D触发器又称为延时触发器或数据锁存触发器，这种触发器在数字系统应用中十分广泛，它可以组成锁存器、寄存器和计数器等部件。

1.结构与原理

图12-4a所示为D触发器的典型逻辑结构，**它是在同步RS触发器的基础上增加一个非门构成的**。D触发器常用图12-4b所示的图形符号来表示。

从图12-4a中可以看出，D触发器

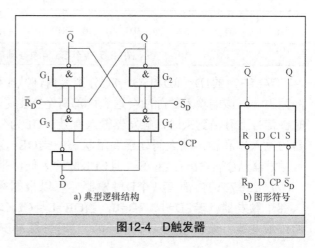

a) 典型逻辑结构　　b) 图形符号

图12-4　D触发器

是在同步RS触发器的基础上增加一个非门构成的，由于非门倒相作用，使得门G_3和G_4的输入始终相反，有效地避免了同步RS触发器的R、S端同时输入"1"导致触发器出现不定状态。D触发器与同步RS触发器一样，只有时钟脉冲到来时才能工作。

D触发器的工作原理说明如下：

（1）当无时钟脉冲到来时（即CP=0）

与非门G_3、G_4都处于关闭状态，无论D端输入何值，均不会影响与非门G_1、G_2，触发器保持原状态。

（2）当有时钟脉冲到来时（即CP=1）

这时触发器的工作可分两种情况：

若D=0，则与非门G_3、G_4输入分别为"1"和"0"，相当于同步RS触发器R=1、S=0，触发器的状态变为"0"，即Q=0。

若D=1，则与非门G_3、G_4输入分别为"0"和"1"，相当于同步RS触发器R=0、S=1，触发器的状态变为"1"，即Q=1。

综上所述，**D触发器的逻辑功能是：在无时钟脉冲时不工作；在有时钟脉冲时，触发器的输出Q与输入D的状态相同。**

2. 状态表

D触发器的状态表见表12-3。

3. 特征方程

D触发器的特征方程为

$$Q^{n+1}=D$$

表12-3　D触发器的状态表

D	Q^{n+1}
0	0
1	1

4. 常用的D触发器芯片

74LS374是一种常用的D触发器芯片，内部有八个相同的D触发器，其各脚功能与状态表如图12-5所示。

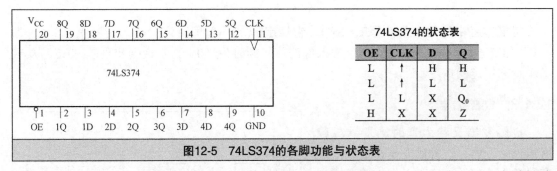

图12-5　74LS374的各脚功能与状态表

74LS374的1D～8D和1Q～8Q分别为内部八个触发器的输入、输出端。CLK为时钟脉冲输入端，该端输入的脉冲会送到内部每个D触发器的CP端，CLK端标注的"∨"表示当时钟信号上升沿到来时，触发器输入有效。OE为公共输出控制端，当OE=H时，八个触发器的输入端和输出端之间处于高阻状态；当OE=L且CLK脉冲上升沿到来时，D端数据通过触发器从Q端输出；当OE=L且CLK脉冲为低电平时，Q端输出保持不变。

74LS374的内部有八个D触发器，可以根据需要全部使用或个别使用。例如使用第7、8个触发器，若8D=1、7D=0，当OE=L且CLK端时钟脉冲上升沿到来时，输入端数据通过触发器，输出端8Q=1、7Q=0，当时钟脉冲变为低电平后，D端数据变化，Q端数据不再变化，即输出数据被锁定，因此D触发器常用来构成数据锁存器。

12.1.4 JK触发器

1. 结构与原理

图12-6a所示为JK触发器的典型逻辑结构，**它是在同步RS触发器的基础上从输出端引出两条反馈线，将Q端与R端相连，$\overline{Q}$端与S端相连，再加上两个输入端J和K构成的。** JK触发器常用图12-6b所示的图形符号表示。

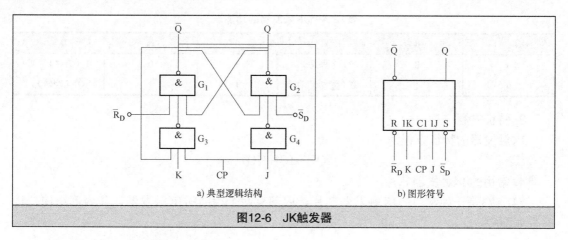

a) 典型逻辑结构　　　　b) 图形符号

图12-6　JK触发器

JK触发器的工作原理说明如下：

（1）当无时钟脉冲到来时（即CP=0）

与非门G_3、G_4均处于关闭状态，无论J、K输入何值均不影响与非门G_1、G_2，触发器状态保持不变。

（2）当有时钟脉冲到来时（即CP=1）

这时触发器的工作可分为以下四种情况：

① 当J=1、K=1时。若触发器原状态为Q=0（$\overline{Q}$=1），通过反馈线使与非门G_3输出为"1"，与非门G_4输出为"0"，与非门G_3的"1"和与非门G_4的"0"加到G_1、G_2构成的基本RS触发器输入端，触发器状态由"0"变为"1"；若触发原状态为Q=1（$\overline{Q}$=0），通过反馈线使与非门G_3输出为"0"，与非门G_4输出为"1"，触发器状态由"1"变为"0"。

由此可以看出，**当J=1、K=1，并且有时钟脉冲到来时（即CP=1），触发器状态翻转（即新状态与原状态相反）。**

② 当J=1、K=0时。若触发器原状态为Q=1（$\overline{Q}$=0），则与非门G_3、G_4均输出"1"，触发器状态不变，仍为"1"；若触发器原状态为Q=0（$\overline{Q}$=1），则与非门G_3、G_4均输出"1"，触发器状态变为"1"。

由此可以看出，**当J=1、K=0，并且有时钟脉冲到来时，无论触发器原状态为"0"还是"1"，现均变为"1"。**

③ 当J=0、K=1时。若触发器原状态为Q=0（$\overline{Q}$=1），与非门G_3、G_4输出均为"1"，触发器状态不变（Q仍为"0"）；若触发器原状态为Q=1（$\overline{Q}$=0），则与非门G_3输出为"0"，与非门G_4输出为"1"，触发器状态变为"0"。

由此可见，**当J=0、K=1，并且有时钟脉冲到来时，无论触发器原状态如何，现均变**

为"0"。

④ 当J=0、K=0时。无论触发器原状态如何，与非门G_3、G_4均输出为"1"，触发器保持原状态不变。

即当J=0、K=0，触发器的状态保持不变。

从上面的分析可以看出，**JK触发器具有的逻辑功能是：翻转、置"1"、置"0"和保持。**

2. 功能表

JK触发器的功能表见表12-4。

表12-4　JK触发器的功能表

J	K	Q^{n+1}	J	K	Q^{n+1}
0	0	Q^n（保持）	1	0	1（置"1"）
0	1	0（置"0"）	1	1	$\overline{Q^n}$（翻转）

3. 特征方程

JK触发器的特征方程为

$$Q^{n+1}=J\overline{Q}^n+\overline{K}Q^n$$

4. 常用的JK触发器芯片

74LS73是一种常用的JK触发器芯片，内部有两个相同的JK触发器，其内部结构与状态表如图12-7所示。

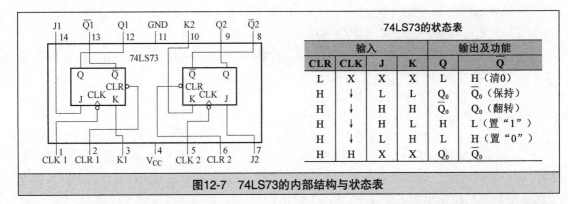

图12-7　74LS73的内部结构与状态表

74LS73的CLR端为清0端，当CLR=0时，无论J、K端输入为何值，Q端输出都为0。CLK端为时钟脉冲输入端，当CP为高电平时，J、K端输入无效，触发器输出状态不变；在CP下降沿到来且CLR=1时，J、K端输入不同值，触发器具有保持、翻转、置"1"和置"0"功能。

12.1.5　T触发器

T触发器又称计数型触发器，将JK触发器的J、K两个输入端连接在一起作为一个输入端就构成了T触发器。

1. 结构与原理

图12-8a所示为T触发器的典型逻辑结构，T触发器常用图12-8b所示的图形符号来表示。

由图12-8a可以看出，T触发器可以看作是JK触发器在J=0、K=0和J=1、K=1时的情况。从JK触发器的工作原理可知，当T触发器T端输入为"0"时，相当于J=0、K=0，触发器的状态保持不变；当T触发器T端输入为"1"时，相当于J=1、K=1，触发器的状态翻转（即新状态与原状态相反）。

由上述分析可知，**T触发器具有的逻辑功能是：保持和翻转。**

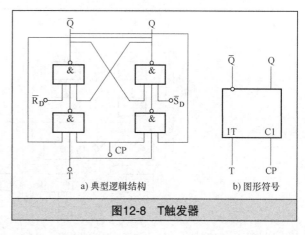

图12-8 T触发器

如果将**T端固定接高电平"1"（即T=1），这样的触发器称为T'触发器**，因为T始终为"1"，所以其输出状态仅与时钟脉冲有关，每到来一个时钟脉冲，CP端就会由"0"变为"1"一次，触发器的状态就会变化一次。

2. 功能表

T触发器的功能表见表12-5。

3. 特征方程

T触发器的特征方程为

表12-5 T触发器的功能表

T	Q^{n+1}
0	Q^n（保持）
1	$\overline{Q}^n$（翻转）

$$Q^{n+1}=T\overline{Q}^n+\overline{T}Q^n$$

12.1.6 主从触发器和边沿触发器

前面介绍的大多数触发器都加有时钟脉冲，当时钟脉冲到来时触发器工作，时钟脉冲过后触发器不工作。给触发器加时钟脉冲的目的是让触发器每来一个时钟脉冲状态就变化一次，但如果在时钟脉冲持续期间，输入信号再发生变化，那么触发器的状态也会随之再发生变化。**在一个时钟脉冲持续期间，触发器的状态连续多次变化的现象称为空翻。克服空翻常用的方法是采用主从触发器或边沿触发器。**

1. 主从触发器

主从触发器的种类比较多，常见的有主从RS触发器、主从JK触发器等，这里以图12-9所示的主从JK触发器为例来说明主从触发器的工作原理。

主从JK触发器由主触发器和从触发器组成， 其中与非门G_1～G_4构成的触发器称为从触发器，与非门G_5～G_8构成的触发器称为主触发器，非门G_9的作用是让加到与非门G_3、G_4的时钟信号与加到与非门G_7、G_8的时钟信号始终相反，$\overline{R}_D$、$\overline{S}_D$正常时为高电平。

（1）当J=1、K=1时

① 若触发器原状态为Q=0（$\overline{Q}$=1）。在CP=1时，与非门G_7、G_8开通，主触发器工作，而CP=1经非门后变为$\overline{CP}$=0，与非门G_3、G_4关闭，从触发器不工作，Q=0通过反馈线送至与非门G_7，G_7输出为"1"（G_7输入Q=0、J=1），$\overline{Q}$=1通过反馈线送至与非门G_8，G_8输出为"0"（G_8输入$\overline{Q}$=1、K=1）。与非门G_7、G_8输出的"1"和"0"送到由G_5、G_6构成的基本RS触发器的输入端，进行置"1"，Q'=1，而$\overline{Q'}$=0。主触发器状态由"0"变为"1"。

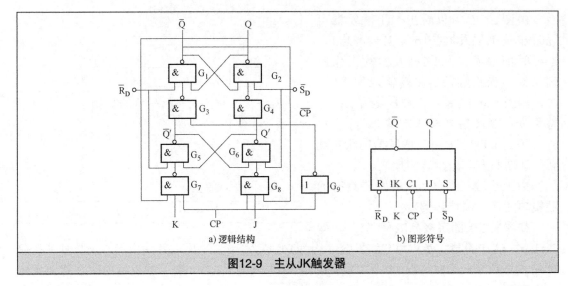

a) 逻辑结构　　　　　　　　b) 图形符号

图12-9　主从JK触发器

在CP=0时，与非门G_7、G_8关闭，主触发器不工作，而CP=0经非门后变为$\overline{CP}=1$，与非门G_3、G_4开通，$\overline{Q'}=0$送到与非门G_3，G_3输出"1"，而$Q'=1$送到与非门G_4，G_4输出"0"。与非门G_3、G_4输出的"1"和"0"送到由G_1、G_2构成的基本RS触发器的输入端，对它进行置"1"，即$Q=1$、$\overline{Q}=0$。

② 若触发器原状态为$Q=1$（$\overline{Q}=0$）。在CP=1时，与非门G_7、G_8开通，主触发器工作，而CP=1经非门后变为$\overline{CP}=0$，与非门G_3、G_4关闭，从触发器不工作，$Q=1$通过反馈线送至与非门G_7，G_7输出为"0"，$\overline{Q}=0$通过反馈线送至与非门G_8，G_8输出为"1"。与非门G_7、G_8输出的"0"和"1"送到由与非门G_5、G_6构成的基本RS触发器的输入端，对该基本RS触发器进行置"0"，$Q'=0$，而$\overline{Q'}=1$。主触发器状态由"1"变为"0"。

在CP=0时，与非门G_7、G_8关闭，主触发器不工作，而CP=0经非门后变为$\overline{CP}=1$，与非门G_3、G_4开通，$\overline{Q'}=1$送到与非门G_3，G_3输出0，而$Q'=0$送到与非门G_4，G_4输出"1"。与非门G_3、G_4输出的"0"和"1"送到由与非门G_1、G_2构成的基本RS触发器的输入端，对它进行置"0"，即$Q=0$、$\overline{Q}=1$。

由以上分析可以看出，**当J=1、K=1，并且在时钟脉冲到来时（CP=1），主触发器工作，从触发器不工作；而时钟脉冲过后（CP由"1"变为"0"），主触发器不工作，从触发器工作。在J=1、K=1时，主从JK触发器的逻辑功能是翻转。**

（2）当J=1、K=0时

当J=1、K=0时，主从JK触发器的功能是置"1"。工作过程分析与上述相同，限于篇幅，这里省略。

（3）当J=0、K=1时

当J=0、K=1时，主从JK触发器的功能是置"0"。

（4）当J=0、K=0时

当J=0、K=0时，主从JK触发器的功能是保持。

由此可见，**主从JK触发器的逻辑功能与JK触发器是一样的，都具有翻转、置"1"、置"0"和保持的功能。但因为主从JK触发器同时拥有主触发器和从触发器，当一个触发器工作时，另一个触发器不工作，将输入端与输出端隔离开来，有效地解决了输**

入信号变化对输出的影响问题。

2. 边沿触发器

边沿触发器是一种克服空翻性能更好的触发器。**边沿触发器只有在时钟脉冲上升沿或下降沿到来时输入才有效，其他期间处于封锁状态，即使输入信号变化也不会影响触发器的输出状态**，因为时钟脉冲上升沿或下降沿持续时间很短，在短时间输入信号因干扰发生变化的可能性很小，故边沿触发器的抗干扰性很强。

图12-10所示为两种常见的边沿触发器，**CP端的"∧"表示边沿触发方式，同时带小圆圈表示下降沿触发，无小圆圈表示上升沿触发**。图12-10a为下降沿触发型JK触发器，当时钟脉冲下降沿到来时，JK触发器的输出状态会随JK端的输入而变化，时钟脉冲下降沿过后，即使输入发生变化，输出也不会变化。图12-10b为上升沿触发型D触发器，当时钟脉冲上升沿到来时，D触发器的输出状态会随D端的输入而变化。

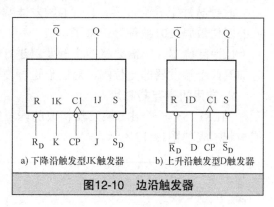

a) 下降沿触发型JK触发器   b) 上升沿触发型D触发器

图12-10　边沿触发器

12.2　寄存器与移位寄存器

12.2.1　寄存器

寄存器是一种能存取二进制数据的电路。将数据存入寄存器的过程称为"写"，当往寄存器中"写"入新数据时，以前存储的数据会消失。**将数据从寄存器中取出的过程称为"读"**，数据被"读"出后，寄存器中的该数据并不会消失，这就像阅读图书，书上的文字被人读取后，文字仍在书上。

寄存器能存储数据是因为它采用了具有记忆功能的电路——触发器，一个触发器能存放一位二进制数。一个八位寄存器至少需要八个触发器组成，它能存放八个0、1这样的二进制数。

1. 结构与原理

寄存器主要由触发器组成，图12-11所示为一个由D触发器构成的四位寄存器，它用到了四个D触发器，这些触发器在时钟脉冲的下降沿到来时才能工作，$\overline{C_r}$为复位端，它同时接到四个触发器的复位端。

下面分析图12-11所示的寄存器的工作原理，为了分析方便，这里假设输入

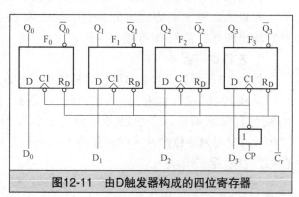

图12-11　由D触发器构成的四位寄存器

的四位数码$D_3D_2D_1D_0$=1011。

当时钟脉冲为低电平时，CP=0，经非门后变成高电平，高电平送到四个触发器的C1端（时钟控制端），由于这四个触发器是下降沿触发有效，现C1=1，故它们不工作。

当时钟脉冲上升沿到来时，经非门后脉冲变成下降沿，它送到四个触发器的C1端，四个触发器工作，如果这时输入的四位数码$D_3D_2D_1D_0$=1011，因为D触发器的输出和输入是相同的，所以四个D触发器的输出$Q_3Q_2Q_1Q_0$=1101

时钟脉冲上升沿过后，四个D触发器都不工作，输出$Q_3Q_2Q_1Q_0$=1101不会变化，即输入的四位数码1101被保存下来了。

$\overline{C_r}$为复位端，当需要将四个触发器进行清零时，可以在$\overline{C_r}$加一个低电平，该低电平同时加到四个触发器的复位端，对它们进行复位，结果$Q_3Q_2Q_1Q_0$=0000。

2. 常用的寄存器芯片

74LS175是一个由D触发器构成的四位寄存器芯片，内部有四个D触发器，其各脚功能与状态表如图12-12所示。

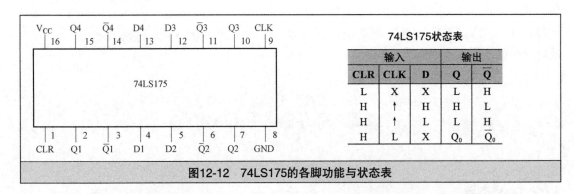

图12-12　74LS175的各脚功能与状态表

74LS175的CLR端为清0端，当CLR=0时，对寄存器进行清0，Q端输出都为0（$\overline{Q}$都为1）。CLK端为时钟脉冲输入端，当CP为低电平时，D端输入无效，触发器输出状态不变；在时钟脉冲上升沿到来且CLR=1时，D端输入数据被寄存器保存下来，Q=D。

12.2.2　移位寄存器

移位寄存器简称移存器，它除了具有寄存器存储数据的功能外，还有对数据进行移位的功能。移位寄存器可按下列方式分类：

按数据的移动方向来分，有左移寄存器、右移寄存器和双向移位寄存器。

按输入、输出的方式来分，有串行输入-并行输出、串行输入-串行输出、并行输入-并行输出和并行输入-串行输出方式。

1. 左移寄存器

图12-13所示为一个由D触发器构成的四位左移寄存器。

从图12-13中可以看出，该左移寄存器是由四个D触发器和四个与门电路构成的。$\overline{R_D}$端为复位清零端，当负脉冲加到四个触发器时，各个触发器都被复位，状态都变为"0"。CP端为移位脉冲（时钟脉冲），只有移位脉冲上升沿加到各个触发器CP端时，这些触发器才能工作。

左移寄存器的数据从右端第一个D触发器F_0的D端输入，由于数据是一个接一个地输入D端，这种**逐位输入数据的方式称为串行输入**。左移寄存器的数据输出有两种方式：

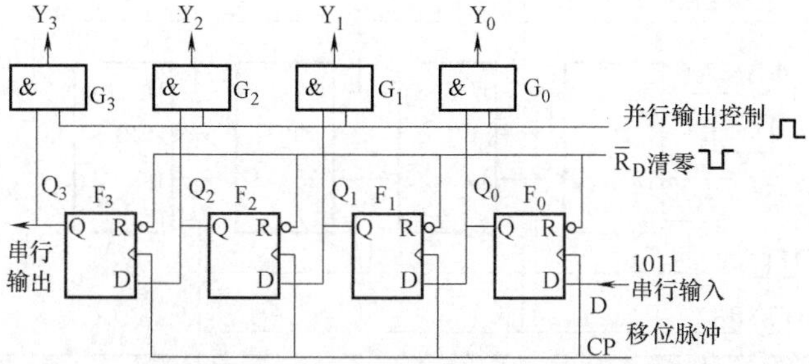

图12-13　由D触发器构成的四位左移寄存器

① 从最左端触发器F_3的Q_3输出端将数据一个接一个地输出（串行输出）。

② 从四个触发器的四个输出端同时输出四位数，这种**同时输出多位数据的方式称为并行输出**，这四位数再通过四个输出门传送到四个输出端$Y_3Y_2Y_1Y_0$。

左移寄存器的工作过程分两步进行：

第一步：先对寄存器进行复位清零。在$\overline{R}_D$端输入一个负脉冲，该脉冲分别加到四个触发器的复位清零端（R端），四个触发器的状态都变为"0"，即$Q_0=0$、$Q_1=0$、$Q_2=0$、$Q_3=0$。

第二步：从输入端逐位输入数据，设输入数据是1011。

当第一个移位脉冲上升沿送到四个D触发器时，各个触发器开始工作，此时第一位输入数"1"送到第一个触发器F_0的D端，F_0输出$Q_0=1$（D触发器的输入与输出相同），移位脉冲过后各触发器不工作。

当第二个移位脉冲上升沿到来时，各个触发器又开始工作，触发器F_0的输出$Q_0=1$送到第二个触发器F_1的D端，F_1输出$Q_1=1$，与此同时，触发器F_0的D端输入第二位数据"0"，F_0输出$Q_0=0$，移位脉冲过后各触发器不工作。

当第三个移位脉冲上升沿到来时，触发器F_1输出端$Q_1=1$移至触发器F_2输出端，$Q_2=1$，而触发器F_0的$Q_0=0$移至触发器F_1输出端，$Q_1=0$，触发器F_0输入的第三位数"1"移到输出端，$Q_0=1$。

当第四个移位脉冲上升沿到来时，触发器F_2输出端$Q_2=1$移至触发器F_3输出端，$Q_3=1$，触发器F_1的$Q_1=0$移至触发器F_2输出端，$Q_2=0$，触发器F_0的$Q_0=1$移至触发器F_1输出端，$Q_1=1$，触发器F_0输入的第四位数"1"移到输出端，$Q_0=1$。

四个移位脉冲过后，四个触发器的输出端$Q_3Q_2Q_1Q_0=1011$，它们加到四个与门$G_3\sim G_0$的输入端，如果这时有并行输出控制正脉冲（即为1）加到各与门，这些与门打开，1011这四位数会同时送到输出端，而使$Y_3Y_2Y_1Y_0=1011$。

如果需要将1011这四位数从Q_3端逐个移出（串行输出），必须再用四个移位脉冲对寄存器进行移位。从某一位数输入寄存器开始，需要再来四个脉冲该位数才能从寄存器串行输出端输出，也就是说**移位寄存器具有延时功能，其延迟时间与时钟脉冲的周期有关**，在数字电路系统中常将它作为数字延时器。

2. 右移寄存器

图12-14所示为一个由JK触发器构成的四位右移寄存器。

217

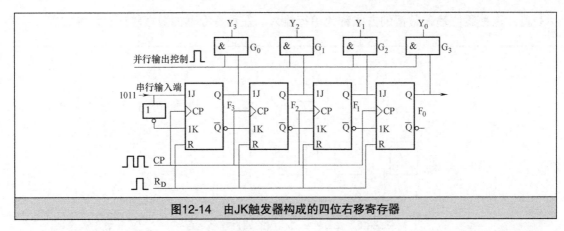

图12-14 由JK触发器构成的四位右移寄存器

从图12-14中可以看出，该寄存器是由四个JK触发器、四个与门和一个非门构成的。数据从左端JK触发器F_3的J端输入，如果要输入四位数$D_3D_2D_1D_0$，其逐位输入的顺序是D_0、D_1、D_2、D_3，即由低位到高位，而左移寄存器恰好相反，其是先高位再低位。

输入端的JK触发器的J、K端之间接了一个非门，后面几个JK触发器的J、K端则依次接前一个触发器的Q端和$\bar{Q}$端，这样四个触发器的J、K端的输入始终相反。因为JK触发器具有置"1"（J=1、K=0时）、置"0"（J=0、K=1时）和翻转（J=1、K=1时）、保持（J=0、K=0时）的逻辑功能，而当J、K端相反时具有的功能是置"1"（Q=1）和置"0"（Q=0），并且这种情况下Q的状态和J的输入状态相同，这与D触发器的功能是一样的，这里的J端相当于D触发器的D端。

右移寄存器的工作过程与左移寄存器大致相同，也分两步进行：

第一步：先对寄存器进行复位清零。在R_D端输入一个正脉冲，该脉冲分别加到四个JK触发器的复位清零端（R端），四个触发器的状态都变为"0"，即$Q_0=0$、$Q_1=0$、$Q_2=0$、$Q_3=0$。

第二步：从输入端逐位输入数据，这里仍假设输入数据是1011。

当第一个时钟脉冲上升沿送到四个JK触发器时，各个触发器开始工作，此时第一位输入数"1"（最低位的1）送到触发器F_3的J端，经非门后K=0，JK触发器F_3相当于D触发器，输出端Q_3与J端相同，F_3输出为$Q_3=1$，时钟脉冲过后各触发器不工作，此时$Q_3Q_2Q_1Q_0=1000$。

当第二个时钟脉冲上升沿到来时，各个触发器又开始工作，触发器F_3的输出$Q_3=1$送到触发器F_2的J端，F_2输出$Q_2=1$，与此同时，触发器F_3的J端输入第二位数据"1"，F_3输出$Q_3=1$，时钟脉冲过后各触发器不工作，此时$Q_3Q_2Q_1Q_0=1100$。

当第三个时钟脉冲上升沿到来时，寄存器工作过程与上述相同，$Q_3Q_2Q_1Q_0=0110$。

当第四个时钟脉冲上升沿到来时，寄存器工作，结果为$Q_3Q_2Q_1Q_0=1011$。

四个时钟脉冲过后，四个触发器的输出端$Q_3Q_2Q_1Q_0=1011$，它们加到四个与门$G_3\sim G_0$的输入端，如果这时有并行输出控制正脉冲（即为1）加到各与门，这些与门打开，1011这四位数会同时送到输出端，而使$Y_3Y_2Y_1Y_0=1011$。

与左移寄存器一样，右移寄存器除了具有能从$Y_3Y_2Y_1Y_0$同时输出数据的并行输出功能外，也有从Q_0端逐位输出数据的串行输出功能。

3. 双向移位寄存器

前面介绍的两种移位寄存器只能单独向左或向右移动数据，所以常统称为单向移位寄存器。而双向移位寄存器解决了单向移位的问题，在移位方向控制信号的控制下，既可以左移又可以右移。

图12-15所示为一个四位双向移位寄存器。

从图12-15中可以看出，该寄存器主要由四个D触发器和一些与门、或门及非门构成。双向移位寄存器有左移串行输入端、左移串行输出端和右移串行输入端、右移串行输出端，另外还有并行输出端。双向移位寄存器的移位方向是受移位控制信号控制的。

（1）右移的工作过程

当移位控制信号端为"1"时，"1"加给右移串行输入端的与门，该与门打开，而"1"经非门变为"0"后加到左移串行输入端的与门，此与门关闭，寄存器工作在右移状态。下面分析假设右移输入端输入数据1011。

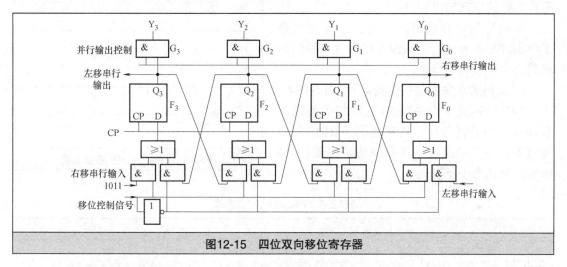

图12-15　四位双向移位寄存器

当第一个时钟脉冲到来时，四个D触发器开始工作，这时从右移输入端输入数据"1"，它经与门和或门后仍为"1"，送到触发器F_3的D端，F_3输出$Q_3=1$。

当第二个时钟脉冲到来时，四个D触发器开始工作，F_3的$Q_3=1$加到触发器F_2下面的与门，再经与门和或门后送到触发器F_2的D端，F_2输出$Q_2=1$，与此同时，从右移输入端输入第二位数"1"，它经与门和或门后仍为"1"，送到触发器F_3的D端，F_3输出$Q_3=1$。

当第三个时钟脉冲到来时，F_2的$Q_2=1$加到触发器F_1下面的与门，再经与门和或门后送到触发器F_1的D端，F_1输出$Q_1=1$，F_3的$Q_3=1$加到触发器F_2下面的与门，再经与门和或门后送到触发器F_2的D端，F_2输出$Q_2=1$。与此同时，从右移输入端输入第三位数"0"，它经与门和或门后仍为0，送到触发器F_3的D端，F_3输出$Q_3=0$。

当第四个时钟脉冲到来时，F_1的$Q_1=1$加到触发器F_0下面的与门，再经与门和或门后送到触发器F_0的D端，F_0输出$Q_0=1$，F_2的$Q_2=1$加到触发器F_1下面的与门，再经与门和或门后送到触发器F_1的D端，F_1输出$Q_1=1$，F_3的$Q_3=0$加到触发器F_2下面的与门，再经与门和或门后送到触发器F_2的D端，F_2输出$Q_2=0$，与此同时，从右移输入端输入第四位数"1"，它经与门和或门后仍为"1"，送到触发器F_3的D端，F_3输出$Q_3=1$。

四个时钟脉冲过后，四个触发器的输出端$Q_3Q_2Q_1Q_0$=1011，它们加到四个与门$G_3\sim G_0$的输入端，如果这时有并行输出控制正脉冲（即为"1"）加到各与门，这些与门打开，1011这四位数会同时送到输出端，而使$Y_3Y_2Y_1Y_0$=1011。

如果再依次来四个时钟脉冲，就会从右移串行输出端由低位到高位依次输出1011。

（2）左移的工作过程

当移位控制信号端为"0"时，"0"加给右移串行输入端的与门，该与门关闭，而"0"经非门变为"1"后加到左移串行输入端的与门，此与门打开，寄存器工作在左移状态。

设输入的四位数据为1011，它送到左移串行输入端，每到来一个时钟脉冲，四位数据就按从左到右（即从高位到低位）的顺序依次移入寄存器。当四个时钟脉冲过后，四位全被移入寄存器，四个触发器的输出端$Q_3Q_2Q_1Q_0$=1011，这四位数据可以通过四个与门$G_3\sim G_0$以并行的形式送到输出端。如果再依次来四个时钟脉冲，就会从左移串行输出端由高位到低位依次输出1011。

双向移位寄存器的左移工作原理与右移工作原理基本相同，详细的工作过程可参照右移的工作过程进行分析。

4. 常用的双向移位寄存器芯片74LS194

74LS194是一个由RS触发器构成的四位双向移位寄存器芯片，内部由四个RS触发器及有关控制电路组成，其各脚功能如图12-16所示，其状态表见表12-6。

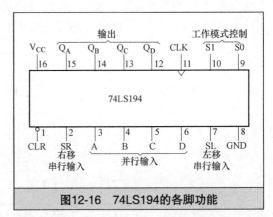

图12-16　74LS194的各脚功能

表12-6　74LS194的状态表

| CLR | 模式控制 | | CLK | 串行输入 | | 并行输入 | | | | Q_A | Q_B | Q_C | Q_D |
	S1	S0		SL	SR	A	B	C	D				
L	X	X	X	X	X	X	X	X	X	L	L	L	L
H	X	X	L	X	X	X	X	X	X	Q_{A0}	Q_{B0}	Q_{C0}	Q_{D0}
H	H	H	↑	X	X	a	b	c	d	a	b	c	d
H	L	H	↑	X	H	X	X	X	X	H	Q_{An}	Q_{Bn}	Q_{Cn}
H	L	H	↑	X	L	X	X	X	X	L	Q_{An}	Q_{Bn}	Q_{Cn}
H	H	L	↑	H	X	X	X	X	X	Q_{Bn}	Q_{Cn}	Q_{Dn}	H
H	H	L	↑	L	X	X	X	X	X	Q_{Bn}	Q_{Cn}	Q_{Dn}	L
H	L	L	X	X	X	X	X	X	X	Q_{A0}	Q_{B0}	Q_{C0}	Q_{D0}

74LS194的CLR端为清0端，当CLR=0时，对寄存器进行清0，$Q_A\sim Q_D$端输出都为0。CLK端为时钟脉冲输入端，时钟脉冲上升沿触发有效。74LS194有并行预置、左移、右移和禁止移位四种工作模式，工作在何种模式受S1、S0端控制。SR为右移串行输入端，SL为左移串行输入端，A、B、C、D为并行输入端。

当CLR=1且S1=S0=1时，寄存器工作在并行预置模式，在时钟脉冲上升沿到来时，A～D端输入的数据a、b、c、d从Q_A～Q_D端输出，时钟脉冲上升沿过后，Q_A～Q_D端数据保持不变。

当CLR=1且S1=0、S0=1时，寄存器工作在右移模式，在时钟脉冲上升沿到来时，SR端输入的数据（如1）被移入寄存器，若移位前Q_A、Q_B、Q_C、Q_D端数据为Q_{An}、Q_{Bn}、Q_{Cn}、Q_{Dn}，右移后，Q_A、Q_B、Q_C、Q_D端数据变为1、Q_{An}、Q_{Bn}、Q_{Cn}。

当CLR=1且S1=1、S0=0时，寄存器工作在左移模式，在时钟脉冲上升沿到来时，SL端输入的数据（如0）被移入寄存器，若移位前Q_A、Q_B、Q_C、Q_D端数据为Q_{An}、Q_{Bn}、Q_{Cn}、Q_{Dn}，左移后，Q_A、Q_B、Q_C、Q_D端数据变为Q_{Bn}、Q_{Cn}、Q_{Dn}、0。

当CLR=1且S1=0、S0=0时，寄存器工作在禁止移位模式，时钟脉冲触发无效，并行和左移、右移串行输入均无效，Q_A、Q_B、Q_C、Q_D端数据保持不变。

12.3　计　数　器

计数器是一种具有计数功能的电路，它主要由触发器和门电路组成，是数字系统中使用最多的时序逻辑电路之一。计数器不但可以用来对脉冲的个数进行计数，还可以用作数字运算、分频、定时控制等。

计数器的种类有二进制计数器、十进制计数器和任意进制计数器（或称N进制计数器），这些计数器中又有加法计数器（也称递增计数器）和减法计数器（也称递减计数器）之分。

12.3.1　二进制计数器

计数器可分为异步计数器和同步计数器。所谓"异步"是指计数器中各电路（一般为触发器）没有统一的时钟脉冲控制，或者没有时钟脉冲控制，各触发器状态的变化不是发生在同一时刻。而"同步"是指计数器中的各触发器都受到同一时钟脉冲的控制，所有触发器的状态变化都在同一时刻发生。

1. 异步二进制加法器

图12-17所示为一个三位二进制异步加法计数器的电路结构，它由三个JK触发器组成，其中J、K端都悬空，相当于J=1、K=1，时钟脉冲输入端的"<"和小圆圈表示脉冲下降沿（由"1"变为"0"时）到来时工作有效。

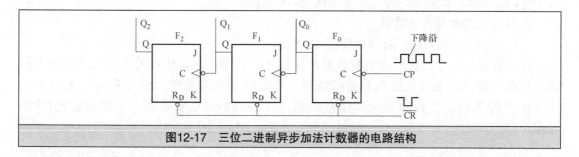

图12-17　三位二进制异步加法计数器的电路结构

计数器的工作过程分为两步：

第一步：计数器复位清零。

在工作前应先对计数器进行复位清零。在复位控制端送一个负脉冲到各触发器R_D端，触发器状态都变为"0"，即$Q_2Q_1Q_0=000$。

第二步：计数器开始计数。

当第一个时钟脉冲的下降沿到触发器F_0的CP端时，触发器F_0开始工作，由于J=K=1，JK触发器的功能是翻转，触发器F_0的状态由"0"变为"1"，即$Q_0=1$，其他触发器的状态不变，计数器的输出为$Q_2Q_1Q_0=001$。

当第二个时钟脉冲的下降沿到触发器F_0的CP端时，F_0触发器状态又翻转，Q_0由"1"变为"0"，这相当于给触发器F_1的CP端加了一个脉冲的下降沿，触发器F_1状态翻转，Q_1由"0"变为"1"，计数器的输出为$Q_2Q_1Q_0=010$。

当第三个时钟脉冲的下降沿到触发器F_0的CP端时，F_0触发器状态又翻转，Q_0由"0"变为"1"，F_1触发器状态不变$Q_1=1$，计数器的输出为011。

同样的道理，当第四～七个脉冲到来时，计数器的$Q_2Q_1Q_0$依次变为100、101、110、111。由此可见，随着脉冲的不断到来，计数器的计数值不断递增，这种计数器称为加法计数器。当再输入一个脉冲时，$Q_2Q_1Q_0$又变为000，随着时钟脉冲的不断到来，计数器又重新开始对脉冲进行计数。三位二进制异步加法计数器的时钟脉冲输入个数与计数器的状态表见表12-7。

表12-7　三位二进制异步加法计数器的时钟脉冲输入个数与计数器的状态表

输入时钟脉冲序号	计数器状态			输入时钟脉冲序号	计数器状态		
	Q_2	Q_1	Q_0		Q_2	Q_1	Q_0
0	0	0	0	5	1	0	1
1	0	0	1	6	1	1	0
2	0	1	0	7	1	1	1
3	0	1	1	8	0	0	0
4	1	0	0				

*N*位二进制加法器计数器的最大计数为（2^n-1）个，所以三位异步二进制加法计数器的最大计数为$2^3-1=7$（个）。

异步二进制加法计数器除了能计数外，还具有分频作用。三位异步二进制加法计数器的时钟脉冲和各触发器的输出波形如图12-18所示。

2. 异步二进制减法计数器

三位异步二进制减法计数器如图12-19所示。

该计数器是一个三位二进制异步减法计数器，它与前面介绍过的三位二进制异步加法计数器一样，是由三个JK触发器组成的，其中J、K端都悬空（相当于J=1、K=1），两者的不同之处在于，减法计数器是将前一个触发器的$\overline{Q}$端与下一个触发器的CP端相连。

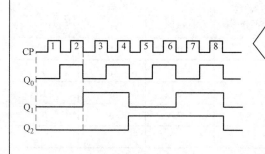

当第一个时钟脉冲下降沿到来时，Q_0由"0"变为"1"，Q_1、Q_2状态不变；当第二个时钟脉冲下降沿到来时，Q_0由"1"变为"0"，Q_1由"0"变为"1"，Q_3状态不变。观察波形还可以发现：每个触发器输出端（Q端）的脉冲信号频率只有输入端（C端）脉冲信号的一半，即信号每经一个触发器后频率会降低一半，这种功能称为"两分频"。由于每个触发器能将输入信号的频率降低一半，三位二进制计数器采用三个触发器，它最多能将信号频率降低$2^3=8$倍。假如左图中的CP频率为1000Hz，那么Q_0、Q_1、Q_2端输出的脉冲频率分别是500Hz、250Hz、125Hz。

图12-18　三位异步二进制加法计数器的时钟脉冲和各触发器的输出波形

计数器的工作过程分为两步：

第一步：计数器复位清零。

在工作前应先对计数器进行复位清零。在复位控制端送一个负脉冲到各触发器R_D端，触发器状态都变为"0"，即$Q_2Q_1Q_0=000$（$\overline{Q_2}\,\overline{Q_1}\,\overline{Q_0}=111$）。

第二步：计数器开始计数。

当第一个时钟脉冲的下降沿到触发器F_0的CP端（即C端）时，触发器F_0开

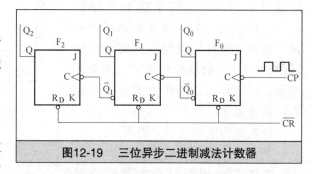

图12-19　三位异步二进制减法计数器

始工作，由于J=K=1，JK触发器的功能是翻转，触发器F_0的状态由"0"变为"1"，即$Q_0=1$，$\overline{Q_0}$由"1"变为"0"，这相当于一个脉冲的下降沿，它送到触发器F_1的CP端，触发器F_1的状态由"0"变为"1"，即$Q_1=1$，$\overline{Q_1}$由"1"变为"0"，它送到触发器F_2的CP端，触发器F_2的状态由"0"变为"1"，$Q_2=1$，三个触发器的状态均为"1"，计数器的输出为$Q_2Q_1Q_0=111$。

当第二个时钟脉冲的下降沿到触发器F_0的CP端时，触发器F_0状态翻转，Q_0由"1"变为"0"，$\overline{Q_0}$则由"0"变为"1"，触发器F_1的状态不变，触发器F_2的状态也不变，计数器的输出为$Q_2Q_1Q_0=110$。

当第三个时钟脉冲的下降沿到触发器F_0的CP端时，触发器F_0状态又翻转，Q_0由"0"变为"1"，$\overline{Q_0}$则由"1"变为"0"（相当于脉冲的下降沿），它送到F_1的CP端，触发器F_1状态翻转，Q_1由"1"变为"0"，$\overline{Q_1}$则由"0"变为"1"，触发器F_2状态不变，计数器的输出为101。

同样的道理，当第四至第七个脉冲到来时，计数器的$Q_2Q_1Q_0$依次变为100、011、010、001。由此可见，随着脉冲的不断到来，计数器的计数值不断递减，这种计数器称为减法计数器。当再给输入一个脉冲时，$Q_2Q_1Q_0$又变为000，随着时钟脉冲的不断到来，计数器又重新开始对脉冲进行计数。三位异步二进制减法计数器的时钟脉冲输入个数与计数器的状态表见表12-8。

异步计数器的电路简单，但由于各个触发器的状态是逐位改变的，所以计数速度较慢。

表12-8　三位异步二进制减法计数器的时钟脉冲输入个数与计数器的状态表

输入时钟脉冲序号	计数器状态			输入时钟脉冲序号	计数器状态		
	Q_2	Q_1	Q_0		Q_2	Q_1	Q_0
0	0	0	0	5	0	1	1
1	1	1	1	6	0	1	0
2	1	1	0	7	0	0	1
3	1	0	1	8	0	0	0
4	1	0	0				

3. 同步二进制加法计数器

三位同步二进制加法计数器如图12-20所示。

该计数器是一个三位同步二进制加法计数器，它由三个JK触发器和一个与门组成。与异步计数器不同的是，它将计数脉冲同时送到每个触发器的CP端，计数脉冲到来时，各个触发器同时工作，这种形式的计数器称为同步计数器。

计数器的工作过程分为两步：

第一步：计数器复位清零。

在工作前应先对计数器进行复位清零。在复位控制端送一个负脉冲到各触发器R_D端，触发器状态都变为"0"，即$Q_2Q_1Q_0=000$。

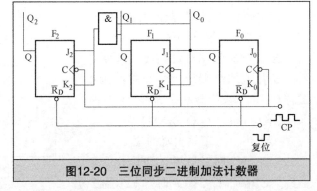

图12-20　三位同步二进制加法计数器

第二步：计数器开始计数。

当第一个时钟脉冲的下降沿到来时，三个触发器同时工作。在时钟脉冲下降沿到来时，触发器F_0的J=K=1（J、K悬空为"1"），触发器F_0状态翻转，由"0"变为"1"；触发器F_1的$J=K=Q_0=0$（注：在时钟脉冲下降沿刚到来时，触发器F_0状态还未变为"1"），触发器F_1状态保持不变，仍为"0"；触发器F_2的$J=K=Q_0 \cdot Q_1=0 \cdot 0=0$（注：在时钟脉冲下降沿刚到来时，触发器$F_0$、$F_1$状态还未变化，均为"0"），触发器$F_2$状态保持不变，仍为"0"。第一个时钟脉冲过后，计数器的$Q_2Q_1Q_0=001$。

当第二个时钟脉冲的下降沿到来时，三个触发器同时工作。在时钟脉冲下降沿到来时，触发器F_0的J=K=1（J、K悬空为"1"），触发器F_0状态翻转，由"1"变为"0"；触发器F_1的$J=K=Q_1=1$（注：在第二个时钟脉冲下降沿刚到来时，触发器F_0状态还未变为"0"），触发器F_1状态翻转，由"0"变为"1"；触发器F_2的$J=K=Q_0 \cdot Q_1=1 \cdot 0=0$（注：在第二个时钟脉冲下降沿刚到来时，触发器$F_0$、$F_1$状态还未变化），触发器$F_2$状态保持不变，仍为"0"。第二个时钟脉冲过后，计数器的$Q_2Q_1Q_0=010$。

同理，当第三至第七个时钟脉冲下降沿到来时，计数器状态依次变为011、100、101、110、111；当再来一个时钟脉冲时，计数器状态又变为000。

从上面的分析可以看出，同步计数器的各个触发器在时钟脉冲的控制下同时工作，计数速度快。如果将图12-20中的Q_0、Q_1改接到$\overline{Q_0}$、$\overline{Q_1}$上，就可以构成同步二进制减法计数器。

12.3.2 十进制计数器

十进制计数器与四位二进制计数器有些相似，但四位二进制计数器需要计数到1111后才能返回到0000，而十进制计数器要求计数到1001（相当于9）就返回0000。8421BCD码十进制计数器是一种最常用的十进制计数器。

8421BCD码异步十进制加法计数器如图12-21所示。

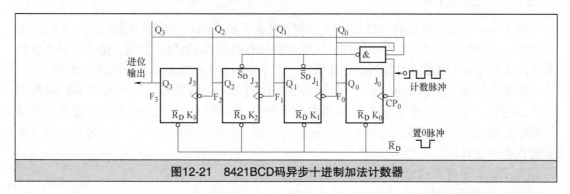

图12-21 8421BCD码异步十进制加法计数器

该计数器是一个8421BCD码异步十进制加法计数器，由四个JK触发器和一个与非门构成，与非门的输出端接到触发器F_1、F_2的$\overline{S_D}$端（置"1"端），输入端则接到时钟信号输入端（CP端）和触发器F_0、F_3的输出端（即Q_0端和Q_3端）。

计数器的工作过程分为两步：

第一步：计数器复位清零。

在工作前应先对计数器进行复位清零。在复位控制端送一个负脉冲到各触发器$\overline{R_D}$端，触发器状态都变为"0"，即$Q_3Q_2Q_1Q_0=0000$。

第二步：计数器开始计数。

当第一个计数脉冲（时钟脉冲）下降沿送到触发器F_0的CP端时，触发器F_0翻转，Q_0由"0"变为"1"，触发器F_1、F_2、F_3状态不变，Q_3、Q_2、Q_1均为"0"，与非门的输出端为"1"（$\overline{Q_3 \cdot Q_0 \cdot CP}=1$），即触发器$F_1$、$F_2$置位端$\overline{S_D}$为"1"，不影响$F_1$、$F_2$的状态，计数器输出为$Q_3Q_2Q_1Q_0=0001$。

当第二个计数脉冲下降沿送到触发器F_0的CP端时，触发器F_0翻转，Q_0由"1"变为"0"，Q_0的变化相当于一个脉冲的下降沿送到触发器F_1的CP端，F_1翻转，Q_1由"0"变为"1"，与非门输出端仍为"1"，计数器输出为$Q_3Q_2Q_1Q_0=0010$。

同样的道理，当依次输入第三至第九个计数脉冲时，计数器则依次输出0011、0100、0101、0110、0111、1000、1001。

当第十个计数脉冲上升沿送到触发器F_0的CP端时，CP端由"0"变为"1"，相当于CP=1，此时$Q_0=1$、$Q_3=1$，与非门的三个输入端都为"1"，马上输出"0"，分别送到触发器F_1、F_2的置"1"端（$\overline{S_D}$端），F_1、F_2的状态均由"0"变为"1"，即$Q_1=1$、$Q_2=1$，计数器的输出为$Q_3Q_2Q_1Q_0=1111$。

当第十个计数脉冲下降沿送到触发器F_0的CP端时，F_0翻转，Q_0由"1"变"0"，它送到触发器F_1的CP端，F_1翻转，Q_1由"1"变为"0"，Q_1的变化送到触发器F_2的CP端，

F_2翻转，Q_2由"1"变为"0"，Q_2的变化送到触发器F_3的CP端，F_3翻转，Q_3由"1"变为"0"，计数器输出为$Q_3Q_2Q_1Q_0=0000$。

当第十一个计数脉冲下降沿到来时，计数器又重复上述的过程进行计数。

从上述的过程可以看出，当输入一至九个计数脉冲时，计数器依次输出0000～1001，当输入第十个计数脉冲时，计数器输出变为0000，然后重新开始计数，它跳过了四位二进制数表示十进制数出现的1010、1011、1100、1101、1110、1111六个数。

12.3.3　任意进制计数器

在实际中，除了有二进制计数和十进制计数外，还有其他进制的计数方法，如时钟的小时是十二进制，分、秒是六十进制。**任意进制计数器又称N进制计数器**，除了二进制计数器外，其他的计数器都可以称为任意计数器，即十进制计数器也是任意计数器中的一种。

因为计数器要用到触发器，一个触发器可以构成一位计数器，两个触发器可以构成二位二进制计数器，二位二进制计数器实际上就是一个四进制计数器，所以**2^n进制计数器就至少要用到N个触发器**，例如十二进制计数器需要用到四个触发器，六十进制计数器要用到六个触发器。

为了让大家进一步地理解任意计数器，下面以图12-22所示的同步三进制加法计数器为例来说明N进制计数器的工作原理。

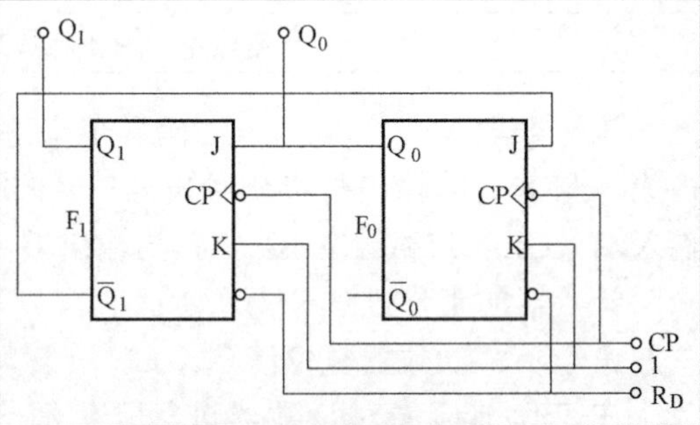

该计数器由两个JK触发器构成，两个触发器的K端都固定接高电平"1"，触发器F_1的$\overline{Q}$端通过反馈线与触发器F_0的J端相连。

图12-22　同步三进制加法计数器

计数器的工作过程分为两步：

第一步：计数器复位清零。

在工作前应先对计数器进行复位清零。在复位控制端送一个负脉冲到各触发器$\overline{R_D}$端，触发器状态都变为"0"，即$Q_1Q_0=00$。

第二步：计数器开始计数。

当第一个计数脉冲下降沿到来时，它同时送到触发器F_0、F_1的CP端，两个触发器同时工作。在计数脉冲下降沿到来时，触发器F_0的K=1、J=$\overline{Q}$=1，F_0的状态翻转，Q_0由"0"变为"1"；触发器F_1的K=1、J=Q_0=0（在计数脉冲下降沿刚到来时，F_0的状态还未变化，仍为"0"），F_1被置"0"，即Q_1仍为"0"，计数器输出为$Q_1Q_0=01$。

当第二个计数脉冲下降沿到来时，它同时送到触发器F_0、F_1的CP端，两个触发器同时工作。在计数脉冲下降沿到来时，触发器F_0的K=1、J=$\overline{Q_1}$=1，F_0的状态翻转，Q_0由"1"变为"0"；触发器F_1的K=1、J=Q_0=1，F_1的状态翻转，Q_1由"0"变为"1"，计数器输出为$Q_1Q_0=10$。

当第三个计数脉冲下降沿到来时，两个触发器同时工作。在计数脉冲下降沿到来时，触发器F_0的K=1、J=$\overline{Q_1}$=0（Q_1=1），F_0被置"0"，即Q_0仍为"0"；触发器F_1的K=1、J=Q_0=0，F_1被置"0"，Q_1由"1"变为"0"，Q_1的变化相当于一个脉冲的下降沿，它可以作为进位脉冲。计数器输出为$Q_1Q_0=00$。

当第四个计数脉冲下降沿到来时，计数器又重复上述的过程。

12.3.4 常用的计数器芯片

1. 异步计数器芯片74LS90

74LS90是一种中规模的二-五-十进制计数器，其各脚功能与状态表如图12-23所示，其中CP_A和Q_A构成一位二进制计数器，CP_B和Q_D、Q_C、Q_B构成五进制计数器，将两个计数器有关端子适当组合，可以组成其他类型的计数器。

R0(1)、R0(2)为两个清0端，R9(1)、R9(2)为两个置9端，这四个端子与74LS90的工作状态关系见状态表。当R0(1)、R0(2)均为高电平且R9(1)、R9(2)中有一个为低电平时，计数器$Q_D \sim Q_A$端均被清0；当R9(1)、R9(2)均为高电平时，Q_D、Q_A端均为高电平；当R0(1)、R0(2)中有一个为低电平且R9(1)、R9(2)中也有一个为低电平时，计数器工作在计数状态。

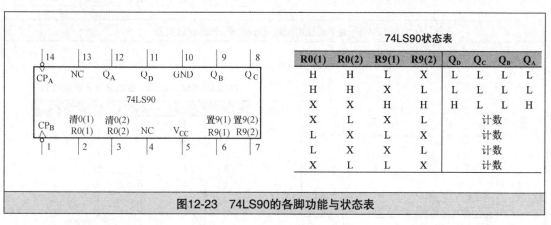

图12-23　74LS90的各脚功能与状态表

（1）一位二进制计数器

74LS90的CP_A和Q_A构成一位二进制计数器，当CP_A端输入第一个时钟脉冲时，$Q_A=1$，输入第二个脉冲时，$Q_A=0$。

（2）五进制计数器

CP_B和Q_D、Q_C、Q_B构成五进制计数器，当CP_B端输入第一个脉冲时，$Q_DQ_CQ_B=001$，输入第二个脉冲时，$Q_DQ_CQ_B=010$，输入第三、四个脉冲时，$Q_DQ_CQ_B=011$、100，输入第五个脉冲时，$Q_DQ_CQ_B=000$。

（3）8421码十进制计数器

将一位二进制计数器的输出端Q_A与五进制计数器的CP_B连接时，可组成8421码十进制计数器，如图12-24所示。当0~9个时钟脉冲不断从CP_A端输入时，$Q_DQ_CQ_BQ_A$状态变化为0000，0001，0010，…，1001，第10个时钟脉冲输入时，$Q_DQ_CQ_BQ_A$变为0000，具体见图12-24中的计数表。

（4）5421码十进制计数器

将五进制计数器的Q_D端与一位二进制计数器的CP_A连接时，可组成5421码十进制计数器，如图12-25所示，此时计数器Q_A、Q_D、Q_C、Q_B的位权分别是5、4、2、1。当0~4个时钟脉冲不断从CP_B端输入时，$Q_AQ_DQ_CQ_B$状态变化为0000，0001，…，0100，第5个时钟脉冲输入时，$Q_AQ_DQ_CQ_B$变为1000，当6~9个时钟脉冲从CP_B端输入时，$Q_AQ_DQ_CQ_B$状态变化为1001，1010，…，1100，第10个时钟脉冲输入时，$Q_AQ_DQ_CQ_B$变为0000，具体见图12-25中的计数表。

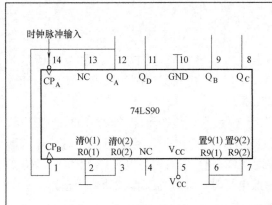

74LS90用作8421码十进制计数器的计数表

CP$_A$	Q$_D$	Q$_C$	Q$_B$	Q$_A$
0	L	L	L	L
1	L	L	L	H
2	L	L	H	L
3	L	L	H	H
4	L	H	L	L
5	L	H	L	H
6	L	H	H	L
7	L	H	H	H
8	H	L	L	L
9	H	L	L	H

图12-24　由74LS90构成的8421码十进制计数器

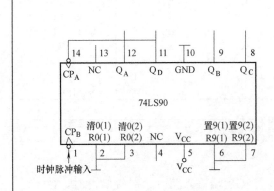

74LS90用作5421码十进制计数器的计数表

CP$_B$	Q$_A$	Q$_D$	Q$_C$	Q$_B$
0	L	L	L	L
1	L	L	L	H
2	L	L	H	L
3	L	L	H	H
4	L	H	L	L
5	H	L	L	L
6	H	L	L	H
7	H	L	H	L
8	H	L	H	H
9	H	H	L	L

图12-25　由74LS90构成的5421码十进制计数器

（5）六进制计数器

在8421码十进制计数器（Q$_A$与CP$_B$连接）的基础上，将Q$_B$接R0（1），Q$_C$接R0（2）可组成六进制计数器，如图12-26所示。

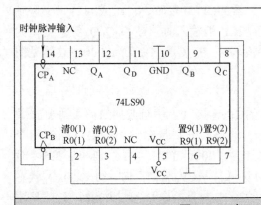

当时钟脉冲不断从CP$_A$端输入时，Q$_C$Q$_B$Q$_A$状态变化为000，001，…，101，第6个时钟脉冲输入时，Q$_C$Q$_B$Q$_A$变为110，但Q$_C$Q$_B$Q$_A$=110是不稳定的，Q$_C$、Q$_B$的"1"反馈到R0(2)、R0(1)，计数器迅速被清0，Q$_C$Q$_B$Q$_A$变为000，然后再重新计数。

图12-26　由74LS90构成的六进制计数器

2. 同步计数器芯片74LS190

74LS190是同步十进制加/减计数器（又称可逆计数器），它依靠加/减控制端的控制来实现加法计数和减法计数。

74LS190的引脚排列及功能说明如图12-27所示，表12-9所示为74LS190的状态表。

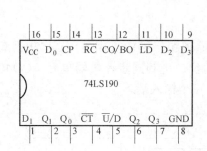

CO/BO：进位输出/借位输出端
CP：时钟输入端
$\overline{CT}$：计数控制端(低电平有效)
$D_0 \sim D_3$：并行数据输入端
$\overline{LD}$：异步并行置入控制端(低电平有效)
$Q_0 \sim Q_3$：输出端
$\overline{RC}$：行波时钟输出端(低电平有效)
$\overline{U}/D$：加/减计数方式控制端

图12-27 74LS190的引脚排列及功能说明

表12-9 74LS190的状态表

输入								输出			
$\overline{LD}$	$\overline{CT}$	$\overline{U}/D$	CP	D_0	D_1	D_2	D_3	Q_0	Q_1	Q_2	Q_3
0	X	X	X	d_0	d_1	d_2	d_3	d_0	d_1	d_2	d_3
1	0	0	↑	X	X	X	X	加计数			
1	1	1	↑	X	X	X	X	减计数			
1	1	X	X	X	X	X	X	保持			

74LS190的工作状态有四种：置数、加计数、减计数和保持。

（1）置数

74LS190置数（或称预置）是异步的。当置入控制端（$\overline{LD}$）为低电平时，不管CP端状态如何，输出端（$Q_0 \sim Q_3$）均可预置成与数据输入端（$D_0 \sim D_3$）相一致的状态。

（2）计数

74LS190采用同步计数方式。当$\overline{CT}=0$、$\overline{U}/D=0$时进行加计数；当$\overline{CT}=0$、$\overline{U}/D=1$时进行减计数。只有在CP端为高电平时，$\overline{CT}$和$\overline{U}/D$才可以跳变。

74LS190有超前进位功能。当计数上溢或下溢时，进位/借位输出端（CO/BO）输出一个宽度约等于CP周期的高电平脉冲，行波时钟输出端（$\overline{RC}$）输出一个宽度等于CP低电平部分的低电平脉冲。

（3）保持

当$\overline{LD}=1$、$\overline{CT}=1$时，74LS190工作在保持状态，在该状态下，即使CP端输入时钟脉冲，输出端（$Q_0 \sim Q_3$）的数据也不会发生变化。

12.4 电路小制作——电子密码控制器

电子密码控制器是一种只有输入正确密码才能输出控制信号的电路，给它外接一些其他设备可以制作各种密码控制器，如电子密码锁、电子密码控制开关等。

12.4.1 电路原理

1. 电路原理图

图12-28所示为电子密码控制器的电路原理图，图12-28中的CD4520为双四位二进制同步计数器芯片，内部有两个功能相同的四位二进制同步计数器单元，CD4073为三三输入与门，内部有三个与门单元，每个与门有三个输入端。

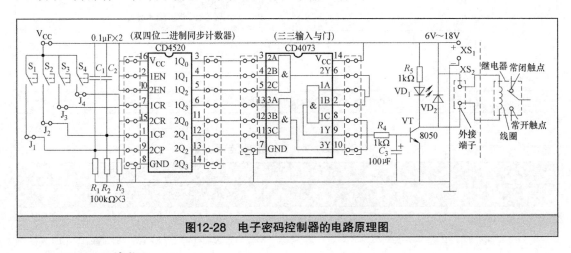

图12-28 电子密码控制器的电路原理图

2. CD4520介绍

CD4520为双四位二进制同步计数器芯片，其结构与状态表如图12-29所示。从状态表中可以看出，CD4520具有加计数、数据保持和清0功能。CD4520在两种情况下会执行加计数功能：①CR=0，EN=1，CP输入脉冲上升沿；②CP=0，CR=0，EN输入脉冲下降沿。

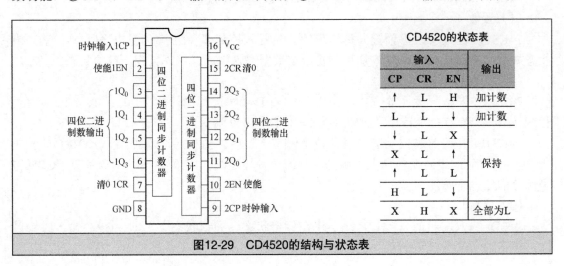

图12-29 CD4520的结构与状态表

CD4520的功能还可以用图12-30所示的输入/输出波形图来说明,从图12-30中可以看出,当CR=0,EN=1时,0~15个时钟脉冲上升沿依次到来时,计数器输出数据$Q_3Q_2Q_1Q_0$会从0000变到1111,第16个脉冲到来时,数据又变为0000,这时若CP=0、CR=0,EN输入脉冲下降沿,计数器也会开始加计数,若CR变为1,计数器会清0,$Q_3Q_2Q_1Q_0$=0000。

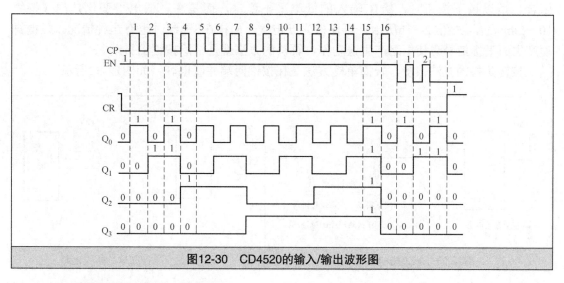

图12-30 CD4520的输入/输出波形图

3. 电子密码控制器的工作原理

电子密码控制器电路原理图如图12-28所示。图12-28中的S_1、S_2按键分别接CD4520的引脚2CP、1CP,每按压一次按键,就给CP端输入一个脉冲上升沿,计数器输出数据就会累加1,从图12-28中不难看出,只有$1Q_31Q_21Q_11Q_0$=1111、$2Q_12Q_0$=11时,CD4073两个与门输入才都为1,第三个与门输出端引脚9才为高电平,引脚9高电平经R_4、C_3滤波后送到晶体管VT基极,VT导通,有电流流过发光二极管VD_1,VD_1被点亮,若给XS_2端子外接继电器线圈,则有电流流过线圈,线圈产生磁场,对触点产生吸合动作,使常开触点闭合、常闭触点断开,从而控制与继电器触点连接的电路。

要使CD4520的$1Q_31Q_21Q_11Q_0$=1111、$2Q_12Q_0$=11,需要按压S_1按键三次,按压S_2按键十五次,如果S_1、S_2按压次数不对的话,CD4073引脚9就不会输出高电平,控制器就不能产生控制动作。S_3、S_4为伪码按键,它们与清0端1CR、2CR连接,按下S_3、S_4中的任意一个,均会对CD4520内的两个计数器进行清0,提高控制器的试探解密难度。

电子密码控制器设置密码有两种方法:一是改变S_1、S_2、S_3、S_4与1CP、2CP、1CR、2CR的连接;二是改变$1Q_3$、$1Q_2$、$1Q_1$、$1Q_0$、$2Q_3$、$2Q_2$、$2Q_1$、$2Q_0$与2A、2B、2C、3A、3B、3C的连接。

密码设置与解密举例:将S_1、S_3接CR端(1CR和2CR已连接在一起),S_2接2CP,S_4接1CP,2A、2B、2C分别接$1Q_3$、$1Q_2$、$1Q_1$,3A、3B、3C分别接$2Q_3$、$2Q_2$、$2Q_0$,那么解密的方法是按压S_2键十三次,让$2Q_32Q_22Q_0$=111,按压S_4键十四次,让$1Q_31Q_21Q_1$=111。对于不知道控制器线路连接方法的人,如果采用试探的方法来解密,首先要从四个按键中试出两个有效键,还要试探两个有效键的按压次数,无疑解密难度很大,如果将四个按键改为十个键,其中八个伪码键都连接到CR端,电子密码控制器解密的成功率将会极低。

4. 按键防抖电路

图12-28中的C_1、C_2功能是抑制按键抖动干扰。图12-31a所示为一个按键输入电路，按下按键S，会给IC输入一个"0（低电平）"，当S断开，会给IC输入一个"1（高电平）"。实际上，当按下按键S时，由于手的抖动，S会断开、闭合几次，然后稳定闭合，所以按下按钮时，给IC输入的低电平不稳定，而是高、低电平变化几次（持续$10\sim20$ms），如图12-31b所示，再保持为低电平，同样在S弹起时也有这种情况。按键抖动产生的干扰信号易使电路产生误动作，解决的方法就是消除按键的抖动。

按键防抖的方法很多，较简单的方法是在按键两端并联电容，如图12-32所示。

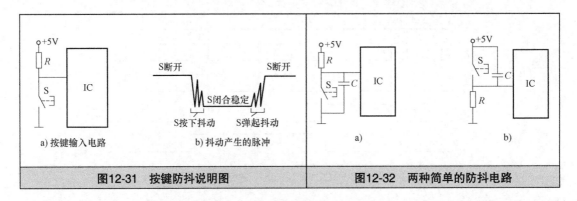

| a) 按键输入电路 | b) 抖动产生的脉冲 | a) | b) |

| 图12-31　按键防抖说明图 | 图12-32　两种简单的防抖电路 |

在图12-32a中，当按键S断开时，+5V电压经电阻R对电容C充电，在C上充得+5V电压，当按下按键时，S闭合，由于按键的电阻小，电容C通过按键迅速将两端电荷放掉，两端电压迅速降低（接近0），IC输入为低电平，若手发生抖动导致按键短时断开，+5V电压经R对C充电，但由于R的阻值大，短时间内电容C充电很少，电容两端的电压基本不变，IC输入仍为低电平，从而消除了按键抖动。

图12-32b所示的防抖动电路的工作原理读者可自己分析。

如果采用图12-32的防抖电路，选择RC的值比较关键，RC元件的值可以用下面的式子计算：

$$t<0.357RC$$

因为抖动时间一般为$10\sim20$ms，如果$R=10$kΩ，那么C可在$2.8\sim5.6$μF之间选择，通常选择3.3μF。

12.4.2　实验操作

图12-33所示为制作完成的电子密码控制器，图12-34所示为电子密码控制器的实验操作。在实验时，可对照图12-28所示的电子密码控制器的电路原理图，并按以下步骤来操作电子密码控制器：

第一步：用导线将J_1、J_2、J_3、J_4插件分别与CD4520的2CP、1CP、1CR、2CR引脚连接（图12-28中已连接好）。

第二步：用导线将CD4073的2A～2C、3A和3B、3C引脚分别与CD4520的$1Q_0\sim1Q_3$和$2Q_0$、$2Q_1$引脚连接（图中已连接好）。

第三步：给电子密码控制器接通电源。

第四步：先按压S_3或S_4键，对CD4520输出进行清0，然后按压S_1键____次，按压S_2键___次，指示灯VD_1会变亮，说明输入密码正确，控制器有控制信号输出。

第五步：先按压S_3或S_4键，然后按压S_2键，从第一次按压S_2键开始到按压十六次，$1Q_3$~$1Q_0$引脚电平变化规律依次是0001、_____。

第六步：按J_1-1CP、J_2-2CP、J_3-2CR、J_4-2CP的对应方法改变J_1~J_4与CD4520的连接方式，那么有效键是_____，伪键是_____。

第七步：在J_1~J_4与CD4520按图12-28连接不变的情况下，将CD4520和CD4073按$1Q_0$-2A、$1Q_1$-2B、$2Q_2$-2C、$2Q_0$-3A、$2Q_1$-3B、$2Q_3$-3C的方式连接，那么按压S_1键___次，按压S_2键___次，才能实现解密，让控制器输出控制信号。

第八步：拆下C_1或C_2，再按正确的次数对有效键进行操作，观察控制器是否产生输出，若无输出，原因是_____。

扫一扫看视频

图12-33 制作完成的电子密码控制器

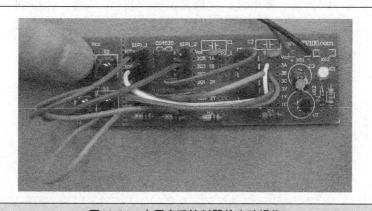

扫一扫看视频

图12-34 电子密码控制器的实验操作

第13章

脉冲电路

脉冲电路主要包括脉冲产生电路和脉冲整形电路。脉冲产生电路的功能是产生各种脉冲信号，如时钟信号。脉冲整形电路的功能是对已有的信号进行整形，以得到符合要求的脉冲信号。

13.1 脉冲电路基础

13.1.1 脉冲的基础知识

1. 脉冲信号的定义

脉冲信号是指在短暂时间内作用于电路的电压或电流信号。 常见的脉冲信号如图13-1所示，该图列出了矩形波、锯齿波、钟形波、尖峰波、梯形波和阶梯波一些脉冲信号。

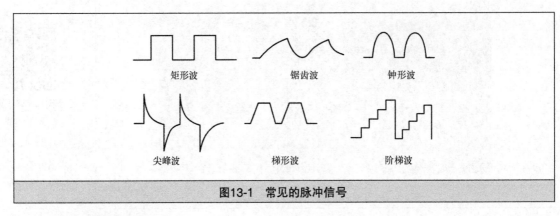

矩形波   锯齿波   钟形波

尖峰波   梯形波   阶梯波

图13-1 常见的脉冲信号

2. 脉冲信号的参数

在众多的脉冲信号中，应用最广泛的是矩形脉冲信号，实际的矩形脉冲信号如图13-2

所示。下面以该波形来说明脉冲信号的一些参数。

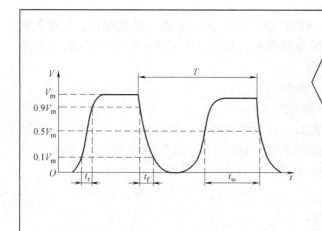

脉冲信号的参数有：

①脉冲幅值 V_m：它是指脉冲的最大幅值。

②脉冲的上升沿时间 t_r：它是指脉冲从 $0.1V_m$ 上升到 $0.9V_m$ 所需的时t间。

③脉冲的下降沿时间 t_f：它是指脉冲从 $0.9V_m$ 下降到 $0.1V_m$ 所需的时间。

④脉冲的宽度 t_w：它是指从脉冲前沿的 $0.5V_m$ 到脉冲后沿 $0.5V_m$ 处的时间长度。

⑤脉冲的周期 T：它是指在周期性脉冲中，相邻的两个脉冲对应点之间的时间长度。它的倒数就是这个脉冲的频率 $f = 1/T$。

⑥占空比 D：它是指脉冲宽度与脉冲周期的比值，即 $D = t_w/T$，$D = 0.5$ 的矩形脉冲就称为方波。

图13-2　矩形脉冲信号

13.1.2　*RC*电路

　　*RC*电路是指由电阻*R*和电容*C*组成的电路，它是脉冲产生和整形电路中常用到的电路。

1. *RC*充放电电路

　　*RC*充放电电路如图13-3所示，下面通过充电和放电两个过程来分析这个电路。

　　（1）*RC*充电电路

　　*RC*充电电路如图13-4所示。

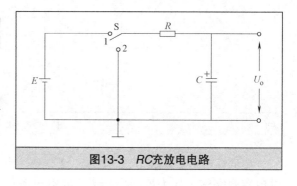

图13-3　*RC*充放电电路

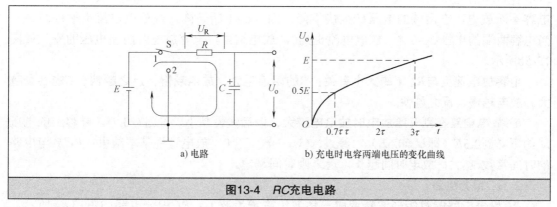

a) 电路　　　　　b) 充电时电容两端电压的变化曲线

图13-4　*RC*充电电路

　　将开关S置于"1"处，电源E开始通过电阻R对电容C充电，由于刚开始充电时电容两端的没有电荷，故电容两端的电压为0，即 $U_o = 0$，从图13-4a中可以看出 $U_R + U_o = E$，因为 $U_o = 0$，所以刚开始时 $U_R = E$，充电电流 $I = U_R/R$，该电流很大，它对电容C充电很快，随着电容不断被充电，它两端的电压 U_o 很快上升，电阻R两端的电压 U_R 不断减小，当电容两端充得电压U_o=E时，电阻两端的电压U_R=0，充电结束，电容充电时两端电压的变化如图13-4b所示。

　　电容充电速度与R、C的大小有关：R的阻值越大，充电越慢，反之越快；C的容量越大，充电越慢，反之越快。为了衡量RC电路充电的快慢，常采用一个时间常数τ（念作"tao"），时间常数是指R和C的乘积，即

$$\tau=RC$$

式中，τ的单位为s；R的单位为Ω；C的单位为F。

　　RC充电电路在刚开始充电时充电电流大，以后慢慢减小，经过t=0.7τ，电容上充得的电压U_o约有0.5E（即$U_o \approx 0.5E$），通常规定在t=(3～5)τ时，$U_o \approx E$，充电过程基本结束。另外，RC充电电路的时间常数τ越大，充电时间越长，反之则时间越短。

　　（2）RC放电电路

　　RC放电电路如图13-5所示。

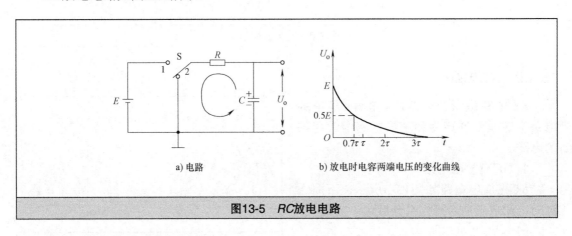

a) 电路　　　　　　　　　　　b) 放电时电容两端电压的变化曲线

图13-5　RC放电电路

　　电容C充电后，将开关S置于"2"处，电容C开始通过电阻R放电，由于刚开始放电时电容两端的电压为E，即U_o=E，放电电流I=U_o/R，该电流很大，电容C放电很快，随着电容不断放电，它两端的电压U_o很快下降，因为U_o不断下降，故放电电流也很快减小，当电容两端的电压U_o=0时，放电电流也为0，放电结束，电容放电时两端电压的变化如图13-5b所示。

　　电容放电速度与R、C的大小有关：R的阻值越大，放电越慢，反之越快；C的容量越大，放电越慢，反之越快。

　　RC放电电路在刚开始放电时放电电流大，以后慢慢减小，经过t=0.7τ，电容上的电压U_o约下降到0.5E（即$U_o \approx 0.5E$），经过t=(3～5)τ，$U_o \approx 0$，放电过程基本结束；RC放电电路的时间常数τ越大，放电时间越长，反之则时间越短。

　　2. RC积分电路

　　RC积分电路能将矩形波转变成三角波（或锯齿波）。RC积分电路如图13-6a所示，给积分电路输入图13-6b所示的矩形脉冲U_i时，它就会输出三角波U_o。

　　电路的工作过程说明如下：

　　在0～t_1期间，矩形脉冲为低电平，输入电压U_i=0，无电压对电容C充电，故输出电压U_o=0。

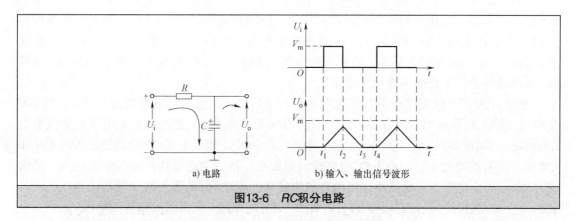

图13-6　RC积分电路

在$t_1 \sim t_2$期间，矩形脉冲为高电平，输入电压U_i的极性是上正下负，它经R对C充电，在C上充得上正下负的电压U_o，随着充电的进行，电压U_o慢慢上升，因为积分电路的时间常数$\tau=RC$远大于脉冲的宽度t_w，所以t_2时刻，电容C上的电压U_o无法充到矩形脉冲的幅值V_m。

在$t_2 \sim t_4$期间，矩形脉冲又为低电平，电容C上的上正下负电压开始往后级电路（未画出）放电，随着放电的进行，电压U_o慢慢下降，t_3时刻电容放电完毕，$U_o=0$，由于电容已放完电，故在$t_3 \sim t_4$期间U_o始终为0。

t_4时刻以后，电路重复上述过程，从而在输出端得到图13-6b所示的三角波U_o。

积分电路正常工作应满足：电路的时间常数τ应远大于输入矩形脉冲的脉冲宽度t_w，即$\tau \gg t_w$，通常$\tau \geqslant 3t_w$时就可认为满足该条件。

3. RC微分电路

RC微分电路能将矩形脉冲转变成宽度很窄的尖峰脉冲信号。 RC微分电路如图13-7所示，给微分电路输入图13-7b所示的矩形脉冲U_i时，它会输出尖峰脉冲信号U_o。

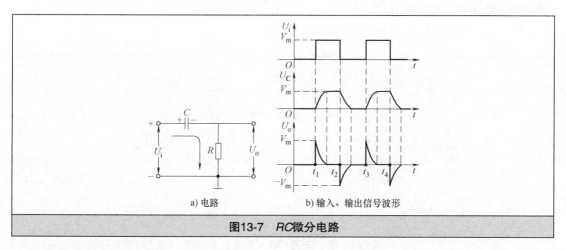

图13-7　RC微分电路

电路的工作过程说明如下：

在$0 \sim t_1$期间，矩形脉冲为低电平，输入电压$U_i=0$，无电流流过电容和电阻，故电阻R两端的电压$U_o=0$。

在$t_1 \sim t_2$期间，矩形脉冲为高电平，输入电压U_i的极性是上正下负，在t_1时刻，由于电容C还没被充电，故电容两端的电压$U_C=0$，而电阻R两端的$U_o=V_m$，t_1时刻后U_i开始对电容充电，由于该电路的时间常数很小，因此电容充电速度很快，电压U_c（左正右负）很快上升到V_m，该电压保持为V_m到t_2时刻，而电阻R两端的电压U_o很快下降到0。即在$t_1 \sim t_2$期间，R两端得到一个正的尖峰脉冲电压U_o。

在$t_2 \sim t_3$期间，矩形脉冲又为低电平，输入电压$U_i=0$，输入端电路相当于短路，电容C左端通过输入电路接地，电容C相当于与电阻R并联，电容C上的左正右负电压V_m加到电阻R的两端，R两端得到一个上负下正的$-V_m$电压，$U_o=-V_m$。然后电容C开始通过输入端电路和R放电，随着放电的进行，由于RC电路时间常数小，电容放电很快，它两端的电压下降很快，R两端的负电压也快速减小，当电容放电完毕，流过R的电流为0，R两端的电压U_o上升到0，$U_o=0$一直维持到t_3时刻。即在$t_2 \sim t_3$期间，R两端得到一个负的尖峰脉冲电压U_o。

t_3时刻以后，电路重复上述过程，从而在输出端得到图13-7b所示的正负尖峰脉冲信号。

微分电路正常工作应满足：电路的时间常数τ应远小于输入矩形脉冲的脉冲宽度t_w，即$\tau \ll t_w$，通常$\tau \leqslant 1/5 t_w$时就可认为满足该条件。

13.2　脉冲产生电路

脉冲产生电路的功能是产生脉冲信号。 常见的脉冲产生电路有多谐振荡器和锯齿波发生器。

13.2.1　多谐振荡器

多谐振荡器的功能是产生矩形脉冲信号。

1. 分立元器件多谐振荡器

分立元器件构成的多谐振荡器如图13-8所示。

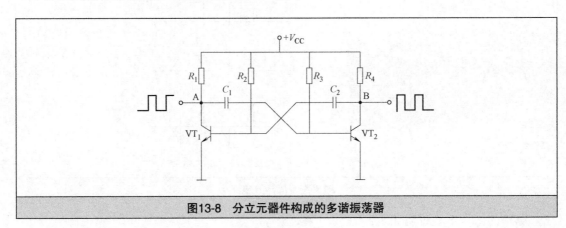

图13-8　分立元器件构成的多谐振荡器

多谐振荡器在结构上对称，并且晶体管VT_1、VT_2为同型号，$C_1=C_2$，$R_1=R_4$，$R_2=R_3$。但实际上电路不可能完全对称，假设VT_1的β值略大于VT_2的β值，接通电源后，VT_1的I_{c1}就会略大于I_{c2}，这样VT_1的U_A会略低于VT_2的U_B，即电压U_A偏低，由于电容两端的电压不能突变，U_A偏低的电压经电容C_1使VT_2的U_{b2}下降，U_{b2}下降→U_{c2}上升（$U_{b2}\downarrow\to I_{b2}\downarrow\to I_{c2}\downarrow\to U_{R4}\downarrow$，$U_{R4}=I_{c2}R_4\to U_{c2}\uparrow$，$U_{c2}=V_{CC}-U_{R4}$）→$U_B\uparrow$，$U_B$上升经电容$C_2$使$VT_1$的$U_{b1}$上升，$U_{b1}$上升使$U_A$下降，这样会形成强烈的正反馈，正反馈过程如下：

$$U_{b2}\downarrow\to U_{c2}\uparrow\to U_B\uparrow\to U_{b1}\uparrow\to U_{C1}\downarrow\to U_A\downarrow$$

正反馈结果使VT_1饱和，VT_2截止。VT_1饱和，A点的电压很低，相当于A点得到脉冲的低电平，VT_2截止，B点的电压很高，相当于B点得到脉冲的高电平。

VT_1饱和，VT_2截止后，电源V_{CC}开始对C_2充电，充电途径是：$+V_{CC}\to R_4\to C_2\to VT_1$的be结→地，结果在$C_2$上充得左负右正的电压，$C_2$的左负电压使$VT_1$的电压$U_{b1}$下降，在$C_2$充电的过程中，$VT_1$保持饱和状态，$VT_2$保持截止状态，这段时间内A点保持低电平、B点保持高电平。

当C_2充电到一定程度时，C_2的左负电压很低，它使VT_1由饱和退出进入放大，VT_1的I_{c1}减小，电压U_A上升，经电容C_1使VT_2的电压U_{b2}上升，VT_2由截止退出进入放大，有电流I_{c2}流过R_4（截止时无电流I_{c2}流过R_4），电压U_B下降，它经C_2使VT_1的U_{b1}下降，这样又会形成强烈的正反馈，正反馈过程如下：

$$U_{b2}\uparrow\to U_B\downarrow\to U_{b1}\downarrow\to U_A\uparrow$$

正反馈结果使VT_1截止，VT_2饱和。VT_1截止，A点的电压很高，相当于A点得到脉冲的高电平，VT_2饱和，B点的电压很低，相当于B点得到脉冲的低电平。

VT_1截止，VT_2饱和后，电源V_{CC}开始对C_1充电，充电途径是：$V_{CC}\to R_1\to C_1\to VT_2$的be结→地，结果在$C_1$上充得左正右负的电压，$C_1$的右负电压使$VT_2$的电压$U_{b2}$下降。与此同时，电源也会经$R_2$对$C_2$反充电，充电途径是：$V_{CC}\to R_2\to C_2\to VT_2$的c、e极→地，反充电将$C_2$上左负右正的电压中和。在$C_1$充电的过程中，$VT_1$保持截止状态，$VT_2$保持饱和状态，这段时间内A点保持高电平、B点保持低电平。

当C_1充电到一定程度时，C_1的右负电压很低，它使VT_2由饱和退出进入放大，VT_2的I_{c2}减小，电压U_B上升，经电容C_2使VT_1的电压U_{b1}上升，VT_1由截止退出进入放大，有电流I_{c1}流过R_1，电压U_A下降，它经C_1使VT_2的U_{b2}下降，这样又会形成强烈的正反馈，电路又重复前述的过程。

从上面的分析可知，晶体管VT_1、VT_2交替饱和截止，从而在VT_1、VT_2的集电极（即A、B点）会输出一对极性相反的矩形脉冲信号。

2. 环形多谐振荡器

环形多谐振荡器如图13-9所示，它是由三个非门电路和RC元件构成的，其中R、C元件是定时元件，用来决定振荡电路的振荡频率，R_S为非门G_3的输入限流电阻。

电路的工作原理说明如下：

假设接通电源后，非门G_3的输出端A'点电压U_o为低电平，它直接送到非门G_1的输入端A点，经非门G_1的作用，输出端B点为高电平，B点的高电平一方面通过非门G_2让D点变为低电平，另外由于电容两端的电压不能突变，电容C的一端B点为高电平，它的另一端E点也为高电平，E点高电平经R_S使F点为高电平，通过非门G_3的作用，保证A′点为低电平，即输出矩形脉冲的低电平。

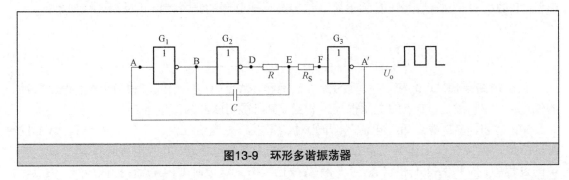

图13-9　环形多谐振荡器

在A′点为低电平期间，B点的高电平开始对电容C充电，充电途径是：B点→电容C→E点→电阻R→D点→进入非门G_2，在电容C上充得左正右负的电压，电容的右负电压使E点电压下降，F点电压也跟着下降。在电容充电的这段时间内，电路输出端一直维持为低电平，此为矩形脉冲低电平持续时间。

当E点电压下降使F点电压下降到非门G_3的关门电平时，非门G_3输出端A′点为高电平，它直接加到A点，经非门G_1作用后，B点由高电平变为低电平，由于非门G_2的作用，D点变为高电平，因为电容两端的电压不能突变，B点的低电平经电容C加到E点，E点为低电平，E点的低电平经R_S使F点也为低电平，经非门G_3的作用，A′点保持高电平，即输出矩形脉冲的高电平。

在A′点为高电平期间，D点的高电平开始对电容C反充电，充电途径是：D点→电阻R→E点→电容C→B点→进入非门G_1，充电先将电容上的左正右负电压中和，再在电容C上充得左负右正的电压，电容的右正电压使E点电压上升，F点电压也跟着上升。在电容反充电的这段时间内，电路的输出端一直维持为高电平，此为矩形脉冲高电平持续时间。

当电容反充电使E点电压上升，使F点电压上升到非门G_3的开门电平时，非门G_3输出端A′点为低电平。此后电路会重复上述的工作过程，从而在输出端A点会输出矩形脉冲信号。

从上面的分析可知，矩形脉冲的高、低电平的持续时间与R、C元件有关，即R、C元件能决定矩形脉冲的周期。环形多谐振荡器的振荡周期T可按以下公式估算：

$$T \approx 2.2RC$$

13.2.2　锯齿波发生器

锯齿波是指在一定的时间内电压和电流呈线性规律变化的信号，由于波形与锯齿相似，故称为锯齿波。锯齿波发生器的功能是产生锯齿波信号。

1. 简单的锯齿波发生器

锯齿波产生的简单方法是让矩形脉冲控制锯齿波形成电路，让它产生锯齿波信号。简单的锯齿波发生器如图13-10所示，它由晶体管和RC充放电电路组成，晶体管的状态受基极的矩形脉冲信号的控制。

2. 常用的锯齿波发生器

很多电子设备中采用多谐振荡器和RC充放电电路组合来构成锯齿波发生器，图13-11所示为一种由多谐振荡器和RC充放电路构成的锯齿波发生器。

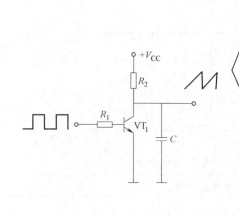

当矩形脉冲信号低电平经R_1送到VT_1的基极时，VT_1截止，电源V_{CC}经电阻R_2对电容C充电，充电途径是：V_{CC}→电阻R_2→电容C→地，电容C上的电压慢慢上升，形成锯齿波电压的前半段。

当矩形脉冲信号高电平经R_1送到VT_1的基极时，VT_1饱和，电容C经晶体管VT_1的c、e极放电，放电途径是：C的上正→VT_1的c、e极→地→C的下负，电容C上的电压慢慢下降，形成锯齿波电压的后半段。

由于充电时要经过电阻R_2，充电电流小，C上的电压上升慢，故锯齿波的前半段时间长，而放电时经过VT_1，晶体管饱和时c、e极之间阻值很小，放电电流大，C上的电压下降快，故锯齿波的后半段时间短。

图13-10 简单的锯齿波发生器

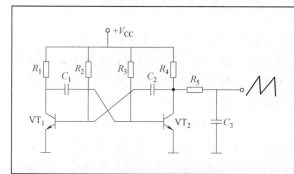

该锯齿波发生器由一个多谐振荡器和R_5、C_3充放电路构成。接通电源后，多谐振荡器开始工作，VT_1、VT_2交替导通、截止，多谐振荡器的工作过程如前所述，这里省略。

当VT_2截止时，电源V_{CC}经R_4、R_5对电容C_3充电，C_3上的电压慢慢上升，形成锯齿波电压的前半段；当VT_2饱和时，C_3经VT_1的c、e极放电，C_3两端的电压下降，从而形成锯齿波电压的后半段。

图13-11 由多谐振荡器和RC充放电路构成的锯齿波发生器

13.3 脉冲整形电路

脉冲整形电路的功能是对脉冲信号进行整形、延时等处理，使得到的脉冲信号符合要求。常见的脉冲整形电路有单稳态触发器、施密特触发器和限幅电路等。

13.3.1 单稳态触发器

单稳态触发器又称为单稳态电路，它是一种只有一种稳定状态的电路。如果没有外界信号触发，它始终保持一种状态不变，当有外界信号触发时，它将由一种状态转变成另一种状态，但这种状态是不稳定的（称为暂态），一段时间后它会自动返回到原状态。

1.结构与原理

单稳态触发器的形式很多，但基本原理是一样的，下面以图13-12所示的微分型单稳态电路为例来说明，从图13-12中可以看出，该电路由一个与非门、一个非门和RC元件构成。

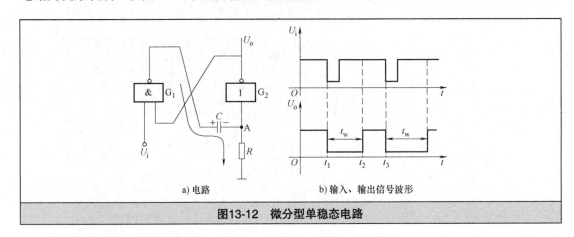

a) 电路   b) 输入、输出信号波形

图13-12 微分型单稳态电路

电路的工作原理说明如下：

当无触发信号时，U_i端为高电平"1"，由于电阻R的阻值较小，故非门G_2的输入端A点为"0"，输出端为"1"，它反馈到与门G_1的输入端，G_1输出为"0"，经电容C反馈到A点，非门G_2输出仍为"1"。如果没有外界信号触发，单稳态触发器输出U_o将始终为高电平"1"，这是单稳态触发器的稳定状态。

在t_1时刻，U_i端输入一个低电平触发信号（即输入为"0"），门G_1马上输出"1"，由于电容两端的电压不能突变，电容C的一端电压升高，另一端A点电压也升高，即A点为高电平，门G_2输出转变为低电平"0"。即单稳态触发器由一种状态（"1"态）转变为另一种状态（"0"态），但这种状态是不稳定的（暂态）。

t_1时刻后，单稳态触发器输出转变为"0"态，此时门G_1输出仍为高电平"1"，该高电平对电容C充电，途径是：门G_1输出端→电容C→电阻R→地，在电容上充得左正右负的电压，随着充电的进行，电容C两端的电压不断增大，而A点的电压则不断下降。在电容充电期间，单稳态触发器的输出维持暂态"0"。

在t_2时刻，A点电压下降到门G_2的关门电平（相当于门G_2输入端变为"0"），门G_2输出变为"1"，由于t_2时刻U_i已经变为高电平"1"，门G_1输出为"0"，它经电容C使门G_2输入为"0"，保证让门G_2输出为"1"。即t_2时刻后，单稳态的暂态"0"结束，返回原稳定状态"1"。

如果U_i端再输入触发信号，单稳态触发器状态又将翻转，电路会重复上述的工作过程。

从上述的分析可知，**单稳态触发器的暂态维持时间（即输出脉冲信号的宽度t_w）与电路中的RC充放电时间有关，一般$t_w \approx 0.7RC$。** 另外，为了能让单稳态触发器正常工作，要求触发信号的宽度不能很宽，应小于t_w。

2. 应用

单稳态触发器的主要功能有整形、延时和定时，具体应用很广泛，下面举例说明其应用。

（1）整形功能的应用

利用单稳态触发器可以将不规则的信号转换成矩形脉冲信号，这就是它的整形功能。单稳态触发器的整形原理如图13-13所示。

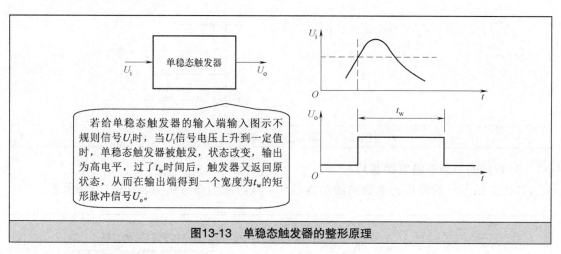

若给单稳态触发器的输入端输入图示不规则信号U_i时，当U_i信号电压上升到一定值时，单稳态触发器被触发，状态改变，输出为高电平，过了t_w时间后，触发器又返回原状态，从而在输出端得到一个宽度为t_w的矩形脉冲信号U_o。

图13-13　单稳态触发器的整形原理

（2）延时功能的应用

利用单稳态触发器可以对脉冲信号进行一定的延时，这就是它的延时功能。下面通过图13-14来说明单稳态触发器的延时原理。

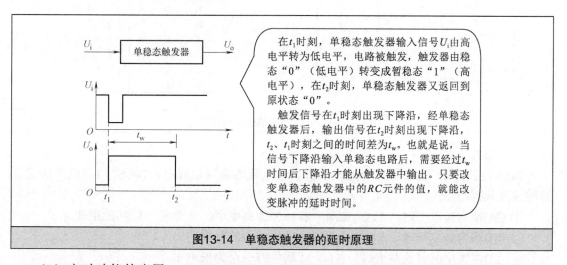

在t_1时刻，单稳态触发器输入信号U_i由高电平转为低电平，电路被触发，触发器由稳态"0"（低电平）转变成暂稳态"1"（高电平），在t_2时刻，单稳态触发器又返回到原状态"0"。

触发信号在t_1时刻出现下降沿，经单稳态触发器后，输出信号在t_2时刻出现下降沿，t_2、t_1时刻之间的时间差为t_w。也就是说，当信号下降沿输入单稳态电路后，需要经过t_w时间后下降沿才能从触发器中输出。只要改变单稳态触发器中的RC元件的值，就能改变脉冲的延时时间。

图13-14　单稳态触发器的延时原理

（3）定时功能的应用

利用单稳态触发器可以让脉冲信号高、低电平持续规定的时间，这就是它的定时功能。下面通过图13-15来说明单稳态触发器的定时原理。

在t_1时刻时，单稳态触发器输入信号U_i由高电平转为低电平，电路被触发，触发器由稳态"0"（低电平）转变成暂稳态"1"（高电平），在t_2时刻，单稳态触发器又返回到原状态"0"。

从图13-15中可以看出，输入信号宽度很窄，而输出信号很宽，高电平持续时间为t_w，这可以让发光二极管在t_w时间内都能发光，t_w时间的长短与触发信号的宽度无关，只与单稳态触发器的RC元件有关，改变RC的值就能改变t_w的值，就能改变发光二极管的发光时间。

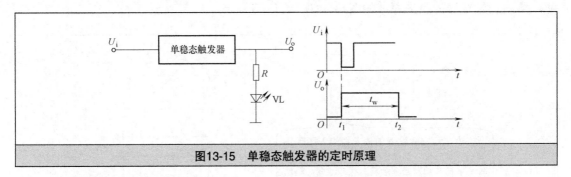

图13-15 单稳态触发器的定时原理

3. 常用的单稳态触发器芯片

74LS121是一种常用的单稳态触发器芯片，其内部结构与状态表如图13-16所示。

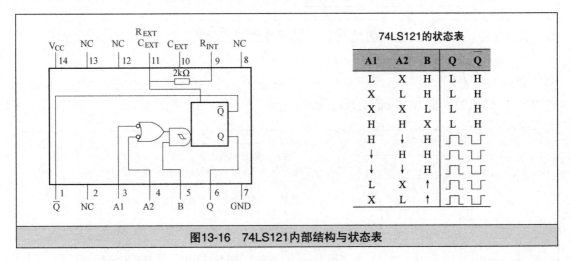

74LS121的状态表

A1	A2	B	Q	$\overline{Q}$
L	X	H	L	H
X	L	H	L	H
X	X	L	L	H
H	H	X	L	H
H	↓	H	⎍	⎍
↓	H	H	⎍	⎍
↓	↓	H	⎍	⎍
L	X	↑	⎍	⎍
X	L	↑	⎍	⎍

图13-16 74LS121内部结构与状态表

（1）触发方式

74LS121有A1、A2、B三个触发输入端，从状态表可以看出，74LS121在以下情况会被触发进入暂稳态：

① 当B端为高电平时，A1、A2端中有一个为高电平，一个发生1到0的跳变。

② 当B端为高电平时，A1、A2端同时发生1到0的跳变。

③ 当B端发生0到1的跳变时，A1、A2端中有一个为低电平。

（2）暂稳态持续时间

74LS121被触发进入暂稳态后，暂稳态持续时间（脉冲宽度）与定时电容和定时电阻有关。定时电容接在芯片的引脚10、11，若所接为有极性的电解电容，电容正极要接引脚10。

定时电阻有两种接法：内接电阻和外接电阻。在采用内接电阻时，只要将引脚9与电源V_{CC}（引脚14）连接即可。在采用外接电阻时，应将引脚9悬空，再在引脚11和引脚14之间接定时电阻。

74LS121暂稳态持续时间为

$$t_w=0.7RC$$

R的取值范围为2～14kΩ，C的取值范围为10pF～10μF，脉冲宽度为20ns～0.2s。

13.3.2 施密特触发器

单稳态触发器只有一种稳定的状态，而**施密特触发器有两种稳定的状态，它从一种状态转换到另一种状态需要相应的电平触发。**

1. 结构与原理

施密特触发器的种类较多，它们的工作原理基本相同，下面以图13-17a所示的施密特触发器为例进行说明，其中图13-17a为施密特触发器的电路结构，图13-17b为电路的输入、输出信号波形，图13-17c为图形符号。从图13-17a中可以看出，该施密特触发器由与非门、非门和二极管构成，其中G_2、G_3构成基本RS触发器。

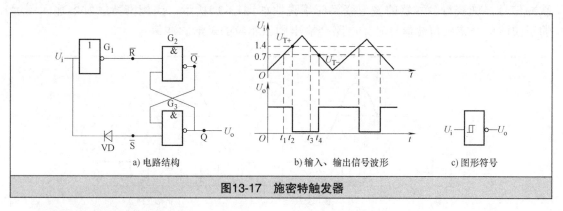

a) 电路结构　　　b) 输入、输出信号波形　　　c) 图形符号

图13-17　施密特触发器

电路的工作原理说明如下：

为了分析方便，假设电路输入信号U_i为三角波，在该电路中，1.4V以上为高电平"1"，1.4V以下为低电平"0"，二极管VD的导通电压为0.7V。

在0～t_1期间，输入电压U_i由0V慢慢上升至0.7V，由于U_i低于1.4V，故电路的输入电平为"0"，非门G_1输出为"1"，在U_i由0V上升到0.7V时，RS触发器的$\overline{S}$端电压始终低于1.4V（$\overline{S}$端电压较U_i电压高0.7V），即$\overline{S}=0$，基本RS触发器被置"1"，输出端U_o为高电平。

在t_1～t_2期间，输入电压U_i由0.7V慢慢上升至1.4V，由于U_i低于1.4V，故电路的输入电平为"0"，非门G_1输出仍为"1"，在U_i由0.7V上升到1.4V时，RS触发器的$\overline{S}$端电压始终高于1.4V（$\overline{S}$端电压较U_i电压高0.7V），即$\overline{S}=1$，由于此时$\overline{R}=1$，故基本RS触发器的状态保持为"1"，输出端U_o仍为高电平。

在t_2～t_3期间，输入电压U_i始终高于1.4V，电路的输入电平为"1"，非门G_1输出为"0"，即$\overline{R}=0$，在此期间，RS触发器的$\overline{S}$端电压始终高于2.1V，即$\overline{S}=1$，因为$\overline{R}=0$、$\overline{S}=1$，基本RS触发器的状态为"0"，输出端U_o变为低电平。

在t_3～t_4期间，输入电压U_i低于1.4V但高于0.7V，电路的输入电平为"0"，非门G_1输出为"1"，即$\overline{R}=1$，在此期间，RS触发器的$\overline{S}$端电压低于2.1V但高于1.4V，即$\overline{S}=1$。因为$\overline{R}=1$、$\overline{S}=1$，基本RS触发器的状态保持为"0"，输出端U_o仍为低电平。

t_4时刻后，输入电压U_i低于0.7V，电路的输入电平为"0"，非门G_1输出为"1"，即

$\overline{R}=1$，在此期间，RS触发器的$\overline{S}$端电压低于1.4V，即$\overline{S}=0$。因为$\overline{R}=1$、$\overline{S}=0$，基本RS触发器的状态被置"1"，输出端U_o变为高电平。

从上面的分析可知，当输入信号电压上升到一定电压时，施密特触发器的状态会从第一种状态转变为第二种状态，当输入信号电压下降到一定值时，它又会从第二种状态翻转到第一种状态。从图13-17b所示的波形图可以看出，输入信号两次触发电压是存在差距的，这种情况称为回差现象。这两个电压的差值称为回差电压ΔU，图13-17b中施密特触发器的回差电压$\Delta U = U_{T+} - U_{T-} = (1.4-0.7)V = 0.7V$。

2. 应用

施密特触发器的应用比较广泛，下面介绍几种较常见的应用。

（1）波形变换

利用施密特触发器可以将一些连续变化的信号（如三角波、正弦波等）转变成矩形脉冲信号。施密特触发器的波形变换应用说明如图13-18所示。当施密特触发器输入图示的正弦波信号或三角波信号时，电路会输出图示相应的矩形脉冲信号。

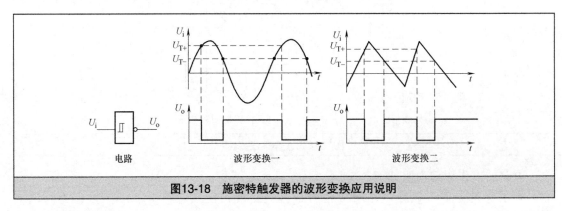

图13-18　施密特触发器的波形变换应用说明

（2）脉冲整形

如果脉冲产生电路产生的脉冲信号不规则，或者脉冲信号在传送过程中产生了畸变，利用施密特触发器的整形功能，可以将它们转换成规则的脉冲信号。施密特触发器的脉冲整形应用说明如图13-19所示。

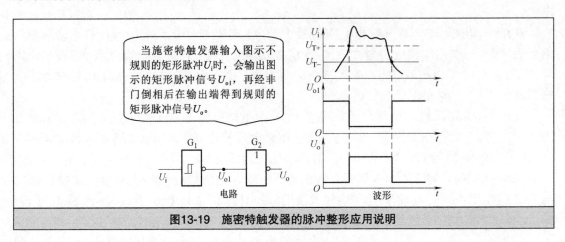

　　当施密特触发器输入图示不规则的矩形脉冲U_i时，会输出图示的矩形脉冲信号U_{o1}，再经非门倒相后在输出端得到规则的矩形脉冲信号U_o。

图13-19　施密特触发器的脉冲整形应用说明

（3）用来构成单稳态触发器

将施密特触发器与RC元件组合起来可以构成单稳态电路，图13-20所示为一种由施密特触发器构成的单稳态电路。

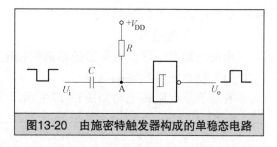

图13-20　由施密特触发器构成的单稳态电路

在没有触发信号输入时，施密特触发器输入端A点为"1"，输出端为"0"。当输入低电平触发信号时，经电容C使A点电压下降，A点相当于"0"，施密特触发器马上翻转，输出端由"0"变为"1"，触发器由一种状态转变为另一种状态。

当触发器转变为"1"态后，电源开始经R对电容C充电，在C上充得左负右正电压，充电使A点电压上升，当A点电压上升到触发器触发电平时，触发器状态翻转，变为"0"，暂态结束，又返回到原状态。

从上面的分析可知，在无触发信号时，电路保持一种稳定状态（"0"态），当触发信号到来时，电路状态翻转为另一种状态（"1"态），但这种状态是不稳定的，一段时间后电路又返回到原状态，这就是单稳态电路。

（4）用来构成多谐振荡器

施密特触发器与RC元件组合还可以构成多谐振荡器，图13-21所示为一种由施密特触发器构成的多谐振荡器。

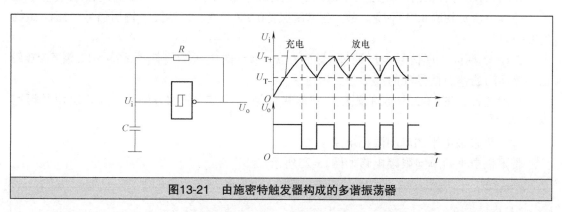

图13-21　由施密特触发器构成的多谐振荡器

在刚接通电源时，电容C还没有被充电，它两端的电压U_i为0，即U_i为低电平，施密特触发器输出高电平"1"。然后输出端的高电平经R对C充电，电容C上的电压慢慢上升，当上升到触发器的上升触发电平U_{T+}时，触发器状态翻转，输出端U_o为低电平"0"。接着电容C开始通过R往输出端放电，随着电容的放电，电压U_i下降，当U_i下降到触发器的下降触发电平U_{T-}时，触发器状态又会翻转，输出端U_o为高电平"1"。以后输出端的电平又经R对电容充电，电路会重复上述的过程。

从上面的分析可知，电容C充电、放电不断地进行，施密特触发器的状态不断翻转，从而在输出端得到矩形脉冲信号，改变R、C的大小，就可以改变矩形脉冲信号的频率。

13.3.3　限幅电路

限幅电路又称削波器，它是能削除信号中电压超过一定值的部分。限幅电路可分为

单向限幅电路和双向限幅电路。

1. 单向限幅电路

单向限幅电路可分为普通的单向限幅电路和带限幅电平的单向限幅电路。

（1）普通的单向限幅电路

普通的单向限幅电路如图13-22所示。

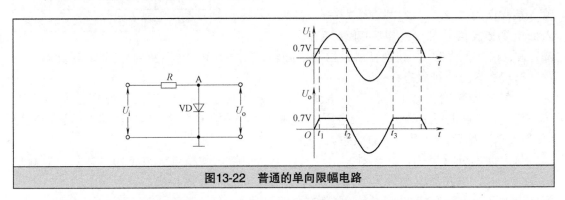

图13-22　普通的单向限幅电路

普通的单向限幅电路采用了一只二极管，给限幅电路输入图示的U_i信号。

在$0 \sim t_1$期间，U_i信号电压通过R送到A点，A点的电压低于0.7V，二极管VD截止，该期间的输出信号U_o的波形与U_i相同。

在$t_1 \sim t_2$期间，U_i信号电压大于0.7V，通过R送到A点，二极管VD导通，二极管导通后，两端电压被钳在0.7V不变，故A点电压保持0.7V不变，该期间的输出信号电压U_o始终为0.7V。

在$t_2 \sim t_3$期间，U_i信号电压通过R送到A点，A点的电压始终低于0.7V，二极管VD截止，该期间的输出信号U_o的波形与U_i相同。

也就是说，图13-22所示的限幅电路能将信号高于0.7V的部分削掉，使输出信号幅值不超过0.7V。

（2）带限幅电平的单向限幅电路

带限幅电平的单向限幅电路如图13-23所示。

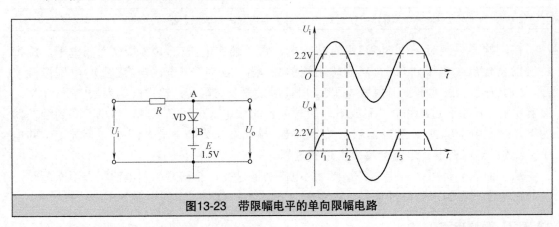

图13-23　带限幅电平的单向限幅电路

该电路与普通的单向限幅电路不同，它在二极管负极串联一个1.5V电源，使B点的电压为1.5V，同样给电路输入图示的U_i信号。

在0～t_1期间，U_i信号电压通过R送到A点，A点的电压低于2.2V，二极管VD截止，该期间的输出信号U_o的波形与U_i相同。

在t_1～t_2期间，U_i信号电压大于2.2V，它通过R送到A点，二极管VD导通（VD负极接电源E的正极，故VD负极电压为1.5V），A点电压被钳在2.2V不变，该期间的输出信号电压U_o始终为2.2V。

在t_2～t_3期间，U_i信号电压通过R送到A点，A点的电压始终低于2.2V，二极管VD截止，该期间的输出信号U_o的波形与U_i相同。

从上述分析可以看出，将二极管与电源串联起来可以改变限幅电平，该限幅电路将信号高于2.2V的部分削掉，使输出信号幅值不超过2.2V。

2. 双向限幅电路

双向限幅电路也分为普通的双向限幅电路和带限幅电平的双向限幅电路。

（1）普通的双向限幅电路

普通的双向限幅电路如图13-24所示。

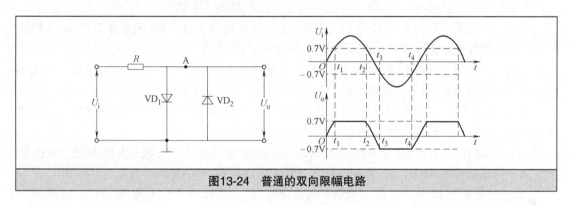

图13-24　普通的双向限幅电路

普通的双向限幅电路采用了两个二极管并联，但极性相反，现给限幅电路输入图示的U_i信号。

在0～t_1期间，U_i信号电压通过R送到A点，A点的电压低于0.7V，二极管VD_1、VD_2都处于截止状态，该期间的输出信号U_o的波形与U_i相同。

在t_1～t_2期间，U_i信号电压大于0.7V，它通过R送到A点，二极管VD_1导通，VD_2截止，A点电压被钳在0.7V不变，该期间的输出信号电压U_o始终为0.7V。

在t_2～t_3期间，U_i信号电压通过R送到A点，A点的电压低于0.7V，但高于-0.7V，二极管VD_1、VD_2均截止，该期间的输出信号U_o的波形与U_i相同。

在t_3～t_4期间，U_i信号电压低于-0.7V，它通过R送到A点，二极管VD_1截止，VD_2导通（VD_2负极接地，电压为0V），A点电压被钳在-0.7V不变，该期间的输出信号电压U_o始终为-0.7V。

也就是说，该限幅电路能将信号高于0.7V和低于-0.7V的部分削掉。

（2）带限幅电平的双向限幅电路

带限幅电平的双向限幅电路如图13-25所示。

该电路是在普通的双向限幅电路的基础上，在两个二极管正、负极各串联一个1.5V电源，同样给限幅电路输入图示的U_i信号。

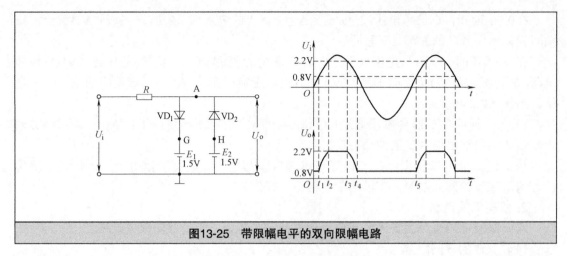

图13-25　带限幅电平的双向限幅电路

在0～t_1期间，U_i信号电压低于0.8V，它通过R送到A点，二极管VD_1截止，VD_2导通，A点电压被钳在0.8V不变，该期间的输出信号电压U_o始终为0.8V。

在t_1～t_2期间，U_i信号电压通过R送到A点，A点电压高于0.8V但低于2.2V，二极管VD_1、VD_2均截止，该期间的输出信号U_o的波形与U_i相同。

在t_2～t_3期间，U_i信号电压大于2.2V，它通过R送到A点，二极管VD_1导通，VD_2截止，A点电压被钳在2.2V，该期间的输出信号电压U_o始终为2.2V。

在t_3～t_4期间，U_i信号电压通过R送到A点，A点电压低于2.2V但高于0.8V，二极管VD_1、VD_2均截止，该期间的输出信号U_o的波形与U_i相同。

在t_4～t_5期间，U_i信号电压低于0.8V，它通过R送到A点，二极管VD_2导通，VD_1截止，A点电压被钳在0.8V，该期间的输出信号电压U_o始终为0.8V。

从上述分析可以看出，将二极管与电源串联起来可以改变双向限幅电平，该限幅电路将信号高于2.2V和低于0.8V的部分削掉。

13.4　555定时器/时基电路

555定时器又称555时基电路，它是一种中规模的数字-模拟混合集成电路，具有使用范围广、功能强等特点。如果给555定时器外围接一些元器件就可以构成各种应用电路，如多谐振荡器、单稳态触发器和施密特触发器等。555定时器有TTL型（或称双极型，内部主要采用晶体管）和CMOS型（内部主要采用场效应晶体管），但它们的电路结构基本一样，功能也相同，本节以双极型555定时器为例进行说明。

13.4.1　结构与原理

555定时器芯片的外形与内部电路结构如图13-26所示，从图13-26中可以看出，它主要是由电阻分压器、电压比较器（运算放大器）、基本RS触发器、放电管和一些门电路构成的。

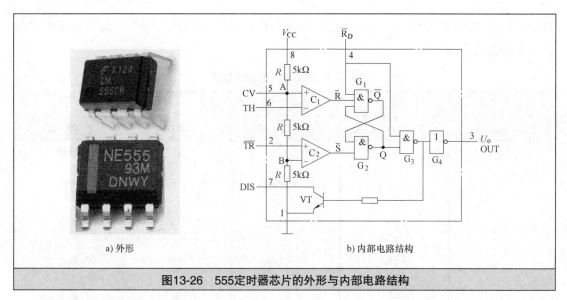

a) 外形　　　　　　　　　b) 内部电路结构

图13-26　555定时器芯片的外形与内部电路结构

（1）电阻分压器和电压比较器

电阻分压器由三个阻值相等的电阻R构成，两个运算放大器C_1、C_2构成电压比较器。三个阻值相等的电阻将电源V_{CC}（引脚8）分作三等份，比较器C_1的"+"端（引脚5）电压U_+为$\frac{2}{3}V_{CC}$，比较器C_2的"−"电压U_-为$\frac{1}{3}V_{CC}$。

如果TH端（引脚6）输入的电压大于$\frac{2}{3}V_{CC}$时，即运算放大器C_1的$U_+ < U_-$，比较器C_1输出低电平"0"；如果$\overline{\text{TR}}$端（引脚2）输入的电压大于$\frac{1}{3}V_{CC}$时，即运算放大器C_2的$U_+ > U_-$，比较器C_1输出高电平"1"。

（2）基本RS触发器

基本RS触发器是由两个与非G_1、G_2门构成的，其功能说明如下：

当$\overline{R}=0$、$\overline{S}=1$时，触发器置"0"，即$Q=0$，$\overline{Q}=1$；

当$\overline{R}=1$、$\overline{S}=0$时，触发器置"1"，即$Q=1$，$\overline{Q}=0$；

当$\overline{R}=1$、$\overline{S}=1$时，触发器"保持"原状态；

当$\overline{R}=0$、$\overline{S}=0$时，触发器状态不定，这种情况禁止出现。

$\overline{R}_D$端（引脚4）为定时器复位端，当$\overline{R}_D=0$时，它送到基本RS触发器，对触发器置"0"，即$Q=0$，$\overline{Q}=1$；$\overline{R}_D=0$和触发器输出的$Q=0$送到与非门G_3，与非门输出为"1"，再经非门G_4后变为"0"，从定时器的OUT端（引脚3）输出"0"。即当$\overline{R}_D=0$时，定时器被复位，输出为"0"，在正常工作时，应让$\overline{R}_D=1$。

（3）放电管和缓冲器

晶体管VT为放电管，它的状态受与非门G_3输出电平控制，当G_3输出为高电平时，VT的基极为高电平而导通，引脚7、1之间相当于短路；当G_3输出为低电平时，VT截止，引脚7、1之间相当于开路。非门G_4为缓冲器，主要是提高定时器的带负载能力，保证定时器OUT端能输出足够的电流，还能隔离负载对定时器的影响。

555定时器的功能表见表13-1，表中标"×"表示不论为何值，都不影响结果。

从表13-1中可以看出555定时器在各种情况下的状态，如在$\overline{R}_D=1$时，如果高触发端

TH$>\frac{2}{3}V_{CC}$、低触发端$\overline{TR}>\frac{1}{3}V_{CC}$，则定时器OUT端会输出低电平"0"，此时内部的放电管处于导通状态。

表13-1　555定时器的功能表

输入			输出	
$\overline{R_D}$	TH	$\overline{TR}$	OUT	放电管状态
0	×	×	低	导通
1	$>\frac{2}{3}V_{CC}$	$>\frac{1}{3}V_{CC}$	低	导通
1	$<\frac{2}{3}V_{CC}$	$>\frac{1}{3}V_{CC}$	不变	不变
1	$<\frac{2}{3}V_{CC}$	$<\frac{1}{3}V_{CC}$	高	截止
1	$>\frac{2}{3}V_{CC}$	$<\frac{1}{3}V_{CC}$	高	截止

13.4.2　应用

555集成电路可以构成很多种类的应用电路，下面主要介绍几种典型的555应用电路。

1. 由555构成的单稳态电路

由555构成的单稳态电路如图13-27所示。

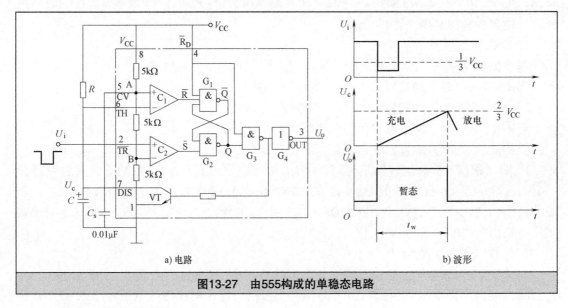

a) 电路　　　　　　　　　　　　　　　b) 波形

图13-27　由555构成的单稳态电路

电路的工作原理说明如下：

接通电源后，电源V_{CC}经电阻R对电容C充电，C两端的电压U_c上升，当U_c上升超过$\frac{2}{3}V_{CC}$时，高触发端（引脚6）TH$>\frac{2}{3}V_{CC}$、低触发端（引脚2）$\overline{TR}>\frac{1}{3}V_{CC}$（无触发信号$U_i$输

入时，引脚2为高电平），比较器C_1输出$\overline{R}=0$，比较器C_2输出$\overline{S}=1$，RS触发器被置"0"，$Q=0$，G_3输出为"1"，G_4输出为"0"，即定时器OUT端（引脚3）输出低电平"0"，与此同时G_3输出的"1"使晶体管VT导通，电容C通过引脚7、1放电，使$TH<\frac{2}{3}V_{CC}$，比较器C_1输出$\overline{R}=1$，由于此时$\overline{S}=1$，RS触发器状态保持不变，定时器状态保持不变，输出U_o仍为低电平。

当低电平触发信号U_i到来时，$\overline{TR}$端的电压低于$\frac{1}{3}V_{CC}$，比较器C_2输出使$\overline{S}=0$，触发器被置"1"，$Q=1$，G_3输出为"0"，G_4输出为"1"，定时器OUT端输出高电平"1"，与此同时G_3输出的"0"使晶体管VT截止，电源又通过R对C充电，C上的电压U_c上升，在电容C充电期间，输出U_o保持为高电平，此为暂稳态。

当充电使U_c上升到大于$\frac{2}{3}V_{CC}$时，即$TH>\frac{2}{3}V_{CC}$，比较器C_1输出使$\overline{R}=0$，触发器被置"0"，$Q=0$，G_3输出为"1"，G_4输出为"0"，定时器OUT端输出由"1"变为"0"，同时G_3输出的"1"使晶体管VT导通，电容C通过引脚7、1内部的晶体管VT放电。在此期间，定时器保持输出U_o为低电平。

从上面的分析可知，电路保持一种状态（"0"态）不变，当触发信号到来时，电路马上转变成另一种状态（"1"态），但这种状态不稳定，一段时间后，电路又自动返回到原状态（"0"态），这就是单稳态触发器。此单稳态触发器的输出脉冲宽度t_w与RC元件有关，输出脉冲宽度t_w为

$$t_w \approx 1.1RC$$

R通常取几百欧至几兆欧，C一般取几百皮法至几百微法。

2. 由555构成的多谐振荡器

由555构成的多谐振荡器如图13-28所示。

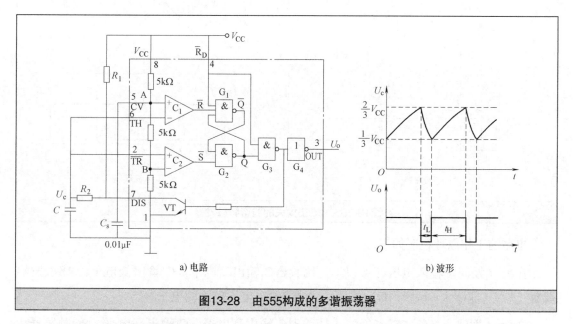

a) 电路   b) 波形

图13-28   由555构成的多谐振荡器

电路的工作原理说明如下：

接通电源后，电源 V_{CC} 经 R_1、R_2 对电容 C 充电，C 两端的电压 U_c 上升，当 U_c 上升超过 $\frac{2}{3}V_{CC}$ 时，比较器 C_1 输出为低电平，内部RS触发器被复位清0，输出端 U_o 由高电平变为低电平，如图13-28b所示，同时门 G_3 输出高电平使晶体管VT导通，电容 C 通过 R_2 和引脚内部的晶体管VT放电，电压 U_c 下降，当 U_c 下降至小于 $\frac{1}{3}V_{CC}$ 时，比较器 C_2 输出为低电平，内部RS触发器被置"1"，G_3 输出低电平使晶体管VT截止，输出端 U_o 由低电平变为高电平，电容 C 放电时间 t_L（即 U_o 低电平时间）为

$$t_L = 0.7R_2C$$

晶体管VT截止后，电容 C 停止放电，电源 V_{CC} 又重新经 R_1、R_2 对 C 充电，U_c 上升，U_c 上升至 $\frac{2}{3}V_{CC}$ 所需的时间 t_H（即 U_o 高电平时间）为

$$t_H = 0.7(R_1+R_2)C$$

当 U_c 上升超过 $\frac{2}{3}V_{CC}$ 时，内部触发器又被复位清0，U_o 又变为低电平，如此反复，在555定时器的输出端得到一个方波信号电压 U_o，该信号的频率 f 为

$$f = \frac{1}{t_L+t_H} \approx \frac{1.43}{(R_1+2R_2)C}$$

3. 由555构成的施密特触发器

由555构成的施密特触发器如图13-29所示。

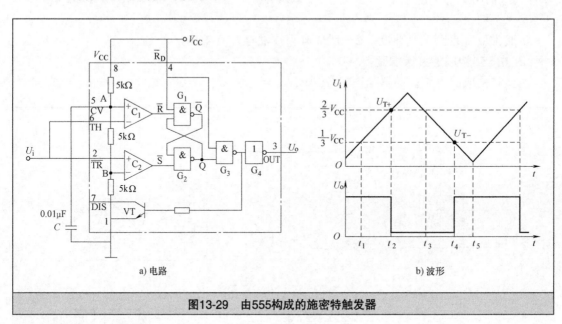

a) 电路　　　　　　　　　　　　　　　　　b) 波形

图13-29　由555构成的施密特触发器

电路的工作原理说明如下：

在 $0 \sim t_1$ 期间，输入电压 $U_i < \frac{1}{3}V_{CC}$，比较器 C_1 输出高电平，C_2 输出低电平，RS触发器被置"1"（即Q=1），经门 G_3、G_4 后，引脚3输出电压 U_o 为高电平。

在 $t_1 \sim t_2$ 期间，$\frac{1}{3}V_{CC} < U_i < \frac{2}{3}V_{CC}$，比较器 C_1 输出高电平，C_2 输出高电平，RS触发器状

态保持（Q仍为1），输出电压U_o仍为高电平。

在$t_2 \sim t_3$期间，$U_i > \frac{2}{3}V_{CC}$，比较器C_1输出低电平，C_2输出高电平，RS触发器复位清0（即Q=0），输出电压U_o为低电平。

在$t_3 \sim t_4$期间，$\frac{1}{3}V_{CC} < U_i < \frac{2}{3}V_{CC}$，比较器$C_1$输出高电平，$C_2$输出高电平，RS触发器状态保持（Q仍为0），输出电压U_o仍为低电平。

在$t_4 \sim t_5$期间，输入电压$U_i < \frac{1}{3}V_{CC}$，比较器C_1输出高电平，C_2输出低电平，RS触发器被置"1"，输出电压U_o为高电平。

以后电路重复0~t_5期间的工作过程，从图13-29b不难看出，施密特触发器两次触发电压是不同的，回差电压$\Delta U = U_{T+} - U_{T-} = \frac{2}{3}V_{CC} - \frac{1}{3}V_{CC} = \frac{1}{3}V_{CC}$，给555构成的施密特触发器提供的电源不同，回差电压的大小也会不同，如让电源电压为6V，那么回差电压为2V。

13.5 电路小制作——电子催眠器

13.5.1 电子催眠的原理

1. 有关睡眠科学知识

科学研究表明，人体神经是依靠电信号传递信息的，当人体处于不同的活动状态时，其脑电波的活动频率也不相同。表13-2中列出了人体常见的脑电波及意识状态。

人的整个睡眠过程可以分为五个阶段：

第一阶段为过渡期。 人体感到困倦、意识进入朦胧状态，通常持续1~7min，呼吸和心跳变慢，肌肉变松弛，体温下降，脑电波为频率较慢但振幅较大的α波。

表13-2 人体常见的脑电波及意识状态

脑电波名称	频率/Hz	意识状态
β	14~30	兴奋
α	7~14	平静
θ	3.5~7	轻度睡眠
σ	0.5~3.5	深度睡眠

第二阶段为轻度睡眠期。 大约持续10~25min，此时脑电波为频率更慢的θ波。

第三、四阶段为深度睡眠期。 脑电波主要是频率慢、振幅极大的σ波。

第五阶段为快速眼动睡眠期。 这时通过仪器可以观测到睡眠者的眼球有快速跳动现象，呼吸和心跳变得不规则，肌肉完全瘫痪，并且很难唤醒。

快速眼动睡眠期结束后，再循环到轻度睡眠期，如此循环往复，一个晚上一般要经过4~6次这样的循环。

2. 电子催眠原理介绍

当人处于不同的意识状态时，大脑会呈现不同的脑电波，反之，若让大脑呈现某种脑电波，人体就会进入相应的意识状态。电子催眠是利用电子技术的方法产生与睡眠脑电波（α和θ）频率相同或相近的声、光信号，通过刺激听、视觉来诱导人体出现睡眠脑电波，从而使人体进入睡眠状态。

13.5.2 电子催眠器的电路原理

图13-30所示为电子催眠器的电路原理图。

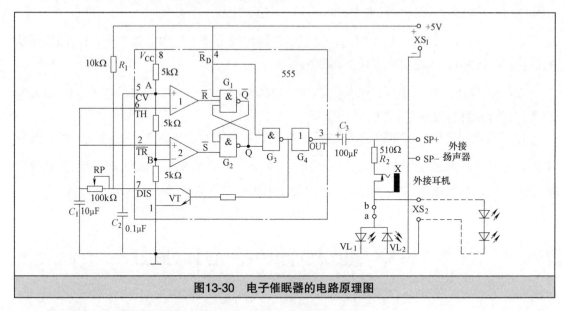

图13-30 电子催眠器的电路原理图

电子催眠器的工作原理说明如下:

555定时器芯片与R_1、RP、C_1构成多谐振荡器（振荡器的工作原理请参见图13-28所示的多谐振荡器），通过调节电位器RP可以让振荡器产生0.7～14Hz的低频脉冲信号，该信号从555的引脚3输出，经电容C_3隔直后，频率仍为0.7～14Hz，但信号电平下移，出现负脉冲，如图13-31所示。低频脉冲信号经R_2、耳机插座和b、a点送给正、负极并联的发光二极管VL_1、VL_2，正脉冲到来时，VL_1导通发光，负脉冲到来时，VL_2导通发光，在低频脉冲的作用下，VL_1、VL_2交替闪烁发光。若这时将耳机插头插入插孔X，低频脉冲信号会流经耳机，在耳机中就能听到类似雨滴落在地板的"滴嗒"的声音。

若需要外接发光二极管，可断开b、a点之间的连接，再将两个串联的发光二极管接在接插件XS_2的两端。在接插件SP+、SP−端外接扬声器，扬声器会发出"滴嗒"的声音，由于扬声器的电阻很小，分流掉的电流很大，故外接扬声器后VL_1、VL_2将不会发光，耳机也无声。

在睡觉前，戴上耳机，并将耳机插头插入插孔X，同时让VL_1、VL_2在眼睛视野内，调节电位器RP改变VL_1、VL_2的闪烁频率，闪烁频率应感觉舒适为佳。耳听类似雨滴音，眼看舒适的闪烁光，人体易出现α和θ脑电波，而进入睡眠状态。

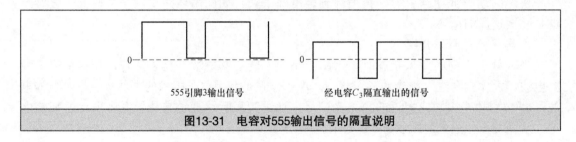

图13-31 电容对555输出信号的隔直说明

电子催眠器产生的信号频率可用下式计算：

$$f \approx \frac{1.43}{(R_1 + \mathrm{RP})C_1}$$

从上式可以看出，只要改变R_1、RP、C_1的值就可以调节电路的输出频率，在一个信号周期中，高电平时间$t_H = 0.7(R_1 + \mathrm{RP})C_1$，低电平时间$t_L = 0.7R_2C_1$，当RP的阻值接近0时，$t_H \approx t_L$，因此电子催眠器也可以用作频率和占空比可调的低频脉冲信号发生器。

13.5.3　实验操作及分析

图13-32所示为制作完成的电子催眠器，其实验操作如图13-33所示。电子催眠器的实验操作步骤及分析内容如下：

第一步：给电子催眠器接通6V电源，并插上耳机，会发现指示灯VL_1、VL_2_____，耳机会发出_____。

第二步：将电位器RP的阻值调小时，除了会发现VL_1、VL_2闪烁频率_____，还会发现耳机声音频率_____。

第三步：用导线短路电容C_3正、负极，会发现VL_1 _____，VL_2_____，原因是_____
_____。

第四步：在SP+、SP−端子外接扬声器，扬声器会_____，VL_1、VL_2会_____，耳机会_____，造成这种现象的原因是_____。

第五步：在电容C_1两端并联一只10μF的电容，会发现VL_1、VL_2_____，原因是_____。

图13-32　制作完成的电子催眠器

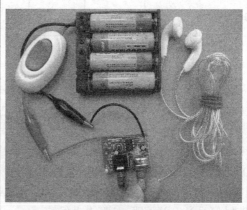

图13-33　电子催眠器的实验操作

扫一扫看视频

扫一扫看视频

第**14**章

D/A 与 A/D 转换电路

　　数字电路只能处理二进制数字信号，而声音、温度、速度和光线等都是模拟信号，利用相应的传感器（如声音用话筒）可以将它们转换成模拟信号，然后由A/D转换电路将它们转换成二进制数字信号，再让数字电路对它们进行各种处理，最后由D/A转换电路将数字信号还原成模拟信号。

　　下面以声音的数字化处理为例来说明A/D和D/A转换过程，具体如图14-1所示。

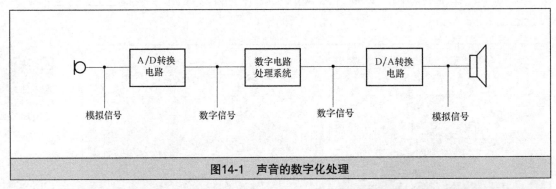

图14-1　声音的数字化处理

　　话筒将声音转换成音频信号（模拟信号），再送到A/D转换电路转换成数字音频信号（数字信号），数字音频信号送入数字电路处理系统进行各种处理（如消除噪声、卡拉OK混响处理等），然后输出去往D/A转换电路。在D/A转换电路中，数字音频信号转换成音频信号（模拟信号），送到扬声器使之发声。

　　从上述分析可以看出，模拟信号转换成数字信号后，在数字电路处理系统中可以很灵活地进行各种各样的处理，有很多处理是模拟电路较难实现的，由此可见数字电路在数据处理方面有很多的优势。

　　不过目前很难找到一个纯粹的全数字电路的电子产品，即便是在数字化程度最高的计算机中，显示器、声卡、音箱和电源电路等部分都大量采用模拟电路技术。在今后很长的一段时间内，数字电子技术和模拟电子技术相互依存，它们相互融合应用到各种各样的电子产品中。

14.1　D/A转换电路

14.1.1　D/A转换电路的原理

D/A转换电路又称数/模转换电路，简称DAC，它的功能是将数字信号转换成模拟信号。

不管是十进制数还是二进制数，都可以写成数码与权的组合表达式，例如二进制数1011可以表示成：

$$(1011)_2 = 1 \times 2^3 + 0 \times 2^2 + 1 \times 2^1 + 1 \times 2^0 = (11)_{10}$$

这里的1和0称为数码，2^3、2^2、2^1、2^0称为权，位数越高，权值越大，所以$2^3 > 2^2 > 2^1 > 2^0$。

D/A转换的基本原理是将数字信号中的每位数按权值大小转换成相应大小的电压，再将这些电压相加而得到的电压就是模拟信号电压。

14.1.2　D/A转换电路的种类

D/A转换电路的种类很多，这里介绍两种较常见的D/A转换电路：权电阻型D/A转换电路和倒T型D/A转换电路。

1. 权电阻型D/A转换电路

权电阻型D/A转换电路如图14-2所示。由于D/A转换电路要使用运算放大器，为了更容易地理解电路原理，建议读者先复习一下有关运算放大器方面的知识。

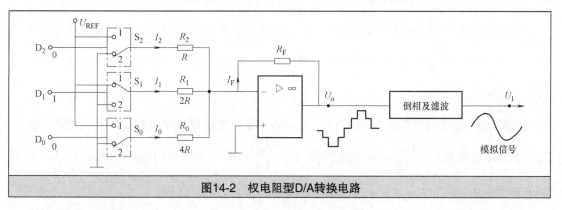

图14-2　权电阻型D/A转换电路

（1）电子开关

图14-2所示为一个三位权电阻型D/A转换电路。$S_2 \sim S_0$为三个电子开关，开关的切换分别受输入的数字信号$D_2 \sim D_0$的控制，当D=1时，开关置于"1"处，当D=0时，开关置于"2"处。电子开关可由晶体管或场效应晶体管构成，图14-3所示为场效应晶体管和非门构成的电子开关。

当D=1时，经非门G_1变为"0"，"0"送到场效应管VT_2的栅极，VT_2截止，G_1输出的"0"再经非门G_2后变为"1"，它送到场效应晶体管VT_1的栅极，VT_1导通，相当于开关置于"1"位置。反之，若D=0，VT_2导通，VT_1截止，相当于开关置于"2"位置。

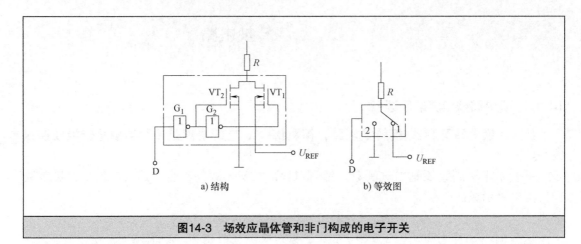

a) 结构　　　　　　　　b) 等效图

图14-3 场效应晶体管和非门构成的电子开关

（2）工作原理

图14-2中 R_2、R_1 和 R_0 的阻值分别为 R、$2R$ 和 $4R$，R_2、R_1、R_0、R_F 与运算放大器构成加法器。

当输入的数字信号 $D_2D_1D_0$=000时，$S_2 \sim S_0$ 均接地，即无电流流过 R_2、R_1、R_0，流过反馈电阻 R_F 的电流 I_F=0，运算放大器输出的电压 U_o=$-I_FR_F$=0V。

当输入的数字信号 $D_2D_1D_0$=001时，S_2、S_1 接地，S_0 接参考电压 U_{REF}，有电流流过 R_0，因为运算放大器"–"端为虚地端，电压为0V，故流过 R_0 的电流 $I_0 = \dfrac{U_{REF}}{4R}$，又因为"–"端与运算放大器内部具有"虚断"特性，流入"–"端的电流为0，电流 I_0 全部流过反馈电阻 R_F，故 I_F=I_0，运算放大器输出的电压 U_o=$-I_FR_F$=$-I_0R_F$=$-\dfrac{U_{REF}}{4R}R_F$。

当输入的数字信号 $D_2D_1D_0$=010时，S_2、S_0 接地，S_1 接参考电压 U_{REF}，有电流流过 R_1，流过 R_1 的电流 $I_1 = \dfrac{U_{REF}}{2R}$，流过反馈电阻 R_F 的电流 I_F=I_1，运算放大器输出的电压 U_o=$-I_FR_F$=$-I_1R_F$=$-\dfrac{U_{REF}}{2R}R_F$。

当输入的数字信号 $D_2D_1D_0$=011时，S_2 接地，S_1、S_0 接参考电压 U_{REF}，有电流流过 R_1、R_0，流过 R_1 的电流 $I_1 = \dfrac{U_{REF}}{2R}$，流过 R_0 的电流 $I_0 = \dfrac{U_{REF}}{4R}$，流过反馈电阻 R_F 的电流 I_F=I_1+I_0，运算放大器输出的电压 U_o=$-I_FR_F$=$-(I_1+I_0)R_F$=$-\left(\dfrac{U_{REF}}{2R}+\dfrac{U_{REF}}{4R}\right)R_F$。

当输入的数字信号 $D_2D_1D_0$=100时，输出电压 U_o=$-I_FR_F$=$-I_2R_F$=$-\dfrac{U_{REF}}{R}R_F$。

当输入的数字信号 $D_2D_1D_0$=101时，输出电压 U_o=$-I_FR_F$=$-(I_2+I_0)R$=$-\left(\dfrac{U_{REF}}{R}+\dfrac{U_{REF}}{4R}\right)R_F$。

当输入的数字信号 $D_2D_1D_0$=110时，输出电压 U_o=$-I_FR_F$=$-(I_2+I_1)R_F$=$-\left(\dfrac{U_{REF}}{R}+\dfrac{U_{REF}}{2R}\right)R_F$。

当输入的数字信号 $D_2D_1D_0$=111时，输出电压 U_o=$-I_FR_F$=$(I_2+I_1+I_0)R_F$=$-\left(\dfrac{U_{REF}}{R}+\dfrac{U_{REF}}{2R}+\dfrac{U_{REF}}{4R}\right)R_F$。

由此可以看出，当输入的数字信号的数值越大，电路输出负的电压U_o越低，电压U_o是一种阶梯信号，它经倒相和滤波平滑后就可以得到图14-2所示的模拟信号U_1。

对于输入数据为$D_2D_1D_0$的三位权电阻型D/A转换电路，其输出电压U_o可表示为

$$
\begin{aligned}
U_o &= -I_F R_F \\
&= -(D_2 I_2 + D_1 I_1 + D_0 I_0) R_F \\
&= -\left(D_2 \frac{U_{REF}}{R} + D_1 \frac{U_{REF}}{2R} + D_0 \frac{U_{REF}}{4R}\right) R_F \\
&= -\frac{4R U_{REF}}{4R U_{REF}}\left(D_2 \frac{U_{REF}}{R} + D_1 \frac{U_{REF}}{2R} + D_0 \frac{U_{REF}}{4R}\right) R_F \\
&= -\frac{U_{REF} R_F}{2^2 R}(2^2 D_2 + 2^1 D_1 + 2^0 D_0)
\end{aligned}
$$

举例：在图14-2所示的三位权电阻型D/A转换电路中，$U_{REF} = -8V$，$R_F = 25k\Omega$，$R = 50k\Omega$，输入数字信号$D_2D_1D_0 = 101$，那么输出电压U_o的值为

$$
\begin{aligned}
U_o &= -\frac{U_{REF} R_F}{2^2 R}(2^2 D_2 + 2^1 D_1 + 2^0 D_0) \\
&= -\frac{-8 \times 25k\Omega}{2^2 \times 50k\Omega}(2^2 \times 1 + 2^1 \times 0 + 2^0 \times 1) \\
&= 5V
\end{aligned}
$$

对于n位权电阻型D/A转换电路，其输出电压U_o可表示为

$$
U_o = -\frac{U_{REF} R_F}{2^{n-1} R}(2^{n-1}D_{n-1} + 2^{n-2}D_{n-2} + \cdots + 2^0 D_0)
$$

权电阻型D/A转换电路的优点是结构简单，使用元件少，缺点是权电阻的阻值不同，在位数多时差距大，例如在八位权电阻型D/A转换电路中，如果最小电阻$R = 10k\Omega$，那么最大电阻的阻值会达到$2^{8-1} = 1.28M\Omega$，两者相差128倍，在这么大的范围内精确选择成倍数阻值的电阻很困难，并且不易集成化，因此集成D/A转换电路很少采用权电阻型。

2. 倒T形D/A转换电路

倒T形D/A转换电路又称R-$2R$型D/A转换电路，其电路结构如图14-4所示，从图14-4中可以看出，该电路主要采用了R和$2R$两种电阻，可以有效地解决权电阻型D/A转换电路电阻差距大的问题。

图14-4所示为一个四位倒T形D/A转换电路，电路输入端分成四个相同的部分，每个部分有R、$2R$两个电阻和一个电子开关，电子开关"1"端接地，"2"端接运算放大器的"−"端，由于运算放大器"−"端为虚地端，其电位为0V，所以不管开关处于哪个位置，流过$2R$的电流都不会变化。

从图14-4中不难发现，A、B、C点往右对地电阻都为$2R$，A点往右对地电阻为$R + 2R /\!/ 2R = 2R$，B点往右对地电阻为$R + 2R /\!/ 2R$（A点往右对地电阻）$= 2R$，C点往右对地电阻为$R + 2R /\!/ 2R$（B点往右对地电阻）$= 2R$。电压U_{REF}输出的电流每经一个节点就分流一半，流过四个$2R$电阻的电流分别为$I/2$、$I/4$、$I/8$、$I/16$，当D=0时，电子开关处于"1"，当D=1时，电子开关处于"2"，流往运算放大器的电流I_i可表示为

$$
I_i = \frac{I}{2}D_3 + \frac{I}{4}D_2 + \frac{I}{8}D_1 + \frac{I}{16}D_0
$$

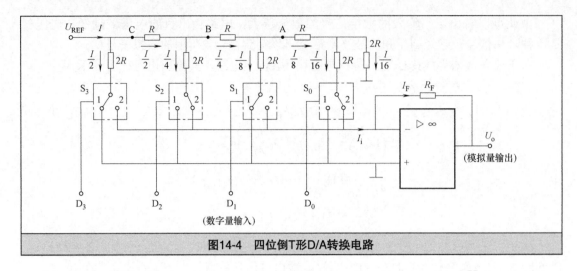

图14-4　四位倒T形D/A转换电路

由于电压U_{REF}往右对地电阻为$2R /\!/ 2R$（C点往右对地电阻）$=R$，故$I=\dfrac{U_{REF}}{R}$，上式可转换为

$$I_i=\frac{I}{2^4}(2^3D_3+2^2D_2+2^1D_1+2^0D_0)$$
$$=\frac{U_{REF}}{2^4R}(2^3D_3+2^2D_2+2^1D_1+2^0D_0)$$

因为$U_o=-I_FR_F$，而$I_F=I_i$，所以输出电压为

$$U_o=-I_iR_F$$
$$=-\frac{U_{REF}R_F}{2^4R}(2^3D_3+2^2D_2+2^1D_1+2^0D_0)$$

对于n位倒T形D/A转换电路，其输出电压为

$$U_o=-\frac{U_{REF}R_F}{2^nR}(2^{n-1}D_{n-1}+2^{n-2}D_{n-2}+\cdots+2^0D_0)$$

从上式可以看出，当n位倒T形D/A转换电路输入的数字信号（$D_{n-1}D_{n-2}\cdots D_0$）越大，（$2^{n-1}D_{n-1}+2^{n-2}D_{n-2}+\cdots+2^0D_0$）的值就越大，输出电压$U_o$的幅值也就越大，从而将不同的数字信号转换成幅值不同的模拟电压。

14.1.3　D/A转换芯片DAC0832

1. 内部结构

DAC0832是一个八位分辨率的D/A转换芯片，其内部结构和引脚排列如图14-5所示。从图14-5中可以看出，DAC0832内部有八位输入锁存器、八位DAC寄存器、八位D/A转换电路和一些控制门电路。

2. 各脚功能说明

DAC0832各脚功能说明如下：

$DI_0\sim DI_7$：八位数据输入端，TTL电平，有效时间大于90ns。

ILE：数据锁存允许控制端，高电平有效，当ILE=1时，八位输入锁存器允许数字信号输入。

$\overline{CS}$：片选控制端，低电平有效，当$\overline{CS}$=0时，本片被选中工作。

$\overline{WR_1}$：输入锁存器写选通控制端。如图14-5a所示，输入锁存器能否锁存输入数据，由ILE、$\overline{CS}$、$\overline{WR_1}$共同决定，当ILE为高电平、$\overline{CS}$为低电平、$\overline{WR_1}$输入低电平脉冲（宽度应大于500ns）时，$\overline{CS}$、$\overline{WR_1}$电平取反后送到与门（与门输入端的小圆圈表示取反），在锁存器的$\overline{LE_1}$端会得到一个高电平。在$\overline{LE_1}$为高电平时，锁存器的数据会随数据输入线的状态变化（即不能锁存数据），当$\overline{LE_1}$由高电平转为低电平（$\overline{WR_1}$低电平脉冲转为高电平）时，输入线上的数据被锁存下来（即输入线的数据再发生变化，锁存器中的数据也不会随之变化）。

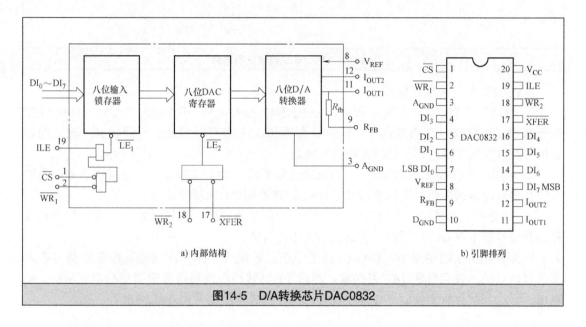

a) 内部结构　　　　　　　　　　　　　　b) 引脚排列

图14-5　D/A转换芯片DAC0832

$\overline{XFER}$：数据传送控制端，低电平有效。

$\overline{WR_2}$：DAC寄存器写选通控制端。DAC寄存器能否保存输入数据，由$\overline{XFER}$、$\overline{WR_2}$共同决定，当$\overline{XFER}$为低电平、$\overline{WR_2}$输入低电平脉冲，在寄存器的$\overline{LE_2}$会得到一个高电平。在$\overline{LE_2}$为高电平时，寄存器不能保存锁存器送来的数据，当$\overline{LE_2}$由高电平转为低电平（$\overline{WR_2}$低电平脉冲转为高电平）时，寄存器将锁存器送来的数据保存下来。

I_{OUT1}：模拟量电流输出端1。当$DI_0 \sim DI_7$端都为1时，I_{OUT1}的值最大。

I_{OUT2}：模拟量电流输出端2。该端的电流值与I_{OUT1}之和为一常数，即I_{OUT1}的值大时I_{OUT2}的值小。

R_{FB}：反馈信号输入端。在芯片该引脚内部有反馈电阻。

V_{CC}：电源输入端。该端可接5～15V电压。

V_{REF}：基准电压输入端。该端可接-10～10V电压，此端电压决定D/A输出电压的范围。

A_{GND}：模拟电路地。它为模拟信号和基准电源的参考地。

D_{GND}：数字电路地。它为工作电源地和数字电路地。

3. 应用电路

DAC0832典型应用电路如图14-6所示。

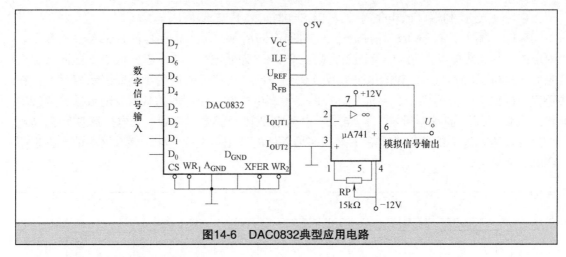

图14-6　DAC0832典型应用电路

DAC0832有三种工作模式：

① 直通工作模式。当$\overline{WR_1}$、$\overline{WR_2}$、$\overline{XFER}$和$\overline{CS}$接低电平，ILE接高电平时，DAC0832处于直通工作模式，在该模式下，输入锁存器和DAC寄存器都处于直通状态，输入的数字信号可以直接通过它们到达D/A转换电路。

② 单缓冲工作模式。当$\overline{WR_2}$、$\overline{XFER}$接低电平时，DAC寄存器工作在直通状态，由输入锁存器缓冲送来的信号可以直接通过DAC寄存器到达D/A转换电路。

③ 双缓冲工作模式。当输入锁存器和DAC寄存器都处于受控状态时，数字信号在锁存器和寄存器中都要经过缓冲，再送到D/A转换电路。

在图14-6所示的电路中，DAC0832工作在直通模式，$D_7 \sim D_0$端输入的数字信号在内部直接通过输入锁存器和DAC寄存器，然后经D/A转换电路转换成模拟信号电流从I_{OUT1}端输出，再送到运算放大器μA741进行放大，并转换成模拟信号电压U_o输出。

14.2　A/D转换电路

14.2.1　A/D转换电路的原理

A/D转换电路又称模/数转换电路，简称ADC，其功能是将模拟信号转换成数字信号。模/数转换由采样、保持、量化、编码四个步骤来完成，A/D转换过程如图14-7所示，模拟信号经采样、保持、量化和编码后就转换成数字信号。

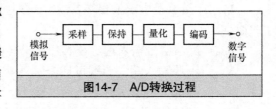

图14-7　A/D转换过程

1. 采样和保持

采样就是每隔一定的时间对模拟信号进行取值；而保持则是将采样取得的信号值保存下来。采样和保持往往结合在一起应用。下面以图14-8来说明采样和保持原理。

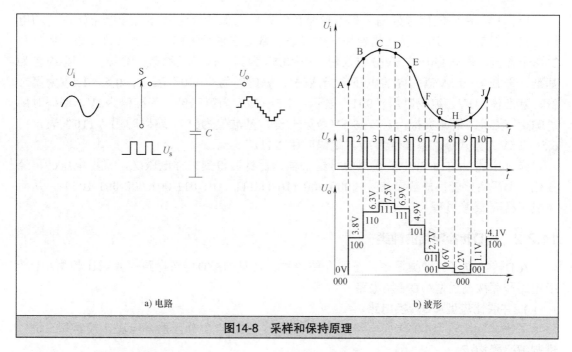

a) 电路　　　　　　　　　　　　　b) 波形

图14-8　采样和保持原理

图14-8a中的S为模拟开关，实际上一般为晶体管或场效应晶体管，S的通断受采样脉冲U_s的控制，当采样脉冲到来时，S闭合，输入信号U_i可以通过，采样脉冲过后，S断开，输入信号无法通过，S起采样作用。电容C为保持电容，它能保存采样过来的信号电压值。

在工作时，给采样开关S输入图14-8b所示的模拟信号U_i，同时给开关S控制端加采样脉冲U_s。当第一个采样脉冲到来时，S闭合，此时正好是模拟信号A点电压到来，A点电压通过开关S对保持电容C充电，在电容上充得与A点相同的电压，脉冲过后，S断开，电容C无法放电，所以在电容上保持与A点一样的电压。

当第二个采样脉冲到来时，S闭合，此时正好是模拟信号B点电压到来，B点电压通过开关S对保持电容C充电，在电容C上充得与B点相同的电压，脉冲过后，S断开，电容C无法放电，所以在电容C上保持与B点一样的电压。

当第三个采样脉冲到来时，在电容C上得到与C点一样的电压。

当第四个采样脉冲到来时，S闭合，此时正好是模拟信号D点电压到来，由于D点电压较电容上的电压（第三个脉冲到来时C点对电容C充得的电压）略低，电容C通过开关S向输入端放电，放电使电容C上的电压下降到与模拟信号D点相同的电压，脉冲过后，S断开，电容C无法放电，所以在电容C上保持与D点一样的电压。

当第五个采样脉冲到来时，S闭合，此时正好是模拟信号E点电压到来，由于E点电压较电容C上的电压低，电容C通过开关S向输入端放电，放电使电容C上的电压下降到与模拟信号E点相同的电压，脉冲过后，S断开，电容C无法放电，所以在电容C上保持与E点一样的电压。

如此工作后，在电容C上就得到如图14-8b所示的U_o信号。

2. 量化与编码

量化是指根据编码位数的需要，将采样信号电压分割成整数个电压段的过程。编码是指将每个电压段用相应的二进制数表示的过程。

以图14-8所示的信号为例，模拟信号U_i经采样、保持得到采样信号电压U_o，U_o的电压变化范围是0~7.5V，现在需要用三位二进制数对它进行编码，由于三位二进制数只有$2^3=8$个数值，所以将0~7.5V分成八份：0~0.5V为第一份（又称第一等级），以0V作为基准，即在0~0.5V范围内的电压都当成0V，编码时用"000"表示；0.5~1.5V为第二份，基准值为1V，编码时用"001"表示；1.5~2.5V为第三份，基准值为2V，编码时用"010"表示；依此类推，5.5~6.5V为第七份，基准值为6V，编码时用"110"表示；6.5~7.5V为第八份，基准值为7V，编码时用"111"表示。

综上所述，图14-8b中的模拟信号经采样、保持后得到采样电压U_o，采样电压U_o再经量化、编码后就转换成数字信号（000 100 110 111 111 101 011 001 000 001 100），从而完成了模/数转换过程。

14.2.2 A/D转换电路的种类

A/D转换电路的种类很多，下面介绍两种较常见的A/D转换电路：并联比较型A/D转换电路和逐次逼近型A/D转换电路。

1. 并联比较型A/D转换电路

三位并联比较型A/D转换电路如图14-9所示，它由电阻分压器、电压比较器和三位二进制编码器构成。

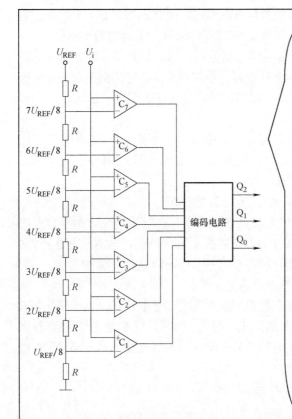

电路的工作原理说明如下：

参考电压U_{REF}经八个相同的电阻分压后得到$1/8U_{REF}$，$2/8U_{REF}$，…，$7/8U_{REF}$七个不同的电压，它们分别送到七个比较器（运算放大器）的"−"输入端，输入的模拟信号电压U_i同时送到七个比较器的"+"输入端。参考电压U_{REF}的数值可以根据情况设定，如果输入的模拟信号电压范围大，则要求参考电压U_{REF}高。

当送到各个比较器"+"端的模拟信号U_i电压低于$1/8U_{REF}$时，每个比较器的"+"端电压都较"−"端电压低，各个比较器都输出低电平"0"，这些"0"送到三位二进制编码器，经编码后输出数据为$Q_2Q_1Q_0=000$。

当输入的模拟信号电压为$2/8U_{REF}>U_i>1/8U_{REF}$时，比较器$C_1$的"+"端电压较"−"端电压高，它输出高电平"1"，而其他各个比较器的"+"端电压都较"−"端电压低，它们都输出低电平"0"，比较器输出的$C_7C_6C_5C_4C_3C_2C_1=0000001$送到三位二进制编码器，经编码后输出数据为$Q_2Q_1Q_0=001$。

依此类推，当输入的模拟信号电压为$3/8U_{REF}>U_i>2/8U_{REF}$、$4/8U_{REF}>U_i>3/8U_{REF}$、$5/8U_{REF}>U_i>4/8U_{REF}$、$6/8U_{REF}>U_i>5/8U_{REF}$、$7/8U_{REF}>U_i>6/8U_{REF}$、$7/8U_{REF}>U_i>6/8U_{REF}$时，编码器会输出010、011、100、101、110、111。

总之，当输入模拟信号电压时，电路会输出数字信号，从而实现模/数转换。

图14-9 三位并联比较型A/D转换电路

并联比较型A/D转换电路的输入和输出关系见表14-1。

表14-1 并联比较型A/D转换电路的输入和输出关系

输入信号U_i	比较器输出							编码输出		
	C_1	C_2	C_3	C_4	C_5	C_6	C_7	Q_2	Q_1	Q_0
$U_{REF} \geqslant U_i > 7/8 U_{REF}$	1	1	1	1	1	1	1	1	1	1
$7/8 U_{REF} \geqslant U_i > 6/8 U_{REF}$	1	1	1	1	1	1	0	1	1	0
$6/8 U_{REF} \geqslant U_i > 5/8 U_{REF}$	1	1	1	1	1	0	0	1	0	1
$5/8 U_{REF} \geqslant U_i > 4/8 U_{REF}$	1	1	1	1	0	0	0	1	0	0
$4/8 U_{REF} \geqslant U_i > 3/8 U_{REF}$	1	1	1	0	0	0	0	0	1	1
$3/8 U_{REF} \geqslant U_i > 2/8 U_{REF}$	1	1	0	0	0	0	0	0	1	0
$2/8 U_{REF} \geqslant U_i > 1/8 U_{REF}$	1	0	0	0	0	0	0	0	0	1
$1/8 U_{REF} \geqslant U_i > 0$	0	0	0	0	0	0	0	0	0	0

并联比较型A/D转换电路的优点是转换速度快，各位数字信号输出是同时完成的，所以转换速度与输出码的位数无关，但这种转换电路所需的元件数量多，三位转换电路需要（2^3-1）=7个比较器，而十位转换电路需要（$2^{10}-1$）=1023个比较器，因此位数多的A/D转换电路很少采用并联比较型A/D转换电路。

2. 逐次逼近型A/D转换电路

逐次逼近型A/D转换电路是一种带有反馈环节的比较型A/D转换电路。图14-10所示为三位逐次逼近型A/D转换电路结构示意图，它由比较器、三位DAC、寄存器和控制电路等组成。

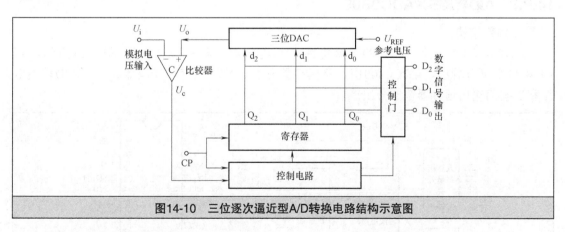

图14-10 三位逐次逼近型A/D转换电路结构示意图

电路的工作原理说明如下：

首先，控制电路将寄存器复位清0，接着控制寄存器输出$Q_2Q_1Q_0$=100，100经DAC转换成电压U_o，U_o送到比较器的"+"端，与此同时，待转换的模拟电压U_i也送到比较器的"-"端，比较器将U_o、U_i两个电压进行比较，比较结果有两种情况：$U_o>U_i$和$U_o<U_i$。

① 若$U_o>U_i$，则比较器输出U_c为高电平，表明寄存器输出数字信号$Q_2Q_1Q_0$=100偏大。控制电路令寄存器将最高位Q_2置"0"，同时将Q_1置"1"，输出数字信号

$Q_2Q_1Q_0$=010，010再由DAC转换成电压U_o并送到比较器，与U_i进行比较，若$U_o<U_i$，比较器输出U_c为低电平，表明寄存器输出$Q_2Q_1Q_0$=010偏小，控制电路令寄存器将Q_1的1保留，同时将Q_0置"1"，寄存器输出$Q_2Q_1Q_0$=011，011转换成的模拟电压U_o最接近输入电压U_i，控制电路令控制门打开，寄存器输出的011就经控制门送到数字信号输出端，011就为U_i当前取样点电压转换成的数字信号。接着控制电路将寄存器清0，然后又令寄存器输出100，开始将下一个取样点的电压U_i转换成数字信号。

② 若$U_o<U_i$，则比较器输出U_c为低电平，表明寄存器输出数字信号$Q_2Q_1Q_0$=100偏小，控制电路令寄存器将最高位Q_2的1保留，同时将Q_1置"1"，输出数字信号$Q_2Q_1Q_0$=110，110再由DAC转换成电压U_o并送到比较器，与U_i进行比较，若$U_o>U_i$，比较器输出U_c为高电平，表明寄存器输出$Q_2Q_1Q_0$=110偏大，控制电路令寄存器将Q_1置"0"，同时将Q_0置"1"，寄存器输出$Q_2Q_1Q_0$=101，101转换成的模拟电压U_o最接近输入电压U_i，控制电路令控制门打开，寄存器输出的101经控制门送到数字信号输出端，101就为当前取样点电压转换成的数字信号。接着控制电路将寄存器清0，然后又令寄存器输出100，开始将下一个取样点的电压U_i转换成数字信号。

总之，逐次逼近型A/D转换电路是通过不断变化寄存器输出的数字信号，并将数字信号转换成电压与输入模拟电压进行比较，当数字信号转换成的电压逼近输入电压时，就将该数字信号作为模拟电压转换成数字信号输出，从而实现模/数转换。

逐次逼近型A/D转换电路在进行模/数转换时，每次都需要逐位比较，对于n位A/D转换电路，其完成一个取样点转换所需的时间是$n+2$个时钟周期，所以转换速度较并联比较型A/D转换电路慢，但在位数多时，其使用的元件数量较后者少得多，因此集成ADC广泛采用逐次逼近型A/D转换电路。

14.2.3 A/D转换芯片ADC0809

1. 内部结构

ADC0809是一个八位A/D转换电路，其内部结构和引脚排列如图14-11所示。从图14-11中可以看出，ADC0809由八路模拟量开关、地址锁存与译码器、八位A/D转换电路和三态门输出锁存器等部分组成。

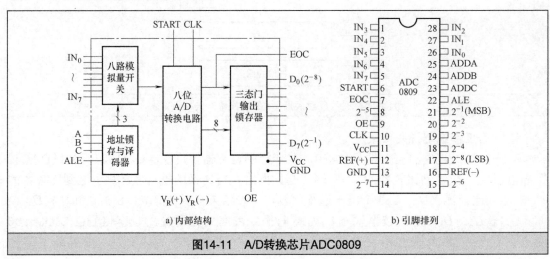

图14-11 A/D转换芯片ADC0809

八路模拟量开关可外接八路模拟信号输入；地址锁存与译码器的功能是锁存A、B、C引脚送入的地址选通信号，并译码得到控制信号，以选择八路模拟量开关中的某一路进入A/D转换电路；八位A/D转换电路的功能是将模拟信号转换成数字信号；三态门输出锁存器的功能是将A/D转换电路送来的数字信号锁存起来，当OE端由低电平变为高电平时，锁存器就会将数字量从$D_0 \sim D_7$端输出。

2. 各脚功能说明

ADC0809引脚排列如图14-11b所示。各脚功能说明如下：

$IN_0 \sim IN_7$：八路模拟量输入端口。

D_0（2^{-8}）$\sim D_7$（2^{-1}）：八路数字量输出端口。

START：A/D转换电路起动控制端。START端正脉冲宽度应大于100ns，在脉冲上升沿到来时对内部逐近寄存器清0，下降沿到来时，A/D转换电路开始工作，在工作期间，START应保持低电平。

ADDA、ADDB、ADDC：八路模拟量开关地址选通控制端。三端输入不同的值可以选择八路中的一路输入，具体见表14-2。

表14-2 选通控制端不同电平与选择通道

ADDC	ADDB	ADDA	选择通道
0	0	0	IN_0
0	0	1	IN_1
0	1	0	IN_2
0	1	1	IN_3
1	0	0	IN_4
1	0	1	IN_5
1	1	0	IN_6
1	1	1	IN_7

ALE：地址锁存控制端。当该端为高电平时，将ADDA、ADDB、ADDC端的地址选通信号送入地址锁存器，并译码得到地址输出去往八路模拟量开关，选择相应通道的模拟量输入。在使用时，ALE端通常与START端连接。

EOC：转换结束信号输出端。在A/D转换时，EOC为低电平，转换结束时，EOC变为高电平，根据这个信号可以知道A/D转换电路的状态。

OE：输出允许控制端。当OE由低变高时，打开三态输出锁存器，锁存的数字量会从$D_0 \sim D_7$端送出。

CLK：时钟信号输入端。该端输入的时钟信号控制A/D转换电路的转换速度，它的频率范围为10～1280kHz。

REF（+）、REF（-）：参考电压输入端。REF（+）端通常与V_{CC}相连，而REF（-）与GND相连。

V_{CC}：电源。

GND：接地。

3. 应用电路

图14-12所示为一个ADC0809典型应用电路。

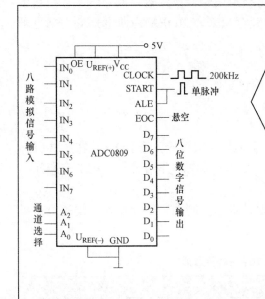

该电路有以下几个要点：

①OE端接高电平（电源），允许芯片输出数字信号。

②CLOCK端输入200kHz的脉冲作为芯片内部电路的时钟脉冲。

③START端和ALE端接单脉冲。当脉冲来时，ALE端为高电平，使$A_2A_1A_0$端输入的通道选择信号有效，芯片选择$IN_0 \sim IN_7$中的某路输入；当脉冲到来时，脉冲上升沿进入START端，使A/D转换电路的寄存器清0，脉冲下降沿到来时，A/D转换电路开始对选择通道送入的模拟电压进行模/数转换，从$D_7 \sim D_0$端输出数字信号。

④EOC端悬空未用，即芯片不使用转换结束输出端功能。

电路的工作过程：当电路按图示方式接好后，让$A_2A_1A_0=000$，在单脉冲输入ALE端时，选择IN_0路输入。在CLOCK端提供时钟脉冲和START端输入单脉冲后，芯片开始对IN_0端输入的电压进行数/模转换，转换成的数字信号从$D_7 \sim D_0$端输出。

图14-12 ADC0809典型应用电路

第15章

半导体存储器

半导体存储器是指由半导体材料制成的，用来存取二进制数的电路。半导体存储器可分为顺序存储器、随机存储器和只读存储器。存储器广泛用在数码电子产品、家电智能控制器、工业自动化控制系统中。

15.1 顺序存储器

顺序存储器（Sequential Access Memory，SAM）是一种按一定的顺序逐位（串行）将数据存入或取出的存储器，又称为串行存储器。顺序存储器是由动态移存器组成的，而动态移存器则是由基本的动态移存单元组成的。

15.1.1 动态移存单元

动态移存单元是顺序存储器中最基本的组成单元，由于它主要是由MOS管构成的，所以称为动态MOS移存单元。

动态MOS移存单元的种类较多，由CMOS电路构成的CMOS动态移存单元较为常见。CMOS动态移存单元如图15-1所示，它采用了类似主从触发器的主从结构。

电路的工作原理分析如下：

当CP=1、$\overline{CP}$=0时，传输门TG_1导通，TG_2截止，主电路工作，从电路不工作。此时如果输入信号U_i为"1"，它经TG_1对MOS管的输入分布电容C_1充电（输入分布电容是MOS管的结构形成的，在电路中看不见，故图15-1中用虚线表示），电容C_1上得到高电平，该电平使VT_1截止、VT_2导通，在B点得到低电平"0"。

当CP=0、$\overline{CP}$=1时，传输门TG_1截止，TG_2导通，主电路不工作，从电路开始工作。此时B点的低电平"0"经TG_2送到VT_3、VT_4的G极，该电平使VT_3导通、VT_4截止，输出端U_o输出高电平"1"。

CMOS动态移存单元的功耗很低，所以可用来制作微功耗的顺序存储器。

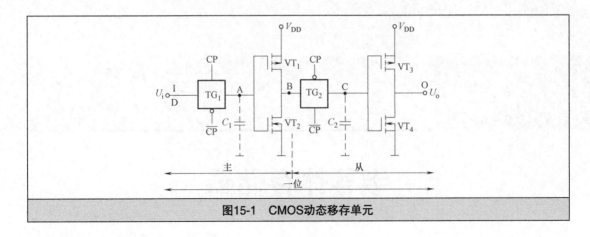

图15-1 CMOS动态移存单元

15.1.2 动态移存器

动态移存器是由很多动态MOS移存单元串接而成的，所以又称动态MOS移存器。 图15-2所示为一个1024位动态移存器。

电路的工作原理说明如下：

当第一个时钟脉冲到来时，CP=1、$\overline{CP}$=0，数据由串入端进入第一个动态移存单元的主移存单元，时钟脉冲过后，CP=0、$\overline{CP}$=1，数据由主移存单元进入从移存单元。

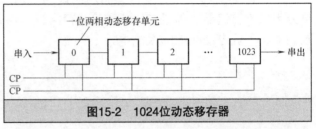

图15-2 1024位动态移存器

当第二个时钟脉冲到来时，CP=1、$\overline{CP}$=0，数据从第一个动态移存单元移出，进入第二个动态移存单元的主移存单元，时钟脉冲过后，CP=0、$\overline{CP}$=1，数据由主移存单元进入从移存单元。

也就是说，每到来一个时钟脉冲，数据就前进一位，1024个时钟脉冲过后，1024位数据就依次存入这个1024位的动态移存器。

15.1.3 顺序存储器的举例说明

顺序存储器是由动态移存器和一些控制电路组合构成的。

1. 1024×1位顺序存储器

1024×1位顺序存储器可以存储1024位数据，其组成如图15-3所示。

该顺序存储器由三个门电路构成的控制电路和一个1024位的动态移存器组成，它有三种工作

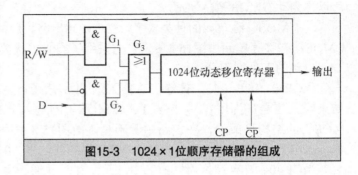

图15-3 1024×1位顺序存储器的组成

方式：写、读和循环刷新。顺序存储器的R/$\overline{W}$为读/写控制端。

当R/$\overline{W}$=0时，与门G_1关闭，从输出端反馈过来的数据无法通过与门G_1，与门G_2开

通（G_2端小圆圈表示低电平输入有效，并且输入电平还需经非门转换再送到与门输入端），D端输入的数据通过与门G_2、或门G_3送入动态移存器，在CP和$\overline{CP}$的控制下，输入的数据逐位进入移存器，此工作方式称为写操作。

当R/$\overline{W}$=1时，与门G_1开放，与门G_2关闭，D端的数据无法进入，即无法进行写操作；在CP和$\overline{CP}$的控制下，移存器内的数据逐位从输出端输出，即将数据逐位取出，此工作方式称为读操作。

另外，在R/$\overline{W}$=1时，移存器输出端的数据除了往后级电路传送外，还通过一条反馈线反送到移存器输入端重新逐位进入移存器，这个过程称为"刷新"。**"刷新"可以让移存器中的数据得以长时间保存，有效地解决了移存器中MOS管输入分布电容不能长时间保存数据的问题**。在不对存储器进行读、写操作时，应让R/$\overline{W}$=1，让存储器不断地进行循环刷新，使数据能一直保存。

2. 1024×8位顺序存储器

1024×8位顺序存储器实际上是一个1KB（1024字节）的存储器，其组成如图15-4所示，从图15-4中可以看出，它由八个1024×1位顺序存储器并联而成。

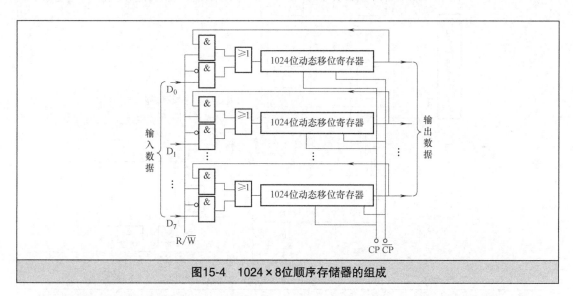

图15-4 1024×8位顺序存储器的组成

电路的工作原理说明如下：

八位数据同时送到D_0～D_7八个输入端，R/$\overline{W}$端同时接到八个顺序存储器的读/写控制端，CP、$\overline{CP}$端同时接到八个顺序存储器的动态移存器。

当R/$\overline{W}$=0时，存储器执行写操作，八位数据从D_0～D_7端进入八个顺序存储器，在CP、$\overline{CP}$的控制下，八位数据同时逐位进入八个动态移存器。1024个时钟脉冲过后，1024×8位数据就存入这个存储器。

当R/$\overline{W}$=1时，存储器执行读操作，在时钟脉冲的控制下，存储器中的八位数据逐位输出。1024个时钟脉冲过后，1024×8位数据全部被读出。

在不进行读、写操作时，使R/$\overline{W}$=1，存储器输出的数据不断地反送到输入端进行"刷新"。

15.2　随机存储器

顺序存储器具有存入和取出数据的功能，但如果需要从中任取一位数据时，就需要先将该数据右边的数据全部移出，然后才能取出该位数据，显然这样速度很慢，并且很麻烦，随机存储器（Random Access Memory，RAM）可以很好地解决这个问题。

RAM也有读/写功能，所以也叫可读写存储器。RAM能存入数据（称作写数据），又可以将存储的数据取出（称作读数据），在通电的情况下数据可以一直保存，断电后数据会消失。

15.2.1　随机存储器的结构与原理

RAM主要由存储矩阵、地址译码器、片选与读/写控制电路三部分组成，RAM结构示意图如图15-5所示。

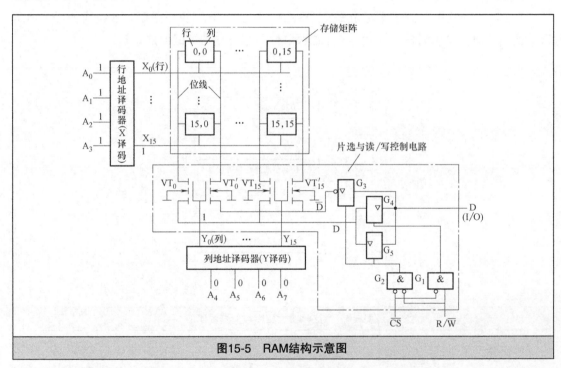

图15-5　RAM结构示意图

1. 存储矩阵

RAM中有很多存储单元（由MOS管或触发器构成），每个存储单元能存储一位二进制数（"1"或"0"），这些存储单元通常排列成矩阵，称之为存储矩阵。图15-5所示的每个小方块都代表一个存储单元，它们排列成16行16列的矩形阵列，共有256个存储单元，可以存储256×1位二进制数，即该RAM的容量为256×1位。

2. 地址译码器

存储矩阵就像一幢大楼，大楼有很多层，并且每层有很多个房间，存储单元就像每个房间。一个16行16列的存储矩阵就相当于一幢16层、每层有16个房间的大楼，每个房间可以存储物品，为了存取物品方便，需要给每个房间进行地址编号，例如第8层第7个房间的地址编号为0807，以后只要给出地址编号0807就可以找到这个房间，将物品存入或取出。

同样地，**存储矩阵中的每个存储单元都有地址编号**，比如15行0列的存储单元的地址编号为1500。不过存储单元地址编号都采用二进制表示，15行0列的存储单元的二进制地址就是11110000，其中1111为行地址，0000为列地址。

地址译码器的功能就是根据输入的地址码选中相应的存储单元。在图15-5中，第15行0列存储单元的地址码是11110000，如果要选中该单元，可以将行地址1111和列地址0000分别送到行、列地址译码器，即让$A_3A_2A_1A_0=1111$，$A_7A_6A_5A_4=0000$。

$A_3A_2A_1A_0=1111$经行地址译码后，从行线X_{15}输出高电平，其他的行线都为低电平，第15行的存储单元都被选中；$A_7A_6A_5A_4=0000$经列地址译码后，只有列线Y_0输出高电平，高电平送到门控管VT_0、VT_0'的G极，两个门控管导通，第0列储存单元被选中。同时被行、列选中的只有第15行0列存储单元，可以对该单元进行读/写操作。

3. 片选与读/写控制电路

有一些数字电路处理系统需要RAM的容量很大，一片RAM往往不能满足要求，通常的做法是将多片RAM组合起来使用，系统在对RAM读写时，每次只与其中的一片或几片RAM发生联系，为了让一些RAM工作而让另一些RAM不工作，在每片RAM上加有控制端，又称片选端$\overline{CS}$。

在图15-5所示的RAM中，进行写操作时，输入的数据D是经过三态门G_3、G_5进入存储单元的；而在读操作时，存储器的数据是通过三态门G_4送到数据线上。具体的读/写操作过程分析如下：

当片选端$\overline{CS}=0$时，它送到与门，取反后变为"1"，使G_2、G_1都开通（与门输入端的小圆圈表示在输入端加非门，对输入信号取反），该RAM处于选中状态。若R/$\overline{W}=1$，则G_2输出"0"，它使三态门G_3、G_5呈高阻态；而G_1输出"1"，它使三态门G_4导通，存储器执行读操作，存储矩阵的数据可以通过门控管VT和三态门G_4送往数据线。若R/$\overline{W}=0$，则G_1输出"0"，它使三态门G_4呈高阻态，而G_2输出"1"，它使三态门G_3、G_5呈导通状态，存储器执行写操作，数据线D上的数据通过G_3、G_5和门控管VT、VT'送到存储矩阵。

当片选端$\overline{CS}=1$时，它送到与门，取反后变为"0"，G_2、G_1都被封锁，三态门G_3、G_4、G_5都呈高阻态，数据线与存储器隔断，无法对该存储器进行读/写操作。即当片选端$\overline{CS}=1$时，该RAM处于未选中状态。

4. RAM的工作过程

如果要往RAM中的某存储单元存入或取出数据，首先将该单元的地址码送到行、列地址译码器。例如将地址码$A_7A_6A_5A_4A_3A_2A_1A_0=00001111$送到行、列地址译码器，译码后选中第15行0列存储单元，**然后送片选信号到$\overline{CS}$端**，让$\overline{CS}=0$，该存储器处于选中状态，**再送出读/写控制信号到R/$\overline{W}$端**。若R/$\overline{W}=1$，执行读操作，三态门G_4处于导通状态，选中的存储单元中的数据经位线、VT_0和G_4输出到数据线上；若R/$\overline{W}=0$，执行读操作，三态门G_3、G_5导通，数据线上的数据经G_3、G_5和VT_0、VT_0'及位线存入选中的存储单元中。

15.2.2 存储单元

存储器的记忆体是存储单元，根据工作原理的不同，存储单元可分为静态存储单元和动态存储单元。

1. 静态存储单元

静态存储单元采用了触发器作为记忆单元，用静态存储单元构成的存储器称为静态存储器。静态存储单元通常有两种：**NMOS存储单元和CMOS存储单元**。

（1）NMOS存储单元

NMOS存储单元如图15-6所示。

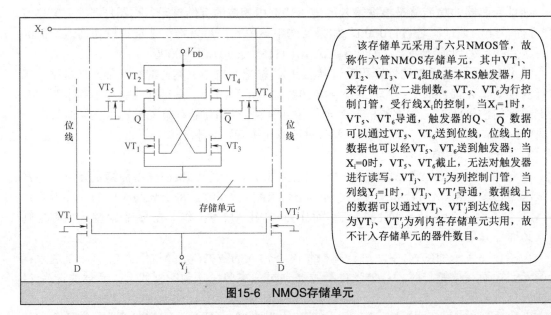

图15-6　NMOS存储单元

NMOS存储单元的数据读/写过程分析如下：

如果要将数据D=1写入存储单元，首先让X_i=Y_j=1（来自地址码），使VT_5、VT_6和VT_j、VT'_j都导通，数据D=1、$\overline{D}$=0分别通过VT_j、VT'_j送到位线，再经VT_5、VT_6送到触发器，$\overline{D}$=0加到VT_1的栅极，VT_1截止，D=1加到VT_3的栅极，VT_3导通，触发器的Q=1、$\overline{Q}$=0，此单元就写入了数据"1"。

如果要读出存储单元的数据，让X_i=Y_j=1，VT_5、VT_6、VT_j、VT'_j都导通，触发器的Q=1、$\overline{Q}$=0分别通过VT_5、VT_6送到位线，再经VT_j、VT'_j送到数据线，从而完成数据的读取过程。

（2）CMOS存储单元

CMOS存储单元如图15-7所示。

2. 动态存储单元

动态存储单元采用了**MOS管的栅电容（分布电容）来存储数据**。用动态存储单元构成的存储器称为动态存储器。动态存储单元通常有两种：三管存储单元和单管存储单元。

（1）三管存储单元

三管存储单元如图15-8所示。

图15-8中点画线框内的部分是动态存储单元，它只利用VT_2管的栅电容C来储存数据。VT_4、VT'_4、VT_6、VT_5、VT_j是该列各个存储单元的公用电路，与门G_1、G_2供该行公用。下面从预充、读出数据、写入数据和刷新四个方面来讲该电路的工作原理。

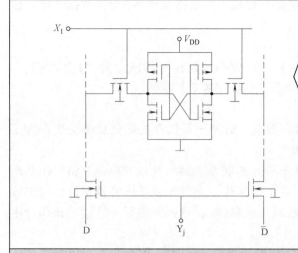

CMOS存储单元与六管NMOS存储单元相似，只是将其中两只NMOS管换成PMOS管而构成CMOS型基本RS触发器。CMOS存储单元的工作过程与NMOS存储单元相同，这里不再叙述。

与NMOS存储单元相比，CMOS存储单元具有功耗极小的特点，在降低电源电压的情况下还能保存数据， 因此用CMOS存储单元构成的存储器在主电源断电的情况下，可以用电池供电，从而弥补随机存储器数据因断电而丢失的缺点。

图15-7 CMOS存储单元

1）预充。

在对存储单元读写前要进行预充，VT_4、VT_4'是该列的预充管。在对存储单元读写前，将预充脉冲送到VT_4、VT_4'栅极，两管导通，电源分别经VT_4、VT_4'对读、写位线上的分布电容C_0、电容C_0'充电，预充脉冲过后，在电容C_0、电容C_0'上保持高电平。

2）读出数据。

预充后用地址码选中该单元，即让$X_i=Y_j=1$，让读写控制端R=1。$X_i=1$、R=1使门G_1输出高电平"1"，它送到VT_3的栅极，VT_3导通；同时$Y_j=1$使VT_j也导通。

若电容C上已存了"1"，则会使VT_2导通，电容C_0经VT_3、VT_2放电，读位线降为低电平"0"，它使VT_6截止，电容C_0'无法通过VT_5、VT_6放电，故写位线上保持为"1"，写位线上的"1"通过VT_j输出到数据线D上，从而完成了读"1"的过程。

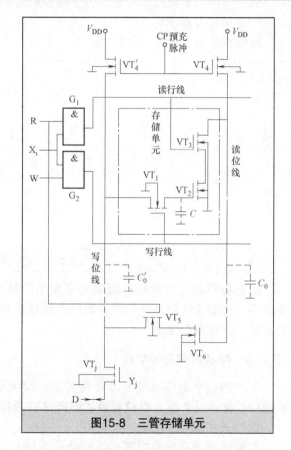

图15-8 三管存储单元

若电容C上已存了"0"，则VT_2截止，电容C_0无法通过VT_3、VT_2放电，读位线保持高电平"1"，它使VT_6导通，电容C_0'通过VT_5、VT_6放电，故写位线降为低电平"0"，写位线上的"0"通过VT_j输出到数据线D上，从而完成了读"0"的过程。

从上面的分析过程可以看出，电容C上的数据先反相传递到读位线上，然后读位线数据反相后传到写位线上，经两次反相后传递到写位线上的数据与电容C上的数据一致，该数据再送到数据线D上。

3）写入数据。

在需要往存储单元写入数据时，让$X_i=Y_j=1$、$W=1$，这样写行线上为"1"，VT_1、VT_j导通，数据线D就可以通过VT_j、写位线和VT_1送到电容C上保存。

4）刷新。

由于栅电容不能长时间（约20ms）保存数据，时间一长保存的数据就会丢失，为了能让数据长时间保存，就要对其不断"刷新"。

在刷新时，让$Y_j=0$，隔断数据线与存储单元的联系，然后让读控制端R和写控制端W交替为"1"，即让存储单元不断地进行读、写操作，先进行读操作将数据读到写位线上，再进行写操作，将写位线上的数据重新写入电容C中。这样每进行一次读写操作，电容C上的数据就被"刷新"了一次。

为了防止动态存储单元中的数据消失，一般要求在20ms内将整个动态存储器芯片内所有的存储单元重新刷新一遍。为了减少刷新的次数，通常每次刷新存储矩阵中的一行。

（2）单管存储单元

单管存储单元如图15-9所示。

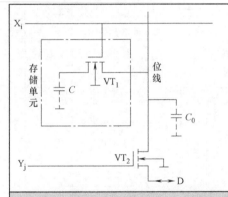

左图中未画出读写控制电路，点画线框内的电容C为数据存储电容，VT_1、VT_2为行、列门控管，C_0为位线上的分布电容，能暂存位线上的数据。

当$X_i=Y_j=1$时，VT_1、VT_2导通，在进行写操作时，数据线上的数据D经VT_2、VT_1送到电容C上存储，在进行读操作时，电容C上的数据经VT_1、VT_2送到数据线上。由于电容C不能长时间地保存数据，所以也要进行刷新。

单管存储单元采用的元件少，故集成度高，并且功耗低，所以大容量的动态存储器的存储单元大多采用单管构。

图15-9 单管存储单元

动态存储单元比静态存储单元所用的元件少，集成度可以做得更高，在相同容量的情况下，由动态存储单元构成的动态存储器成本更低，但它需要刷新，不如静态存储器使用方便，且存取速度慢。

15.2.3 存储器容量的扩展

在一些数字电路系统中，经常需要存取大量的数据，一片RAM往往不够用，这时就要进行存储容量扩展。**存储容量扩展通常有两种方式：一是字长扩展；二是字数扩展。**

1. 字长扩展

存储器内部存储数据都是以存数单元进行的，例如Intel 2114型存储器内部有1024个存数单元，每个存数单元能存四个二进制数。**所谓字长是指存储器的每个存数单元存取二进制数的位数。**

Intel 2114型存储器能存取1024个四位二进制数，其字长为四位。如果需要存储器能存取1024个八位二进制数，也就是说需要进行字长扩展，可以将两片2114并联起来。用两片1024×4位RAM组成的1024×8位RAM电路如图15-10所示。

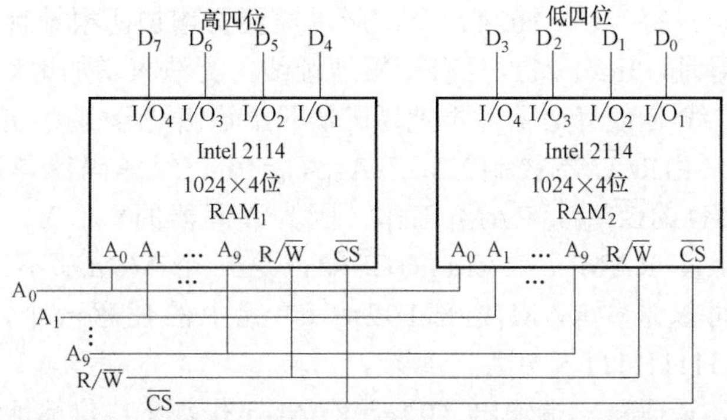

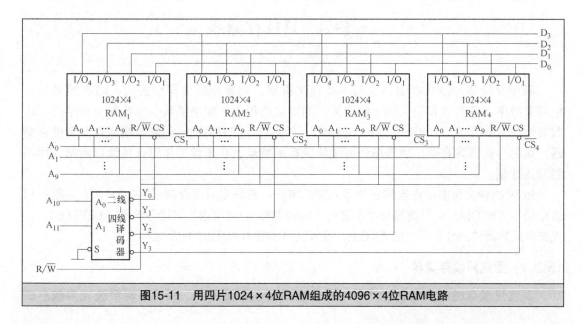

图15-10 用两片1024×4位RAM组成的1024×8位RAM电路

将RAM1的四位数据线作为高四位数据线$D_7D_6D_5D_4$，而将RAM2的四位数据线作为低四位数据线$D_3D_2D_1D_0$；将两片RAM的十位地址线$A_9\sim A_0$和控制端（R/$\overline{W}$、$\overline{CS}$）都分别并联起来。

在进行读写操作时，让R/$\overline{W}$=0或R/$\overline{W}$=1，$\overline{CS}$=0，两片RAM都同时工作，从地址线$A_9\sim A_0$输入地址信号，同时选中RAM$_1$和RAM$_2$中的某个单元，然后通过数据线$D_7D_6D_5D_4$将高四位数写入RAM$_1$选中的单元，或从该单元将高四位数读出，而通过数据线$D_3D_2D_1D_0$将低四位数据存入RAM$_2$选中的单元中，或从该单元将低四位数读出。

当$\overline{CS}$=1时，两片RAM被封锁，无法对它们进行读写操作。

2. 字数扩展

字数扩展是指扩展存数单元的个数。例如Intel 2114型存储器能存储1024个四位二进制数，如果需要存储4096个四位二进制数，那么就要进行字数的扩展，采用四片Intel 2114型RAM来扩展。用四片1024×4位RAM组成的4096×4位RAM电路如图15-11所示。

图15-11 用四片1024×4位RAM组成的4096×4位RAM电路

在该电路中，将四片RAM的十位地址线$A_9 \sim A_0$、控制端$R/\overline{W}$和四位数据线$D_3 D_2 D_1 D_0$都分别并联起来。由于四片RAM组成的存储器字长仍为四位，但存数单元增加了四倍，而十位地址码的寻址只有（$2^{10}=1024$）个，所以需要再增加两根地址线，才能实现4096（即2^{12}）个单元的寻址。Intel 2114只有十根地址线，无法再增加地址线，解决的方法是将两根地址线接到二线-四线译码器，再把译码器四个输出端分别接到四片RAM的$\overline{CS}$端。

在读写操作时（由$R/\overline{W}$端控制），若$A_{11}A_{10}=00$，经译码器译码后，从Y_0端输出"1"，它送到RAM1的$\overline{CS}$端，RAM_1工作，因为译码器的Y_3、Y_2、Y_1端均为"1"，它们分别送到RAM_4、RAM_3、RAM_2的$\overline{CS}$端，这三个RAM都不工作。此时十二位地址线$A_{11} \sim A_0$只可以选中RAM_1内部1024个单元中的任意一个，它的地址范围是000000000000$\sim$001111111111（$A_{11}A_{10}=00$）。

当$A_{11}A_{10}=01$时，译码器Y_1端输出"0"，RAM_2工作，十二位地址线$A_{11} \sim A_0$只可以选中RAM_2内部1024个单元中的任意一个，它的地址范围是010000000000$\sim$011111111111。

当$A_{11}A_{10}=10$时，译码器Y_2端输出"0"，RAM_3工作，十二位地址线$A_{11} \sim A_0$只可以选中RAM_3内部1024个单元中的任意一个，其地址范围是100000000000$\sim$101111111111。

当$A_{11}A_{10}=11$时，译码器Y_3端输出"0"，RAM_4工作，十二位地址线$A_{11} \sim A_0$只可以选中RAM_4内部1024个单元中的任意一个，其地址范围是110000000000$\sim$111111111111。

各片RAM的地址分配见表15-1。

表15-1　各片RAM的地址分配

选中芯片	A_{11} A_{10}	$\overline{CS}_1$ $\overline{CS}_2$ $\overline{CS}_3$ $\overline{CS}_4$	地址范围（$A_{11}A_{10}\cdots A_0$）
RAM_1	0　0	0　1　1　1	000000000000$\sim$001111111111
RAM_2	0　1	1　0　1　1	010000000000$\sim$011111111111
RAM_3	1　0	1　1　0　1	100000000000$\sim$101111111111
RAM_4	1　1	1　1　1　0	110000000000$\sim$111111111111

15.3　只读存储器

顺序存储器和随机存储器能写入或读出数据，但断电后数据会丢失，而在很多数字电路系统中，常需要长期保存一些信息，如固定的程序、数字函数、常数和一些字符，这就要用到只读存储器（Read-Only Memory，ROM）。**ROM是一种能长期保存信息的存储器。这种存储器具有断电后信息仍可继续保存的特点，在正常工作时只可读取数据，而不能写入数据。**

ROM的种类很多，根据信息的写入方式来分，有固定只读存储器（ROM）、可编程只读存储器（PROM）、可改写只读存储器（EPROM）和电可改写只读存储器（EEPROM）；根据构成的器件来分，有二极管ROM、双极型晶体管ROM和MOS管ROM。

15.3.1　固定只读存储器

固定只读存储器是指在生产时就将信息固化在存储器中，用户不能更改其中信息的

存储器。

1. 二极管固定ROM

二极管固定ROM如图15-12所示，它由存储矩阵、地址译码器和输出电路组成。

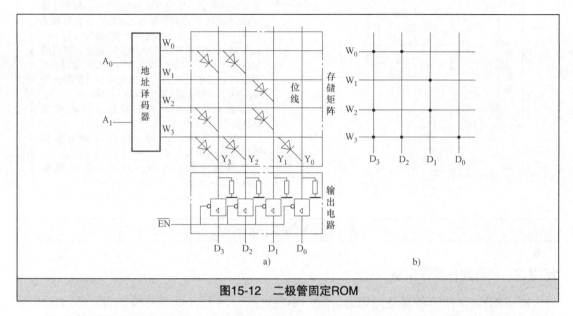

图15-12 二极管固定ROM

这里的地址译码器采用二线-四线译码器，输入接两根地址线，输出为四根字选线$W_0 \sim W_3$。存储矩阵由四根字选线$W_0 \sim W_3$和四根位线$Y_0 \sim Y_3$再加上一些二极管构成，字选线与位线的交叉点代表一个存储单元，它们共有$4 \times 4 = 16$个交叉点，即有16个存储单元，能存储四个四位二进制数，交叉处有二极管的单元表示存储数据为"1"，无二极管的单元表示存储数据为"0"。输出电路由四个三态门构成，三态门的导通受使能端$\overline{EN}$的控制，$\overline{EN}=0$时三态门导通。

如果需要从二极管固定ROM中读取数据，可以让$\overline{EN}=0$，并送地址码到地址译码器的A_1A_0端，例如$A_1A_0=00$，经地址译码后从字选线W_0输出"1"，与字选线W_0相连的两个二极管导通，位线Y_3、Y_2得到"1"，因为字选线$W_1 \sim W_3$均为低电平，故与这些字选线相连的二极管都截止，相应的位线为"0"，四条位线$Y_3 \sim Y_0$的数据为1100，这四位数据经四个三态门输出到数据线$D_3 \sim D_0$上。即当输入的地址$A_1A_0=00$时，输出数据$D_3D_2D_1D_0=1100$。

当输入的地址$A_1A_0=01$时，输出数据$D_3D_2D_1D_0=0010$；

当输入的地址$A_1A_0=10$时，输出数据$D_3D_2D_1D_0=1010$；

当输入的地址$A_1A_0=11$时，输出数据$D_3D_2D_1D_0=1101$。

为了画图方便，通常在存储矩阵中有二极管的交叉点用"码点"表示，而省略二极管，这样就得到了存储矩阵的简化图，如图15-12b所示。

2. MOS管固定ROM

MOS管固定ROM如图15-13所示。MOS管固定ROM与二极管固定ROM大部分是相同的，不同之处主要是用NMOS管取代二极管。

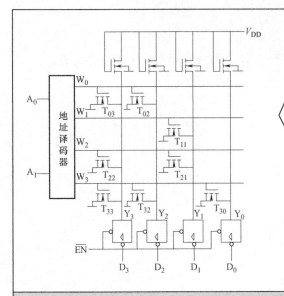

在读数据时，可以让 $\overline{EN}=0$，当 $A_1A_0=00$ 时，经地址译码后从字选线 W_0 输出 "1"，与字选线 W_0 相连的两个MOS管导通，位线 Y_3、Y_2 得到低电平 "0"，因为字选线 $W_1 \sim W_3$ 均为低电平，故与这些字选线相连的MOS管都截止，相应的位线为 "1"，四条位线 $Y_3 \sim Y_0$ 的数据为0011，数据0011经四个三态门输出并反相送到数据线 $D_3 \sim D_0$ 上，输出数据 $D_3D_2D_1D_0=1100$。

当输入的地址 $A_1A_0=01$ 时，输出数据 $D_3D_2D_1D_0=0010$；

当输入的地址 $A_1A_0=10$ 时，输出数据 $D_3D_2D_1D_0=1010$；

当输入的地址 $A_1A_0=11$ 时，输出数据 $D_3D_2D_1D_0=1101$。

图15-13　MOS管固定ROM

15.3.2　可编程只读存储器

固定ROM存储的信息是固化的，用户不能更改，这对大量需要固定信息的数字电路系统是适合的。但是在开发数字电路系统新产品时，人们经常需要将自己设计的信息内容写入ROM，固定ROM对此是无能为力的。遇到这种情况时可采用一种具有可写功能的ROM—可编程只读存储器（PROM）来实现。

PROM在出厂时是一种空白ROM（存储单元全为 "1" 或 "0"），用户可以根据需要写入信息，写入信息后就不能再更改，也就是说PROM只能写一次。

PROM的组成结构与固定ROM相似，只是在存储单元中的器件（二极管、晶体管或MOS管）上接有镍铬或多晶硅熔丝，在写入数据时通过大电流将相应单元中的熔丝熔断，从而将写入的数据固化下来。下面以双极型晶体管构成的PROM为例来说明，图15-14所示为晶体管PROM存储单元。

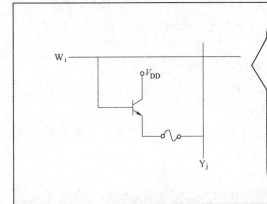

这种PROM在存储单元的晶体管发射极串接了一个熔丝，当字选线 $W_i=1$ 时，该单元处于选中状态，晶体管导通，电源通过晶体管、熔丝加到位线 Y_j，$Y_j=1$，如果要写入数据 "0"，只要提高电源电压 V_{DD}，在晶体管导通时有很大的电流流过熔丝，熔丝断开，位线 $Y_j=0$，从而完成了写入数据 "0"。

如果有的单元不需要写 "0"，则不选中该单元，该字选线为 "0"，相应的晶体管截止，熔丝不会熔断。写入数据完成后，只要将高电压电源换回到正常电源，晶体管再导通时，由于电流小，不会熔断熔丝。

图15-14　晶体管PROM存储单元

15.3.3 可改写只读存储器

PROM是依靠熔断熔丝来写入数据的，但熔丝熔断后是不能恢复的，也就说PROM写入数据后就不能再更改，这不能满足设计时需要反复修改存储内容的需要。为了解决这个问题，又生产出可改写只读存储器（EPROM）。

EPROM具有可写入数据，并且可以将写入的数据擦除，再重新写入数据的特点。

EPROM的结构与固定ROM基本相同，不同之处在于它用一种叠层栅MOS管替代存储单元中普通的MOS管。叠层栅MOS管的结构及构成的存储单元如图15-15所示。

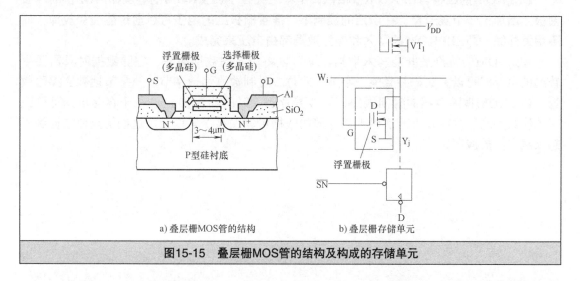

a) 叠层栅MOS管的结构　　　　b) 叠层栅存储单元

图15-15　叠层栅MOS管的结构及构成的存储单元

图15-15a所示为叠层栅MOS管的结构示意图，它有两个栅极，上面的栅极与普通的栅极作用相同，称为选择栅极，下面的栅极被包围在SiO_2绝缘层中，处于悬浮状态，称为浮置栅极。在EPROM写入数据前，片内所有的存储单元中的叠层栅MOS管的浮置栅极内无电荷，这种情况下的叠层栅MOS管与普通的NMOS管一样。

在没有写入数据时，如果选中某存储单元，该单元的字选线W_i为高电平"1"时，叠层栅MOS管处于导通状态，位线Y_j为低电平"0"，再经三态门反相后，在数据线得到"1"。即没写入数据时，存储单元存储数据为"1"。

当往存储单元写入数据时，需要给叠层栅MOS管的D、S极之间加很高的电压（例如+25V，它由V_{DD}经NMOS管VT_1送来），然后给字选线W_i送高幅值的正脉冲（例如宽值为50ms、幅值为25V的脉冲），叠层栅MOS管D、S极之间有沟道形成而导通，由于选择栅极电压很高，它产生很大的吸引力，沟道中的一部分电子被吸引而穿过SiO_2薄层到达浮置栅极，浮置栅极带负电，由于浮置栅极被SiO_2绝缘层包围，它上面的电子很难放掉，没有外界电压作用时可以长期保存（十年以上）。当高电压改成正常电压后，由于浮置栅极上负电荷的影响，选择栅极电压加+5V的电压无法使D、S极之间形成沟道，即在普通情况下，叠层栅MOS管选择栅极即使加高电平也无法导通，位线Y_j=1，经三态反相后，在数据线D上得到"0"，从而完成往存储单元写"0"的过程。

如果要擦除EPROM存储的信息，可以采用紫外线来照射。让紫外线照射EPROM上透明石英玻璃窗口（照射时间为15～20min），这样EPROM内部各存储单元中的叠层栅MOS管的浮置栅极上的电子获得足够的能量，又会穿过SiO_2薄层回到衬底中，叠层栅MOS管又相当于普通的MOS管，存储单元存储数据又变为"1"，从而完成了信息的擦除。

15.3.4 电可改写只读存储器

EPROM擦除信息时需要用到紫外线，另外在擦除时整个存储信息都会消失，这仍会造成操作不方便。因此后来又开发一种更先进的存储器——电可改写只读存储器（EEPROM）。

EEPROM的结构与EPROM很相似，不同之处在于EEPROM的叠层栅MOS管的浮置栅极上增加了一个隧道管，在电压的控制下，浮置栅极上的电子可以通过隧道管放掉，而不用紫外线，即EEPROM的写入和擦除数据都由电压来完成。

EEPROM的特点是既能写入数据，又可以将写入的数据擦除，擦除数据时只需要用普通的电压就可以完成，并且能一字节（八位二进制数称为一字节）一字节地独立擦除数据。EEPROM擦除数据的时间很短，一般整片擦除时间约为10ms，每个存储单元可以改写的次数为几万次或几百万次以上，存储的数据可以保存十年以上，这些优点使它得到了越来越广泛的应用。

第**16**章

电力电子电路

电力电子电路是指利用电力电子器件对工业电能进行变换和控制的大功率电子电路。由于电力电子电路主要用来处理高电压大电流的电能，为了减少电路对电能的损耗，电力电子器件工作于开关状态，因此电力电子电路实质上是一种大功率开关电路。

电力电子电路主要可分为整流电路（将交流转换成直流，又称AC-DC变换电路）、斩波电路（将一种直流转换成另一种直流，又称DC-DC变换电路）、逆变电路（将直流转换成交流，又称DC-AC电路）、交-交变频电路（将一种频率的交流转换成另一种频率的交流，又称AC-AC变换电路）。

16.1 整 流 电 路

整流电路的功能是将交流电转换成直流电。整流采用的器件主要有二极管和晶闸管，二极管在工作时无法控制其通断，而晶闸管工作时可以用控制脉冲来控制其通断。根据工作时是否具有可控性，整流电路可分为不可控整流电路和可控整流电路。

16.1.1 不可控整流电路

不可控整流电路采用二极管作为整流元件。不可控整流电路的种类很多，常见的有单相半波整流电路、单相全波整流电路、单相桥式整流电路和三相桥式整流电路，各种不可控单相整流电路在第8章中已经介绍过，下面将介绍三相桥式整流电路。

很多电力电子设备采用三相交流电源供电，三相整流电路可以将三相交流电转换成直流电。三相桥式整流电路是一种应用很广泛的三相整流电路。三相桥式整流电路如图16-1所示。

（1）工作原理

在图16-1a中，L_1、L_2、L_3三相交流电压经三相变压器T的一次侧绕组降压感应到二次侧绕组U、V、W上。六个二极管VD_1～VD_6构成三相桥式整流电路，VD_1～VD_3的三个阴极连接在一起，称为共阴极组二极管，$VD_4 \sim VD_6$ 的三个阳极连接在一起，称为共阳极组二极管。

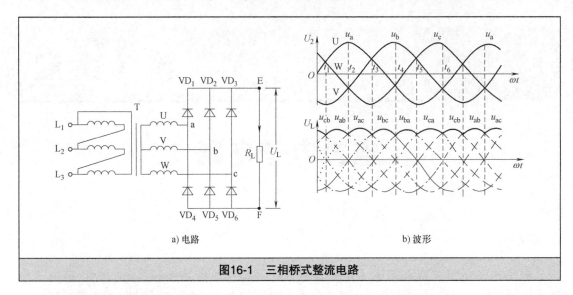

a) 电路　　　　　　　　　　　　　　　　　　b) 波形

图16-1　三相桥式整流电路

电路的工作过程说明如下：

1）在 $t_1 \sim t_2$ 期间，U相始终为正电压（左负右正）且a点正电压最高，V相始终为负电压（左正右负）且b点负电压最低，W相在前半段为正电压，后半段变为负电压。a点正电压使 VD_1 导通，E点电压与a点电压相等（忽略二极管导通压降），VD_2、VD_3 阳极电压均低于E点电压，故都无法导通；b点负压使 VD_5 导通，F点电压与b点电压相等，VD_4、VD_6 阴极电压均高于F点电压，故都无法导通。在 $t_1 \sim t_2$ 期间，只有 VD_1、VD_5 导通，有电流流过负载 R_L，电流的途径是：U相线圈右端（电压极性为正）→a点→ VD_1 → R_L → VD_5 →b点→V相线圈右端（电压极性为负），因 VD_1、VD_5 的导通，a、b两点电压分别加到 R_L 两端，R_L 上电压 U_L 的大小为 U_{ab}（$U_{ab}=U_a-U_b$）。

2）在 $t_2 \sim t_3$ 期间，U相始终为正电压（左负右正）且a点电压最高，W相始终为负电压（左正右负）且c点电压最低，V相在前半段为负电压，后半段变为正电压。a点正电压使 VD_1 导通，E点电压与a点电压相等，VD_2、VD_3 阳极电压均低于E点电压，故都无法导通；c点负电压使 VD_6 导通，F点电压与c点电压相等，VD_4、VD_5 阴极电压均高于F点电压，都无法导通。在 $t_2 \sim t_3$ 期间，VD_1、VD_6 导通，有电流流过负载 R_L，电流的途径是：U相线圈右端（电压极性为正）→a点→ VD_1 → R_L → VD_6 →c点→W相线圈右端（电压极性为负），因 VD_1、VD_6 的导通，a、c两点电压分别加到 R_L 两端，R_L 上电压 U_L 的大小为 U_{ac}（$U_{ac}=U_a-U_c$）。

3）在 $t_3 \sim t_4$ 期间，V相始终为正电压（左负右正）且b点正电压最高，W相始终为负电压（左正右负）且c点负电压最低，U相在前半段为正电压，后半段变为负电压。b点正电压使 VD_2 导通，E点电压与b点电压相等，VD_1、VD_3 阳极电压均低于E点电压，都无法导通；c点负电压使 VD_6 导通，F点电压与c点电压相等，VD_4、VD_5 阴极电压均高于F点电压，都无法导通。在 $t_3 \sim t_4$ 期间，VD_2、VD_6 导通，有电流流过负载 R_L，电流的途径是：V相线圈右端（电压极性为正）→b点→ VD_2 → R_L → VD_6 →c点→W相线圈右端（电压极性为负），因 VD_2、VD_6 的导通，b、c两点电压分别加到 R_L 两端，R_L 上电压 U_L 的大小为 U_{bc}（$U_{bc}=U_b-U_c$）。

电路后面的工作与上述过程基本相同，在$t_1 \sim t_7$期间，负载R_L上可以得到图16-1b所示的脉动直流电压U_L（实线波形表示）。

在上面的分析中，将交流电压一个周期（$t_1 \sim t_7$）分成六等份，每等份所占的相位角为60°，在任意一个60°相位角内，始终有两个二极管处于导通状态（一个共阴极组二极管，一个共阳极组二极管），并且任意一个二极管的导通角都是120°。

（2）电路计算

1）负载R_L的电压与电流计算。

理论和实践证明：对于三相桥式整流电路，其负载R_L上的脉动直流电压U_L与变压器二次侧绕组上的电压U_2有以下关系：

$$U_L = 2.34 U_2$$

负载R_L流过的电流为

$$I_L = \frac{U_L}{R_L} = 2.34 \frac{U_2}{R_L}$$

2）整流二极管承受的最大反向电压及通过的平均电流。

对于三相桥式整流电路，每只整流二极管承受的最大反向电压U_{RM}就是变压器二次侧电压的最大值，即

$$U_{RM} = \sqrt{2} \times \sqrt{3} \, U_2 \approx 2.45 U_2$$

每只整流二极管在一个周期内导通1/3周期，故流过每只整流二极管的平均电流为

$$I_F = \frac{1}{3} I_L \approx 0.78 \frac{U_2}{R_L}$$

16.1.2 可控整流电路

可控整流电路是一种整流过程可以控制的电路。可控整流电路通常采用晶闸管作为整流元件，所有整流元件均为晶闸管的整流电路称为全控整流电路，由晶闸管与二极管混合构成的整流电路称为半控整流电路。

1. 单相半波可控整流电路

单相半波可控整流电路及有关信号波形如图16-2所示。

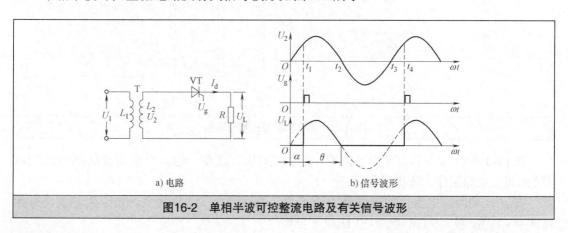

a) 电路　　　　　　　　　　　　b) 信号波形

图16-2　单相半波可控整流电路及有关信号波形

单相交流电压U_1经变压器T降压后，在二次侧线圈L_2上得到电压U_2，该电压送到晶闸管VT的A极，在晶闸管的G极加有U_g触发信号（由触发电路产生）。电路的工作过程说明如下：

在$0\sim t_1$期间，电压U_2的极性是上正下负，上正电压送到晶闸管的A极，由于无触发信号到晶闸管的G极，晶闸管不导通。

在$t_1\sim t_2$期间，电压U_2的极性仍是上正下负，t_1时刻有一个正触发脉冲送到晶闸管的G极，晶闸管导通，有电流经晶闸管流过负载R。

在t_2时刻，电压U_2为0，晶闸管由导通转为截止（称作过零关断）。

在$t_2\sim t_3$期间，电压U_2的极性变为上负下正，晶闸管仍处于截止。

在$t_3\sim t_4$期间，电压U_2的极性变为上正下负，因无触发信号送到晶闸管的G极，晶闸管不导通。

在t_4时刻，第二个正触发脉冲送到晶闸管的G极，晶闸管又导通。以后电路会重复$0\sim t_4$期间的工作过程，从而在负载R上得到图16-2b所示的直流电压U_L。

从晶闸管单相半波可控整流电路的工作过程可知，**触发信号能控制晶闸管的导通，在θ角度范围内晶闸管是导通的，故θ称为导通角**（$0°\leqslant\theta\leqslant180°$或$0°\leqslant\theta\leqslant\pi$），如图16-2b所示，而在$\alpha$角度范围内晶闸管是不导通的，$\alpha=\pi-\theta$，$\alpha$称为控制角。**控制角$\alpha$越大，导通角$\theta$越小，晶闸管导通时间越短，在负载上得到的直流电压越低**。控制角α的大小与触发信号出现的时间有关。

单相半波可控整流电路输出电压的平均值U_L可用下面的公式计算：

$$U_L = 0.45U_2\frac{(1+\cos\alpha)}{2}$$

2. 单相半控桥式整流电路

单相半控桥式整流电路如图16-3所示。

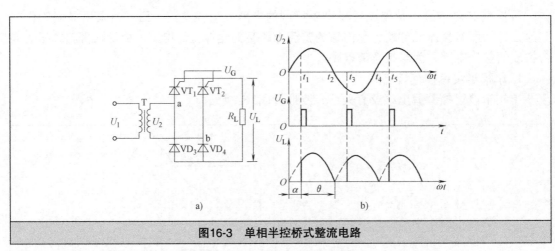

图16-3 单相半控桥式整流电路

图16-3中VT_1、VT_2为单向晶闸管，它们的G极连接在一起，触发信号U_G同时送到两管的G极。电路工作过程说明如下：

在$0\sim t_1$期间，电压U_2的极性是上正下负，即a点为正、b点为负，由于无触发信号到晶闸管VT_1的G极，VT_1不导通，VD_4也不导通。

在$t_1 \sim t_2$期间，电压U_2的极性仍是上正下负，t_1时刻有一个触发脉冲送到晶闸管VT_1、VT_2的G极，VT_1导通，VT_2虽有触发信号，但因其A极为负电压，故不能导通，VT_1导通后，VD_4也会导通，有电流流过负载R_L，电流途径是：a点→VT_1→R_L→VD_4→b点。

在t_2时刻，电压U_2为0，晶闸管VT_1由导通转为截止。

在$t_2 \sim t_3$期间，电压U_2的极性变为上负下正，由于无触发信号到晶闸管VT_2的G极，VT_2、VD_3均不能导通。

在t_3时刻，电压U_2的极性仍为上负下正，此时第二个触发脉冲送到晶闸管VT_1、VT_2的G极，VT_2导通，VT_1因A极为负电压而无法导通，VT_2导通后，VD_3也会导通，有电流流过负载R_L，电流途径是：b点→VT_2→R_L→VD_3→a点。

在$t_3 \sim t_4$期间，VT_2、VD_3始终处于导通状态。

在t_4时刻，电压U_2为0，晶闸管VT_1由导通转为截止。以后电路会重复$0 \sim t_4$期间的工作过程，会在负载R_L上得到图16-3b所示的直流电压U_L。

改变触发脉冲的相位，电路整流输出的脉动直流电压U_L的大小也会发生变化。电压U_L的大小可用下面的公式计算：

$$U_L = 0.9 U_2 \frac{(1 + \cos\alpha)}{2}$$

3. 三相全控桥式整流电路

三相全控桥式整流电路如图16-4所示。

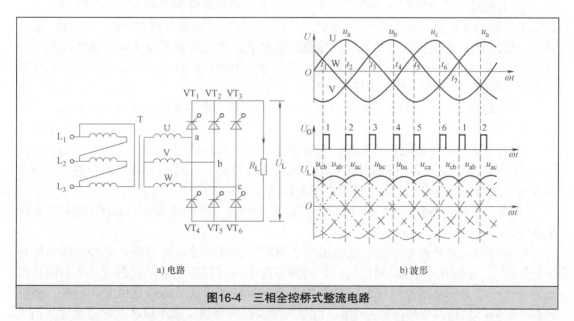

a) 电路　　　　　　　　　　　　　　　　b) 波形

图16-4　三相全控桥式整流电路

在图16-4中，六个晶闸管$VT_1 \sim VT_6$构成三相全控桥式整流电路，$VT_1 \sim VT_3$的三个阴极连接在一起，称为共阴极组晶闸管，$VT_4 \sim VT_6$的三个阳极连接在一起，称为共阳极组晶闸管。$VT_1 \sim VT_6$的G极与触发电路连接，接受触发电路送到的触发脉冲的控制。

下面来分析电路在三相交流电一个周期（$t_1 \sim t_7$）内的工作过程：

$t_1 \sim t_2$期间，U相始终为正电压（左负右正），V相始终为负电压（左正右负），W相在前半段为正电压，后半段变为负电压。在t_1时刻，触发脉冲送到VT_1、VT_5的G极，

VT$_1$、VT$_5$导通，有电流流过负载R_L，电流的途径是：U相线圈右端（电压极性为正）→a点→VT$_1$→R_L→VT$_5$→b点→V相线圈右端（电压极性为负），因VT$_1$、VT$_5$的导通，a、b两点电压分别加到R_L两端，R_L上电压的大小为U_{ab}。

　　t_2～t_3期间，U相始终为正电压（左负右正），W相始终为负电压（左正右负），V相在前半段为负电压，后半段变为正电压。在t_2时刻，触发脉冲送到VT$_1$、VT$_6$的G极，VT$_1$、VT$_6$导通，有电流流过负载R_L，电流的途径是：U相线圈右端（电压极性为正）→a点→VT$_1$→R_L→VT$_6$→c点→W相线圈右端（电压极性为负），因VT$_1$、VT$_6$的导通，a、c两点电压分别加到R_L两端，R_L上电压的大小为U_{ac}。

　　t_3～t_4期间，V相始终为正电压（左负右正），W相始终为负电压（左正右负），U相在前半段为正电压，后半段变为负电压。在t_3时刻，触发脉冲送到VT$_2$、VT$_6$的G极，VT$_2$、VT$_6$导通，有电流流过负载R_L，电流的途径是：V相线圈右端（电压极性为正）→b点→VT$_2$→R_L→VT$_6$→c点→W相线圈右端（电压极性为负），因VT$_2$、VT$_6$的导通，b、c两点电压分别加到R_L两端，R_L上电压的大小为U_{bc}。

　　t_4～t_5期间，V相始终为正电压（左负右正），U相始终为负电压（左正右负），W相在前半段为负电压，后半段变为正电压。在t_4时刻，触发脉冲送到VT$_2$、VT$_4$的G极，VT$_2$、VT$_4$导通，有电流流过负载R_L，电流的途径是：V相线圈右端（电压极性为正）→b点→VT$_2$→R_L→VT$_4$→a点→U相线圈右端（电压极性为负），因VT$_2$、VT$_4$的导通，b、a两点电压分别加到R_L两端，R_L上电压的大小为U_{ba}。

　　t_5～t_6期间，W相始终为正电压（左负右正），U相始终为负电压（左正右负），V相在前半段为正电压，后半段变为负电压。在t_5时刻，触发脉冲送到VT$_3$、VT$_4$的G极，VT$_3$、VT$_4$导通，有电流流过负载R_L，电流的途径是：W相线圈右端（电压极性为正）→c点→VT$_3$→R_L→VT$_4$→a点→U相线圈右端（电压极性为负），因VT$_3$、VT$_4$的导通，c、a两点电压分别加到R_L两端，R_L上电压的大小为U_{ca}。

　　t_6～t_7期间，W相始终为正电压（左负右正），V相始终为负电压（左正右负），U相在前半段为负电压，后半段变为正电压。在t_6时刻，触发脉冲送到VT$_3$、VT$_5$的G极，VT$_3$、VT$_5$导通，有电流流过负载R_L，电流的途径是：W相线圈右端（电压极性为正）→c点→VT$_3$→R_L→VT$_5$→b点→V相线圈右端（电压极性为负），因VT$_3$、VT$_5$的导通，c、b两点电压分别加到R_L两端，R_L上电压的大小为U_{cb}。

　　t_7时刻以后，电路会重复t_1～t_7期间的过程，在负载R_L上可以得到图16-46所示的脉动直流电压U_L。

　　在上面的电路分析中，将交流电压一个周期（t_1～t_7）分成六等份，每等份所占的相位角为60°，在任意一个60°相位角内，始终有两个晶闸管处于导通状态（一个共阴极组晶闸管，一个共阳极组晶闸管），并且任意一个晶闸管的导通角都是120°。另外，触发脉冲不是同时加到六个晶闸管的G极，而是在触发时刻将触发脉冲同时送到需触发的两个晶闸管G极。

　　改变触发脉冲的相位，电路整流输出的脉动直流电压U_L的大小也会发生变化。当$\alpha \leqslant 60°$时，电压U_L的大小可以用下面的公式计算：

$$U_L = 2.34 U_2 \cos\alpha$$

　　当$\alpha > 60°$时，电压U_L的大小可用下面的公式计算：

$$U_L = 2.34U_2\left[1 + \cos\left(\frac{\pi}{3} + \alpha\right)\right]$$

16.2 斩 波 电 路

斩波电路又称直-直变换器,其功能是将直流电转换成另一种固定或可调的直流电。斩波电路的种类有很多,通常可分为基本斩波电路和复合斩波电路。

16.2.1 基本斩波电路

基本斩波电路的类型有很多,常见的有降压斩波电路、升压斩波电路、升降压斩波电路、Cuk斩波电路、Sepic斩波电路和Zeta斩波电路。

1. 降压斩波电路

降压斩波电路又称为直流降压器,它可以将直流电压降低。降压斩波电路如图16-5所示。

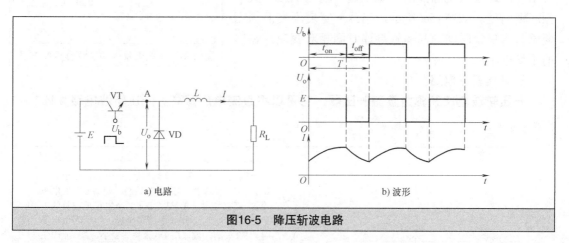

a) 电路   b) 波形

图16-5 降压斩波电路

(1)工作原理

在图16-5a中,晶体管VT的基极加有控制脉冲U_b,当U_b为高电平时,VT导通,相当于开关闭合,A点电压与直流电源E相等(忽略晶体管集射极间的导通压降),当U_b为低电平时,VT关断,相当于开关断开,电源E无法通过,在A点得到图16-5b所示的电压U_o。在VT导通期间,电源E产生电流经晶体管VT、电感L流过负载R_L,电流在流过电感L时,L会产生左正右负的电动势阻碍电流I(同时储存能量),故I慢慢增大;在VT关断时,流过电感L的电流突然减小,L马上产生左负右正的电动势,该电动势产生的电流经续流二极管VD继续流过负载R_L(电感释放能量),电流途径是:L右正→R_L→VD→L左负,该电流是一个逐渐减小的电流。

对于图16-5所示的斩波电路,在一个周期T内,如果控制脉冲U_b的高电平持续时间为t_{on},低电平持续时间为t_{off},那么电压U_o的平均值有下面的关系:

$$U_{o} = \frac{t_{on}}{t_{on} + t_{off}} E = \frac{t_{on}}{T} E$$

式中，$\dfrac{t_{on}}{T}$ 称为降压比。由于 $\dfrac{t_{on}}{T} < 1$，故输出电压 U_o 低于输入直流电压 E，即该电路只能将输入的直流电压降低输出，当 $\dfrac{t_{on}}{T}$ 值发生变化时，输出电压 U_o 就会发生改变，$\dfrac{t_{on}}{T}$ 值越大，晶体管导通时间越长，输出电压 U_o 越高。

（2）斩波电路的调压控制方式

斩波电路是通过控制晶体管（或其他电力电子器件）导通关断来调节输出电压，**斩波电路的调压控制方式主要有两种：**

① **脉冲调宽型。**该方式是让控制脉冲的周期 T 保持不变，通过改变脉冲的宽度来调节输出电压，又称脉冲宽度调制型，如图16-6所示，当脉冲周期不变而宽度变窄时，晶体管导通时间变短，输出的平均电压 U_o 会下降。

② **脉冲调频型。**该方式是让控制脉冲的导通时间不变，通过改变脉冲的频率来调节输出电压，又称频率调制型。如图16-6所示，当脉冲宽度不变而周期变长时，单位时间内晶体管导通时间相对变短，输出的平均电压 U_o 会下降。

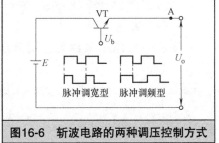

图16-6　斩波电路的两种调压控制方式

2. 升压斩波电路

升压斩波电路又称为直流升压器，它可以将直流电压升高。升压斩波电路如图16-7所示。

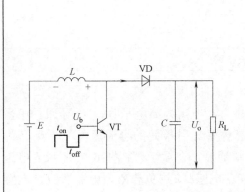

电路的工作原理：晶体管VT基极加有控制脉冲 U_b，当 U_b 为高电平时，VT导通，电源 E 产生电流流过电感 L 和晶体管VT，L 马上产生左正右负的电动势阻碍电流，同时 L 中储存能量；当 U_b 为低电平时，VT关断，流过 L 的电流突然变小，L 马上产生左负右正的电动势，该电动势与电源 E 进行叠加，通过二极管对电容 C 充电，在 C 上充得上正下负的电压 U_o。控制脉冲 U_b 高电平持续时间 t_{on} 越长，流过 L 电流时间越长，L 储能越多，在VT关断时产生的左负右正电动势越高，对电容 C 充电越多，U_o 越高。

输出电压 U_o 是由直流电源 E 和电感 L 产生的电动势叠加充得的，输出电压 U_o 较电源 E 更高，故称该电路为升压斩波电路。

图16-7　升压斩波电路

对于图16-7所示的升压斩波电路，在一个周期 T 内，如果控制脉冲 U_b 的高电平持续时间为 t_{on}，低电平持续时间为 t_{off}，那么电压 U_o 的平均值有下面的关系：

$$U_o = \frac{T}{t_{off}} E$$

式中，$\frac{T}{t_{off}}$ 称为升压比。由于 $\frac{T}{t_{off}} > 1$，故输出电压U_o始终高于输入直流电压E，当 $\frac{T}{t_{off}}$ 值发生变化时，输出电压U_o就会发生改变，$\frac{T}{t_{off}}$ 值越大，输出电压U_o越高。

3. 升降压斩波电路

升降压斩波电路既可以提升电压，又可以降低电压。升降压斩波电路可分为正极性和负极性两类。

（1）负极性升降压斩波电路

负极性升降压斩波电路主要有普通升降压斩波电路和Cuk升降压斩波电路。

① 普通升降压斩波电路。

普通升降压斩波电路如图16-8所示。

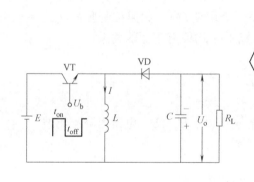

电路的工作原理：晶体管VT基极加有控制脉冲U_b，当U_b为高电平时，VT导通，电源E产生电流流过晶体管VT和电感L，L马上产生上正下负的电动势阻碍电流，同时L中储存能量；当U_b为低电平时，VT关断，流过L的电流突然变小，L马上产生上负下正的电动势，该电动势通过二极管VD对电容C充电（同时也有电流流过负载R_L），在C上充得上负下正的电压U_o。控制脉冲U_b高电平持续时间t_{on}越长，流过L电流时间越长，L储能越多，在VT关断时产生的上负下正电动势越高，对电容C充电越多，U_o越高。

该电路的负载R_L两端的电压U_o的极性是上负下正，它与电源E的极性相反，故称这种斩波电路为负极性升降压斩波电路。

图16-8 普通升降压斩波电路

对于图16-8所示的普通升降压斩波电路，在一个周期T内，如果控制脉冲U_b的高电平持续时间为t_{on}，低电平持续时间为t_{off}，那么电压U_o的平均值有下面的关系：

$$U_o = \frac{t_{on}}{t_{off}} E = \frac{t_{on}}{T - t_{on}} E$$

式中，若 $\frac{t_{on}}{t_{off}} > 1$，输出电压$U_o$会高于输入直流电压$E$，电路为升压斩波；若 $\frac{t_{on}}{t_{off}} < 1$，输出电压$U_o$会低于输入直流电压$E$，电路为降压斩波。

② Cuk升降压斩波电路。

Cuk升降压斩波电路如图16-9所示。

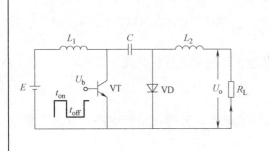

电路的工作原理：当晶体管VT基极无控制脉冲时，VT关断，电源E通过L_1、VD对电容C充得左正右负的电压。当VT基极加有控制脉冲并且高电平到来时，VT导通，电路会出现两路电流，一路电流途径是：电源E正极→L_1→VT集射极→E负极，有电流流过L_1，L_1储存能量；另一路电流途径是：C左正→VT→负载R_L→L_2→C右负，有电流流过L_2，L_2储存能量；当VT基极的控制脉冲为低电平时，VT关断，电感L_1产生左负右正的电动势，它与电源E叠加经VD对C充电，在C上充得左正右负的电动势，另外由于VT关断使L_2流过的电流突然减小，马上产生左正右负的电动势，该电动势形成电流经VD流过负载R_L。

Cuk升降压斩波电路与普通升降压斩波电路一样，在负载上产生的都是负极性电压，前者的优点是流过负载的电流是连续的，即在VT导通关断期间负载都有电流通过。

图16-9　Cuk升降压斩波电路

对于图16-9所示的Cuk升降压斩波电路，在一个周期T内，如果控制脉冲U_b的高电平持续时间为t_{on}，低电平持续时间为t_{off}，那么电压U_o的平均值有下面的关系：

$$U_o = \frac{t_{on}}{t_{off}} E = \frac{t_{on}}{T - t_{on}} E$$

式中，若$\frac{t_{on}}{t_{off}} > 1$，$U_o > E$，电路为升压斩波；若$\frac{t_{on}}{t_{off}} < 1$，$U_o < E$，电路为降压斩波。

（2）正极性升降压电路

正极性升降压电路主要有Sepic斩波电路和Zeta斩波电路。

① Sepic斩波电路。

Sepic斩波电路如图16-10所示。

对于Sepic升降压斩波电路，在一个周期T内，如果控制脉冲U_b的高电平持续时间为t_{on}，低电平持续时间为t_{off}，那么电压U_o的平均值有下面的关系：

$$U_o = \frac{t_{on}}{t_{off}} E = \frac{t_{on}}{T - t_{off}} E$$

② Zeta斩波电路。

Zeta斩波电路如图16-11所示。

对于Zeta升降压斩波电路，在一个周期T内，如果控制脉冲U_b的高电平持续时间为t_{on}，低电平持续时间为t_{off}，那么电压U_o的平均值有下面的关系：

$$U_o = \frac{t_{on}}{t_{off}} E = \frac{t_{on}}{T - t_{off}} E$$

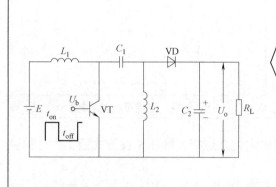

电路的工作原理：当晶体管VT基极无控制脉冲时，VT关断，电源E经过电感L_1、L_2对电容C充电，在C_1上充得左正右负的电压。当VT基极加有控制脉冲并且高电平到来时，VT导通，电路会出现两路电流，一路电流途径是：电源E正极→L_1→VT集射极→E负极，有电流流过L_1，L_1储存能量；另一路电流途径是：C左正→VT→L_2→C右负，有电流流过L_2，L_2储存能量；当VT基极的控制脉冲为低电平时，VT关断，电感L_1产生左负右正的电动势，它与电源E叠加经VD对C_1、C_2充电，C_1上充得左正右负的电压，C_2上充得上正下负的电压，另外在VT关断时L_2产生上正下负的电动势，它也经VD对C_2充电，C_2上得到输出电压U_o。

该电路的负载R_L两端电压U_o的极性是上正下负，它与电源E的极性相同，故称这种斩波电路为正极性升降压斩波电路。

图16-10 Sepic斩波电路

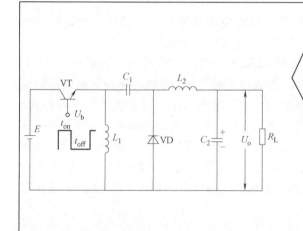

电路的工作原理：当晶体管VT基极第一个控制脉冲高电平到来时，VT导通，电源E产生电流流经VT、L_1，L_1储存能量；当控制脉冲低电平到来时，VT关断，流过L_1的电流突然减小，L_1马上产生上负下正的电动势，它经VD对C_1充电，在C_1上充得左负右正的电压；当第二个脉冲高电平到来时，VT导通，电源E在产生电流流过L_1时，还会与C_1上的左负右正电压叠加，经L_2对C_2充电，在C_2上充得上正下负的电压，同时L_2储存能量；当第二个脉冲低电平到来时，VT关断，除了L_1产生上负下正的电动势对C_1充电外，L_2会产生左负右正的电动势经VD对C_2充得上正下负的电压。以后电路会重复上述的过程，结果在C_2上充得上正下负的正极性电压U_o。

图16-11 Zeta斩波电路

16.2.2　复合斩波电路

复合斩波电路是由基本斩波电路组合而成的，常见的复合斩波电路有电流可逆斩波电路、桥式可逆斩波电路和多相多重斩波电路。

1.电流可逆斩波电路

电流可逆斩波电路常用于直流电动机的电动和制动运行控制，即当需要直流电动机主动运转时，让直流电源为电动机提供电压，当需要对运转的直流电动机制动时，让惯性运转的电动机（相当于直流发电机）产生的电压对直流电源充电，消耗电动机的能量进行制动（再生制动）。

电流可逆斩波电路如图16-12所示，其中VT_1、VD_2构成降压斩波电路，VT_2、VD_1构成升压斩波电路。

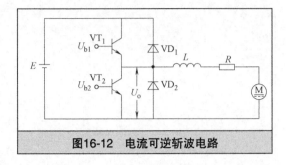

图16-12　电流可逆斩波电路

电流可逆斩波电路有三种工作方式：降压斩波方式、升压斩波方式和降升压斩波方式。

（1）降压斩波方式

电流可逆斩波电路工作在降压斩波方式时，直流电源通过降压斩波电路为直流电动机供电使之运行。降压斩波方式的工作过程说明如下：

电路工作在降压斩波方式时，VT_2基极无控制脉冲，VT_2、VD_1均处于关断状态，而VT_1基极加有控制脉冲U_{b1}。当VT_1基极的控制脉冲为高电平时，VT_1导通，有电流经VT_1、L、R流过电动机M，电动机运转，同时电感L储存能量；当控制脉冲为低电平时，VT_1关断，流过L的电流突然减小，L马上产生左负右正的电动势，它产生电流流过电动机（经R、VD_2），继续为电动机供电。控制脉冲高电平持续时间越长，输出电压U_o的平均值越高，电动机运转速度越快。

（2）升压斩波方式

电流可逆斩波电路工作在升压斩波方式时，直流电动机无供电，它在惯性运转时产生电动势对直流电源E进行充电。升压斩波方式的工作过程说明如下：

电路工作在升压斩波方式时，VT_1基极无控制脉冲，VT_1、VD_2均处于关断状态，VT_2基极加有控制脉冲U_{b2}。当VT_2基极的控制脉冲为高电平时，VT_2导通，电动机M惯性运转产生的电动势为上正下负，它形成的电流经R、L、VT_2构成回路，电动机的能量转移到L中；当VT_2基极的控制脉冲为低电平时，VT_2关断，流过L的电流突然减小，L马上产生左正右负的电动势，它与电动机两端的反电动势（上正下负）叠加使VD_1导通，对电源E充电，电动机惯性运转产生的电能就被转移给电源E。当电动机转速很低时，产生的电动势下降，同时L的能量也减小，产生的电动势低，叠加电动势低于电源E，VD_1关断，无法继续对电源E充电。

（3）降升压斩波方式

电流可逆斩波电路工作在降升压斩波方式时，VT_1、VT_2基极都加有控制脉冲，它们交替导通关断，具体的工作过程说明如下：

当VT_1基极控制脉冲U_{b1}为高电平（此时U_{b2}为低电平）时，电源E经VT_1、L、R为直流电动机M供电，电动机运转；当U_{b1}变为低电平后，VT_1关断，流过L的电流突然减小，L产生左负右正的电动势，经R、VD_2为电动机继续提供电流；当L的能量释放完毕，电动势减小为0时，让VT_2基极的控制脉冲U_{b2}为高电平，VT_2导通，惯性运转的电动机两端的反电动势（上正下负）经R、L、VT_2回路产生电流，L因电流通过而储存能量；当VT_2的控制脉冲为低电平时，VT_2关断，流过L的电流突然减小，L产生左正右负的电动势，它与电动机产生的上正下负的反电动势叠加，通过VD_1对电源E充电；当L与电动机叠加电动势低于电源E时，VD_1关断，这时如果又让VT_1基极脉冲变为高电平，电源E又经VT_1为电动机提供电压。以后重复上述过程。

电流可逆斩波电路工作在降升压斩波方式，实际就是让直流电动机工作在运行和制动状态，当降压斩波时间长、升压斩波时间短时，电动机平均供电电压高、再生制动时间短，电动机运转速度快，反之，电动机运转速度慢。

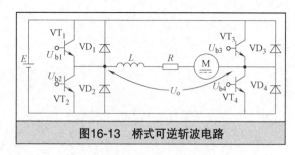

图16-13　桥式可逆斩波电路

2. 桥式可逆斩波电路

电流可逆斩波电路只能让直流电动机工作在正转和正转再生制动状态，而桥式可逆转波电路可以让直流电动机工作在正转、正转再生制动和反转、反转再生制动状态。

桥式可逆斩波电路如图16-13所示。

桥式可逆斩波电路有四种工作状态：正转降压斩波、正转升压斩波再生制动和反转降压斩波、反转升压斩波再生制动。

（1）正转降压斩波和正转升压斩波再生制动

当晶体管VT_4始终处于导通时，VT_1、VD_2组成正转降压斩波电路，VT_2、VD_1组成正转升压斩波再生制动电路。

在VT_4始终处于导通状态时。当VT_1基极控制脉冲U_{b1}为高电平（此时U_{b2}为低电平）时，电源E经VT_1、L、R、VT_4为直流电动机M供电，电动机正向运转；当U_{b1}变为低电平后，VT_1关断，流过L的电流突然减小，L产生左负右正的电动势，经R、VT_4、VD_2为电动机继续提供电流，维持电动机正转；当L的能量释放完毕，电动势减小为0时，让VT_2基极的控制脉冲U_{b2}为高电平，VT_2导通，惯性运转的电动机两端的反电动势（左正右负）经R、L、VT_2、VD_4回路产生电流，L因电流通过而储存能量；当VT_2的控制脉冲为低电平时，VT_2关断，流过L的电流突然减小，L产生左正右负的电动势，它与电动机产生的左正右负的反电动势叠加，通过VD_1对电源E充电，此时电动机进行正转再生制动；当L与电动机的叠加电动势低于电源E时，VD_1关断，这时如果又让VT_1基极脉冲变为高电平，电路又会重复上述的工作过程。

（2）反转降压斩波和反转升压斩波再生制动

当晶体管VT_2始终处于导通时，VT_3、VD_4组成反转降压斩波电路，VT_4、VD_2组成反转升压斩波再生制动电路。反转降压斩波、反转升压斩波再生制动与正转降压斩波、正转升压斩波再生制动的工作过程相似，读者可自行分析，这里不再叙述。

3. 多相多重斩波电路

前面介绍的复合斩波电路是由几种不同的单一斩波电路组成的，而多相多重斩波电路是由多个相同的斩波电路组成的。 图16-14所示为一种三相三重斩波电路，它在电源和负载之间接入三个结构相同的降压斩波电路。

三相三重斩波电路的工作原理说明如下：

当晶体管VT_1基极的控制脉冲U_{b1}为高电平时，VT_1导通，电源E通过VT_1加到L_1的一端，L_1左端的电压如图16-14bU_1波形所示，有电流I_1经L_1流过电动机；当控制脉冲U_{b1}为低电平时，VT_1关断，流过L_1的电流突然变小，L_1马上产生左负右正的电动势，该电动势产生电流I_1通过VD_1构成回路继续流过电动机，电流I_1的变化如图16-14b所示，从波形可以看出，一个周期内I_1有上升和下降的脉动过程，起伏波动较大。

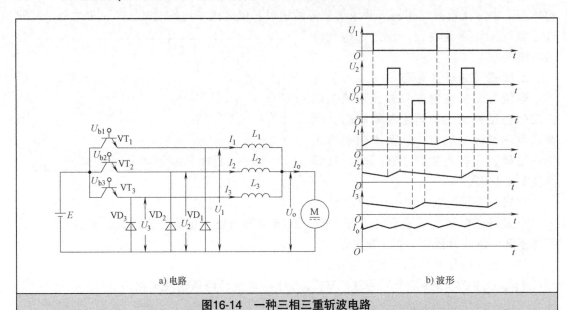

图16-14　一种三相三重斩波电路

同样地，当晶体管VT_2基极加有控制脉冲U_{b2}时，在L_2的左端得到图16-14b所示的电压U_2，流过L_2的电流为I_2；当晶体管VT_3基极加有控制脉冲U_{b3}时，在L_3的左端得到图16-14b所示的电压U_3，流过L_3的电流为I_3。

当三个斩波电路都工作时，流过电动机的总电流$I_o=I_1+I_2+I_3$，从图16-14b还可以看出，总电流I_o的脉冲频率是单相电流脉动频率的三倍，但脉冲幅度明显变小，即三相三重斩波电路提供给电动机的电流波动更小，使电动机工作更稳定。另外，多相多重斩波电路还具有备用功能，当某一个斩波电路出现故障时，可以依靠其他的斩波电路继续工作。

16.3　逆变电路

逆变电路的功能是将直流电转换成交流电，故又称直-交转换器。它与整流电路的功能恰好相反。逆变电路可分为有源逆变电路和无源逆变电路。有源逆变电路是将直流电转换成与电网频率相同的交流电，再将该交流电送至交流电网；无源逆变电路是将直流电转换成某一频率或频率可调的交流电，再将该交流电送给用电设备。变频器中主要采用无源逆变电路。

16.3.1　逆变原理

逆变电路的功能是将直流电转换成交流电。下面以图16-15所示的电路来说明逆变电路的基本工作原理。

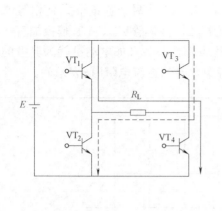

电路工作时，需要给晶体管VT_1～VT_4基极提供控制脉冲信号。当VT_1、VT_4基极脉冲信号为高电平，而VT_2、VT_3基极脉冲信号为低电平时，VT_1、VT_4导通，VT_2、VT_3关断，有电流经VT_1、VT_4流过负载R_L，电流途径是：电源E正极→VT_1→R_L→VT_4→电源E负极，R_L两端的电压极性为左正右负；当VT_2、VT_3基极脉冲信号为高电平，而VT_1、VT_4基极脉冲信号为低电平时，VT_2、VT_3导通，VT_1、VT_4关断，有电流经VT_2、VT_3流过负载R_L，电流途径是：电源E正极→VT_3→R_L→VT_2→电源E负极，R_L两端电压的极性是左负右正。

在直流电源供电的情况下，通过控制开关器件的导通关断可以改变流过负载的电流方向，这种方向发生改变的电流就是交流，从而实现直-交转换功能。

图16-15 逆变电路的基本工作原理说明图

16.3.2 电压型逆变电路

逆变电路分为直流侧（电源端）和交流侧（负载端），**电压型逆变电路是指直流侧采用电压源的逆变电路**。电压源是指能提供稳定电压的电源，另外，电压波动小且两端并联有大电容的电源也可视为电压源。图16-16所示为两种典型的电压源（点画线框内部分）。

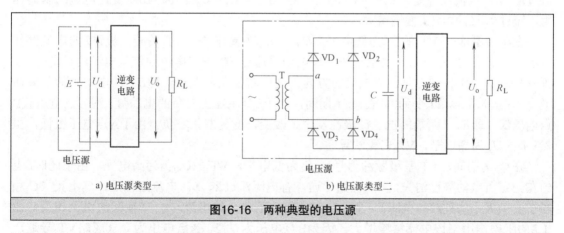

a) 电压源类型一　　　　b) 电压源类型二

图16-16 两种典型的电压源

图16-16a中的直流电源E能提供稳定不变的电压U_d，所以它可以视为电压源。图16-16b中的桥式整流电路后面接有一个大滤波电容C，交流电压经变压器降压和二极管整流后，在C上会得到波动很小的电压U_d（电容往后级电路放电后，整流电路会及时充电，故U_d变化很小，电容容量越大，U_d波动越小，电压越稳定），故点画线框内的整个电路也可视为电压源。

电压型逆变电路的种类有很多，常用的有单相半桥逆变电路、单相全桥逆变电路、单相变压器逆变电路和三相电压逆变电路等。

1. 单相半桥逆变电路

单相半桥逆变电路及有关波形如图16-17所示，C_1、C_2是两个容量很大且相等的电容，它们将电压U_d分成相等的两部分，使B点电压为$U_d/2$，晶体管VT_1、VT_2基极加有一对相反的脉冲信号，VD_1、VD_2为续流二极管，R、L代表感性负载（如电动机就为典型的感性负载，其绕组对交流电呈感性，相当于电感L，绕组本身的直流电阻用R表示）。

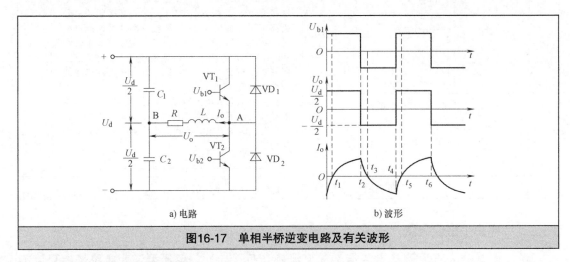

图16-17　单相半桥逆变电路及有关波形

电路的工作过程说明如下：

在$t_1 \sim t_2$期间，VT_1基极脉冲信号U_{b1}为高电平，VT_2的U_{b2}为低电平，VT_1导通、VT_2关断，A点电压为U_d，由于B点电压为$U_d/2$，故R、L两端的电压U_o为$U_d/2$，VT_1导通后有电流流过R、L，电流途径是：$U_d+ \rightarrow VT_1 \rightarrow L$、$R \rightarrow$ B点$\rightarrow C_2 \rightarrow U_d-$，因为$L$对变化电流的阻碍作用，流过$R$、$L$的电流$I_o$慢慢增大。

在$t_2 \sim t_3$期间，VT_1的U_{b1}为低电平，VT_2的U_{b2}为高电平，VT_1关断，流过L的电流突然变小，L马上产生左正右负的电动势，该电动势通过VD_2形成电流回路，电流途径是：L左正$\rightarrow R \rightarrow C_2 \rightarrow VD_2 \rightarrow L$右负，该电流的方向仍是由右往左，但电流随$L$上的电动势的下降而减小，在$t_3$时刻电流$I_o$变为0。在$t_2 \sim t_3$期间，由于$L$产生左正右负的电动势，使A点电压较B点电压低，即$R$、$L$两端的电压$U_o$极性发生了改变，变为左正右负，由于A点电压很低，虽然VT_2的U_{b2}为高电平，VT_2仍无法导通。

在$t_3 \sim t_4$期间，VT_1基极脉冲信号U_{b1}仍为低电平，VT_2的U_{b2}仍为高电平，由于此时L上的左正右负电动势已消失，VT_2开始导通，有电流流过R、L，电流途径是：C_2上正（C_2相当于一个大小为$U_d/2$的电源）$\rightarrow R \rightarrow L \rightarrow VT_2 \rightarrow C_2$下负，该电流与$t_1 \sim t_3$期间的电流相反，由于$L$的阻碍作用，该电流慢慢增大。因为B点电压为$U_d/2$，A点电压为0（忽略$VT_2$导通压降），故$R$、$L$两端的电压$U_o$大小为$U_d/2$，极性是左正右负。

在$t_4 \sim t_5$期间，VT_1的U_{b1}为高电平，VT_2的U_{b2}为低电平，VT_2关断，流过L的电流突然变小，L马上产生左负右正的电动势，该电动势通过VD_1形成电流回路，电流途径是：L右正$\rightarrow VD_1 \rightarrow C_1 \rightarrow R \rightarrow L$左负，该电流的方向由左往右，但电流随$L$上电动势的下降而减小，在$t_5$时刻电流$I_o$变为0。在$t_4 \sim t_5$期间，由于$L$产生左负右正的电动势，使A点电压较B点电压高，即$U_o$极性仍是左负右正，另外因为A点电压很高，虽然$VT_1$的$U_{b1}$为高电平，$VT_1$仍无法导通。

t_5时刻以后，电路重复上述的工作过程。

单相半桥逆变电路结构简单，但负载两端得到的电压较低（为直流电源电压的一半），并且直流侧需采用两个电容器串联来均压。单相半桥逆变电路常用在几千瓦以下的小功率逆变设备中。

2. 单相全桥逆变电路

单相全桥逆变电路如图16-18所示，VT_1、VT_4组成一对桥臂，VT_2、VT_3组成另一对桥臂，$VD_1 \sim VD_4$为续流二极管，VT_1、VT_2基极加有一对相反的控制脉冲，VT_3、VT_4基极的控制脉冲相位也相反，VT_3基极的控制脉冲相位落后VT_1，落后θ角，$0° < \theta < 180°$。

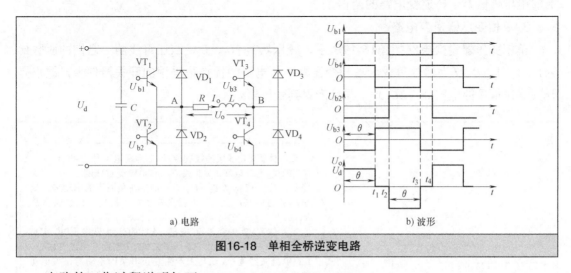

图16-18 单相全桥逆变电路

电路的工作过程说明如下：

在$0 \sim t_1$期间，VT_1、VT_4的基极控制脉冲都为高电平，VT_1、VT_4都导通，A点通过VT_1与U_d正端连接，B点通过VT_4与U_d负端连接，故R、L两端的电压U_o大小与U_d相等，极性为左正右负（为正压），流过R、L电流的方向是：$U_d+ \rightarrow VT_1 \rightarrow R$、$L \rightarrow VT_4 \rightarrow U_d-$。

在$t_1 \sim t_2$期间，VT_1的U_{b1}为高电平，VT_4的U_{b4}为低电平，VT_1导通，VT_4关断，流过L的电流突然变小，L马上产生左负右正的电动势，该电动势通过VD_3形成电流回路，电流途径是：L右正$\rightarrow VD_3 \rightarrow VT_1 \rightarrow R \rightarrow L$左负，该电流的方向仍是由左往右，由于$VT_1$、$VD_3$都导通，使A点和B点都与$U_d$正端连接，即$U_A = U_B$，$R$、$L$两端的电压$U_o$为0（$U_o = U_A - U_B$）。在此期间，$VT_3$的$U_{b3}$也为高电平，但因$VD_3$的导通使$VT_3$的c、e极电压相等，$VT_3$无法导通。

在$t_2 \sim t_3$期间，VT_2、VT_3的基极控制脉冲都为高电平，在此期间开始一段时间内，L的能量还未完全释放，还有左负右正的电动势，但VT_1因基极变为低电平而截止，L的电动势转而经VD_3、VD_2对直流侧电容C充电，充电的电流途径是：L右正$\rightarrow VD_3 \rightarrow C \rightarrow VD_2 \rightarrow R \rightarrow L$左负，$VD_3$、$VD_2$的导通使$VT_2$、$VT_3$不能导通，A点通过$VD_2$与$U_d$负端连接，B点通过$VD_3$与$U_d$正端连接，故$R$、$L$两端的电压$U_o$大小与$U_d$相等，极性为左负右正（为负压），当$L$上的电动势下降到与$U_d$相等时，无法继续对$C$充电，$VD_3$、$VD_2$截止，$VT_2$、$VT_3$马上导通，有电流流过$R$、$L$，电流的方向是：$U_d+ \rightarrow VT_3 \rightarrow L$、$R \rightarrow VT_2 \rightarrow U_d-$。

在$t_3 \sim t_4$期间，VT_2的U_{b2}为高电平，VT_3的U_{b3}为低电平，VT_2导通，VT_3关断，流过L的电流突然变小，L马上产生左正右负的电动势，该电动势通过VD_4形成电流回路，电流途径是：L左正→R→VT_2→VD_4→L右负，该电流的方向是由右往左，由于VT_2、VD_4都导通，使A点和B点都与U_d负端连接，即$U_A = U_B$，R、L两端的电压U_o为0（$U_o = U_A - U_B$）。在此期间，VT_4的U_{b4}也为高电平，但因VD_4的导通使VT_3的c、e极电压相等，VT_4无法导通。

t_4时刻以后，电路重复上述工作过程。

全桥逆变电路的U_{b1}、U_{b3}脉冲和U_{b2}、U_{b4}脉冲之间的相位差为θ，改变θ值，就能调节负载R、L两端电压U_o的脉冲宽度（正、负宽度同时变化）。另外，全桥逆变电路负载两端的电压幅值是半桥逆变电路的两倍，

3. 单相变压器逆变电路

单相变压器逆变电路如图16-19所示，变压器T有L_1、L_2、L_3三组线圈，它们的匝数比为1：1：1，R、L为感性负载。单相变压器逆变电路的优点是采用的开关器件少，缺点是开关器件承受的电压高（$2U_d$），并且需用到变压器。

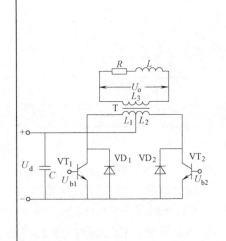

当晶体管VT_1基极的控制脉冲U_{b1}为高电平时，VT_1导通，VT_2的U_{b2}为低电平，VT_2关断，有电流流过线圈L_1，电流途径是：U_d+→L_1→VT_1→U_d-，L_1产生左负右正的电动势，该电动势感应到L_3上，L_3上得到左负右正的电压U_o供给负载R、L。

当晶体管VT_2的U_{b2}为高电平，VT_1的U_{b1}为低电平时，VT_1关断，VT_2并不能马上导通，因为VT_1关断后，流过负载R、L的电流突然减小，L马上产生左正右负的电动势，该电动势送到L_3，L_3再感应到L_2上，L_2上感应电动势的极性为左正右负，该电动势对电容C充电将能量反馈到直流侧，充电途径是：L_2左正→C→VD_2→L_2右负，由于VD_2的导通，VT_2的e、c极电压相等，VT_2虽然U_{b2}为高电平但不能导通。一旦L_2上的电动势降到与U_d相等时，无法继续对C充电，VD_2截止，VT_2开始导通，有电流流过线圈L_2，电流途径是：U_d+→L_2→VT_2→U_d-，L_2产生左正右负的电动势，该电动势感应到L_3上，L_3上得到左正右负的电压U_o供给负载R、L。

当晶体管VT_1的U_{b1}再变为高电平，VT_2的U_{b2}为低电平时，VT_2关断，负载电感L会产生左负右正的电动势，通过L_3感应到L_1上，L_1上的电动势再通过VD_1对直流侧的电容C充电，待L_1上的左负右正电动势降到与U_d相等后，VD_1截止，VT_1才能导通。以后电路会重复上述工作。

图16-19　单相变压器逆变电路

4. 三相电压逆变电路

单相电压逆变电路只能接一相负载，而三相电压逆变电路可以同时接三相负载。图16-20所示为一种应用广泛的三相电压逆变电路，R_1、L_1、R_2、L_2、R_3、L_3构成三相感性负载（如三相异步电动机）。

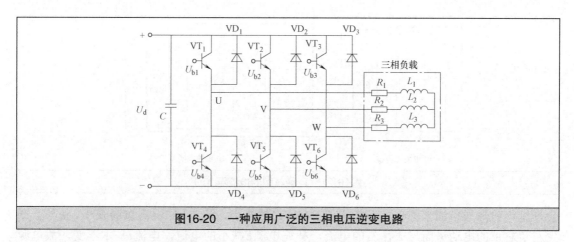

图16-20　一种应用广泛的三相电压逆变电路

电路的工作过程说明如下：

当VT_1、VT_5、VT_6基极的控制脉冲均为高电平时，这三个晶体管都导通，有电流流过三相负载，电流途径是：$U_d+ \rightarrow VT_1 \rightarrow R_1$、$L_1$，再分作两路，一路经$L_2$、$R_2$、$VT_5$流到$U_d-$，另一路经$L_3$、$R_3$、$VT_6$流到$U_d-$。

当VT_2、VT_4、VT_6基极的控制脉冲均为高电平时，这三个晶体管不能马上导通，因为VT_1、VT_5、VT_6关断后流过三相负载的电流突然减小，L_1产生左负右正的电动势，L_2、L_3均产生左正右负的电动势，这些电动势叠加对直流侧电容C充电，充电途径是：L_2左正$\rightarrow VD_2 \rightarrow C$，$L_3$左正$\rightarrow VD_3 \rightarrow C$，两路电流汇合对$C$充电后，再经$VD_4$、$R_1 \rightarrow L_1$左负。$VD_2$的导通使$VT_2$集射极电压相等，$VT_2$无法导通，$VT_4$、$VT_6$也无法导通。当$L_1$、$L_2$、$L_3$叠加电动势下降到$U_d$大小，$VD_2$、$VD_3$、$VD_4$截止，$VT_2$、$VT_4$、$VT_6$开始导通，有电流流过三相负载，电流途径是：$U_d+ \rightarrow VT_2 \rightarrow R_2$、$L_2$，再分作两路，一路经$L_1$、$R_1$、$VT_4$流到$U_d-$，另一路经$L_3$、$R_3$、$VT_6$流到$U_d-$。

当VT_3、VT_4、VT_5基极的控制脉冲均为高电平时，这三个晶体管不能马上导通，因为VT_2、VT_4、VT_6关断后流过三相负载的电流突然减小，L_2产生左负右正的电动势，L_1、L_3均产生左正右负的电动势，这些电动势叠加对直流侧电容C充电，充电途径是：L_1左正$\rightarrow VD_1 \rightarrow C$，$L_3$左正$\rightarrow VD_3 \rightarrow C$，两路电流汇合对$C$充电后，再经$VD_5$、$R_2 \rightarrow L_2$左负。$VD_3$的导通使$VT_3$集射极电压相等，$VT_3$无法导通，$VT_4$、$VT_5$也无法导通。当$L_1$、$L_2$、$L_3$叠加电动势下降到$U_d$大小，$VD_2$、$VD_3$、$VD_4$截止，$VT_3$、$VT_4$、$VT_5$开始导通，有电流流过三相负载，电流途径是：$U_d+ \rightarrow VT_3 \rightarrow R_3$、$L_3$，再分作两路，一路经$L_1$、$R_1$、$VT_4$流到$U_d-$，另一路经$L_2$、$R_2$、$VT_5$流到$U_d-$。

以后的工作过程与上述相同，这里不再叙述。通过控制开关器件的导通关断，三相电压逆变电路实现了将直流电压转换成三相交流电压的功能。

16.3.3　电流型逆变电路

电流型逆变电路是指直流侧采用电流源的逆变电路。 电流源是指能提供稳定电流的电源。理想的直流电流源较为少见，一般在逆变电路的直流侧串联一个大电感可视为电流源。图16-21所示为两种典型的电流源（点画线框内部分）。

图16-21a中的直流电源E能往后级电路提供电流，当电源E的大小突然变化时，电感L

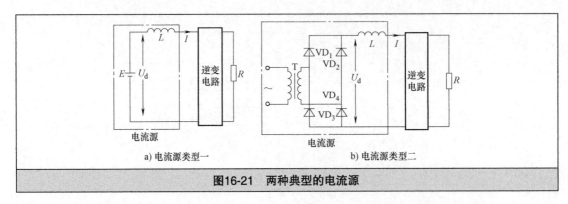

图16-21　两种典型的电流源

会产生电势形成电流来弥补电源的电流，如E突然变小，流过L的电流也会变小，L马上产生左负右正的电动势而形成往右的电流，补充电源E减小的电流，电流I基本不变，故电源与电感串联可视为电流源。

图16-21b中的桥式整流电路后面串接有一个大电感，交流电压经变压器降压和二极管整流后得到电压U_d，当U_d的大小变化时，电感L会产生相应的电动势来弥补U_d形成的电流的不足，故点画线框内的整个电路也可视为电流源。

1. 单相桥式电流型逆变电路

单相桥式电流型逆变电路如图16-22所示，晶闸管$VT_1 \sim VT_4$为四个桥臂，其中VT_1、VT_4为一对，VT_2、VT_3为另一对，R、L为感性负载，C为补偿电容，C、R、L还组成并联谐振电路，所以该电路又称为并联谐振式逆变电路。RLC电路的谐振频率为$1000 \sim 2500$Hz，它略低于晶闸管导通频率（也为控制脉冲的频率），对通过的信号呈容性。

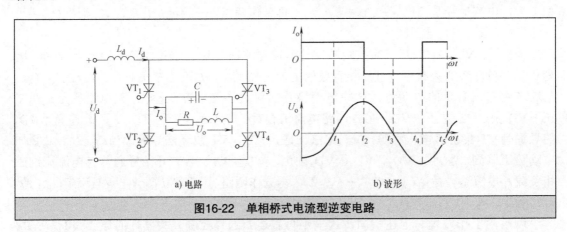

图16-22　单相桥式电流型逆变电路

电路的工作过程说明如下：

在$t_1 \sim t_2$期间，VT_1、VT_4门极的控制脉冲为高电平，VT_1、VT_4导通，有电流I_o经VT_1、VT_4流过RLC电路，该电流分作两路，一路流经R、L元件，另一路对C充电，在C上充得左正右负的电压，随着充电的进行，C上的电压逐渐上升，即RL两端的电压U_o逐渐上升。由于$t_1 \sim t_2$期间VT_3、VT_2处于关断状态，I_o与I_d相等，并且大小不变（I_d是稳定电流，I_o也是稳定电流）。

在$t_2 \sim t_4$期间，VT_2、VT_3门极的控制脉冲为高电平，VT_2、VT_3导通，由于C上充有左

正右负的电压，该电压一方面通过VT_3加到VT_1的两端（C左正加到VT_1的阴极，C右负经VT_3加到VT_1的阳极），另一方面通过VT_2加到VT_4的两端（C左正经VT_2加到VT_4的阴极，C右负加到VT_4的阳极），C上的电压经VT_1、VT_4加上反向电压，VT_1、VT_4马上关断，这种利用负载两端的电压来关断开关器件的方式称为负载换流方式。VT_1、VT_4关断后，电流I_d开始经VT_3、VT_2对电容C反向充电（同时也会分一部分流过L、R），C上的电压慢慢被中和，两端电压U_o也慢慢下降，t_3时刻C上的电压为0。$t_3 \sim t_4$期间，电流I_d（也为I_o）对C充电，充得左负右正的电压并且逐渐上升。

在$t_4 \sim t_5$期间，VT_1、VT_4门极的控制脉冲为高电平，VT_1、VT_4导通，C上的左负右正电压对VT_3、VT_2为反向电压，使VT_3、VT_2关断。VT_3、VT_2关断后，电流I_d开始经VT_1、VT_4对电容C充电，将C上的左负右正电压慢慢中和，两端电压U_o也慢慢下降，t_5时刻C上的电压为0。

以后电路重复上述的工作过程，从而在RLC电路两端得到正弦波电压U_o，流过RLC电路的电流I_o为矩形电流。

2. 三相电流型逆变电路

三相电流型逆变电路如图16-23所示，$VT_1 \sim VT_6$为可关断晶闸管（GTO），栅极加正脉冲时导通，加负脉冲时关断，C_1、C_2、C_3为补偿电容，用于吸收在换流时感性负载产生的电动势，减少对晶闸管的冲击。

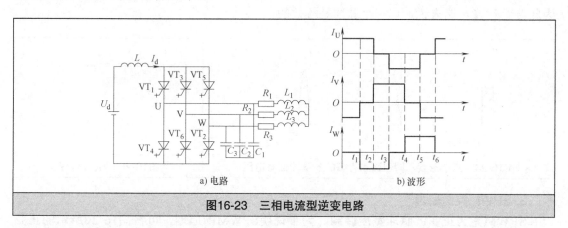

a) 电路　　　　　　　　　　　　　　　　b) 波形

图16-23　三相电流型逆变电路

电路的工作过程说明如下：

在$0 \sim t_1$期间，VT_1、VT_6导通，有电流I_d流过负载，电流途径是：$U_d+ \rightarrow L \rightarrow VT_1 \rightarrow R_1$、$L_1 \rightarrow L_2$、$R_2 \rightarrow VT_6 \rightarrow U_d-$。

在$t_1 \sim t_2$期间，VT_1、VT_2导通，有电流I_d流过负载，电流途径是：$U_d+ \rightarrow L \rightarrow VT_1 \rightarrow R_1$、$L_1 \rightarrow L_3$、$R_3 \rightarrow VT_2 \rightarrow U_d-$。

在$t_2 \sim t_3$期间，VT_3、VT_2导通，有电流I_d流过负载，电流途径是：$U_d+ \rightarrow L \rightarrow VT_3 \rightarrow R_2$、$L_2 \rightarrow L_3$、$R_3 \rightarrow VT_2 \rightarrow U_d-$。

在$t_3 \sim t_4$期间，VT_3、VT_4导通，有电流I_d流过负载，电流途径是：$U_d+ \rightarrow L \rightarrow VT_3 \rightarrow R_2$、$L_2 \rightarrow L_1$、$R_1 \rightarrow VT_4 \rightarrow U_d-$。

在$t_4 \sim t_5$期间，VT_5、VT_4导通，有电流I_d流过负载，电流途径是：$U_d+ \rightarrow L \rightarrow VT_5 \rightarrow R_3$、$L_3 \rightarrow L_1$、$R_1 \rightarrow VT_4 \rightarrow U_d-$。

在$t_5 \sim t_6$期间，VT_5、VT_6导通，有电流I_d流过负载，电流途径是：$U_d+ \rightarrow L \rightarrow VT_5 \rightarrow R_3$、$L_3 \rightarrow L_2$、$R_2 \rightarrow VT_6 \rightarrow U_d-$。

以后电路重复上述工作过程。

16.4　PWM控制技术

PWM全称为Pulse Width Modulation，意为脉冲宽度调制。PWM控制就是对脉冲宽度进行调制，以得到一系列宽度变化的脉冲，再用这些脉冲来代替所需的信号（如正弦波）。

16.4.1　PWM控制的基本原理

1. 面积等效原理

面积等效原理的内容是：冲量相等（即面积相等）而形状不同的窄脉冲加在惯性环节（如电感）时，其效果基本相同。图16-24所示为三个形状不同但面积相等的窄脉冲信号电压，当它加到图16-25所示的R、L电路两端时，流过R、L元件的电流变化基本相同，因此对于R、L电路来说，这三个脉冲是等效的。

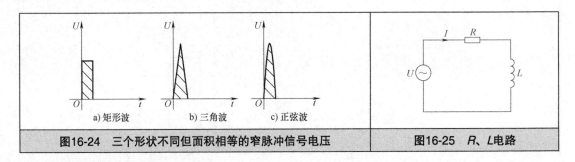

图16-24　三个形状不同但面积相等的窄脉冲信号电压　　图16-25　R、L电路

2. SPWM控制原理

SPWM意为正弦波脉冲宽度调制。为了说明SPWM的原理，可将图16-26所示的正弦波正半周分成N等份，那么该正弦波可以看成是由宽度相同、幅值变化的一系列连续的脉冲组成，这些脉冲的幅值按正弦规律变化，根据面积等效原理，这些脉冲可以用一系列矩形脉冲来代替，这些矩形脉冲的面积要求与对应正弦波部分相等，且矩形脉冲的中点与对应正弦波部分的中点重合。同样的道理，正弦波负半周也可用一系列负的矩形脉冲来代替。**这种脉冲宽度按正弦规律变化且和正弦波等效的PWM波形称为SPWM波形**。PWM波形还有其他一些类型，但在变频器中最常见的就是SPWM波形。

要得到SPWM脉冲，最简单的方法是采用图16-27所示的电路，通过控制开关S的通断，在B点可以得到图16-26所示的SPWM脉冲U_B，该脉冲加到R、L电路的两端，流过的R、L电路的电流为I，该电流与正弦波U_A加到R、L电路的时流过的电流是近似相同的。也就是说，对于R、L电路来说，虽然加到两端的U_A和U_B信号波形不同，但流过的电流是近似相同的。

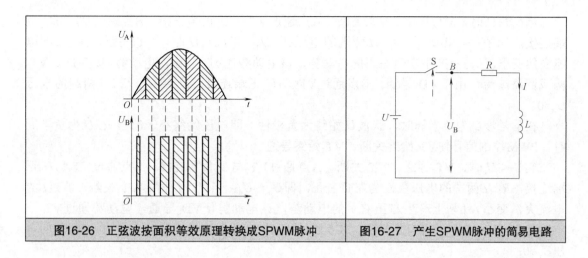

图16-26　正弦波按面积等效原理转换成SPWM脉冲　　图16-27　产生SPWM脉冲的简易电路

16.4.2　SPWM波的产生

SPWM波作用于感性负载与正弦波直接作用于感性负载的效果是一样的。**SPWM波有两个形式：单极性SPWM波和双极性SPWM波。**

1. 单极性SPWM波的产生

SPWM波产生的一般过程是：首先由PWM控制电路产生SPWM控制信号，再让SPWM控制信号去控制逆变电路中的开关器件的通断，逆变电路就输出SPWM波提供给负载。图16-28所示为采用单相桥式PWM逆变电路，在PWM控制信号的控制下，负载两端会得到单极性SPWM波。

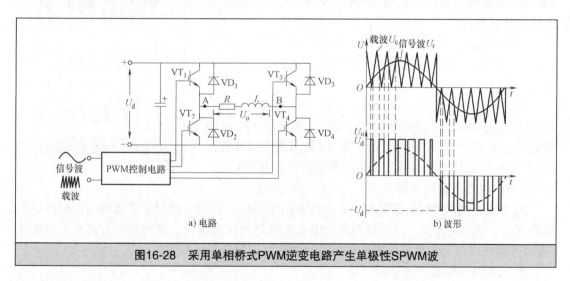

图16-28　采用单相桥式PWM逆变电路产生单极性SPWM波

单极性PWM波的产生过程说明如下：

信号波（正弦波）和载波（三角波）送入PWM控制电路，该电路会产生PWM控制信号送到逆变电路的各个IGBT的栅极，控制它们的通断。

在信号波U_r为正半周时，载波U_c始终为正极性（即电压始终大于0）。在U_r为正半周时，PWM控制信号使VT$_1$始终导通、VT$_2$始终关断。

当$U_r > U_c$时，VT_4导通，VT_3关断，A点通过VT_1与U_d正端连接，B点通过VT_4与U_d负端连接，如图16-28b所示，R、L两端的电压$U_o = U_d$；当$U_r < U_c$时，VT_4关断，流过L的电流突然变小，L马上产生左负右正的电动势，该电动势使VD_3导通，电动势通过VD_3、VT_1构成回路续流，由于VD_3导通，B点通过VD_3与U_d正端连接，$U_A = U_B$，R、L两端的电压$U_o = 0$。

在信号波U_r为负半周时，载波U_c始终为负极性（即电压始终小于0）。在U_r为负半周时，PWM控制信号使VT_1始终关断、VT_2始终导通。

当$U_r < U_c$时，VT_3导通，VT_4关断，A点通过VT_2与U_d负端连接，B点通过VT_3与U_d正端连接，R、L两端的电压极性为左负右正，即$U_o = -U_d$；当$U_r > U_c$时，VT_3关断，流过L的电流突然变小，L马上产生左正右负的电动势，该电动势使VD_4导通，电动势通过VT_2、VD_4构成回路续流，由于VD_4导通，B点通过VD_4与U_d负端连接，$U_A = U_B$，R、L两端的电压$U_o = 0$。

从图16-28b中可以看出，在信号波U_r半个周期内，载波U_c只有一种极性变化，并且得到的SPWM也只有一种极性变化，这种控制方式称为单极性PWM控制方式，由这种方式得到的SPWM波称为单极性SPWM波。

2. 双极性SPWM波的产生

双极性SPWM波也可以由单相桥式PWM逆变电路产生。双极性SPWM波如图16-29所示。下面以图16-28 所示的单相桥式PWM逆变电路为例来说明双极性SPWM波的产生。

要让单相桥式PWM逆变电路产生双极性SPWM波，PWM控制电路需要产生相应的PWM控制信号去控制逆变电路的开关器件。

当$U_r < U_c$时，VT_3、VT_2导通，VT_1、VT_4关断，A点通过VT_2与U_d负端连接，B点通过VT_3与U_d正端连接，R、L两端的电压$U_o = -U_d$。

当$U_r > U_c$时，VT_1、VT_4导通，VT_2、VT_3关断，A点通过VT_1与U_d正端连接，B点通过VT_4与U_d正端连接，R、L两端的电压$U_o = U_d$。在此期间，由于流过L的电流突然改变，L会产生左正右负的电动势，该电动势使续流二极管VD_1、VD_4导通，对直流侧的电容充电，进行能量的回馈。

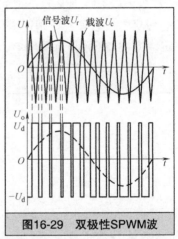

图16-29 双极性SPWM波

R、L上得到的PWM波形如图16-29所示的电压U_o，在信号波U_r半个周期内，载波U_c的极性有正、负两种变化，并且得到的SPWM也有两种极性变化，这种控制方式称为双极性PWM控制方式，由这种方式得到的SPWM波称为双极性SPWM波。

3. 三相SPWM波的产生

单极性SPWM波和双极性SPWM波用来驱动单相电动机，三相SPWM波则用来驱动三相异步电动机。 图16-30所示为三相桥式PWM逆变电路，它可以产生三相SPWM波，图16-30a中的电容C_1、C_2容量相等，它将U_d电压分成相等的两部分，N'为中点，C_1、C_2两端的电压均为$U_d/2$。

三相SPWM波的产生说明如下（以U相为例）：

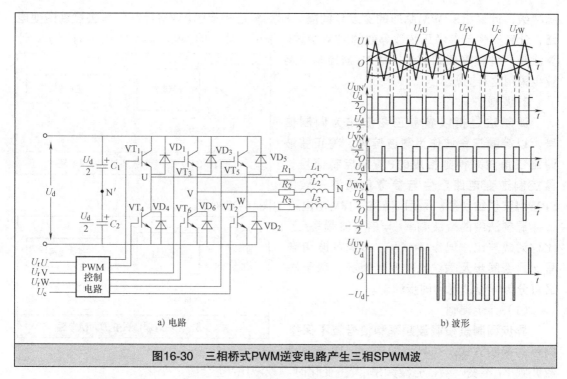

a) 电路　　　　　　　　　　　　　　　　　　b) 波形

图16-30　三相桥式PWM逆变电路产生三相SPWM波

三相信号波电压U_{rU}、U_{rV}、U_{rW}和载波电压U_c送到PWM控制电路，该电路产生PWM控制信号加到逆变电路各IGBT的栅极，控制它们的通断。

当$U_{rU} > U_c$时，PWM控制信号使VT$_1$导通、VT$_4$关断，U点通过VT$_1$与U_d正端直接连接，U点与中点N'之间的电压$U_{UN}=U_d/2$。

当$U_{rU} < U_c$时，PWM控制信号使VT$_1$关断、VT$_4$导通，U点通过VT$_4$与U_d负端直接连接，U点与中点N'之间的电压$U_{UN}=-U_d/2$。

电路工作的结果使U、N'两点之间得到图16-30b所示的脉冲电压$U_{UN'}$，在V、N'两点之间得到脉冲电压$U_{VN'}$，在W、N'两点之间得到脉冲电压$U_{WN'}$，在U、V两点之间得到电压为U_{UV}，U_{UV}实际上就是加到L_1、L_2两绕组之间的电压，从波形图可以看出，它就是单极性SPWM波。同样地，在U、W两点之间得到电压为U_{UW}，在V、W两点之间得到电压为U_{VW}，它们都为单极性SPWM波。这里的U_{UW}、U_{UV}、U_{VW}就称为三相SPWM波。

16.4.3　PWM控制方式

PWM控制电路的功能是产生PWM控制信号去控制逆变电路，使之产生SPWM波提供给负载。为了使逆变电路产生的SPWM波合乎要求，通常的做法是将正弦波作为参考信号送给PWM控制电路，PWM控制电路对该信号处理后形成相应的PWM控制信号去控制逆变电路，让逆变电路产生与参考信号等效的SPWM波。

根据PWM控制电路对参考信号处理方法的不同，可分为计算法、调制法和跟踪控制法等。

1. 计算法

计算法是指PWM控制电路的计算电路根据参考正弦波的频率、幅值和半个周期内的脉冲数，计算出SPWM脉冲的宽度和间隔，然后输出相应的PWM控制信号去控制逆变电路，让它产生与参考正弦波等效的SPWM波。采用计算法的PWM电路如图16-31所示。计算法是一种较繁琐的方法，故PWM控制电路较少采用这种方法。

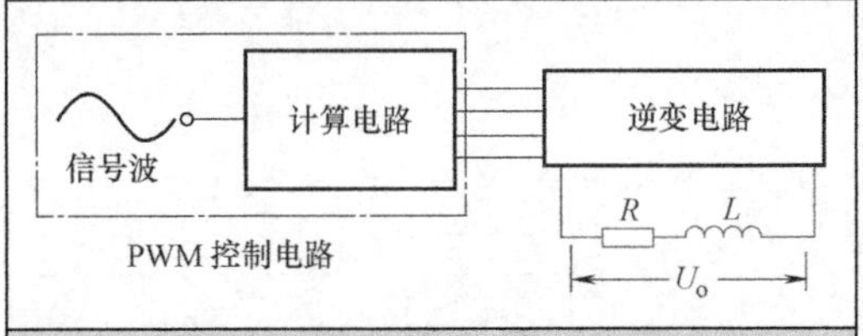

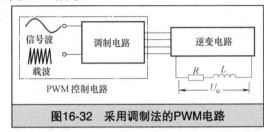

图16-31 采用计算法的PWM电路

2. 调制法

调制法是指以参考正弦波作为调制信号，以等腰三角波作为载波信号，将正弦波调制三角波来得到相应的PWM控制信号，再控制逆变电路产生与参考正弦波一致的SPWM波供给负载。采用调制法的PWM电路如图16-32所示。

图16-32 采用调制法的PWM电路

调制法中的载波频率f_c与信号波频率f_r之比称为载波比，记作$N = f_c/f_r$。**根据载波和信号波是否同步及载波比的变化情况，调制法又可分为异步调制和同步调制。**

（1）异步调制

异步调制是指载波频率和信号波不保持同步的调制方式。在异步调制时，通常保持载波频率f_c不变，当信号波频率f_r发生变化时，载波比N也会随之变化。

在信号波频率较低时，载波比N增大，在信号半个周期内形成的PWM脉冲个数很多，载波频率不变，信号波频率变低（周期变长），半个周期内形成的SPWM脉冲个数增多，SPWM的效果越接近正弦波，反之，信号波频率较高时形成的SPWM脉冲个数少，如果信号波频率高且出现正、负不对称，那么形成的SPWM波与正弦波偏差较大。

异步调制适用于信号波频率较低、载波频率较高（即载波比N较大）的PWM电路。

（2）同步调制

同步调制是指载波频率和信号波保持同步的调制方式。在同步调制时，载波频率f_c和信号波频率f_r会同时发生变化，而载波比N保持不变。由于载波比不变，所以在一个周期内形成的SPWM脉冲的个数是固定的，等效正弦波对称性较好。在三相PWM逆变电路中，通常共用一个三角载波，并且让载波比N固定取3的整数倍，这样会使输出的三相SPWM波严格对称。

在进行异步调制或同步调制时，要求将信号波和载波进行比较，通常采用的方法主要有自然采样法和规则采样法，如图16-33所示。

图16-33a为自然采样法示意图。自然采样法是将载波U_c与信号波U_r进行比较，当$U_c > U_r$时，调制电路控制逆变电路，使之输出低电平；当$U_c < U_r$时，调制电路控制逆变电路，使之输出高电平。自然采样法是一种最基本的方法，但使用这种方法要求电路进行复杂的运算，这样会花费较多的时间，实时控制较差，因此在实际中较少采用这种方法。

图16-33b为规则采样法示意图。规则采样法是以三角载波的两个正峰之间为一个采样周期，以负峰作为采样点对信号波进行采样而得到D点，再过D点作一条水平线和三角载波相交于A、B两点，在A、B点的$t_A \sim t_B$期间，调制电路会控制逆变电路，使之输出高电平。规则采样法的效果与自然采样法接近，但计算量很少，在实际中这种方法采用较广泛。

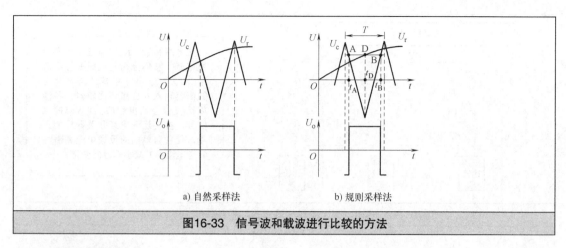

a) 自然采样法　　　　　b) 规则采样法

图16-33　信号波和载波进行比较的方法

3. 跟踪控制法

跟踪控制法是将参考信号与负载反馈过来的信号进行比较，再根据两者的偏差形成PWM控制信号来控制逆变电路，使之产生与参考信号一致的SPWM波。跟踪控制法可分为滞环比较式和三角波比较式。

（1）滞环比较式

采用滞环比较式跟踪法的PWM控制电路要用滞环比较器。根据反馈信号类型的不同，滞环比较式可分为电流型滞环比较式和电压型滞环比较式。

① 电流型滞环比较式。

图16-34所示为单相电流型滞环比较式跟踪控制PWM逆变电路。图16-35所示为三相电流型滞环比较式跟踪控制PWM逆变电路。

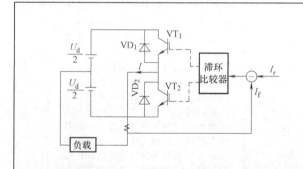

该方式是将参考信号电流I_r与逆变电路输出端反馈过来的反馈信号电流I_f进行相减，再将两者的偏差I_r-I_f输入滞环比较器，滞环比较器会输出相应的PWM控制信号，控制逆变电路开关器件的通断，使输出反馈电流I_f与I_r误差减小，I_f与I_r误差越小，表明逆变电路输出电流与参考电流越接近。

图16-34　单相电流型滞环比较式跟踪控制PWM逆变电路

采用电流型滞环比较式跟踪控制的PWM电路的主要特点有：电路简单；控制响应快，适合实时控制；由于未用到载波，故输出电压波形中固定频率的谐波成份少；与调制法和计算法比较，相同开关频率时输出电流中高次谐波成份较多。

② 电压型滞环比较式。

图16-36所示为单相电压型滞环比较式跟踪控制PWM逆变电路。

（2）三角波比较式

图16-37所示为三相三角波比较式电流跟踪型PWM逆变电路。

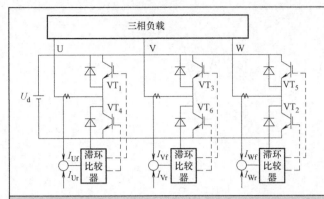

该电路有I_{Ur}、I_{Vr}、I_{Wr}三个参考信号电流，它们分别与反馈信号电流I_{Uf}、I_{Vf}、I_{wf}进行相减，再将两者的偏差输入各自滞环比较器，各滞环比较器会输出相应的PWM控制信号，控制逆变电路开关器件的通断，使各自输出的反馈电流朝着与参考电流误差减小的方向变化。

图16-35　三相电流型滞环比较式跟踪控制PWM逆变电路

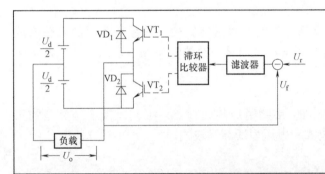

电压型滞环比较式与电流型滞环比较式的不同主要在于参考信号和反馈信号都由电流换成了电压，另外在滞环比较器前增加了滤波器，用来滤除减法器输出误差信号中的高次谐波成分。

图16-36　单相电压型滞环比较式跟踪控制PWM逆变电路

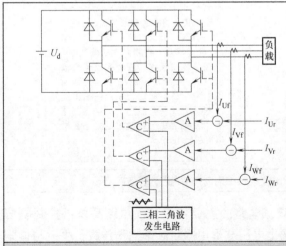

在电路中，三个参考信号电流I_{Ur}、I_{Vr}、I_{wr}与反馈信号电流I_{Uf}、I_{Vf}、I_{wf}进行相减，得到的误差电流先由放大器A进行放大，然后再送到运算放大器C（比较器）的同相输入端，与此同时，三相三角波发生电路产生三相三角波送到三个运算放大器的反相输入端，各误差信号与各自的三角波进行比较后输出相应的PWM控制信号，去控制逆变电路相应的开关器件通断，使各相输出反馈电流朝着与该相参考电流误差减小的方向变化。

图16-37　三相三角波比较式电流跟踪型PWM逆变电路

16.4.4　PWM整流电路

目前广泛应用的整流电路主要有二极管整流电路和晶闸管可控整流电路，二极管整流电路简单，但无法对整流进行控制，晶闸管可控整流电路虽然可对整流进行控制，但功率因数低（即电能利用率低），且工作时易引起电网电源波形畸变，对电网其他用电设备会产生不良的影响。**PWM整流电路是一种可控整流电路，它的功率因数很高，且工作时不会对电网产生污染，因此PWM整流电路在电力电子设备中的应用越来越广泛。**

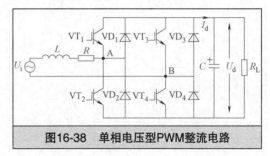

图16-38 单相电压型PWM整流电路

PWM整流电路可分为电压型和电流型，但主要应用的是电压型。电压型PWM整流电路有单相和三相之分。

1. 单相电压型PWM整流电路

单相电压型PWM整流电路如图16-38所示，图16-38中的L为电感量较大的电感，R为电感和交流电压U_i的直流电阻，$VT_1 \sim VT_4$为IGBT，其导通关断受PWM控制电路（图16-38中未画出）送来的控制信号的控制。

电路的工作过程说明如下：

当交流电压U_i极性为上正下负时，PWM控制信号使VT_2、VT_3导通，电路中有电流产生，电流途径是：

$$U_i上正 \rightarrow L、R \rightarrow A点 \begin{cases} VD_1 \rightarrow VT_3 \\ VT_2 \rightarrow VD_4 \end{cases} \rightarrow B点 \rightarrow U_i下负$$

电流在流经L时，L产生左正右负的电动势阻碍电流，同时L储存能量。VT_2、VT_3关断后，流过L的电流突然变小，L马上产生左负右正的电动势，该电动势与上正下负的交流电压U_i叠加对电容C充电，充电途径是：L右正$\rightarrow R \rightarrow A点 \rightarrow VD_1 \rightarrow C \rightarrow VD_4 \rightarrow B点 \rightarrow U_i$下负，在$C$上充得上正下负的电压。

当交流电压U_i极性为上负下正时，PWM控制信号使VT_1、VT_4导通，电路中有电流产生，电流途径是：

$$U_i下正 \rightarrow B点 \begin{cases} VD_3 \rightarrow VT_1 \\ VT_4 \rightarrow VD_2 \end{cases} \rightarrow A点 \rightarrow R、L \rightarrow U_i上负$$

电流在流经L时，L产生左负右正的电动势阻碍电流，同时L储存能量。VT_1、VT_4关断后，流过L的电流突然变小，L马上产生左正右负的电动势，该电动势与上负下正的交流电压U_i叠加对电容C充电，充电途径是：U_i下正$\rightarrow B点 \rightarrow VD_3 \rightarrow C \rightarrow VD_2 \rightarrow A点 \rightarrow L$右负，在$C$上充得上正下负的电压。

在交流电压正负半周期内，电容C上充得上正下负的电压U_d，该电压为直流电压，它供给负载R_L。从电路的工作过程可知，在交流电压半个周期中的前一段时间内，有两个IGBT同时导通，电感L储存电能，在后一段时间内这两个IGBT关断，输入交流电压与电感释放电能量产生的电动势叠加对电容充电，因此电容上得到的电压U_d会高于输入端的交流电压U_i，故电压型PWM整流电路是升压型整流电路。

2. 三相电压型PWM整流电路

三相电压型PWM整流电路如图16-39所示。

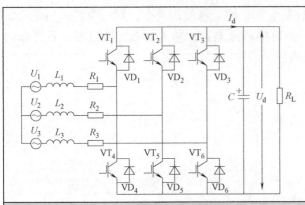

U_1、U_2、U_3为三相交流电压，L_1、L_2、L_3为储能电感（电感量较大的电感），R_1、R_2、R_3为储能电感和交流电压内阻的等效电阻。三相电压型PWM整流电路的工作原理与单相电压型PWM整流电路基本相同，只是从单相扩展到三相，电路工作的结果在电容C上会得到上正下负的直流电压U_d。

图16-39　三相电压型PWM整流电路

16.5　交流调压电路

交流调压电路是一种能调节交流电压有效值大小的电路。交流调压电路的种类较多，常见的有双向晶闸管交流调压电路、脉冲控制型交流调压电路和三相交流调压电路等。

16.5.1　双向晶闸管交流调压电路

双向晶闸管通常与双向二极管配合组成交流调压电路。图16-40所示为一种由双向二极管和双向晶闸管构成的交流调压电路。

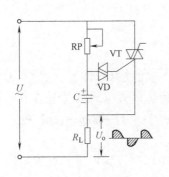

当交流电压U正半周到来时，U的极性是上正下负，该电压经负载R_L、电位器RP对电容C充得上正下负的电压，随着充电的进行，当C的上正下负电压达到一定值时，该电压使双向二极管VD导通，电容C的正电压经VD送到VT的G极，VT的G极电压较主极T_1的电压高，VT被正向触发，两主极T_2、T_1之间随之导通，有电流流过负载R_L。在220V电压过零时，流过晶闸管VT的电流为0，VT由导通转入截止。

当220V交流电压负半周到来时，电压U的极性是上负下正，该电压对电容C反向充电，先将上正下负的电压中和，然后再充得上负下正的电压，随着充电的进行，当C的上负下正电压达到一定值时，该电压使双向二极管VD导通，上负电压经VD送到VT的G极，VT的G极电压较主极T_1电压低，VT被反向触发，两主极T_1、T_2之间随之导通，有电流流过负载R_L。在220V电压过零时，VT由导通转入截止。

图16-40　由双向二极管和双向晶闸管构成的交流调压电路

从图16-40可知，只有在晶闸管导通期间，交流电压才能加到负载的两端，晶闸管导通时间越短，负载两端得到的交流电压的有效值越小，而调节电位器RP的值可以改变晶闸管的导通时间，进而改变负载上的电压。例如RP滑动端下移，RP阻值变小，220V电压经RP对电容C充电电流大，C上的电压很快上升到使双向二极管导通的电压值，晶闸管导通提前，导通时间长，负载上得到的交流电压有效值高。

16.5.2　脉冲控制型交流调压电路

脉冲控制型交流调压电路是由控制电路产生脉冲信号去控制电力电子器件，通过改变它们的通断时间来实现交流调压。常见的脉冲控制型交流调压电路有双晶闸管交流调压电路和斩波式交流调压电路。

1. 双晶闸管交流调压电路

双晶闸管交流调压电路如图16-41所示，晶闸管VT_1、VT_2反向并联在电路中，其G极与控制电路连接，在工作时控制电路送控制脉冲控制VT_1、VT_2的通断，来调节输出电压U_o。

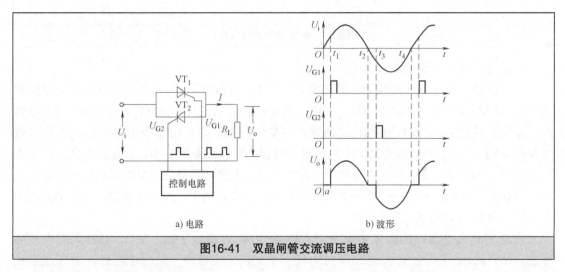

a) 电路　　　　　　　　b) 波形

图16-41　双晶闸管交流调压电路

电路的工作过程说明如下：

在$0\sim t_1$期间，交流电压U_i的极性是上正下负，VT_1、VT_2的G极均无脉冲信号，VT_1、VT_2关断，输出电压U_o为0。

t_1时刻，高电平脉冲送到VT_1的G极，VT_1导通，输入电压U_i通过VT_1加到负载R_L两端，在$t_1\sim t_2$期间，VT_1始终导通，输出电压U_o与输入电压U_i变化相同，即波形一致。

t_2时刻，U_i电压为0，VT_1关断，U_o也为0，在$t_2\sim t_3$期间，U_i的极性是上负下正，VT_1、VT_2的G极均无脉冲信号，VT_1、VT_2关断，U_o仍为0。

t_3时刻，高电平脉冲送到VT_2的G极，VT_2导通，U_i通过VT_2加到负载R_L两端，在$t_3\sim t_4$期间，VT_2始终导通，U_o与U_i波形相同。

t_4时刻，U_i电压为0，VT_2关断，U_o为0。t_4时刻以后，电路会重复上述的工作过程，结果在负载R_L两端得到图16-41b所示的电压U_o。图16-41b中交流调压电路中的控制脉冲U_G相位落后于U_i电压α角（$0°\leqslant\alpha\leqslant\pi$），$\alpha$角越大，$VT_1$、$VT_2$导通时间越短，负载上得到的电压$U_o$的有效值越低，也就是说，只要改变控制脉冲与输入电压的相位差α，就能调节输出电压。

2. 斩波式交流调压电路

斩波式交流调压电路如图16-42所示，该电路采用斩波的方式来调节输出电路，VT_1、VT_2的通断受控制电路送来的U_{G1}脉冲控制，VT_3、VT_4的通断受U_{G2}脉冲控制。

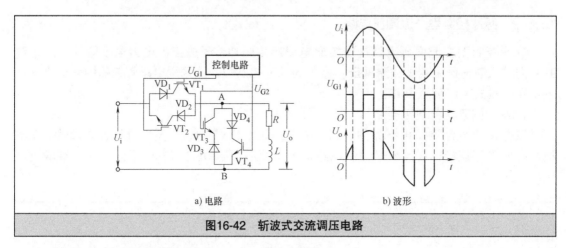

a) 电路　　　　　　　　b) 波形

图16-42　斩波式交流调压电路

电路的工作原理说明如下：

在交流输入电压U_i的极性为上正下负时。当U_{G1}为高电平时，VT_1因G极为高电平而导通，VT_2虽然G极也为高电平，但C、E极之间施加有反向电压，故VT_2无法导通，VT_1导通后，电压U_i通过VD_1、VT_1加到R、L两端，在VT_1导通期间，R、L两端的电压U_o大小、极性与U_i相同。当U_{G1}为低电平时，VT_1关断，流过L的电流突然变小，L马上产生上负下正的电动势，与此同时U_{G2}脉冲为高电平，VT_3导通，L的电动势通过VD_3、VT_3进行续流，续流途径是：L下正→VD_3→VT_3→R→L上负，由于VD_3、VT_3处于导通状态，A、B点相当于短路，故R、L两端的电压U_o为0。

在交流输入电压U_i的极性为上负下正时。当U_{G1}为高电平时，VT_2因G极为高电平而导通，VT_1因C、E极之间施加有反向电压，故VT_1无法导通，VT_2导通后，电压U_i通过VT_2、VD_2加到R、L两端，在VT_2导通期间，R、L两端的电压U_o大小与极性与U_i相同。当U_{G1}为低电平时，VT_2关断，流过L的电流突然变小，L马上产生上正下负的电动势，与此同时U_{G2}脉冲为高电平，VT_4导通，L的电动势通过VD_4、VT_4进行续流，续流途径是：L上正→R→VD_4→VT_4→L下负，由于VD_4、VT_4处于导通状态，A、B点相当于短路，故R、L两端的电压U_o为0。

通过控制脉冲来控制开关器件的通断，在负载上会得到图16-42b所示的断续的交流电压U_o，控制脉冲U_{G1}高电平持续时间越长，输出电压U_o的有效值越大，即改变控制脉冲的宽度就能调节输出电压的大小。

16.5.3　三相交流调压电路

前面介绍的都是单相交流调压电路，**单相交流调压电路通过适当的组合可以构成三相交流调压电路。**图16-43所示为几种由晶闸管构成的三相交流调压电路，它们是由三相双晶闸管交流调压电路组成，改变某相晶闸管的导通关断时间，就能调节该相负载两端的电压，一般情况下，三相电压需要同时调节大小。

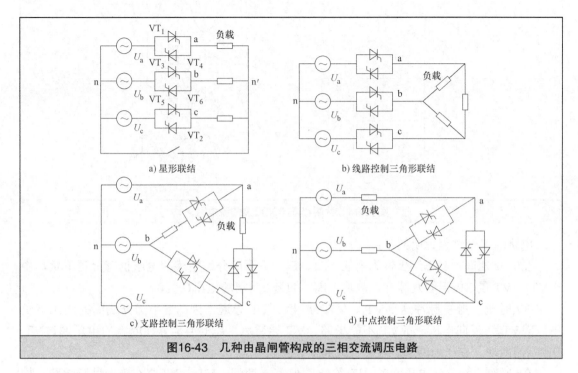

a) 星形联结　　b) 线路控制三角形联结

c) 支路控制三角形联结　　d) 中点控制三角形联结

图16-43　几种由晶闸管构成的三相交流调压电路

16.6　交-交变频电路

交-交变频电路的功能是将一种频率的交流电转换成另一种固定或频率可调的交流电。交-交变频电路又称为周波变流器或相控变频器。一般的变频电路是先将交流变成直流，再将直流逆变成交流，而交-交变频电路直接进行交流频率变换，因此效率很高。交-交变频电路主要用在大功率低转速的交流调速电路中，如轧钢机、球磨机、卷扬机、矿石破碎机和鼓风机等场合。

交-交变频电路可分为单相交-交变频电路和三相交-交变频电路。

16.6.1　单相交-交变频电路

1. 交-交变频基础电路
交-交变频基础电路通常采用共阴极和共阳极可控整流电路来实现交-交变频。
（1）共阴极可控整流电路
图16-44所示为共阴极双半波（全波）可控整流电路，晶闸管VT_1、VT_3采用共阴极接法，VT_1、VT_3的G极加有触发脉冲U_G。

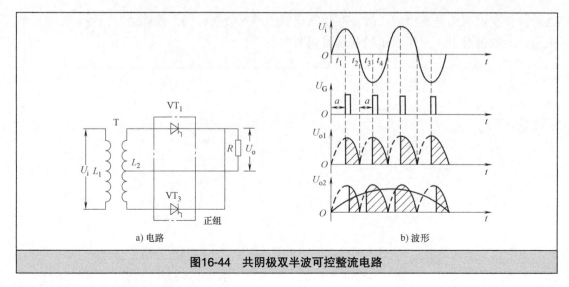

a) 电路　　　　　　　　　　　　b) 波形

图16-44　共阴极双半波可控整流电路

电路的工作过程说明如下：

在$0\sim t_1$期间，U_i电压极性为上正下负，L_2上下两部分线圈感应电压也有上正下负，由于VT_1、VT_3的G极无触发脉冲，故均关断，负载R两端的电压U_o为0。

在t_1时刻，触发脉冲送到VT_1、VT_3的G极，VT_1导通，因L_2下半部分线圈的上正下负电压对VT_3为反向电压，故VT_3不能导通。VT_1导通后，L_2上半部分线圈上的电压通过VT_1送到R的两端。在$t_1\sim t_2$期间，VT_1一直处于导通状态。

在t_2时刻，L_2上的电压为0，VT_1关断。在$t_2\sim t_3$期间，VT_1、VT_3的G极无触发脉冲，均关断，负载R两端的电压U_o为0。

在t_3时刻，触发脉冲又送到VT_1、VT_3的G极，VT_1关断，VT_3导通。VT_3导通后，L_2下半部分线圈上的电压通过VT_3送到R的两端。在$t_3\sim t_4$期间，VT_3一直处于导通状态。

t_4时刻以后，电路会重复上述的工作过程，结果在负载R上得到图16-44b所示的电压U_{o1}。如果按一定的规律改变触发脉冲的α角，如让α角先大后小再变大，结果会在负载上得到图16-44b所示的电压U_{o2}，电压U_o是一种断续的正电压，其有效值相当于一个先慢慢增大，然后慢慢下降的电压，近似于正弦波正半周。

（2）共阳极可控整流电路

图16-45所示为共阳极双半波可控整流电路，它除了两个晶闸管采用共阳极接法外，其他方面与共阴极双半波可控整流电路相同。

该电路的工作原理与共阴极可控整流电路基本相同，如果让触发脉冲的α角按一定的规律改变，如让α角先大后小再变大，结果会在负载上得到图16-45b所示的电压U_{o2}，电压U_o是一种断续的负电压，其有效值相当于一个先慢慢增大，然后慢慢下降的电压，近似于正弦波负半周。

2. 单相交-交变频电路

单相交-交变频电路可分为单相输入型单相交-交变频电路和三相输入型单相交-交变频电路。

（1）单相输入型单相交-交变频电路

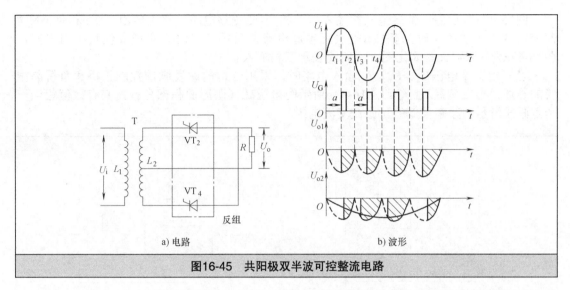

a) 电路　　　　　　　　b) 波形

图16-45　共阳极双半波可控整流电路

图16-46所示为一种由共阴极和共阳极双半波可控整流电路构成的单相输入型交-交变频电路。共阴极晶闸管称为正组晶闸管,共阳极晶闸管称为反组晶闸管。

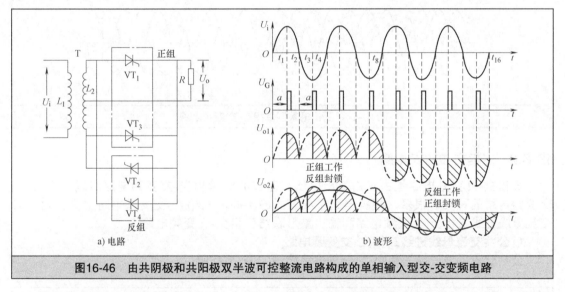

a) 电路　　　　　　　　b) 波形

图16-46　由共阴极和共阳极双半波可控整流电路构成的单相输入型交-交变频电路

在 $0 \sim t_8$ 期间,正组晶闸管 VT_1、VT_3 加有触发脉冲,VT_1 在交流电压正半周时触发导通,VT_3 在交流电压负半周时触发导通,结果在负载上得到电压 U_{o1} 为正电压。

在 $t_8 \sim t_{16}$ 期间,反组晶闸管 VT_2、VT_4 加有触发脉冲,VT_2 在交流电压正半周时触发导通,VT_4 在交流电压负半周时触发导通,结果在负载上得到电压 U_{o1} 为负电压。

在 $0 \sim t_{16}$ 期间,负载上的电压 U_{o1} 极性出现变化,这种极性变化的电压为交流电压。如果让触发脉冲的 α 角按一定的规律改变,会使负载上的电压有效值呈正弦波状变化,如图16-46b电压 U_{o2} 所示。如果图16-46电路的输入交流电压 U_i 的频率为50Hz,可以看出,负载上得到电压 U_o 的频率为50Hz/4=12.5Hz。

(2)三相输入型单相交-交变频电路

　　图16-47a所示为一种典型三相输入型单相交-交变频电路，它主要由正桥P和负桥N两部分组成，正桥工作时为负载R提供正半周电流，负桥工作时为负载提供负半周电流，图16-47b为图16-47a的简化图，三斜线表示三相输入。

　　当三相交流电压U_a、U_b、U_c输入电路时，采用合适的触发脉冲控制正桥和负桥晶闸管的导通，会在负载R上得到图16-47c所示的电压U_o（阴影面积部分），其有效值相当一个点画线所示的频率很低的正弦波交流电压。

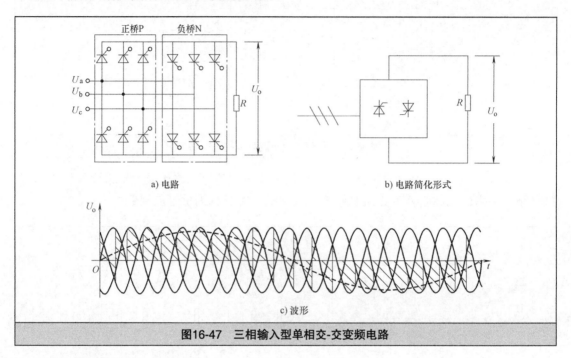

a) 电路　　　　　　　　　　　　　　　b) 电路简化形式

c) 波形

图16-47　三相输入型单相交-交变频电路

16.6.2　三相交-交变频电路

　　三相交-交变频电路是由三组输出电压互差120°的单相交-交变频电路组成。三相交-交变频电路的种类有很多，根据电路接线方式的不同，三相交-交变频电路主要分为公共交流母线进线三相交-交变频电路和输出星形联结三相交-交变频电路。

1. 公共交流母线进线三相交-交变频电路

　　公共交流母线进线三相交-交变频电路简图如图16-48所示。

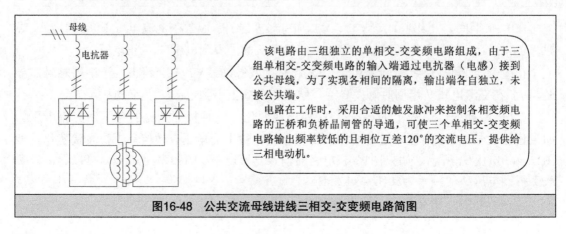

母线

电抗器

该电路由三组独立的单相交-交变频电路组成，由于三组单相交-交变频电路的输入端通过电抗器（电感）接到公共母线，为了实现各间的隔离，输出端各自独立，未接公共端。

电路在工作时，采用合适的触发脉冲来控制各相变频电路的正桥和负桥晶闸管的导通，可使三个单相交-交变频电路输出频率较低的且相位互差120°的交流电压，提供给三相电动机。

图16-48　公共交流母线进线三相交-交变频电路简图

2. 输出星形联结三相交-交变频电路。

输出星形联结三相交-交变频电路如图16-49所示。这种变频电路的输出端负载采用星形联结，有一个公共端，为了实现各相电路的隔离，各相变频电路的输入端都采用了三相变压器。

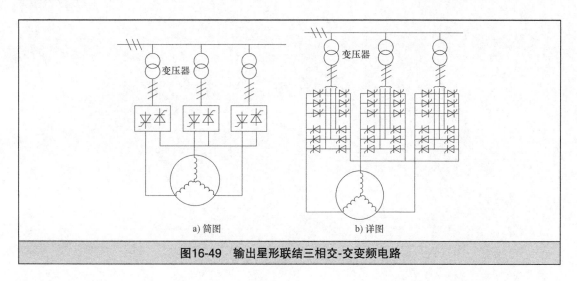

a) 简图   b) 详图

图16-49 输出星形联结三相交-交变频电路